新编21世纪心理学系列教材

儿童发展

Child Development

王争艳　主　编
邢晓沛　副主编

中国人民大学出版社
·北京·

作者简介

王争艳，教授、博士生导师，首都师范大学心理学院副院长，首都师范大学青年燕京学者，中国心理学会发展心理学专业委员会委员。长期研究婴幼儿发展与早期教育，用动态追踪、多方法、多水平（生理的、行为的和认知的）研究方法探讨婴幼儿的早期发展与养育问题；完成和正在完成国家自然科学基金项目、教育部人文社科青年项目、北京市哲学社会科学项目、北京市教委项目及国际合作项目等10项。王争艳教授在国际心理学SSCI刊物 *Child Development*，*International Journal of Behavioral Development*，*Early Human Development* 和国内重要心理学刊物《心理学报》《心理科学》上发表论文50余篇，出版学术著作《婴儿心理学》(2015)，主编《人格心理学》获评2013年北京市高等教育精品教材，2014年入选第二批普通高等教育“十二五”国家级规划教材；著有科普著作《妈妈的柔情宝不懂——心理专家矫正好妈妈养育婴幼儿的10种错误行为》。

邢晓沛，首都师范大学心理学院副教授，目前主要从事家庭与学前儿童及小学儿童认知和社会性发展的关系及其生理机制的相关研究工作，曾荣获第六届朱智贤心理学奖，参编教材1部，主持国家自然科学基金青年项目1项，北京市教委项目1项，参与国家自然科学基金项目2项；在 *Psychology of Violence*，*Journal of Abnormal Child Psychology*，*Journal of Family Psychology*，*Journal of Applied Developmental Psychology*，*Child Abuse & Neglect*，*Social Neuroscience* 和《心理科学》等国内外权威心理学刊物上，共发表学术科研论文近30篇。

内容简介

《儿童发展》是一本关于儿童身心发展的教材，汇集了作者团队近20年丰富的教学与研究经验。本教材共有8章内容，围绕发展理论与方法、儿童生理和认知发展、学业成就、个体化和社会化过程以及社会化成就等几大重要领域展开论述，既全面系统地阐述了儿童发展领域新近的研究成果和理论观点，注重揭示生物、文化、环境与儿童发展之间的关系，又密切联系现实问题，加强理论、科学研究与实践应用之间的结合。同时，本书还通过增设特色鲜明的专栏以及拓展学习与活动部分来引导读者主动参与到所讲述的内容中来，鼓励读者从学术角度和研究前沿的视角分析生活现象，扩展视野。

本教材内容专业、全面，集科学性、知识性和指导性于一体，既适合心理学/应用心理学专业学生和从事心理学研究的专业人士使用，也适合广大的家长和教师参考，将书中的知识用于家庭与学校教育工作。

前言

儿童发展是心理学领域永恒且愈议愈新的研究领域。关于儿童的研究发端于近代。在中世纪，儿童被当作“小大人”，并没有得到特别的关注和精细的对待。系统地研究儿童的第一缕曙光可以追溯到19世纪末期。此时，进化生物学家查尔斯·达尔文（Charles Darwin）发表了记录自己孩子早期发展的婴儿传记，G. 斯坦利·霍尔使用大样本的调查问卷法记录了儿童的行为、态度和感觉。直到1882年普莱尔（W. Preyer）出版了第一部科学的、系统的儿童心理学著作《儿童心理》，标志着科学儿童心理学的诞生。从此，儿童发展领域的理论和研究得到了非常大的拓展，研究成果极大丰富，特别是针对年幼儿童发展的成果不断更新。作为儿童发展领域的研究者，我们编写此书的目的之一是向广大读者介绍当前反映儿童发展领域发展趋势的新的理论观点、实证研究和实践建议。同时，本书在编写的过程中尽可能地将儿童心理发展的理论问题融入学校教师教育和家庭教育实践中，一方面希望能够有助于一线教师或未来教师获得有关儿童发展规律的知识，强化其应用能力，另一方面也希望对个体发展早期的家庭养育工作有所助益，帮助家庭养育者能够更成功地扮演好养育角色。

本书的编写主要基于以下几个方面：

1. 注重阐述儿童发展领域新近的研究成果和理论观点。本书选择儿童发展过程中具有典型性且包含丰富研究成果的主题，以一半以上的篇幅阐释了当前最新的研究内容和成果，如关于儿童脑发育以及认知和社会性发展的神经基础的研究介绍，儿童的学业成就、儿童社会化过程的挖掘等。

2. 注重生物、文化、环境与儿童发展之间的关系。随着行为遗传学的发展，现在对遗传素质和环境因素共同作用于个体发展的认识日益加深。本书除了在第一章整体介绍了遗传和环境对个体发展的共同影响外，对儿童认知和社会性发展的生物基础、环境影响因素均做了详细的介绍。

3. 加强理论观点、实证研究与实践之间的联系。本书在介绍理论知识的同时，不仅用充分的实证研究证据来支持理论，而且还提出了能够直接用于指导生活、工作或教学的相关建议和实例。如儿童音乐能力发展的一般年龄特征，共同注意与自闭症，教师如何培养儿童的记忆能力、情绪智力和创造力，如何促进言语不流利学生的语言发展，教育中的性别差异，家长和教师期望的效应，幼儿社会技能培养方案等。

4. 注重与教师教育和学校教学工作相结合，努力使研究结果推广到现实生活工作中。如关于学生的学业成就、第二语言习得、社会化成就等内容的系统介绍等，以期这些内容能够给中小学教育工作者和相关专业人员以指导和参考。

此外，为了使读者能够对各章节的重点内容进行有效的关注，本书还增设了“问题思考”“原理应用”“拓展阅读”“心理学家的故事”“心理实验”“术语解释”“本章小结”和“拓展学习与活动”等栏目。“问题思考”出现在每一章的开头部分，所提出的问题能够引导读者主动参与到所讲述的内容中来；“原理应用”栏目是为了突出理论研究与实践应用之间的关系，鼓励读者把所学的知识应用到当前所面临的问题上，从学术角度和研究前沿的视角分析生活现象；“拓展阅读”栏目能够帮助读者扩展视野，对相关领域的知识有更为深入的了解和把握；“心理学家的故事”栏目对不同研究领域的代表性人物的生平、学术成就和贡献进行介绍，拓展读者的背景知识；“心理实验”栏目呈现与对应章节知识点密切相关的实验和新近的研究，帮助读者切身感受并学习如何对儿童的相关问题开展实证性研究；每章最后所列出的术语是本章内容的核心词汇，读者可以通过书中所标注的关键术语和概念来重温相关内容，达到对相关概念更为深刻的理解；“拓展学习与活动”栏目还提供了与本章节有关的有趣且实用的网站、推荐阅读材料和供练习使用的小论文作业，读者可以在此基础上获得更多信息和资料。

本书由王争艳任主编、邢晓沛任副主编，集体撰写完成。各章撰写人分别为：王争艳（负责第一、二章的编写）；王争艳、邢晓沛、郝坚和上官芳芳（负责第三章的编写）；师保国（负责第四章的编写）；卢珊（负责第五章的编写）；李文道（负责第六章的编写）；邢淑芬（负责第七章的编写）；邢晓沛、郭俊彬（负责第八章的编写）。最后由王争艳、邢晓沛负责统稿。

本书的顺利出版要感谢很多人。首先要感谢所有参与编写的老师们，大家齐心协力，共同研讨书稿的定位、目标和内容体系，将多年教学的宝贵经验凝聚在所负责的章节中；其次，感谢中国人民大学出版社策划编辑张宏学老师、责任编辑李颜老师，感谢她们对书稿做出的及时而有效的反馈与建议，以及对文字的精心雕琢；最后，感谢首都师范大学儿童早期发展实验室的研究生同学们，他们为本书编写做了大量的资料收集整理工作。总之，感谢所有在我们撰写此书过程中给予帮助的朋友们，也感谢将来能给我们反馈宝贵建议以使本书进一步完善的朋友们！

希望《儿童发展》这本书能够给读者的学习、工作及研究带来启发。由于作者水平有限，书中难免会有一些错误和问题，诚恳地期待专家、读者能够给予批评指正。

王争艳

2018 年 7 月 20 日

目 录

第一章 儿童发展概述

问题思考

阅读本章内容后，你将找到以下问题的答案

是否发展就是变化呢？是否所有的变化都是发展呢？

发展是否就是可观察的行为变化？

发展性变化与年龄联系起来合理吗？

在多大程度上，个体的行为和倾向反映了经验而不是天生的遗传潜能的作用？

儿童发展（child development）领域的研究关注儿童生长发育过程中的变化和稳定性，主要表现在三个基本领域——身体、认知和情绪-社会性，即发展总是体现在身体、心理和社会关系的改变上。但是家庭、学校和社会等许多因素会影响儿童，促进或者阻碍儿童的发展。发展科学家提出了许多关于儿童如何发展的理论。人的发展纷繁多样、领域众多，存在着复杂的交互作用的影响因素，所以不同发展理论对于人是什么和怎样发展持有不同的观点。当前发展研究并没有提供一个最终的结论，而是从不同的角度来努力地深化、整合和完善不同的理论观点。

第一节　基本概念

一、发展的含义

发展研究是一个跨学科的研究领域，胚胎学、神经生理学、认知神经科学、神经心理学、心理病理学、行为遗传学等都关注发展的概念。胚胎学通常在分子学水平来解释大脑发展。冯·贝尔（Von Baer）认为发展是一个不断分化与重组的过程，新性质可以在任何一个发展阶段出现，而不是仅出现在最后一个阶段。该胚胎学原则后来被应用到结构、动作、思想以及社会行为中，并产生了深远的影响。神经生理学通常关注细胞生物水平，考察婴儿出生前脑发展。认知神经科学是一门交叉学科，研究认知过程的神经基础；认知神经科学关注神经与认知现象之间的关系，聚焦于神经、认知和直接的环境水平的解释。神经心理学与心理病理学一样，关注异常发展。行为遗传学关注分子水平（基因学）和总体行为测量（IQ）。

发展心理学在个体行为发生水平，关注出生后脑发展的功能性结果。在发展心理学看来，发展是指在不可逆的时间框架内，通过机体与环境的相互作用，产生结构上的转变。个体在生命进程中表现出来的系统的、连续性的变化，反映了生物成熟和学习对个体的影响。广义的发展刻画了种群所有成员的典型发展，狭义的发展描述的是个体之间可能存在差异的那些发展。发展心理学家的目标是描述和解释发展，使人类发展最优化。

传统的发展心理学认为，发展止步于青少年期。而毕生发展的观点认为，发展是一个终生过程，个体适应自己所选择的情境的能力随着年龄增长在不断变化。生命全程的每一个时期都会受到之前发生的事件的影响，也会影响之后发生的事件。每一个时期有其独有的特征和价值，不存在哪一个时期更重要或不重要的问题。现在我们知道，即使是老年人也在发展，临终的经验可能是最后的发展。

在生命全过程中，发展总是由获得（成长）与丧失（下降）的共同发生而组成的。人们会通过学习来管理得失或对此进行补偿，以求尽可能多的得，尽可能少的失。儿童的成长是单向的，体格和能力都处于上升期。渐渐地，发展的模式开始变化，青少年主要是在生理能力上有所得，而在语言学习上逐渐丧失优势。在成年期，虽然词汇继续增加，但是解决不熟悉问题的能力可能会下降；而某些新的特质，如专业素养，可能会在中年期得以发展。所以说，发展过程并不是一种单一的朝向较高功效的运动（如儿童的增加性生长），发展过程是一个包含了得与失的过程。

每个人的发展都是在多重背景中进行的，包括生物学的、时间的、地点的。人的发展既会受到历史文化背景的影响，也会对此产生影响。发展显示出了可塑性。很多能力，比如记忆力、力量和耐力，可以通过训练和练习得到明显的改善，甚至在老年期也是如此。然而，某些方面即使是在儿童身上变化的可能性也是有限的。所以，发展研究的一项任务就是要指出特定的发展在哪个年龄段能够得到多大程度的修正。所谓年龄特征研究，即关注心理发展的各个阶段中形成的带有普遍性的一般特征、典型特征或本质特征。心理发展水平与年龄有大致的对应关系（见表 1－1），但没有因果关系。

表 1－1　心理发展水平与年龄的大致对应关系

出生前期（Prenatal）	怀孕到出生
婴幼儿期（Infancy and Toddlerhood）	0～2 岁
儿童早期（Early Childhood）	2～6 岁
儿童中期（Middle Childhood）	6～11 岁
青少年期（Adolescence）	11～20 岁
成年早期（Early Adulthood）	20～40 岁
成年中期（Middle Adulthood）	40～60 岁
成年晚期（Late Adulthood）	60 岁到死亡

发展的可塑性并不是指行为可以完全或任意的加以训练。可塑性的观点意味着任何特定的发展结果都只是大量可能的发展结果中的一个，也意味着寻找个体发生可塑性的条件和范围及其与年龄相关的变化，对发展的研究来说是最基本的。可塑性观点受到毕生研究者关注的原因如下：

（1）用可塑性观点来对抗对于老化的消极刻板印象。

（2）可塑性强调发展并不是严格按照固定不变的路线。

（3）可塑性的概念打开了多学科观点的新视野。

（4）与社会科学的相似概念联系起来。每一个重要的科学学科，只要和人的发展有关，就都已发展出一种对可塑性的关注，以此来理解机制和变异（如图 1－1 所示）：基因的/神经元的/身体的、行为的和社会的可塑性都是重要的例子。

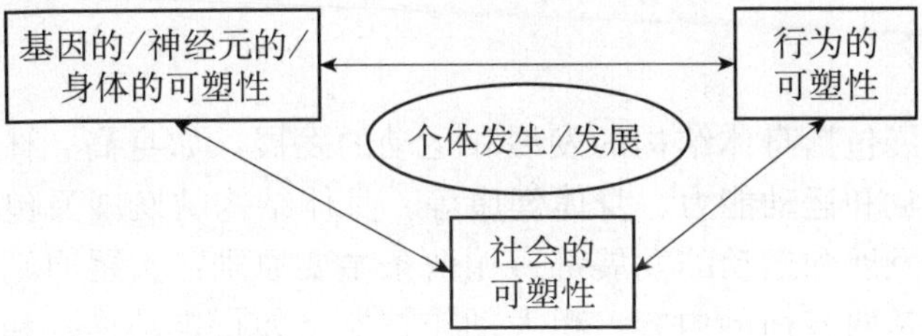

图 1－1　发展的可塑性

拓展阅读

发展情境论

发展情境论是由美国心理学家理查德·勒那（Richard. Lerner）在 20 世纪 80 年代提出的一种理论。该理论认为，人的发展是通过发展中的个体与其所处情境间的持续交互作用实现的，个体的发展变化过程在本质上是或然渐成性的。发展情境论主张揭示系统性因素与人的发展随时间的变化而不断相互作用的循环作用模式。

情境是发展情境论的核心概念，是指影响个体发展的各种变量所构成的交互作用系统。这里的情境有着非常广泛的含义，可以概括为四个内涵：（1）物理环境。（2）社会成员。（3）发展中的个体。个体既是发展的目的，也是发展情境的组成部分。（4）在时间维度上情境中事物的变化。如个体成熟，科技日新月异，学校教育改革，经济不断变化等。情境中的事物会随着时间的推移产生变化，各个事物的交互作用也时刻发生着改变。

发展情境论的一个前提假定就是人具有可塑性或可调整性，即人持续地处于变化发展过程中，不断地受到情境事件的影响。发展情境论反对阶段论，认为个体的发展是可变的和不可预见的。每个个体的生物水平、心理水平和社会文化水平都存在差异，这使得个体与情境间的交互作用也存在差异。随着时间的推移，个体间的差异和个体与情境间的交互作用使得不同的个体会进入不同的发展轨迹。虽然人的可塑性会随着年龄的增长而下降，但不能否认人毕生都是可塑的。这个发展观点是对发展的敏感期理论的有力补充，个体在敏感期没有得到良好发展的心理主题，仍然可以在日后的发展历程中得到弥补，而且有针对性的干预计划可以增加这种弥补的效果。不过人也不是无限可塑的，人本身的遗传物质和人与具体情境的交互作用共同决定着人可塑的程度。

参考文献：

张文新，陈光辉．(2009)．发展情境论——一种新的发展系统理论．*心理科学进展*，*17* (4)，736-744.

张文新，陈光辉，林崇德．(2009)．应用发展科学——一门研究人与社会发展的新兴学科．*心理科学进展*，*17* (2)，251-260.

二、发展的领域

个体心理的发展一般会涉及以下几个方面。

(一) 生理发展

儿童生理的发展包括身体结构的发展和运动的发展，如身高、体重、身体比例、外貌、身体机能、知觉和运动能力、身体健康等。身体结构的发展又包括生理发育与大脑发育。身体结构的发展和运动的发展都遵循两条主要原则：头尾原则和近远原则。儿童动作的发展主要包括两方面的内容：粗大动作技能（如行走动作）和精细动作技能（如手部动作）。大脑的发育有五个主要的、基本的过程：神经发生、细胞迁移、髓鞘化、突触发生、突触修剪。这些过程大部分在婴儿出生前（孕期）就已经开始，直到青春后期才完成。儿童大脑的单侧化主要是指大脑的一个半球建立起专门化功能的过程。大脑的可塑性是指，脑可以为环境和经验所修饰，具有在外界经验的作用下不断塑造其结构和功能的能力。

(二) 认知发展

认知发展指智能的发展变化，包括注意、记忆、科学知识和日常知识的掌握、解决问题能力、想象力、创造力、语言能力等。婴儿感知觉的发展是成熟和经验两方面的结果。重要的感知觉有：视觉、听觉、触觉、深度知觉、面孔识别等。认知发展理论关注个体获得知识的方式，即获得、加工以及运用信息的方式。皮亚杰提出儿童认知发展经过四个阶段：感知运动阶段、前运算阶段、具体运算阶段和形式运算阶段。

(三) 情绪与社会性发展

情绪与社会性发展包括与他人的情绪沟通、自我概念、了解他人、交往技能、交朋友、建立亲密关系、道德推理和道德行为等的发展。

心理学家的故事

儿童心理学鼻祖——普莱尔

普莱尔（W. Preyer，1841—1897），儿童心理学的创始人，德国著名的生理学家和实验心理学家。他对自己的孩子从出生到3岁每天进行系统观察，有时也进行一些实验性的观察，最后把这些观察记录整理成一部著作《儿童心理》(*The Mind of the Child*)

并于 1882 年出版。这本书被公认为第一部科学的、系统的儿童心理学著作，包括三部分：儿童感知的发展、儿童意志（或动作）的发展、儿童理智（或言语）的发展。在《儿童心理》一书中，普莱尔肯定了儿童心理研究的可能性，并系统地研究了儿童的心理发展；他比较正确地阐述了遗传、环境与教育在儿童心理发展上的作用，并旗帜鲜明地反对当时盛行的“白板说”；他运用系统观察和传记的方法，开展了比较研究，对比了儿童与动物的异同点及儿童智力与成人特别是有缺陷的成人智力的异同点，为比较心理学和发展心理学作出了不可磨灭的贡献。

三、影响发展的因素

（一）遗传与环境

针对个体发生（个体发展）的历史争论——“自然-使然”，传统的发展研究常常要解决天性-教养的关系问题。人的身高、体重、身体协调性、智力、人格的发展主要由遗传决定，还是由环境、教育决定？二者当中哪一个起的作用更大？（图 1－2）在多大程度上，个体的行为和倾向反映了经验而不是天生的遗传潜能的作用？随着行为遗传学研究的深入，关于个体发展的遗传与环境、天性与教养的争议已经几乎尘埃落定。长期以来的争论在目前得到了较好的解决，人们已经有了如下的认识：

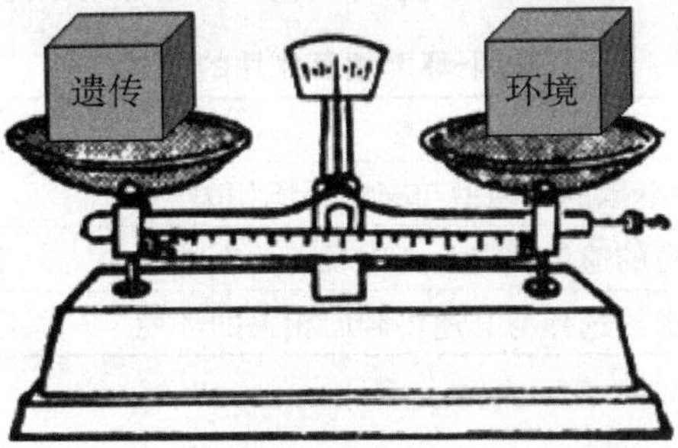

图 1－2　你认为遗传和环境孰轻孰重呢？

（1）遗传受环境（社会环境）的调节和中介。

（2）遗传不是独立于环境对个体发展起作用。

（3）遗传和环境因素共同影响个体发展。

（4）随着个体的发展，有很强遗传基础的行为也可能受到环境的影响。

行为遗传学通过双生子设计、家庭收养设计等研究手段区分了遗传、共享环境、非共享环境并对它们对个体的作用进行了估计。

遗传（heredity）是指亲子之间性状存在相似性，表明性状可以从亲代传递给子代。异卵双生子和亲兄妹大约有 50％的基因是相同的，同父异母或同母异父的兄妹只有大约

25%的基因相同，堂兄妹或表兄妹大约有12.5%的基因相同。

非共享环境（nonshared environment）是孩子们在同一个家庭成长却并不共同享有的环境，例如，因为性别、出生顺序和体型等不同，受到父母亲的不同对待。正是这些独特的非共享环境，而不是家庭中的共享环境，使同一家庭中的孩子们彼此不同。

共享环境（shared environment）是指在同一个家庭长大的孩子所共同享有的环境，如家庭的经济状况、家庭气氛、教养方式、父母的教育程度与社会地位以及周边环境等。这些因素为家庭成员所共同分享，使他们在人格特征、行为方式等方面彼此相似。比如，父母亲的教养方式对于一个家庭中的所有孩子来说就是一种相同的环境影响因素。

基因-环境相互作用有三种形式（见表1-2）：

（1）被动的基因型/环境相关：父母为儿童提供的家庭环境的类型部分地受父母自己基因的影响。另外，因为父母也给他们的孩子提供了基因，儿童所置身的养育环境与他们自己的基因也相关。如有运动天赋的父母可能鼓励孩子积极参加体育活动。随年龄增长，其影响量越来越小。

（2）唤起的基因型/环境相关：个体遗传的特征影响他人对其的行为，并因此影响了发展所处的社会环境。影响量不随年龄变化。微笑和易于接近的婴儿激发了他人的友好反应，这强化了婴儿的社会性而且可能有助于婴儿发展出高外向性。

（3）主动的基因型/环境相关：个体的基因型影响他自己探求和选择特定的环境类型。儿童所喜欢和寻求的环境将会是那些与他们的基因倾向最一致的环境。影响量随年龄增长而增大。例如，基因的先天倾向可能影响了选择情境和操纵环境：遗传害羞的儿童可能主动避免大型社交聚会；对体验开放性高的年轻人，可能寻求与他们的高开放性相契合的动态复杂的环境，这又加强了他们一直以来发展的这些倾向性。

表1-2　基因-环境相互作用的形式

类型	情况描述	环境影响的来源
被动	儿童继承的基因型与家庭环境相关	父母和同胞
唤起	个体以自身的遗传倾向为基础唤起他人的反应	任何人
主动	个体探求或选择与其遗传倾向相关的环境	任何人或任何事

拓展阅读

羞怯的行为遗传学研究

羞怯是指社交情境中的不舒服和/或者抑制，会妨碍个体对人际目标或职业目标的追求；表现为过分地自我关注、全神贯注于个人的想法，以及某些情绪和生理的反应（陈英敏，高峰强，2012）。已有研究从环境因素（如家庭教养方式和文化价值取向）、个体心理因素（如认知、人格、自我）及生物学角度（如羞怯的遗传基因、脑机制）等入手探讨了羞怯的影响因素。近年来，随着行为遗传学的发展，研究者开始采用定量遗传学方法和分子遗传学方法来从遗传学的角度揭示遗传与羞怯之间的关系。

早期双生子（定量遗传学研究）研究表明羞怯是所有人格特质中最可遗传的。研究者根据实验将儿童的气质分为抑制型（抑制的或羞怯的）和非抑制型（非抑制的或粗放的）两类，并进行追踪考察，结果表明，抑制和非抑制特征是可遗传的，抑制和非抑制行为的遗传率在0.5～0.6。克罗泽（Crozier）在《理解害羞》一书中报告了对几项有关同卵双生子和异卵双生子抑制和羞怯的研究，发现同卵双生子在羞怯上的相关系数为0.50～0.70，而异卵双生子的相关系数基本不超过0.30，遗传估计（G值）基本都在0.50之上。新近关于羞怯的分子遗传学研究试图找到与羞怯有关的基因，对于5-HTT、DRD4、COMT、MAOA等基因与羞怯关系的各项研究表明：5-HTTLPR（5-羟色胺转运体基因）尤其是短的5-HTTLPR等基因与羞怯的关系最为密切（Hamer，2002）。另外，斯莫勒（Smoller）等人（2008）报告发现RGS2基因与儿童羞怯和成年人内向性格有关，而且该基因的变异可能更易引发社交焦虑症和其他焦虑症。

目前研究已经证实羞怯是基因与环境相互作用的结果。一项对117名儿童进行的不熟悉情境中的行为抑制性-非抑制性的追踪研究发现，儿童在14个月时的抑制性指标与4岁时的抑制性指标之间的相关很低且不显著。但是14个月处在极端抑制和极端非抑制的儿童（约占总样本的15%～20%），他们各自的行为特征一直稳定地保持到7岁半。这表明：个体气质的差异既受环境又受基因的制约。马里兰大学福克斯（Fox）博士及同事研究也发现：携带一个或两个短的5-HTT基因并且报告母亲压力大且很少给予社会支持的儿童会表现出极端的羞怯；如果母亲的压力不大，能够给予儿童充分的社会支持，即使携带该基因，这些儿童羞怯的可能性也不大。

主要参考文献：

陈英敏，高峰强，& 韩磊．（2013）．羞怯：来自行为遗传学的观点．*心理科学进展*，*21*（7），1220-1228.

陈英敏，高峰强．（2012）．“羞怯”与“羞耻”之辨析．*山东师范大学学报（人文社会科学版）*，*57*（4），140-145.

Hamer，D.（2002）. *Rethinking behavioral genetics. Science*，*298*，71-72.

Fox，N. A.，Nichols，K. E.，Henderson，H. A.，Rubin，K.，Schmidt，L.，Hamer，D.，... Pine，D. S.（2005）. Evidence for a gene-environment interaction in predicting behavioral inhibition in middle childhood. *Psychological Science*，*16*（12），921-926.

Smoller，J. W.，Paulus，M. P.，Fagerness，J. A.，Purcell，S.，Yamaki，L. H.，Hirshfeld-Becker，D.，... Stein，M. B.（2008）. Influence of RGS2 on anxiety-related temperament，personality，and brain function. *Archives of General Psychiatry*，*65*（3），298-308.

（二）父母

家庭对儿童早期生理和心理上的发展都起着重要作用，包括动作、言语、认知、情感、思维、个性以及道德观念的形成。家庭负责童年这一关键期的社会化。家庭是孩子的第一所学校，父母是孩子的第一任老师，家庭不断地向孩子传授着人类社会生活经验。社会上的各种其他关系都通过家庭影响儿童。

父母可以通过三条途径对儿童产生影响：父母通过与儿童的直接互动影响儿童；父母作为直接的指导者、教育者和咨询者来影响儿童；父母作为机会提供者，管理着儿童的社会生活以及调整着儿童的社会接触和认知经历的机会。

1. 亲子互动

亲子互动形式根据父母参与深入程度可区分为：

（1）互动性（interaction)：父母通过看护和共同活动与孩子直接接触。

（2）在场（availability)：无论是否发生直接互动，父母在身边或儿童可以接近他们的父母。父母在场为与孩子参与互动提供了潜在可能性。

（3）反应性（resposibility)：指的是父母确认孩子正被照顾并为孩子提供可用资源。

不管何种形式的互动，儿童同父母们面对面的交流为儿童提供了社会技能学习、复述和细致化的机会，这些技能可迁移到与其他社会成员的成功互动中。积极回应、热情和乐于投入的父母，其孩子更可能拥有较强的社会竞争能力。此外，母子互动模式中高水平的积极同步性和低水平的非同步性与教师、同伴和观察者评定的学校适应相关（Harrist，Pettit，Dodge，& Bates，1994)。相反，不友好的、有控制欲的父母的孩子在学前期和儿童中期时段与同龄同伴儿童相处时会更困难。

在亲子互动过程中，儿童不仅学会了如愤怒、悲伤或喜悦等具体情绪表达技能，他们还学习了一类与情感表露相关的理解和调控技能——“情感管理技能”（Parke，Cassidy，Burks，Carson，& Boyum，1992)。儿童能够将这些技能用于处理其他的关系。

母亲和父亲与儿童在互动风格上有差异（见表1-3)。父母与儿童互动风格的意义和功能随着儿童的发展而发生着变化。通过与父母特别是与父亲进行身体动作游戏，儿童可能学会怎么使用情绪信号去调节他人的社会行为。此外，他们可能还学会精确解码其他社会同伴的社会情绪信号。一项在澳大利亚的关于父母和六七岁儿童的调查（Abernethy & Russell，1987）发现，父亲更多地参与身体动作/户外游戏互动，如进行房子修理和园艺活动。相反，母亲更多地参与看护和家务整理、学校功课、阅读、玩玩具和帮助作美术和手工。在青少年阶段，正如早期发展阶段，母亲和父亲角色可能互补。父亲更像同伴并且较爱娱乐（像玩笑和揶揄)，这一方式可能促进更平等的交流，有助于青少年发展自我同一性和自主能力。“父亲，相比于母亲，更多传递出可以信赖青少年子女的信念，因此父亲们可能提供了一个有利环境，帮助青少年从家庭中分离出来和增加独立性”（Shulman & Klein，2010)。

2. 父母作为直接的指导者、教育者、咨询者

父母可能通过他们作为直接的指导者、教育者或咨询者的角色直接影响儿童的各种社会关系。

父母教给他们的孩子很多关于合适的规范、规则和文化的内容。父母可以担当教练、教师和监控者的角色，为儿童处理新的社会情境或处理社会挑战提供建议、支持和导向。

父母可以直接教育他们的孩子如何以各种合适的方式启动和维持社会关系，以及学习社会规则和道德原则。

表 1-3　父母与儿童互动风格的差异

婴幼儿期	父亲——身体动作游戏 母亲——传统动作游戏或玩玩具，多使用语言和说教
儿童中期	父亲——身体动作游戏 母亲——客体-中介游戏
儿童后期	父亲——身体动作/户外游戏，房子或花园修护 母亲——儿童照料、家务整理、学校功课、阅读
青少年期	父亲——“促进性环境”；母亲和父亲角色互补，为青少年提供协作与自立的榜样

父母还通过制定规则和指导来影响儿童的生活。有研究探索了父母对青少年社会行为活动的约束和孩子社会适应之间的关系。“约束”这一概念中包括监管、制定规则、教会孩子行为判断以及限制活动等。较多的约束与很少的问题行为（例如逃学、厌学、或物质滥用）和较多卷入水平的同伴关系相关。

随着儿童的成长，父母从直接地教育转变为使用言语指导与商议（如讨论未来的结果、谈论价值和给他们提供建议）。父母建议的内容和方式都会影响孩子的发展。那些很受欢迎孩子的母亲提供的建议更具体、更有用；相反，那些不受欢迎孩子的母亲提供的多为相对无效的言语指导类如“玩好”“不要惹事”等，这些建议太宽泛而对儿童接下来的行为没有价值。

值得注意的是，父母会给儿童提供建议，因此当建议给出时父母就掌握了儿童社会化的钥匙。但同时，儿童通过选择接受建议的话题来主动地参与他们自己的社会化过程。

3. 父母作为机会提供者

父母作为管理者、设计者的作用影响儿童的成长。管理者、设计者指的是父母可以组织儿童的家庭环境和安排儿童与玩伴和家庭外社会成员的社会接触的机会。

父母不但选择孩子能参加的正式活动和非正式活动，还选择邻居和学校。通过这些方面，“当父母对儿童可能遇到的并与之交往的同伴的环境进行控制或影响时，他们担当着设计者的角色”（Ladd & Pettit，2002）。这些设计决定会影响儿童的社会性和学业发展结果。

孟母三迁的故事家喻户晓。父母不仅选择邻里环境，还选择托儿所的类型、质量及儿童将来要上的小学。这些选择对儿童以后的发展有着不同的作用。如有关儿童保育的研究表明，保育的质量、时间（在某种程度上）均与儿童认知及社会性发展相关。高质量的儿童保育通常与高水平的认知功能相关。择校并非家庭与学校唯一联结。家长参与学校相关活动的程度（如参加家长-教师联合会或学校会议）与儿童学业成绩呈正相关（Epstein et al.，2002）。

（三）家风

作为单元的家庭会因家庭成员数量、生活环境、预先计划和未计划的变化而发生相应的发展变化。家庭发展出独特的“氛围”、对事件反应的“风格”及分明的“界线”，我们称之为家风。这些都为儿童的发展提供了不同的社会化环境。家庭通过一系列过程，包括家庭故事、家规、仪式等等对儿童发展起调控作用。

家庭故事是家庭价值观传递及家庭角色教育的传递装置。故事不仅与家庭互动方式有关，还与儿童社会能力有关。父母的解释叙述部分受到他们对自己童年同伴经历的回忆的影响，儿童在了解自己祖辈、父辈的生活经历的过程中会潜移默化地接受传承。我国有良好的家庭教育传统，如家训就是指导后辈做人做事的总则。例如，历史上，颜之推（531—约 591）著有北朝后期重要散文作品《颜氏家训》，这是他为了用儒家思想教训子孙，以保持自己家庭的传统与地位，而写出的一部系统完整的家庭教育教科书，在家庭教育发展史上有重要的影响。此外，《朱子家训》《曾国藩家训》《傅雷家书》等都是脍炙人口的作品。它们对儿童生活方式、价值观念的形成有着重要的指导作用。

家规反映了一个家庭的行为惯例。家庭行为惯例与完整家庭中儿童更为健康的行为调控相关。家庭行为惯例具有保护功能，与单亲、离异及再婚家庭中父母及儿童较好的适应能力有关。

沃林（Wolin）等将家庭仪式划分为三类：家庭庆典（如圣诞节这样的节日）、成功仪式（如婚礼）、家庭传统（如生日传统或家庭假日）。能否参加仪式是是否被接纳为家庭成员的标志。这些仪式也具有保护功能，能够减少儿童吸烟、酗酒等不良行为，提高自尊水平。例如，犹太人家庭有“吻甜书”的仪式。在犹太人家里，儿童稍微懂事时，母亲就会翻开《圣经》，滴一点蜂蜜在上面，然后叫孩子去吻《圣经》上的蜂蜜。这个仪式的用意是，告诉孩子书本是甜的，让孩子在最初接触书时，就留下非常美好的印象，从而一生都喜欢书。犹太人家庭还有一个世代相传的习惯，那就是书橱要放在床头。如果放在床尾，就会被认为是对书的不敬。这些民族习惯使得儿童从小热爱读书。

拓展阅读

颜氏家训·教子第二

上智不教而成，下愚虽教无益，中庸之人，不教不知也。古者圣王有胎教之法：怀子三月，出居别宫，目不邪视，耳不妄听，音声滋味，以礼节之。书之玉版，藏诸金匮。生子咳嗁，师保固明孝仁礼义，导习之矣。凡庶纵不能尔，当及婴稚，识人颜色，知人喜怒，便加教诲，使为则为，使止则止。比及数岁，可省笞罚。父母威严而有慈，则子女畏慎而生孝矣。吾见世间，无教而有爱，每不能然；饮食运为，恣其所欲，宜诫翻奖，应诃反笑，至有识知，谓法当尔。骄慢已习，方复制之，捶挞至死而无威，忿怒日隆而增怨，逮于成长，终为败德。孔子云“少成若天性，习惯如自然”是也。俗谚曰：“教妇初来，教儿婴孩。”诚哉斯语！

凡人不能教子女者，亦非欲陷其罪恶；但重于诃怒，伤其颜色，不忍楚挞惨其肌肤耳。当以疾病为谕，安得不用汤药针艾救之哉？又宜思勤督训者，可愿苛虐于骨肉乎？诚不得已也。

……

父子之严，不可以狎；骨肉之爱，不可以简。简则慈孝不接，狎则怠慢生焉。

……

人之爱子，罕亦能均；自古及今，此弊多矣。贤俊者自可赏爱，顽鲁者亦当矜怜。有偏宠者，虽欲以厚之，更所以祸之。

……

齐朝有一士大夫，尝谓吾曰："我有一儿，年已十七，颇晓书疏，教其鲜卑语及弹琵琶，稍欲通解，以此伏事公卿，无不宠爱，亦要事也。"吾时俛而不答。异哉，此人之教子也！若由此业，自致卿相，亦不愿汝曹为之。

(四) 社会经济地位

家庭的社会经济地位（SES）是指依据父母的受教育程度、父母的职业地位与家庭的经济收入等为衡量指标，反映出的一个家庭在社会阶层中所占的地位。

1. 低社会经济地位家庭

家庭的社会经济地位和儿童发展之间的关系，一直受到儿童心理学家的关注。延续的经济压力是对养育、家庭互动、孩子调适质量的强有力的预测，预测结果通常都是消极的（McLoyd，1998；Valenzuela et al.，1997）。经济压力会增加夫妻间矛盾冲突和父母抑郁发生的可能性，这转而使父母更不容易参与到孩子游戏中，或者是对孩子产生敌对，进而影响养育和家庭互动的质量。对于儿童和青少年来说，缺乏相互支持且不一致的养育，生活在贫困的社区，会增加他们抑郁、孤独、未经调节的行为、犯罪和物质滥用发生的概率。低社会经济地位家庭儿童发展可能的消极影响包括以下几点：

（1）营养不足和缺乏健康护理。低收入家庭可能没有能力购买必需的健康营养食品，或者匮乏营养的搭配知识，这导致母亲无法给儿童提供健康的孕育环境。例如，营养不良对小儿神经系统发育有极大的危害，患儿表现为出生后神经系统功能缺陷和智力低下。这种婴儿体质虚弱、语言能力较差、说话时间延迟，并且对婴幼儿的智能和其他方面的发育产生极大的危害（Scher & Mayseless，2000）。

（2）学习资源有限。心理学家认为，来自低社会经济地位家庭的儿童缺少足够的学习资源，这不仅限制了他们的认知发展，也减少了他们从学校受益的机会。美国的一项调查显示，来自贫穷家庭的儿童从小开始很少有机会接近各种不同的娱乐和学习材料，很少旅游，很少去图书馆、博物馆和影剧院，也很少学习提高技巧的课程，这可能间接影响了社会经济地位和儿童智力与学业成绩的关系。

（3）父母缺乏相关的养育知识、养育实践。家庭社会经济地位不同的父母在教养风格上存在差异。低 SES 父母更为专制、采用更多惩罚（Straus & Stewart，1999）。而且，亲子互动风格也因 SES 水平不同而异。低 SES 母亲表现出更多的控制、限制和不赞成。在言语沟通上发现的 SES 差异多于非言语沟通，高 SES 母亲比低 SES 母亲语言能力更好。高 SES 母亲不但说得多，而且还提供对象标签（object label），维持更长的话题时间，对儿童言语的反应更为连贯，并能鼓励儿童进行更多交谈。

原理应用

福利改革、贫困以及儿童发展

在20世纪90年代中期，美国和加拿大重新修订了福利政策，实施“以工代赈计划”并终结了几十年来对于贫困家庭的有保证的政府财政援助。在这些新的政策中，福利接受者必须工作，否则将面临福利的削减或者终结。一个家庭只能在24个连续月内享受福利，终生可以享受60个月，同时州内可以进一步限制其福利。比如说，如果接受者拥有更多的孩子，州政府可以停止福利上涨，同时这也取消了单身母亲的所享福利。加拿大的福利政策，虽然集中于工作环境，但却不够严格。比如在安大略省，福利接受者必须积极地寻找工作，在参加社区的志愿工作的同时获取工作技巧，接受任何他们能够胜任的有偿工作。如果这些标准都不能达到，那么获取福利的资格将被取消。然而，不像美国的政策，在加拿大，一个家庭接受福利的金额会随着其规模的增大而增加。尽管如此，一些省份还是减少了这些支出。

直到21世纪初，大多数政府资助的以工代赈项目的评估体现在福利救济人员名册中的家庭数量在减少上。在这些标准下，以工代赈似乎取得了巨大成功。但是当研究者进一步观察后，他们发现在福利改革后几年内，成功实现经济独立的一般来说都是那些受过更多教育并有较少的心理健康问题的人。然而其他人则在达到工作要求时遇到了困难，他们的利益受到损失并陷入更深的贫困。因此，当福利案件数减少时，最贫困家庭的收入也在骤降。

以工代赈的设计者假定这对于儿童会有积极影响。但是在没有增加家庭收入时撤销福利会使儿童发展的风险大大提高。在一项研究中，比起收入低于贫困线的职业母亲，不再依赖福利并不贫困的母亲会参与更多的积极养育活动，其学前儿童也展示出了良好的认知发展。还有一些研究表明，从享受福利过渡到结合福利与工作的家庭比起过渡到只有工作的家庭在儿童行为问题的减少上更突出。为什么福利与工作结合更有利呢？很多福利接受者必须接受不稳定且低报酬的工作。工作并保持获得福利收入可能给母亲增加了一份经济稳定性感觉。它也维持了政府提供的健康保险，这是美国父母不再依赖福利后最担忧的因素。由此产生的经济焦虑的减少似乎增加了儿童的适应力。

总的来说，只有当福利改革提供了一个更恰当的生存标准时，它才能促进儿童发展。以工代赈的缺陷是其减少或者切断福利，将家庭推向了更深的贫困状态并给儿童的健康发展带了毁灭性的影响。因为可负担儿童养育的供应不足，抚养婴儿或者学前儿童并享受福利的母亲又最没有能力来通过工作养家糊口，很容易导致这些婴儿及儿童处于贫困状态，而在早年产生的贫困对于儿童发展最具有破坏性。

其他西方国家的福利政策不仅仅鼓励父母成为更好的提供者，它们也保护儿童使之远离贫困的破坏性影响。比如说，保证大多数公民合理的最低工资。单亲家庭在其子女出生后的前三年可以获得额外的补助——一份承认并通过收入支持这段时期特殊需要的福利。政府在儿童三岁时开始资助高质量的儿童养育，使母亲在工作时，其孩子的发展得到支持。

加拿大比美国给在职父母提供了更多的税收减免。尽管如此，在两国广泛存在的贫困问题仍凸显了对更多有效预防贫困政策的需要，即既可以帮助贫困家庭养育儿童，也可以帮助家庭经济独立。

2. 高社会经济地位家庭

当前，高社会经济地位家庭的儿童发展也受到了研究者的关注。高社会经济地位家庭的儿童，有着高收入、高学历的父母，普遍被认为是低风险的，但是最近研究表明，他们存在一些潜在的压力。富裕家庭的孩子在很多方面表现出障碍，如物质滥用、焦虑和抑郁、违纪、对学习无兴趣，并且成绩明显低于平均水平。这些家庭存在的问题包括以下几种。

（1）成就压力。富裕家庭的孩子通常是追求完美的——没有成功就是失败——这直接导致了他们有较高的抑郁、焦虑和物质滥用行为。这些家庭的父母自身发展优秀，常常根据自己的情况来推断孩子，给孩子造成了潜在的巨大压力，儿童常常被父母成功的光环压得抬不起头来。这些家庭的孩子认为，父母对他们的成绩提过分要求，父母不合理地评价他们。有的父母甚至认为：如果不能去重点高中读书，在班里拿第一名和拿最后一名没有任何区别。

（2）家庭功能不完整，孩子与家长们身体和情感分离。麦克马斯特（McMaster）家庭功能模式理论假设：家庭的基本功能是为家庭成员生理、心理、社会性等方面的健康发展提供一定的环境条件。为实现这些基本功能，家庭系统必须完成一系列任务以适应并促进家庭及其成员的发展，实现家庭基本功能和完成基本任务的能力主要表现在 6 个方面：问题解决（problem solving），沟通（communication），家庭角色分工（family role），情感反应（affective response），情感介入（affective involvement），行为控制（behavior control）。根据家庭在上述几个方面的表现，可以明显看出家庭功能发挥良好与否。家庭的各项功能相互配合并维持良好时，个体才能健康成长。中上阶层的家庭中的儿童，经常每周独自离家几个小时，许多父母坚信这样能促进他们快速成长。同时，孩子情感上亲密的需要可能经常被父母忙碌的职业需要所冲击，减少了放松的“家庭时间”。甚至很多父母没有时间和孩子在一起吃晚餐。这种家庭即为功能发挥不良。

（3）依赖于充足的经济资源，父母给孩子安排了各种课外课程和活动。孩子疲于奔走于各种课外活动，而缺少家庭成员之间的互动过程。家庭过程模式理论认为，家庭的首要目标是完成各种日常任务，包括危机任务。每项任务都需要家庭一起去应对。在完成任务的过程中，家庭及其成员得到成长，家庭成员之间的亲密度得到增进，家庭的整体性得以维持，家庭作为社会单位的各项功能发挥良好。该理论提出了评价家庭功能的 7 个维度：任务完成、角色作用、沟通、情感表达、卷入、控制和价值观。

（4）父母的高知身份掩盖了对儿童心理发展的无知。当孩子抑郁的时候，父母一般不会认为是心理的困扰，父母尤其不愿意为了孩子那些不明显的问题寻求帮助；而且，即使有些父母意识到了，也往往担心个人隐私问题而不会寻求专业的帮助。

四、发展的敏感期

早期经验的重要性和敏感期或者关键期的确认在发展领域有很长的研究历史。

中国古代的颜之推认为家庭教育要及早进行。儿童出生之后，便应以明白孝仁礼义的人“导习之”。稍长，看他“识人颜色，知人喜怒”之时，就该加以“教诲”，该做的事就引导他去做，不该做的就不让他做。到 9 岁以后，自可“少成若天性，习惯如自然”。颜之推认为早期教育之所以重要，至少有两条原因。其一，他说：“人生小幼，精神专利；长成已后，思虑散逸，固须早教，勿失机也。”他根据幼童阶段与成年以后的不同心理特征，说明幼年时期受外界干扰少，精神专注，记忆力旺盛，能保持长久的记忆。而成年人思想复杂，精神不易集中，记忆力逐渐衰退。其二，人在年幼时期，心理纯净，各种思想观念和行为习惯尚未形成，可塑性很大。颜之推认为，这个时期儿童受到的好的或坏的教育与环境影响，都会在儿童心灵上打上很深的烙印，长大以后也难以消除。

中国古代这些教育思想与西方的一些发展观点不谋而合。19 世纪，儿童心理学家普莱尔提出一个非常有说服力的假说——和人类的祖先物种相比，人类的成熟速度变慢了，人类有一个更长的未成熟期。相应地，和动物相比，人类在生命过程和行为发展中应该有更大的可塑性，而人类儿童应该有更多的学习机会。威廉·斯特恩（William L. Stern）描述了个性和环境限制因素在人的发展中的相互制约作用，这就产生了个体发展中行为的可塑性问题。

可以看出，发展心理学的重要原则之一是早期经验对个体发展有重要影响。这个原则的必然结论是早期发展中存在敏感期或者关键期——被认为是特定经验对能力或者技能的发展有重要影响的时间段。

（一）早期习性学的研究：印刻效应

最早发现印刻现象的是德国行为学家海因洛特。1910 年，他在实验中发现一个十分有趣的现象：刚刚破壳而出的小鹅，会本能地跟随在它第一眼见到的自己的母亲后面。但是，如果它第一眼见到的不是自己的母亲，而是其他活动物体，如一只狗、一只猫或者一只玩具鹅，它也会自动地跟随其后。尤为重要的是，一旦这只小鹅形成了对某个物体的跟随反应后，它就不可能再形成对其他物体的跟随反应了。这种跟随反应的形成是不可逆的，也就是说，小鹅承认第一，却无视第二。“印刻效应”不仅存在于低等动物之中，也同样存在于人类。对此，海因洛特将这一过程解释为“铭刻作用”。1932 年，洛伦茨将该词解释成“印刻效应”（imprinting）。印刻效应意味着“双亲同伴”或者“儿童同伴”关系是一种由本能预先安排好的条件作用形式的获得过程，是指天生的行为模式随着刺激的增多而变强的过程。洛伦茨对动物进行大量的直接干涉。他关注物种适应行为类型的数量随年龄增长而增加；同时也强调短暂的敏感期的突然出现，它导致能力和行为的质变。

印刻效应具有以下特点：

（1）印刻现象只在出生后一个短暂的特定时间才能形成，超过这个期限就不能形成，也就是它存在着一个敏感期。小鸡“母亲印刻”的发生是在出生后的10～16小时，小狗则是在出生后的3～7周。小野鼠在睁开眼和会听之后的7～10天内，如果有规律地被人捉拿，以后就会让人捉拿，否则，对人的捉拿要作出反抗。

（2）印刻的效果是持久的，一经形成就不能改变，具有一种不可逆性，而不像学习那样会出现遗忘。

（3）印刻不需要食物的强化，一次就可以形成。

（4）各种动物的印刻有不同的敏感期。

（二）当代神经生物学的研究

赫特洛切尔（Huttenlocher）和拉希克（Rakic）发现了突触密度的改变与脑区功能在发生时间上的差异。研究发现了孕期胎儿突触密度的改变、神经连接的增加和随后在出生后突触数量的减少，以及脑区功能的发挥在发生时间上有差异。他们发现：感觉和知觉区在生命早期表现出这些变化，例如在视觉皮层中突触产生速度的峰值是产后2～4个月，而突触数量的峰值是产后8个月。突触的修剪要持续到6岁左右才能达到成人的突触水平。但中央前沟的突触数量要到12～15个月才能达到峰值。涉及更高级认知的脑区的变化发生较晚。格里诺（Greenough）等神经科学家认为突触“激增”和“减少”的模式部分受经验和个体在特定时期接触的刺激的质量影响。

休伯（Hubel）和维赛尔（Wiesel）在知觉发展领域进行研究，他们对小猫进行关键期视觉剥夺研究。通过对小猫的一只眼睛进行关键期视觉剥夺（缝上眼皮，使其不能接收视觉输入），发现原本应当分配给这只眼睛的视皮层代表区域全部被分配给了另外一只眼睛。在关键期进行视觉剥夺以后，这些小猫就没有发育出能够接受双眼视觉信息输入的双眼细胞，因此丧失双眼视觉能力。结果表明，眼优势柱的发育过程在动物幼年时代一旦完成，便已定型。对小猫来说，如果在生下来的第四和第五周之间，对视觉刺激剥夺三天，也就是说三天不让它看东西，那么它的视觉就不正常了，剥夺时间越长，后果越严重。如果对成年猫进行视觉剥夺，就不会产生严重影响。这个发现使得我们能够更好地理解弱视现象：在视觉系统发育的关键期视觉剥夺不均衡导致的一种视觉缺陷。

美国神经学家海伦·内维尔（Helen Neville）经过多年实验得出这样的总结：大脑的每一项功能都有其自身特有的时间表，或发育成熟的特有日程。她说：“大脑发育有多个关键期。不同的领域，如视觉、听觉和语言，有不同的关键期。而且即使是在视觉内，运动识别的关键期与颜色的关键期也不相同。”

（三）生态系统理论：时序系统

布朗芬布伦纳（Bronfenbrenner）的生态系统理论强调环境不是固定不变的和不以单一的方式影响儿童的发展。因此，他提出时序系统（chronosystem）来突出环境系统在时间维度上的变化性。他将时间和环境相结合来考察儿童发展的动态过程。婴儿一出生就置身于一定的环境之中，并通过自己本能的生理反应来影响环境。婴儿通过行为，比如哭泣来获得生存所必需的物质。婴儿也会根据外界环境来调节自己的行为，冷暖适宜时会发出微笑。随着时间的推移，儿童生存的微观系统环境不断发生变化。引起环境变化的可能是外部因素，也可能是内部自己的因素。因为人有主观能动性，可以自由地选择环境。而对环境的选择是随着时间推移个体知识经验不断积累的结果。布朗芬布伦纳将这种环境的变化称为“生态转变”，每次转变都是个体人生发展的一个阶段，比如升学、结婚、退休等。

第二节　儿童发展的经典理论

一、历史争论：预成论与渐成论

19世纪的大部分时间里，在生物发展领域占据统治地位的是两种相互竞争的理论：预成论和渐成论。预成论强调：发展只能使器官外形变化，器官关系发生变化，而不能使器官具有新的性质。预成论认为个体的发展转换只是错觉，因为在个体的发展过程中，只有器官的大小和它们之间的关系还在继续变化，而个体的基本特性则早已在它的发展早期完全形成，或预先确定了。现代基因理论已经证实基因是不变的，基因创造的器官也是不变的，特别是等位基因。建构人类大脑及其所支持的心理所需要的绝大多数信息都隐含在个体的基因中，发展是展现或引发基因中信息表达的过程。基因对身体各部分进行了编码。预先存在一个最终形态的蓝图或者计划，相信在一系列预成的和最终形态之间存在固定的对应关系。发展就是指执行蓝图或者基因编码，或者并入环境结构的信息。例如，尝试探讨某种行为（如攻击、依恋）的稳定性问题，其基本假定就属于预成论。

渐成论则认为：在个体的发展转换过程中，会出现新异性。但是是什么阻止了个体发展成各种各样的怪物？复演论把个体发生和种系发生这两种主要的器官生成原理整合到一个框架里，胚胎的组织器官会经历该物种在以前进化过程中所经历过的所有物种的成年形式，胚胎器官的发展过程其实就是该物种进化过程的快速重放。新性质只出现在最终或成熟阶段。霍尔（Hall）的青春期理论和弗洛伊德（Freud）的压抑与性发展理论都有复演论的影子。

冯·贝尔（Von Baer）认为复演论是以错误的观察和浪漫主义而非逻辑为基础的。他认为新性质可以在任何一个发展阶段出现，而不是仅出现在最后一个阶段。冯·贝尔以他在胚胎学和解剖学方面的实证性研究为基础，归纳出个体发展的一般原理，他提出发展是沿着前后相继的阶段，按照从一般到具体、从相对同质到愈加分化的层级组织结构顺序推进的，这是一种渐成论。他的发展原则确认了渐成论的一个关键特征——从同质经由不断分化发展到异质然后整合成为新结构，但没有解决发展方向如何被引导的问题。

随着时代发展起来的渐成论进一步认为：生物结构（成人的心理能力）是基因和环境之间复杂的、动态相互作用的结果。只有考虑信息的渐进的建构过程，才能够了解最初状态和最终产物之间的关系。以皮亚杰为代表的发生认识论认为建构是一个多因素共同作用的动态过程。环境信息和基因信息以建构的方式组合在一起，个体发展的每个阶段都将印下对他有所贡献的因素之和。

结合建构的概念，渐成论逐步分化成两种观点：预成渐成论和概率渐成论。预成渐成论假设从基因到脑结构变化再到脑的功能和经验是一条单向的结构——功能发展因果通路。认为婴儿是成人心理的简化版，随着特定脑通路或结构的成熟而逐步成长起来。概率渐成论认为内在和外部结构之间的动态关系对表现型出现的限制越来越大。概率渐成论（建构主义、系统论）假定基因、脑结构变化和功能三者直接存在着相互作用，两两之间是双向的。发展涉及对生命轨迹的日益增多的限制，在发展的早期，脑和心理这样的系统的可能发展路径和最终形态有许多，其结果的确定依赖于在此过程中起作用的一些特定限制体系。

儿童发展研究中的主要理论观点在很多方面大相径庭。第一，它们关注不同的发展领域。如精神分析观点以及动物行为学等理论，它们强调情绪以及社会性发展，其他的如皮亚杰的认知发展理论、信息加工以及维果斯基（Vygotsky）的社会文化理论，则强调思维的变化。其他的一些理论——行为主义、社会学习理论、进化发展心理学、生态系统理论以及动力系统理论——则讨论了儿童诸多方面的机能。第二，每一个理论都含有关于发展的独特观点。

心理学家的故事

斯坦利·霍尔

斯坦利·霍尔（Granville Stanley Hall，1844—1924），美国心理学先驱，美国心理学会的创立者之一，《发展心理学》杂志的创始人。他担任约翰霍普金斯大学的心理学和教育学教授，创办了美国第一座心理学实验室，1887年创办了《美国心理学杂志》（*American Journal of Psychology*），于1892年任美国心理学会（American Psychological Association）第一任主席。《美国心理学杂志》至今仍是北美心理学界非常权威的学术杂志。

他的理论深受进化论及复演论的影响。霍尔提出应该把个体心理的发展看作是一系列或多或少复演种系进化的历史，他认为每一个人的成长发展和人类进化过程是平行的。婴儿期的孩子和人类的原始时期一样，而随着个人的成长，人到了青少年时期与人类开始有了文明社会是一样的。

他曾提出“一两的遗传胜过一吨的教育”，认为人类个体的成长和发育完全取决于生理和基因。青春期的发展，完全是荷尔蒙分泌导致的结果，是不可控制、调整和改变的。

他在自己观察和研究的基础上提出了青少年心理发展较为系统的理论，开启了青少年心理学研究的先河，促进了学术界和社会大众对青少年研究的重视。其最重要的和最有影响力的著作是1904年出版的两卷本巨著《青少年：他的心理学及其生理学、人类学、社会学、性、犯罪、宗教和教育的关系》。该书以进化论的观点解释了儿童身体的成长和青春期心理与其身体变化之间的关系，是系统研究青少年心理学的第一部专著。此外，霍尔是美国心理学家中最早对精神分析感兴趣的人，除了通过译书介绍精神分析，他还将精神分析的方法应用于自己的研究工作中。霍尔对精神分析在美国的流行起了直接的促进作用，是将精神分析引入到“新大陆”的第一人。

当然，今天的心理学家不再完全认同他的观点。但是作为青少年心理学之父，斯坦利·霍尔为心理学研究开启了一个心理领域。

二、皮亚杰的认知发展理论：过去、现在与发展

认知发展理论关注个体获得知识的方式，即获得、加工以及运用信息的方式。几十年来，在所有的认知理论中，引用最广、最有影响力的理论一直是瑞士的理论家让·皮亚杰（Jean Piaget）的观点。皮亚杰（1896—1980），瑞士著名心理学家、动物学家和哲学家，他是一位多产的学者，仅在儿童心理学方面就出版了 40 多本书，发表了 100 多篇文章。皮亚杰的理论核心是“发生认识论”，主要研究人类认识（认知、智力、思维、心理的发生和结构）的起源，认为知识既不是从客体发生的，也不是从主体发生的，而是在主体和各个客体之间的相互作用中发生的。

（一）认识的起源和发展过程

认识（心理、思维和智力）既不是起源于先天的成熟，也不是起源于后天的经验，而是起源于主体的动作。这种动作的本质是主体对客体的适应。主体通过动作对客体的适应，乃是心理发展的真正原因，其本质在于取得机体与环境的平衡。智力起源于动作，思维不过是内化了的动作——在头脑中进行的具有可逆性、守恒性和整体结构代替性的活动。因此，动作是连接主客体的桥梁。

皮亚杰把自己的发生认识论称为建构的结构主义，认为智力是有结构基础的，这种认知结构被称为图式（schema）。皮亚杰对图式的定义是“一个有组织的、可重复的行为或思维模式”，凡在行动中可重复和概括的东西都可称为“图式”，是一种有组织的行为模式与环境的相互作用。简单地说：图式就是动作的结构或组织。一个图式是认知结构的一个单元，一个人的全部图式组成一个人的认知结构。初生的婴儿，具有吸吮、哭叫及视、听、抓握等行为，这些行为是与生俱来的，是婴儿能够生存的基本条件，这些行为模式或图式是先天性遗传图式，全部遗传图式的综合构成一个初生婴儿的智力结构。遗传图式是图式在人类长期进化的过程中所形成的，以这些先天性遗传图式为基础，儿童随着年龄的增长及机能的成熟，在与环境的相互作用中，能过同化、顺应及平衡作用，图式不断得到改造，认知结构不断发展。在儿童智力发展的不同阶段，有着不同的图式。如在感知运动阶段，其图式被称为感知运动图式，当进入思维的运算阶段，就形成了运算思维图式。皮亚杰认为认知是一个主动的、复杂的、自我组织的系统。儿童不是被动地学习经验，相反，他们会通过与世界的相互作用以及从这些经验的反应中去积极主动地建构知识。儿童对一个球的理解就是通过在身体上、心理上操作这

个球获得的。婴儿通过吮吸、抓握、扔、摇和听等来建构这个世界。

皮亚杰用“同化”“顺应”和“平衡”的概念来解释认知的发生发展过程。皮亚杰反对比奈关于智力不变、先天的看法，不注重儿童回答问题的结果，从回答的背后找出儿童思维的逻辑。

皮亚杰认为，同化（assimilation）就是外界因素整合于一个正在形成或已形成的结构，也就是把环境因素纳入机体已有的图式或结构之中，以加强和丰富主体的动作。也可以说，同化是通过已有的认知结构获得知识（本质上是旧的观点处理新的情况）。例如，当会抓握的婴儿看见床上的玩具，会反复用抓握的动作去获得玩具。当他独自一个人，玩具又较远，手够不着（看得见）时，他仍然试图用抓握的动作得到玩具，这一动作过程就是同化，婴儿用以前的经验来对待新的情境（远处的玩具）。顺应（accommodation）是指改变主体动作以适应客观变化，也可以说改变认知结构以处理新的信息（本质上即改变旧观点以适应新情况）。例如上面提到那个婴儿为了得到远处的玩具，反复抓握，偶然地，他抓到毯子一拉，玩具从远处来到了近处，这一动作过程就是顺应。因此，同化不能改变或更新图式，而顺应则能起这种作用。

当机体的认知和环境的刺激不相协调时，机体就会采用同化和顺应的方式使机体和环境达到平衡。平衡（equilibration）是指在认知结构和环境之间生成一种最佳均衡（适应）状态的生物驱力，是认知发展中的一个核心因素和动机力量。因此，个体发展的过程就是一个“平衡—不平衡—平衡”的循环往复的过程。

（二）认知发展

皮亚杰认为，儿童在发展的过程中会经历三个关键的时间点：2 岁左右、7 岁左右和青少年期。每经过一个时间点，儿童就会使用新的方式对知识进行建构。这也意味着儿童的认知发展会经历四个不同的阶段：婴儿期处于感知运动阶段（sensorimotor stage），童年早期处于前运算阶段（preoperational stage），儿童中期是处于具体运算阶段（concrete operational stage）以及青少年时期的形式运算阶段（formal operational stage）。每一阶段都会形成复杂的推理方式（见表 1 - 4）。在每个阶段期间，儿童在各种情境中的想法和行为反映了一种思维方式。皮亚杰提出，阶段的顺序是一定的。每一个阶段都是起源于上一阶段，对这一阶段进行同化和顺应又为下一阶段做准备。

表 1 - 4　皮亚杰的认知发展

阶段	年龄	基本特点
感知运动阶段	出生到 2 岁	这一阶段是思维的萌芽期，是以后发展的基础。皮亚杰认为这一阶段的心理发展决定着未来心理演进的整个过程。行为是自然发生的，代表了一种试图理解世界的努力。“一个球是用来扔的，一个奶瓶是用来吸的。”
前运算阶段	2～7 岁	这一阶段又称前逻辑阶段，儿童开始以符号作为中介来描述外部世界，表现在儿童的延迟模仿、想象或游戏之中。能够想象未来，反映过去，尽管他们的知觉定位仍然在很大程度上维持在当前：他们相信排成一直行的 10 枚硬币比堆成一堆的 10 枚硬币要多；不能在同一时刻以一个以上的维度进行思考，思维具有不可逆性。语言迅速发展，减少了自我为中心。

续前表

阶段	年龄	基本特点
具体运算阶段	7～11 岁	在这个阶段，儿童已有了一般的逻辑结构，表现为显著的认知增长，语言和基本技能迅速发展。有了一些抽象思维，如："诚实就是把钱交还给丢钱的人。"思维具有可逆性。
形式运算阶段	11 岁以后	这一阶段儿童的智力发展趋于成熟，思维能力已超出事物的具体内容或感知的事物，思维具有更大灵活性。经常显示出理想主义色彩。

1. 感知运动阶段

0～2 岁。婴儿通过他们的身体动作来了解这个世界。简单的反应变得越来越复杂、有目的性和有组织性。这个阶段的儿童只有动作活动，开始协调感觉、知觉和动作间的活动，还没有表象和思维，智力活动还处于感知运动水平。婴儿的行为是自然发生的，代表了一种试图理解世界的努力。对婴儿来说，"一个球是用来扔的，一个奶瓶是用来吸的"。不同的婴儿进入特定阶段的年龄差异很大，进入某一阶段的确切时间反映了婴儿身体的成熟水平和婴儿所处社会环境性质之间的交互作用。这一阶段是思维的萌芽期，是以后发展的基础。在感知运动阶段，儿童有了守恒概念中的简单部分，却是非常关键的部分，这部分被皮亚杰称为"客体永久性"。皮亚杰做了这样一个实验：婴儿想要拿到的球恰巧滚到了其他物体的后面，观察婴儿的反应。皮亚杰的发现是：年龄小于 8 个月的婴儿不会去寻找它，他们只是简单地把注意力转移到别的物体上。皮亚杰把这种现象解释为"婴儿不知道物体仍然存在"。

皮亚杰认为婴儿根据物体的功能对其进行分类。他通过观察他的女儿对摇篮上方的塑料鹦鹉的反应来说明这个问题。当其女儿躺在摇篮里的时候喜欢用踢腿的方式使得鹦鹉来回地摆动。6 个月大的时候，她看到鹦鹉的时候，即使不在摇篮里，她也会做出踢腿的动作。皮亚杰对这一现象的解释是：他女儿把鹦鹉归入"我一踢腿就摇摆的东西"这一类。这种以物体的功能来分类，是以后更加复杂的分类方式的基础。

儿童对"关系"的理解也是在感知运动阶段发展起来的。皮亚杰描述了其三个孩子 3 到 4 个月的情况：孩子对动作力度和由此造成的反应强度之间的关系感兴趣。越是使劲地踢，就越会让摇篮上的物体产生大幅度的摇摆；摇摆的幅度越大，发出的声音也越响；等等。因此，他们理解了这样一种关系："我的动作越是用力，那么动作的效果也就越明显。"

婴儿期的某些智力成就对我们成人是很容易的事情，对婴儿却可能具有智力发展的里程碑式的意义，如婴儿对客体永久性的认识、婴儿的目的和意图的出现以及婴儿的模仿。

(1) 客体永久性。

客体永久性 (object permanence，object constancy)，亦称"客体永恒性""永久性客体"，是皮亚杰研究儿童心理发展时使用的一个概念。即当物体不在跟前或通过其他感官不能察觉时，儿童仍然知道物体是继续存在的。

皮亚杰认为，感知运动阶段的儿童获得的一个主要认知成就就是客体永久性。客体永久性是最初的守恒形式，又是以后具体运算期儿童物质、重量、容积等守恒的基础（见表 1－5）。

表 1-5　客体永久性能力的形成与发展

时间	特征
出生到 2 个月	婴儿没有任何客体永久性概念。婴儿能在视野内看客体，但当客体消失后，婴儿将停止观看并转向其他活动。婴儿没有期望，也没有寻求，即使是母亲的脸婴儿也不过看看而已；母亲走开，婴儿便会看其他客体。
2～4 个月	“被动地期望。”婴儿短暂地盯视一会儿客体消失的位置，好像等待着客体重新出现。婴儿没有积极地探索。一个婴儿转过头去没有看到他想看到的人时，只表现出失望和期待。
4～8 个月	“探索部分被遮盖的物体。”这个时期的婴儿将寻找部分被遮盖起来的客体，但如果客体完全消失，他将停止去寻找。
8～12 个月	儿童开始出现主动寻找，能够寻找完全遮盖起来的客体。皮亚杰认为，婴儿的客体永久性真正出现了。但如果把客体连续地位移，儿童并不能成功地找到客体，说明此儿童的客体永久性有局限性。儿童只注意到客体的位移，并没有注意到客体的连续性位移。这时儿童开始出现主动寻找，但不考虑客体位移的先后顺序。
12～18 个月	“客体位移后寻找。”如果把物体放在 A 处，然后移到 B 处，处在这一阶段的儿童会直接到 B 处去寻找。儿童一方面把客体与空间联系起来，确定了客体在空间的位置和位移；另一方面又把客体连续位移的终点与其他各点区别开。儿童有了更大的客体永久性和独立性认知。
18 个月以后	“儿童看不到客体位移也能建构客体。”到达此阶段，儿童有了对看不见位移的客体的表征。儿童能用各种动作联合起来寻找物体，并形成对客体永久性的顿悟。不论遮盖物体多复杂，不论看不见的客体位移多复杂，儿童都认为客体仍旧存在着。客体成了独立于主体的现实体，成了保持自身统一性的现实客体。

皮亚杰认为这是儿童认知发展上的一次哥白尼式的革命，对儿童智力发展具有重大意义。这时儿童开始把自己仅看作是由无限众多客体组成的世界中的一个客体而已。这一成就主要表现为三个方面：

第一，形成了稳定性客体的认知格式，当某一客体在视野某处消失，他们仍能在该处寻找。

第二，空间-时间的组织也达到了一定水平，形成空间“位移群”的基本结构。这时，对客体的定位可以按“位移”的线路追踪出来。皮亚杰指出：“这个群的心理学的等价语义就包含着回到原初位置或者围绕一种障碍进行迂回等等行为的可能性。”位移不仅反映了空间的特性，同时也体现了时间序列的特点，因为位移总是遵循一定顺序发生的。

第三，表现出因果性认识的萌芽。皮亚杰认为稳定性客体及其位移的体系又是同因果性结构不能分离的。儿童最初的因果性认识产生于自己的动作与动作的结果的分化，以后扩展到客体之间的运动关系。当儿童能运用一系列协调的动作实现其一个目的——如用手拉动面前的毯子以拿到放在毯子上的玩具的时候，就意味着因果性认识已产生了。所以，儿童获得客体永久性观念对儿童后来的认知发展具有极其重要的意义，是后来儿童认知活动发展的基础。

（2）婴儿的意图。

意图是一种有目的和有计划引导和组织人类行为的心理状态，它在一定程度上能决定人的行为，并带来一定的后果。如果一个婴儿因为难受而哭泣，那么他做出的是一种自动化反应；如果一个婴儿通过哭泣来获得成人手里的玩具，那么他做出的就是有意图的行为。其他诸如爬进陌生的房间、使用语言或揭开盖在玩具上的遮盖物以获得玩具等行为均属于有意图的行为，即婴儿知道通过一定手段可以达到某种目的。意图的出现不仅有利于儿童自身能力的发展，还能提高儿童对于他人的理解能力。

理解意图的概念时，区分愿望与意图对儿童的心智发展具有重要意义。目的的达到意味着愿望的满足，而意图却非如此，意图需要引发与之相应的行为，借此达到目的。例如，儿童想要掉在桌子下的玩具，他自己去拿可以满足愿望，叫嚷着让他父母替他捡起来送给他，也能满足他的愿望。但是，如果儿童有拿球的意图，则需要靠他自己采取一定手段（爬到桌子下）或利用一定工具（用竹竿捅）拿到球。也就是说，就意图而言，必须由儿童自己引发行为的结果。

（3）婴儿的模仿。

模仿是个体自觉或不自觉地对新观察识记的人与物进行模拟、复制和表现的学习行为，是个体学习的重要方式。婴儿模仿的主要特点有：

第一，模仿有直接的即时模仿，也有延迟模仿，即当动作原型消失一段时间后，儿童对该动作的模仿才开始出现。

第二，婴儿对他人行为和言语的模仿都具有选择性，他们表现的往往不是榜样演示的全部言语和行为。

第三，有些模仿不能直接从儿童身上观察到，是内化和高级的模仿。皮亚杰认为，儿童2岁以后，“心理表征”出现，婴儿开始以内化的形式进行模仿。

第四，模仿具有进化意义。模仿是人类和动物掌握解决问题技能的必要手段，能够促进儿童与父母之间、儿童与环境之间的相互作用，并增加儿童的灵活性、游戏的兴趣和好奇心。

第五，模仿存在遗传基础。对同卵和异卵双生子的研究表明，1岁的同卵双生子比1岁的异卵双生子在模仿方面有更大一致性。

关于模仿能力的产生与发展，不同的学者持有不同的观点。皮亚杰认为，模仿是婴儿拥有符号表征后才发展起来的一种能力。班杜拉也认为，模仿是学习的产物，它是由于后天的强化和反馈而被保留下来的能力，通过这种能力婴儿还可以进一步学习。然而，后来的研究者发现，新生儿出生后仅仅几个小时就能模仿成人基本的面部表情，10～20天的婴儿就会模仿成人伸舌头发出声音，这表明人类天生就有模仿他人行为的基本能力，只不过这种能力的发展有赖于后期的环境经验。总的来说，模仿发展的基本趋势是：从无意识的、不自觉的模仿到有意识的、自觉的模仿；从把模仿当作目的到把模仿作为达到目的的手段；从模仿榜样的外部特征到模仿其内部特征；从即时的模仿到延迟模仿。

从出生到3岁，儿童的模仿能力发展很快，模仿的内容也变得越来越复杂。模仿成了婴儿最有力的学习手段，并以此探索他们周围的社会，分享周围人的行为状态，理解周围的人们。在模仿过程中，婴儿注意到自己的行为动作和别人是不是一样，开始寻找“自我”。

2. 前运算阶段

2～7岁。儿童使用一种新的媒介（心理表征）和一个组织性更高的结构来重新建构物体、关系、因果、空间和时间的概念。这一阶段的主要认知成就是出现了符号功能或象征性功能。符号是事物的代表而不是事物本身。语言是一种符号，如“茶杯”这一个词代表具有与茶杯相同功能的那一类物品。心理表征也是一种符号，存在于个人头脑中，跟它表征的事物有某种相似性，如我们想起“狗”，头脑中立刻浮现出“狗”的形象，这是我们过去见过狗这一动物形象的反映。动作姿势也可以作为一种符号，如两只手掌合放在头的一侧，就是假装要睡觉了。

儿童在此阶段更多使用象征性符号思维，出现心理推理，概念的使用也有所增加。看到妈妈的车钥匙，儿童可能会想到“去商店吗?”这个问题，因为儿童开始将钥匙看做是开车的象征。用这种方法，儿童开始更善于在内部表征事件，更少依赖直接的感知运动活动来理解周围的世界。但是他们还不能进行运算，即有组织的、形式的、逻辑性的心理过程，这些是学龄儿童的特征。只有在前运算结束的时候，他们才开始具备运算能力。

符号功能的产生是儿童认知能力发展的一种飞跃。在婴儿期，儿童对客观事物的认知是直接的、即时的，离不开感知和动作，而前运算阶段的儿童已产生人类特有的语言思维，用词和表象相结合的方式去思考，从而使思维和动作分离开来，使思维有概括性和间接性。儿童不仅能思考当前的事物，而且能思考过去和未来，这为儿童的认知开辟了无限广阔的天地。

前运算也有局限性。虽然这时儿童开始以符号作为中介来描述外部世界，能够表现出延迟模仿、装扮、想象或游戏，能够想象未来，反映过去。但是他们的知觉定位仍然在很大程度上维持在当前：他们相信排成一直行的 10 枚硬币比堆成一堆的 10 枚硬币要多；不能在同一时刻以一个以上的维度进行思考。具体表现在以下几方面。

自我中心：皮亚杰认为前运算的儿童思考问题的基本方式是以自我为中心的，他称之为自我中心。所谓自我中心不是指儿童很“自私”或“不考虑别人的利益”，而是指儿童仅从自己的角度去表征世界，不能认识别人具有与自己不同的观点，并相信任何人的观点、想法和情绪体验都是和自己一样的。

不具备守恒概念：皮亚杰指出前运算的 7 岁左右的儿童还是没有守恒概念。所谓守恒是指客体的外观虽然改变了，但客体的某一物理属性（如数量、质量、长度、重量、面积、容积或体积等）仍然保持不变。

对转变不完全理解：皮亚杰认为转变是一种状态变化成另一种状态的过程。如成年人知道如果让一支竖直的铅笔落下，它会经历一系列连续的动作，直到它到达最终的水平静止点，而儿童则不能理解这一过程。

不能解决分类任务：儿童的分类能力在前运算阶段有了相当大的进步。皮亚杰采用这种分类方式来研究：要求儿童把一堆不同颜色、大小和形状的积木进行分类。在前运算阶段的早期，儿童的归类没有统一特征。到前运算阶段的后期，4～5 岁，儿童的分类有了一致性，会把小积木归为一组、大积木归为一组。虽然前运算阶段的儿童学会了这种简单的分类，但是解决其他分类问题仍然具有一定的难度。例如类包含的问题。皮亚杰认为前运算阶段的儿童不能解决类包含的问题是因为这个阶段的儿童倾向于只考虑单一维度，而排除了其他的维度。

皮亚杰发现儿童不能按前后一致的概念标准分类。如他们会把若干个不同颜色的正方形放在一块，同时又会把相同颜色的正方形、圆形、三角形放在一块，即他们是依据客体的外部知觉特征进行分类的，并且在同一个分类作业中分类的标准经常变动。皮亚杰还发现了儿童对“分类”和“关系”这两个概念理解间的关系。这种关系可以借助数字得以阐明。当我们说一个儿童理解了“3”这个概念的时候，就意味着儿童也应该明白“3 个球”“3 辆车”“3 把勺子”之间的共同之处，一般来说它们都是 3 这一类的成员，同时也应该明白这一类和其他类的关系。3 这一类比 2 这一类大，而比 4 这一类小。皮亚杰认为儿童最初只是把“分类”和“关系”当作彼此独立的两个概念，但是最终实现了把这两者整合在一起进行理解。

3. 具体运算阶段

7～11 岁，是以主动且恰当地使用逻辑为特征的。这个阶段的思维更加灵活和抽象。知识的主要来源仍然是行动，但这时的行动指的是心理的行动。具体运算思维要求把逻辑运算应用于具体问题之中。如，当处于具体运算阶段的儿童面临一个守恒问题时（如判断从一个容器倒入另一个形状不同的容器中的液体是否总量不变），他们会运用认知和逻辑过程去回答，而不再只是受事物表象的影响。他们能够进行正确的推理，即因为液体没有漏出，所以液体的总量不变。由于他们的自我中心程度较低，所以他们能够考虑到一个情景中的多个方面，即具有去中心化的能力。儿童一旦完全采用具体运算思维，他们就展现出很多认知进展。例如，获得可逆性的概念，即转变刺激的过程是可以逆转的，可以使其恢复到最初状态。如，3＋5 等于 8，那么 5＋3 也等于 8，而且在该阶段的后期，他们还会理解 8－3 等于 5。

此阶段的儿童已经认识到事物可以按照不同的标准分类，在分类的过程中他们能按照前后一致的概念标准分类，并且能解决类包含问题。具体运算阶段的儿童具有序列能力，这是指他们能够按照大小的递增或递减对物体的各个成分排出次序。这个阶段的儿童具备了对距离、面积和体积的认知，及空间推理能力，特别表现在“心理旋转”和“心理行走”等方面的推理能力的发展上。皮亚杰认为，在具体运算阶段，儿童能够把分类和关系整合为单一的、统一的体系。皮亚杰用多重分类问题的解决来阐明这种能力的发展（要求儿童同时考虑两个维度的变化）。英海尔德和皮亚杰发现，4～6 岁的儿童中，只有 15％的儿童能同时考虑两个维度，而 9～10 岁的儿童中绝大多数都能同时考虑两个正确的维度，表明他们已经具备了同时考虑分类和关系的能力。

总的来说，处于具体运算阶段的儿童比前运算阶段的儿童思维的发展有了质的变化，这种变化主要表现在如下五个方面：从现象到本质的发展；从中心性到去中心性的发展；从静态到动态的发展；从不可逆到可逆的发展；从质的同一性到数量上的同一性的发展。儿童能形成稳定的概念，出现了概念思维，他们的思维就不会再受物体的知觉特点所限制，能协调各种关系，使思维达到灵活的平衡。

4. 形式运算阶段

11 岁以后，儿童的智慧发展趋于成熟，思维能力已超出事物的具体内容或感知的事物，思维具有更大灵活性。心理操作现在不仅可以运用具体的物体，也可以运用单纯的口头或者逻辑陈述、可能和现实、未来和现在等。想法变得有逻辑性、抽象且能运用假设。

青少年的思维形式与内容能相对分开，能够摆脱具体事物的束缚，以命题形式进行运算；能用假设-演绎推理的形式进行科学思考。形式运算阶段的青少年能通过思考命题本身而对命题的逻辑性作出评价。他们不需要结合现实世界的环境来思考这些命题，采用一种奠基于可能性的思维，而现实从属于可能性。因为抽象思维使青少年能够超越现实，设想各种可能性，所以它开辟了一个理想和完美的世界。青少年可能会想象出各种家庭、宗教、政治和道德体系，并且他们还想对这些方面进行探讨。这种心理倾向是青少年探究新的经验领域，培养更强的社会责任感及说明自己的价值观和偏好的一个组成部分。

青少年开始了解形式更加复杂的守恒问题，涉及变化中的变化，如运动守恒。英海尔德和皮亚杰利用下面这个实验来研究儿童和青少年对运动守恒概念的理解：用一个弹簧驱动的活塞撞击不同尺寸的球，要求儿童和青少年判断球可能停在哪里，并解释为什么有些球比另外一些球停得早，以及为什么会停下来。前运算阶段的儿童仅能注意一个维度，预测大球会滚得远，因为它较有力。具体运算阶段的儿童意识到多个维度的重要性，从多角度考虑，不仅意识到球本身的重要性，也意识到球滚动所接触物体表面的光滑程度的重要性。形式运算阶段的儿童运用科学的概念来思考这个问题，如运动守恒。他们使用术语来概括这个问题（"如果没有空气阻力和摩擦力……"），这种思考方式就是形式运算阶段最独特的能力，包含了运动维度的守恒，说明青少年从实际情境出发，对可能情境进行推断，因为没有人体验过没有阻力和摩擦力的环境。

此外，青少年的归纳推理的能力也获得了发展。当面对难题时，形式运算阶段的青少年会考虑可能产生影响的所有因素，运用隔离变量的策略，在全部可能组合中寻找并确定某种关键的组合。甚至在外部特征上没有明显显现的因素时，他们也会极尽思考，逐步找到真正起作用的因素。

这一阶段，青少年的反省思维能力得到发展，自我中心性回归。青少年反省自己思维的能力与他们所经历的生理和心理变化都意味着，他们对自身开始进行更多的思考。皮亚杰认为，伴随着形式运算的产生，一种新的自我中心产生了：不能把自己的抽象观点和另一个人区分开来。当青少年想象他人一定在想什么时，他们对于人我关系就会产生两种认知扭曲。

（1）假想观众（imaginary audience）。当你发现一个初中的男孩或女孩在镜子前花费越来越长的时间的时候，你可以不必奇怪。因为青少年总是想象社会是一个大舞台，自己在舞台上表演，并总是觉得自己是别人关注的焦点（Elkind & Bowen，1979）。结果，他们产生了极度的自我中心，并常常费尽心思避免难堪。假想观众有助于我们理解为什么青少年会花大量时间观察自己外表的每一个细节。它也可以解释为什么青少年那么在意老师、父母、同伴的批评，每当受到批评的时候又那么容易冲动和激惹。对那些认为大家都在监控自己表现的青少年来说，父母或教师的批评可能会使他们感到很大的屈辱。

（2）个人神话（personal fable）。青少年相信别人正在对他们评头品足，所以他们逐渐夸大了自己的重要性。他们开始认为自己是特殊的、与众不同的。许多青少年认为自己是最棒的，有时又认为自己跌到了非同寻常的绝望的深渊——认为这些经验是别人不可能理解的。个人神话可能会促成青少年的冒险行为。

在向形式运算过渡的过程中，假想观众和个人神话最明显。随着抽象推理能力的发展，它们逐渐减少（Enright，Lapsley，& Shukla，1979；Lapsley et al.，1998）。然而，对自我所产生的这种扭曲的看法可能并不代表自我中心的某种回归。相反，它们似乎是观点采择能力发展的结果，它使青少年非常关心别人的想法。青少年总是怀有这样一种想法，即认为别人非常关注他们的外表和行为，还有情感上的一些原因。在为摆脱父母的束缚，形成独立的自我意识而斗争的时候，这种心理特点可以帮助他们牢固保持某种重要的人际关系（Vartanian，1997）。

皮亚杰主要关注如何发展一种关于心理的非常详细的认知建构理论，然而却是一种没有生理基础的心理。当时的时代精神是发展认知结构的完美模型，而很少留意这样的结构在生物学上是否可信，或者这些结构的神经生物基础。在那时，没有办法直接观察活着的儿童的脑。

三、维果斯基的社会文化历史理论

维果斯基的非二元论思想表明了交互心理（intermental）（社会的）经验促进内在心理（intramental）（心理的）发展。我们可以把这个过程理解为中介过程（mediation），在这个过程中人类通过与世界接触形成和塑造了文化生产的人工制品（例如谈话的形式、表征思想和信念的形式、符号和象征的形式）。维果斯基对中介过程的理解对其分析社会、文化和历史因素在心理形成上的影响非常重要。

维果斯基探讨了“发展”的实质，提出了社会文化发展理论。他认为：一个人的心理（从出生到成年），是在环境与教育影响下，在低级心理机能的基础上，逐渐向高级的心理机能转化的过程，这一过程是以语言符号为中介的，并是不断内化的结果。

（一）社会文化与两种心理机制

维果斯基认为，心理发展起源于社会文化历史的发展，受社会规律制约。社会文化历史由风俗习惯、宗教信仰、衣食住行、历史文化、社会制度和社会规范等构成。

个体是在社会文化历史中发展的，从低级心理机能转化成高级心理机能。低级心理机能是指动物进化的结果，以直接的方式与外界相互作用，如感觉、知觉、不随意注意、机械记忆、情绪、冲动性意志、直观的动作思维。而高级心理机能是人特有的，以心理工具（主要是语言、符号）为媒介，在交往过程中产生与发展起来的，是受人类的文化历史所制约的，如观察（有目的的知觉）、随意注意、词的逻辑记忆、抽象思维、高级情感、预见性意志等。

（二）关于教育与发展

在教育与发展的关系上，维果斯基提出了三个重要的问题。

1. 最近发展区（zone of proximal development，ZPD）

威尔斯（Wells）区分了维果斯基早期著作中关于最近发展区的两种定义。早期定义强调儿童智力能力的动态评估，而不是更多的静态测量，例如 IQ 分数。维果斯基在这里把 ZPD 定义为：实际的发展水平是独立解决问题的能力水平，更高的潜在发展水平是在成人或在更多有能力的同辈的帮助下解决问题的能力水平。他详细地说明了这个定义以强调有帮助和无支持的表现之间的差异。

“假如我调查两个儿童，生理年龄都是 12 岁，心理发展水平都是 8 岁。我可以说他们的心理年龄一样吗？当然可以。这是什么意思呢？它表示他们可以独立地解决 8 岁标准难度的任务。设想他们使用不同的方式解决任务，都在我的帮助下解决问题。在这种情境下，结果是第一个孩子可以解决 12 岁水平的问题，第二个可以解决 9 岁水平的问题。现在这两个儿童的心理年龄一致吗？”

维果斯基的兴趣是评估学习者可以取得进步的途径。关注过程和评估结果已经被包含在现在被称为“动态评估”的技术范围内。动态评估的一般做法，不管是明示还是暗示，都源于维果斯基的研究。这和皮亚杰的学习落后于发展以及斯金纳（Skinner）的学习和发展同步的研究形成鲜明对比。

在后期，他认为，个体发展有两个水平：第一种水平是现有发展水平，这是指由一定的已经完成的发展系统的结果而形成的心理机能的发展水平；第二种是在有指导的情况下借别人的帮助所达到的解决问题的水平，也是通过教育所获得的潜力。这样在智力活动中，在所要解决的问题和原有独立活动之间可能有差异。由于教育而在别人的帮助下消除这种差异，这就是“最近发展区”。教育创造“最近发展区”，第一个发展水平与第二个发展水平之间的动力状态是由教育决定的。

本质上，维果斯基对 ZPD 的性质的看法并没有变化。关注点的变化可能会由他工作的社会的、政治的、专业的、环境的变化引起。在早期研究中，他更关注评估，所以更有可能描述评估。随着他的事业发展，他自身的兴趣也从心理机能之间的关系转向心理功能和社会环境之间的关系。

2. 教育应走在发展的前面

这是维果斯基对教育与发展关系问题的最主要的理论，也是基于“最近发展区”思想提出的。也就是说，教育“可以定义为人为的发展”，教育决定着智力的发展，这种决定作用既表现在智力发展的内容、水平和智力活动的特点上，也表现在智力发展的速度上。

维果斯基发现教育和发展是不一致的，这是两个具有非常复杂的相互关系的过程。当教育在发展之前时，它才有用。教育在发展之前，它会唤醒或推动一系列功能，这些功能处于最近发展区的成熟阶段。这是教育在发展上的主要作用。这是教导孩子和训练动物之间的差异。这也是引导儿童全部发展的教导和特殊专业技能的教导（例如骑自行车）之间的差异。每所学校的正规方面就是实现了教育在发展上的影响。如果只在已经成熟的发展阶段教育或不重视发展本身的作用，那么教育是完全没有必要的。

3. 关于学习的最佳期限问题

如果错过了学习某一技能的最佳年龄，从发展的观点看来都是不利的，它会造成儿童智力发展的障碍。因此，开始某一种教学，必须以成熟与发育为前提，但更重要的是教学必须首先建立在正在开始形成的心理机能的基础上，走在心理机能形成的前面。

ZPD的提出重要的启示之一是教学和评估应该关注学习者的潜能，而不是成就和理解的实际水平；第二就是通过个体以合作的、相互协商的形式积极参与，教学应该为发展创造机会，而教师要转变对学习者的控制。

（三）“内化”学说

维果斯基认为，个体的认知发展就是将外部动作不断“内化”到抽象思维的过程。内化靠的是人类的精神生产工具或“心理工具”，也就是各种符号，包括语言。运用符号使心理活动得到改造，这种改造转化不仅在人类发展中，而且也在个体的发展中进行着。儿童早期还不能使用语言这个工具来组织自己的心理活动，心理活动的形式是“直接的和不随意的、低级的、自然的”。只有掌握语言这个工具，才能转化为“间接的和随意的、高级的、社会历史的”心理机能。新的高级的社会文化历史的心理活动形式，首先是作为外部形式的活动而形成的，然后才“内化”。转化为内部活动才能“默默地”“在头脑中进行”。

术语解释

1. 发展（development）是指在不可逆的时间框架内，通过机体与环境相互作用的过程，产生了结构上的转变。即个体在生命进程中表现出来的系统的、连续性的变化，反映了生物成熟和学习对个体的影响。

2. 非共享环境（nonshared environment）是孩子们在同一个家庭成长却并不共同享有的环境，例如，因为性别、出生顺序和体型等不同，受到父母亲的不同对待。

3. 共享环境（shared environment）是指在同一个家庭长大的孩子所共同享有的环境，如家庭的经济状况、家庭气氛、教养方式、父母的教育程度与社会地位以及周边环境等。

4. 印刻效应（imprinting）是一种由本能预先安排好的条件作用形式的获得过程，是指天生的行为模式随着刺激的增多而变强的过程。

5. 同化（assimilation）是外界因素整合于一个正在形成或已形成的结构，也就是把环境因素纳入机体已有的图式或结构之中，以加强和丰富主体的动作。也可以说，同化是通过已有的认知结构获得知识（本质上是旧的观点处理新的情况）。

6. 顺应（accommodation）是指改变主体动作以适应客观变化。也可以说改变认知结构以处理新的信息（本质上即改变旧观点以适应新情况）。

7. 平衡（equilibration）是指在认知结构和环境之间生成一种最佳均衡（适应）状态的生物驱力，是认知发展中的一个核心因素和动机力量。

8. 客体永久性（object permanence，object constancy），亦称“客体永恒性”“永久性客体”，是瑞士儿童心理学家皮亚杰研究儿童心理发展时使用的一个概念。即当物体不在跟前或通过其他感官不能察觉时，儿童仍然知道物体是继续存在的。

9. 最近发展区（zone of proximal development，ZPD），实际的发展水平是独立解决问题的能力水平，更高的潜在发展水平是在成人或在更多有能力的同辈的帮助下解决问题的能力水平。

本章小结

1. 发展是在不可逆的时间框架内，通过机体与环境相互作用的过程，产生了结构上的转变。即个体在生命进程中表现出来的系统的连续性的变化，反映了生物成熟和学习对个体的影响。心理发展包括三方面：生理发展、认知发展和情绪与社会性发展。

2. 行为遗传学区分了遗传、共享环境与非共享环境对个体发展的作用并提出了三种基因-环境相互作用的形式：被动的基因型/环境相关、唤起的基因型/环境相关和主动的基因型/环境相关。

3. 儿童生理的发展包括身体结构的发展和运动的发展。身体结构的发展又包括生理发育与大脑发育。身体的发展和运动的发展都遵循两条主要原则：头尾原则和近远原则。儿童动作的发展主要包括两方面的内容：粗大动作技能（如行走动作）和精细动作技能（如手部动作）。

4. 认知发展理论关注个体获得知识的方式，即获得、加工以及运用信息的方式。皮亚杰提出儿童认知发展经过四个阶段：感知运动、前运算、具体运算和形式运算。

5. 图式的定义是"一个有组织的、可重复的行为或思维模式"。凡在行动中可重复和概括的东西都可称为"图式"，是一种有组织的行为模式与环境的相互作用。

6. 青少年期可能出现两种认知扭曲：假想观众和个人神话。

拓展学习与活动

相关网站：

http：//www.srcd.org 国际儿童发展研究会

http：//www.apa.org/about/division/div7.html 美国心理学会发展心理学分会

推荐阅读：

1. 唐娜·威特默，桑德拉·彼得森，& 玛格丽特·帕克特.（2015）.*儿童心理学：0～8岁儿童的成长*.北京：机械工业出版社.

2. 让·皮亚杰.（1990）.*意识的把握：年幼儿童的动作和概念*.济南：山东教育出版社.

3. 朱莉娅·贝里曼，等.（2000）.*发展心理学与你*.北京：北京大学出版社.

4. 珍妮特·冈萨雷斯-米纳，戴安娜·温德尔·埃尔.（2016）.*婴幼儿及其照料者*.北京：商务印书馆.

5. Miller，P. H.（2002）. *Theories of developmental psychology（4th ed）*. New York：W. H. Freeman.

小论文：

提高新一代的素质是实现中华民族伟大复兴的关键。从儿童发展的研究视角，谈谈你对向家长普及"科学育儿"知识的设想。

第二章

儿童发展研究方法

问题思考

阅读本章内容后，你将找到以下问题的答案

在生命全程中，经常采用哪些研究设计来描述发展变化？

为什么说实验设计是唯一可以确定特定行为原因的设计？

跨文化研究有什么优缺点？

我们如何保护被试，以使其在研究中不受侵害？

对儿童发展的研究是一项科学事业，当代儿童发展心理学家采纳了科学方法的价值体系来指导自己了解所研究的事物。与侦探破案相类似，要理解儿童心理发展的秘密，儿童发展心理学家必须先根据已经掌握的信息提出假设，运用科学合理的技术收集、分析及呈现证据或数据，同时认真地观察相关的研究对象，合理地分析所收集的资料，检验理论假设的合理有效性并得出儿童是如何发展的结论。同时，在这一过程中还要注意科学的研究要符合伦理规范，保证儿童免受伤害。

第一节　儿童发展研究设计手段

一、发展研究设计

发展心理学的一个关键任务是发现个体的行为随年龄的变化及变化的个体差异。为此，追踪设计和横断设计成为两种特殊的发展研究设计。年龄的比较成为这两种研究方法的基础。横断研究比较不同年龄组的被试在同一时间点上行为的差异，是一种独立测量设计，即观察不同年龄段的不同被试。纵向研究（即追踪设计）则是对同一组被试在不同年龄段进行重复测量，然后进行比较；它遵循了重复测量设计的原则，即观测不同年龄水平的同一被试。

纵向研究适用于很多心理学研究目的，可以追踪正常发展的进程，确认导致心理问题的危险因素并且评估各种干预的效果。纵向研究还能确定各种新能力开始的时间、各种适应不良的持续时间。这些研究目的都是关注个体的变化，因而需要对每一个被试进行重复测量。由于个体的发展包含了多个领域的变化，比如认知技能、情绪的自我管理、社会行为，因而在某一特定领域都可能有一条发展轨道来描述个体的发展进程。根据韦斯利·米尔斯（Wesley Mills）的看法，发展心理学需要：（1）对个体进行从出生到成熟的纵向研究；（2）对发展的长期条件进行系统的实验控制研究。然而，到儿童心理学领域发展的第一阶段结束的时候所获得的关于纵向发展的信息依然是不完全的、主观和回溯性的。在 19 世纪末 20 世纪初，开展纵向研究的一个障碍是测量方法缺少。另一个障碍是缺少能和它们的研究对象存在时间一样长的研究机构，随着 20 世纪 20 年代几家儿童研究所在美国成立，这一问题也得到了解决。推孟（Terman）完善了智力测验工具，使得用于认知能力评价的可靠工具的问题得以解决。

传统的发展心理学所用的检验年龄函数关系的设计主要是横断研究和纵向研究。但是，横断的研究方法无法进行个体内部变化的比较，同时年龄差异和被试效应（出生年代）被混淆了，因此许多发展学家认为这种方法仅能得到发展的近似结论；相反，纵向研究方法能直接得到个体内变化和个体间差异的信息，但可能存在重复测量效应和测量工具的问题。最经典的例子是成人的智力发展：横断研究已经指出，成人的智力在 30 岁左右开始出现早期衰退现象；但同时纵向研究却认为，在五六十岁之前，成人的智力表现要么增加要么不发生变化（Baltes，1967；Schaie，1967）。

序列研究设计是为了研究变化的世界中个体内变化和从出生年代效应中分离出年龄变化而发展起来的。具体设计是在同一时间选定不同的被试群体进行研究，然后对各个被试群体进行纵向的跟踪研究。其研究设计的图解如图 2－1 所示。序列研究法既可以在短时间内了解各年龄儿童心理特点的总体情况，又可以从纵向发展的角度认识儿童心理特征随年龄增长而出现的变化和发展，还可以探讨社会历史因素对心理发展产生的影响。这种设计可以得到描述性序列策略的两个类型之间的差异：横断序列和纵向序列。前者中，独立组在所有出生年代和年龄水平只被检验一次；后者中，挑选的同代人在所有年龄被重复测量。这种设计提供了更广泛的关于变化现象的描述性信息。特别是来自序列

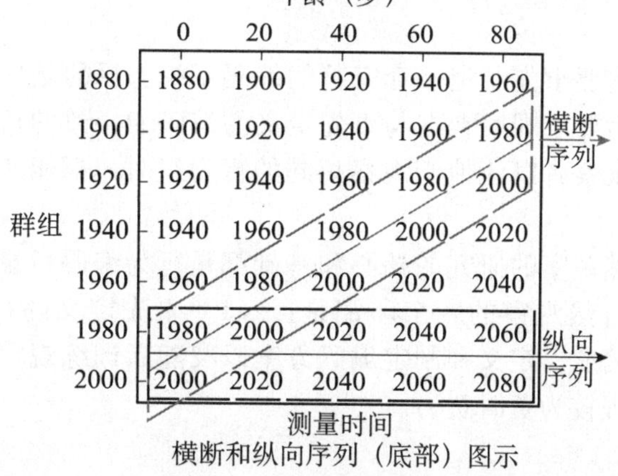

图 2－1　序列研究设计图示

策略的数据使研究者能够探讨变化世界中的行为发展，防止错误地使用横断年龄差异作为以后解释性的变化分析的效标。同时，在一个设计中同时使用横断和纵向序列时可以获得更高的内部效度。

横断研究、纵向研究和序列研究设计的主要用处仅限于描述性任务，而解释必须通过其他研究设计的应用而获得，如发展的实验模拟等技术。

二、发展研究手段

（一）观察法

科学观察是一项重要的技术，只有受过严格训练的观察者才能很好地运用这一技术。在使用系统观察法的过程中，观察者必须要知道观察什么、观察对象是谁、在何时何地进行观察、观察如何进行以及如何记录观察结果等。阿尔弗雷德·比奈（Alfred Binet）是最早把观察工作拓展到实验室外的实验儿童心理学家，他提出“观察和实验，实验和观察”是获得真理的唯一方法。20 世纪 20 年代中期，观察被引入婴儿和儿童的社会行为研究中。但这些研究是关于行为的，而不关注发展过程，无论是学习的还是心理生理的过程。

1. 自然观察法

自然观察法是儿童研究中常用的一种方法，被定义为一种量化行为的特殊方法。这种方法一般关注在自然环境下观察到的自然发生的行为。自然观察法（naturalistic observation）是直接深入到现场或自然环境中，观察并记录所研究的行为，不对环境施加任何操作或控制。这种观察可以在家庭、幼儿园、学校、社区、商场或其他真实环境中进行。婴幼儿的言语能力有限，但其心理活动带有明显的外显性，因此通过观察他们的外部行为和言语，可以了解其心理过程、心理状态和心理特征。

自然观察法的最大优点是在自然状态下对婴幼儿进行观察，研究者可以直接看到他们想考察的日常行为和表现，并获取比较真实的资料。其缺点是观察资料的质量容易受到观察者的能力及其他心理因素的影响。另外，观察者只能对个体的言行进行记录，而不能主动选择和控制，并且，在日常生活中，个体不一定有均等的机会表现出某种特定的行为。

自然观察的实施需要事先制定一套完善的编码系统。目的是事先界定好各种类型的行为和行为编码，然后要求观察者在与事先定义的编码相一致的行为反应发生时就记录下来。关键是要训练观察者以让他们观察相同的行为组时，都能产生一个实质上相同的报告。

任何一个采用自然观察的研究的核心和基础都是行为编码目录，它是因一个特定的项目而发展起来的。自然观察的两个印记是：（1）事先定义的行为编码目录的使用；（2）观察者的描述可信度。定义和制定编码方案以及随后训练观察者达到一个可接受的一致性水平，整个过程较为费时费力。

拓展阅读

系统观察的一个经典例子

早期一个著名的系统观察的例子是米尔德里德·帕滕（Mildred Parten）20世纪20年代晚期在明尼苏达大学儿童福利院所做的关于学龄前儿童社会参与的研究。事实上，20世纪20年代至30年代出现了许多优秀的儿童行为的观察研究，现在仍在使用的许多基本技术在那时就已被使用，在这里我们把帕滕的研究当作早期成果的一个例子来讨论，并把它作为一种应用例子来定义我们所谓的“系统观察”的方法。同时，帕滕的研究是非序列的，由于我们用这个术语，因此描述她做了什么和没做什么，必须弄清楚“序列”的含义。

在1926—1927学年，帕滕观察42个年龄范围为不到2岁～接近5岁的儿童的室内自由游戏。她对儿童社会行为的发展感兴趣，最终确定了社会参与的以下6个水平或类别：

(1) 无所事事。儿童没有参与任何特定的活动；甚至行为看起来有些漫无目的。他可能看一些短暂引起他兴趣的事物，摆弄自己的肢体，四处张望，或仅仅站在或坐在一个地方。

(2) 旁观者。儿童观看其他儿童游戏，但并不参与他们的游戏。这与无所事事有所区别，因为儿童正在明确地观看特定的儿童，而不是任何碰巧发生的有趣的事情。

(3) 独自游戏。儿童自己独立地玩自己感兴趣的玩具。儿童的活动没有受到他人活动的影响。

(4) 平行游戏。儿童仍然独立游戏，但他的活动“自然地把他带到其他儿童之间”。他在他们旁边游戏，不和他们一起游戏，但他的玩具和他身边那些儿童的玩具相似。这个集体并不企图控制儿童的来或去。

(5) 联合游戏。儿童与其他儿童一起游戏。可能在游戏工具上有某种程度的共享并稍微控制集体中的儿童人数。尽管如此，儿童并不进行人员分组或角色分配：大多数儿童参与的是本质上相似的活动。每个儿童如其所愿做了相当多的活动，意义在于，儿童对与他人合作的兴趣大于对特定活动的兴趣。

(6) 合作的或有组织地补充的游戏。儿童在一个为了某种目的而组织起来的集体中进行游戏。这个目的可能是戏剧化一个情境，如过家家，玩一个平常的游戏或获得某个竞争性的目标。属于或不属于这个集体就变得有意义。儿童要进行人员分组，角色分配，并对活动进行组织，这样一个儿童的努力才能被他们中的另一个所补充。

每个儿童每天被观察一分钟。观察顺序已事先安排好并系统地改变，因此任何一个儿童的1分钟抽样都会或多或少地平均分配到1个小时的自由游戏阶段。平均来说，儿童将被观察70次，每次观察他们时，采用上面定义的6种编码中的一个来刻画他们的社会参与水平。

2. 实验室观察法（laboratory observation）

实验室观察法是设置一种可以引发想要考察的行为的实验室情景，使每个被研究者都有同等的机会做出反应。在研究的过程中，根据不同的目的，研究者设计了各种各样不同的实验室观察程序。

有一种经典的实验室观察方法——陌生情景法（strange situation strategy），是由安斯沃思（M. Ainsworth）创立的，是主要用于评价 8～18 个月婴儿的依恋关系的标准化程序。研究过程中，将婴儿与其母亲和一个陌生人安排到实验室中，由于实验室环境和陌生人对婴儿来说都是陌生的，因此成为“陌生情景”。陌生情景实验包括以下程序：母亲和婴儿进入房间；陌生人进来；母亲离开；母亲回来，陌生人离开；母亲再次离开；陌生人回来；母亲回来，陌生人离开。

这一方法主要考察婴儿在三种情境中的表现：第一，在自然情景中，婴儿在玩玩具时与看护者（通常是母亲）之间的互动，目的在于考察婴儿是否将看护者看成自己探索环境的安全基地；第二，暂时与看护者分离，陌生人进入，这种情景会给婴儿带来压力，使其感到不安；第三，与看护者重聚，考察承受压力的婴儿能否从看护者那里获得安慰和安全感，并重新探索环境。根据婴儿在陌生情景测验中的表现，可以将婴儿的依恋类型分为四种：安全型、回避型、矛盾型和混乱型（陈琳，桑标，2005）。

陌生情景测验被广泛地应用于不同文化背景的依恋研究中，国内外很多研究都运用这种方法对婴儿的依恋特质进行探索（Scher & Mayseless，2000；Lakatos，Nemoda，et al.，2000；丁艳华，等，2008，2013）。但是，陌生情景法本身也存在一定的局限性。首先，这种方法采用实验室观察，婴儿在标准实验室中所表现出的行为反应与家庭生活中的真实反应存在很大差异，所以有研究者认为该方法缺乏生态效度；其次，社会文化和价值观都会影响儿童在实验情境中的表现；再次，陌生情景法有特定的适用范围和条件，它只适合 8～18 个月大的婴儿；最后，像家庭收入、父母职业这种难以控制的额外变量往往会削弱陌生情景法的效度（郑新夷，连榕，何少颖，2010）。

（二）访谈法

访谈法是研究者通过与访谈对象进行口头或书面交流，了解和收集其心理和行为特征的数据资料的一种研究方法（林崇德，2008）。访谈法有两种形式，一种是临床访谈，一种是结构访谈。

1. 临床访谈

临床访谈（clinical interview）是指通过灵活的谈话方式来获得被试对于某一事物的观点，如皮亚杰在研究中所使用的临床法，这种方法将访谈和观察、实验结合起来，其实质也是访谈法（林崇德，2008）。其基本过程是先由主试确定一个谈话的主题或一个实验任务，以相同的任务或问题开始以确保任务的一致，然后根据被试的表现或反应，与其进行深入的交谈，从而确定被试对谈话主题或实验任务的认识，进一步深入理解不同被试的推理过程。

临床访谈法可以使一个人在研究时所表现出来的思维与日常生活中的尽可能一致，并能在相对较短的时间内获取大量信息。但是这种方法所获得的信息可能是不准确的，有些被试为了取悦访谈者可能会做出虚假的回答，有些人可能回忆不准确。另外，这种方法与儿童的语言表达能力密切相关，如果有些儿童的语言表达能力发展相对迟缓，则他们的能力就很有可能被低估。

2. 结构访谈

为了避免临床访谈的灵活性所带来的缺陷，研究者采用另外一种访谈方式即结构访谈。结构访谈（structured interview）是指以相同的方式向所有被试提出相同的问题。

最有代表性的是成人依恋访谈。成人依恋访谈（AAI）是在陌生情景法的基础上发展出来的，其对成人依恋的测量可以看作是对陌生情景法测量的儿童依恋类型的一个延伸。AAI 是一种半结构性访谈，时间为 45 分钟到一个小时之间，它包括 15 个按一定顺序设置的问题，这些问题涉及童年期的家庭关系，要求被访谈者对早期依恋关系、失去依恋对象、与依恋对象分离等经历进行回忆和描述，并就这些经历在其发展过程中的影响进行评价，以此来寻找可以追溯他们童年时在陌生情景法中所划分的依恋类型的编码特征，并以此对访谈进行转录。

AAI 根据成人在对依恋的相关经历的情绪负担进行讨论时话语的一致性及其与访谈者的有效合作程度进行编码。评分基于如下因素：（1）对孩童时代经历的描述；（2）访谈中所运用的语言；（3）将经历与它们的意义形成综合的、可信的解释的能力。所用的语言与说话风格能折射出与依恋有关的心理状态。AAI 主要用于区分不同的依恋类型，并探究不同依恋类型在临床心理异常中的预测价值 。谈话的一致性程度反映出其依恋表征的性质，个体回忆出的事实本身如何并不十分重要，重要的是个体在对这些事实进行描述时所采用的方式及在这期间个体所流露出的对于这些经历所持的态度及情感。根据被试在访谈中的表现，AAI 将成人依恋分为三种主要类型和一个附加类型——安全型（secure）、淡漠型（dismissing）、过分投入型（preoccupied）及未解决型（unresolved）。

与陌生情景法一样，AAI 也是在对个体的表现进行编码的基础上，将其依恋方式归为已划分好的类别中。大部分的研究者认为 AAI 属于类型测量。但与陌生情景法使用连续量表进行编码一样，AAI 对访谈录音进行的转录编码是在一个标准的 9 点量表上完成的，这在一定程度上也体现出了维度测量的因素。

基于依恋的“心理表征”这一概念编制的访谈工具，虽然丰富了成人依恋的理论和实证研究，但是这一方法也遭到了一些学者的批评（Scher & Mayseless，2000）。他们认为运用访谈的研究者们都没有使用其他严格的实验过程和测量来验证依恋系统工作过程的一般假设。另外，由于这种方法比较复杂，难以掌握，费时费力，并且和语言有着非常密切的关系，我国还没有正规使用这种方法。

结构访谈的方法效率更高，研究者可以让被试做书面回答，并且可以同时收集儿童和成人的整个群体的信息。但是这种方法不能像临床访谈那样，得到比较有深度的信息，而且这种方法还可能受到报告不准确问题的困扰（劳拉，2013）。

（三）问卷与测验

发展心理学的开创者霍尔提倡，儿童心理发展研究的目的，并非将发展心理学作为纯基本科学的研究，而是为了配合教育的需要。霍尔的发展心理学研究，摆脱实验法，采取观察法和调查法收集资料，而且研究范围包括儿童、青年、老年，奠定了今日发展心理学以生命全程发展（life-span development）为研究取向的基础。虽然霍尔在莱比锡大学接受过冯特的实验心理学训练，回国后也在约翰·霍普金斯大学设立了心理学实验室，但他的真正兴趣却在发展心理学研究。他认为，就心理学以研究人性为目的的观点而言，实验心理学所能研究的问题太狭隘。他在研究方法上广泛采用问卷法，手段主要有两种：一种是直接让被试回答问卷，另一种是通过教师和父母对儿童收集资料。这样就有可能积累各类大量的儿童经验与问题的材料。

1. 问卷法

问卷法（questionnaire method）是指用由研究者根据研究目的严格设计的一系列问题（有关性别、年龄、爱好、态度、行为等）构成的调查表收集资料的方法。问卷法也可有两种形式：一种是幼儿直接回答的问卷；一种是由父母或教师对婴幼儿作出评价的问卷。但在实际应用中，由于受到被试书面语言能力的限制，研究者所采用的多为第二种方式，即通过父母或教师对婴幼儿收集资料。例如，在杨丽珠等进行的一项研究中，采用幼儿自我控制教师评定问卷、儿童气质教师评定问卷、幼儿教师期望评定问卷等开展调查，这些都是需要教师对幼儿的不同方面特质做出评定（杨丽珠，沈悦，马世超，2012）。张晓关于童年早期社会能力发展的研究中，使用儿童早期行为评价量表社会能力分量表、儿童气质问卷，这些则都需要母亲根据自己孩子的实际情况做出评定（张晓，2011）。而在另外一项气质与童年早期的师生关系的研究中，则需要母亲、父亲、教师分别对儿童的气质、家庭环境及师生关系做出评定（张晓，王晓艳，陈会昌，2010）。

问卷法所使用的调查表具有高度的结构化特点，从而避免了研究的盲目性和主观性。问卷法能使研究者在较短时间内收集到大量资料，同时，其内容比较客观统一，所得资料便于统计分析，方便大规模取样，能够大大地节省人力、物力和财力。但是，问卷法使用的过程中，必须考虑被试的语言发展水平，另外，一些主客观因素（如社会期望效应、回收率等）的干扰往往给问卷法的实施带来不便。

2. 测验法

测验法（measurement method）是通过测验量表来研究儿童心理发展规律的一种方法，即采用标准化的题目，按照规定程序，通过测量的方法来收集数据资料（李红，2007）。

测量儿童发展的工具有很多，常用的主要有格塞尔发展顺序量表、贝利婴儿发展量表、母亲Q敏感性分类、丹佛发展筛选测验、韦克斯勒幼儿智力量表、皮亚杰量表、凯利婴儿气质问卷、新生儿行为评定量表、学习准备状态测试等。

贝利婴幼儿发展量表（bayley scales of infant development，BSID）是由美国心理学家南希·贝利（Nancy Bayley）等人于1933年编制的一种综合性量表，适用于从出生到30个月的婴儿，1969年发表修订版。这一量表主要包括三个部分：（1）运动量表：用于测查婴儿的大运动和精细动作；（2）智力量表：用于测查婴儿的视觉与听觉对刺激物的反应、手眼协调能力、语言的感受和表达能力及认知能力等；（3）行为记录：用于记录婴儿的情绪、合作性、对父母和实验员的反应、兴趣和注意的广度等。

贝利婴幼儿发展量表不仅为婴幼儿发展的临床诊断提供了依据，而且成为婴幼儿研究的一种有效工具，并且也是一种婴幼儿行为发展的跨文化研究手段。目前国外已把这一工具广泛应用于对高危儿童的智力评价、对低出生体重婴幼儿的认知能力的评价、对婴幼儿运动能力的评价等，同时该量表也应用于对其他婴幼儿神经系统发育及其影响因素等方面的研究，在我国也被广泛运用（谭樱，李燕，2010）。

心理学家的故事

格塞尔

格塞尔（Arnold Lucius Gesell，1880—1961），美国20世纪著名的儿童心理学家、医生，1948年创立格塞尔儿童发展研究所。

格塞尔一生主要研究儿童的生长和发展问题，他的基本观点有：（1）儿童成熟势力理论（theory of maturation potency）。支配儿童心理发展的因素很多，但主要是“成熟”。这一观点源自他的双生子爬楼梯研究。一对同卵双生子A和B，A从出生后第48周起接受爬梯及肌肉协调训练，每日练习10分钟，连续6周；B则从出生后第53周开始，仅训练了2周，就赶上了A的水平。这一实验证实在儿童的生理成熟之前的早期训练对于最终的结果没有多大的作用，而一旦在生理上有了完成这种动作的准备，训练就能起到事半功倍的效果。随后格塞尔将自己的研究成果整理成著作《同卵双生子的学习与成长》并于1929年发表。（2）遗传和环境的关系。生理成熟、遗传因素是决定发展的主要因素，决定着成长的进程，而环境不能决定成长的进程，只是调节、支持和反映这个进程。

格塞尔所使用的研究方法有电影分析法、双生子控制法等。他提出行为发展的原则有方向性原则、个体成熟原则、相互交织原则、技能不对称原则、自我调节的波动原则等。1925年，格塞尔及其同事发表了格塞尔婴幼儿发展量表（Gesell developmental schedules），先后经过多次修订，1974年修订版的量表共有63个项目，8个分量表，测量的对象为从出生至5岁，重点是3岁以下的幼儿，测试时间约为30分钟，主要测量婴幼儿的动作能、应物能、言语能和应人能四个方面的能力。格塞尔量表具有临床诊断的价值，不仅适用于测量幼儿的发展水平，而且比其他量表更适用于伤残儿，被认为是婴幼儿智能测试的经典方法。

（四）实验法

实验法（experimental method）是指在控制条件下系统地操纵某些变量，来研究这些变量对其他变量所产生的影响，从而探讨婴幼儿心理发展的原因和规律的研究方法。可分为实验室实验和现场实验两种。

1. 实验室实验

实验室实验（laboratory experiment）是在严密控制的实验条件下借助于一定的仪器

所进行的实验。例如，在一项幼儿面孔加工异族效应的眼动研究中（董奇，2011），选取某幼儿园大、中、小班幼儿为被试，使用不同人物面孔图片（高加索人和中国人，其中有一部分是需要被试记忆的关键图片）作为实验材料，要求被试完成一个学习和再认本族（中国人）和异族（高加索人）面孔的实验，采用眼动仪来记录被试看面孔时的眼动数据。实验结束后对数据结果进行分析，得出国内生活的幼儿在加工面孔时的视觉策略特点。

实验室实验的优点在于能够对实验情境和实验条件进行严格控制，结果客观、准确，内部效度高，便于定量分析；其缺点在于实验情境人为性较强，脱离儿童的实际生活，实验结论难以推广到儿童日常生活中去，生态效度低。另外，对婴幼儿的社会性发展（情绪、道德）等复杂的心理现象很难用实验室实验进行研究。

心理实验

吉布森和沃克视觉悬崖实验

沃克和吉布森（Walk & Gibson，1961）曾进行了一项旨在研究婴儿深度视觉的实验——视觉悬崖实验，后来被称为发展心理学的经典实验之一。研究者制作了平坦的棋盘式的图案，用不同的图案构造以造成“视觉悬崖”的错觉，并在图案的上方覆盖玻璃板。将2～3个月大的婴儿腹部向下放在“视觉悬崖”的一边，发现婴儿的心跳速度会减慢，这说明他们体验到了物体深度，但还没有对落差产生恐惧感；当把6个月大的婴儿放在玻璃板上，让其母亲在另一边招呼婴儿时，发现婴儿会毫不犹豫地爬过没有深度错觉的一边，但却不愿意爬过看起来具有悬崖特点的一边，纵使母亲在对面怎么叫也一样。这似乎说明婴儿已经具备了深度知觉，但这种深度知觉是与生俱来的，还是在出生后几个月里学来的，目前还没有定论。

2. 现场实验

现场实验（field experiment）是在实际生活情境中对实验条件作适当控制所进行的实验。例如，李幼穗与周坤研究同情心培养对幼儿典型亲社会行为的影响，采用的就是现场实验的方法。培养实验前，由幼儿的教师观察幼儿在自由活动中所表现出的亲社会行为，并根据量表对幼儿的同情心发展水平做出评价，之后对实验组幼儿进行为期12周的同情心培养实验，而对照组不进行同情心培养实验，其他活动两组一致。培养实验结束后，各班教师再次观察记录幼儿的亲社会行为，填写同情心评定问卷，并对两组差异作出比较，从而得出同情心培养实验对幼儿同情体验和同情行为的作用（李幼穗，周坤，2010）。

现场实验既尽量控制了各种变量，又保持了实验的自然性，实验结论的可推广性较强，生态效度高，具有直接的实践意义。然而，现场实验也有不可避免的缺点，如实验条件控制不够严格等，使实验结果的可靠性受到一定影响。

在实际研究中，以上所述的各种方法并不是单独使用的，而是常常多种方法综合运用，在一项研究中，可能同时用到观察法、访谈法、测验法等多种方法（Lindon，2010）。多种方法的综合使用，使研究者能够更全面地获得关于婴幼儿的信息，使得研究结果更加合理、可解释，并且有助于研究结果推广到更大范围，为婴幼儿的发展和教育提供更科学的指导。

心理实验

匿名性是否能够增加攻击行为——一项田野实验

为了避免实验室实验乃至实验室模拟实验带来的人为或其他问题，研究者开始通过小心翼翼地改变日常环境来进行田野实验。在田野实验中，研究者会刻意为被试的日常生活环境带来改变。在一项田野实验中，研究者使用手球游戏检验了津巴多的去个性化观点，考察了匿名性是否会导致更多的攻击行为出现这一问题。研究者以小学五年级的手球队为研究对象，一队成员要求穿统一的橙色T恤衫（制服），另一队成员穿大小、款式及颜色均不同的自己的衣服，以此操纵自变量。以每个比赛队伍被试实施攻击行为的次数来衡量因变量—攻击行为。手球比赛由两个独立的且不了解实验目的的评分者观察。在比赛开始前，给队员介绍观察者为受过体育教育即将成为体育教师的学生，同时也告诉学生橙色T恤衫有助于帮助观察者区分两支队伍。比赛在学校的手球场地正常进行。研究结果发现，穿制服的队伍比没有穿制服的队伍表现出更多的攻击行为，这表明降低个体的可识别性可能会导致被禁止行为的增加。

研究者从去个性化模型和社会认同的角度对结果进行了解释。一方面，去个性化模型指出，匿名性会导致抑制行为（如攻击行为）的阈值降低。穿相同制服的人在视觉上被归为一类，他们倾向于认为自己与自己的队员是相同的，因此在队伍里个性化减少，匿名性增加。另一方面，从社会认同角度看，穿统一制服增强了团队凝聚力，增加了成员间的社会认同，这可能促使团队更加努力。从这一角度看，攻击行为的增加可能是展现团队凝聚力和规范性的一个结果。

参考文献：Jürgen，R.，Michael，S.，& Waldemar，L.（1987）. Wearing uniforms and aggression—A field experiment. *European Journal of Social Psychology*，*17*（3），357-360.

第二节　儿童发展研究方法新进展

随着儿童研究的不断深入，研究者不再满足于观察、访谈以及问卷或测量得到的数据，而是希望通过一些新的方法和技术手段获取关于婴幼儿发展的更加全面的信息。同时，文化影响的观点、认知神经科学研究技术、行为遗传学方法的发展以及它们与发展心理学的结合，使得研究者开始从过去只在行为层面上研究婴幼儿心理发展逐渐转向将行为与心理活动的文化背景、生理机制及生物学因素联系起来，采用新的方法对婴幼儿的心理发展进行探索。

一、跨文化研究的方法

对文化影响的日益关注，使研究者开发出适合于进行跨文化和多元文化研究的程序

(Triandis，Chen，& Chan，1998；Triandis，& Gelfand，1998)。有些研究者关注那些被认为具有普遍性但在不同社会中程度不同的特征，如：某些文化中的父母是否比另一些文化中的父母对孩子更亲切或更强制？这就需要对几个不同文化的群体加以比较，对所有被研究者都必须问同样的问题或以同样的方法观察。例如，在杨丽珠等进行的一项研究中，对 3～5 岁的中国及澳大利亚幼儿进行研究，采用相同的实验程序和观察方法，考察了中澳两种不同文化背景下幼儿自我延迟满足的发展特点（杨丽珠等，2005）。

研究者还可以采用前面介绍的自我报告或观察程序，通过翻译改编，使之在每种文化背景下都能适用。杨丽珠等人进行的另外一项研究中，对所使用的问卷进行了反复的翻译和回译、调整和删减题目等，最终使中澳问卷数目和内容完全一致，从而考察中国、澳大利亚两国 4～5 岁幼儿人格特征的发展特点（杨丽珠，孙晓杰，常若松，2007）。

二、认知神经科学方法的应用

随着认知神经科学的兴起与现代科学技术的发展，研究者逐渐采用更为精密的仪器和设备，关注神经系统的结构与功能在个体发展过程中的作用，从而考察心理的物理基础。他们或通过脑细胞新陈代谢变化、血流量，或通过电活动，来生成一种脑活动的"功能性地图"。

脑电图和脑磁图技术是目前心理学研究的一种热门技术。脑电图（electroencephalography，EEG）可以记录大脑内部的电生理活动，并能生成计算机合成照片，从而揭示脑不同区域的活动（Lindon，2010）。当给人施加一种刺激（如看一个图片、听一个声音）时，脑区的电位会发生变化，即诱发电位，也叫事件相关电位（event related potentials，ERP）。脑电的电场变化同时伴随着磁场的变化，通过脑磁仪可以在头皮表面附近记录到磁信号，与 ERP 类似，研究者也可以记录刺激引起的磁场变化，即事件相关脑磁（event related fields，ERF）。近年来，研究者日益注重脑电技术在儿童心理发展研究中的应用（Webb，Dawson，Bernier，& Panagiotides，2006；Luckhardt，Jarczok，&Bender，2014）。如，ERP 方法近年来被广泛应用于婴儿视觉定向与注意的研究（林崇德，2008）；另外，一些研究发现脑电图和脑磁图中某些特定成分可能预测儿童的一些外在行为能力，如语言能力、视觉能力等（Benasich，Gou，Choudhury，& Harris，2008；Chen，et al.，2010）。脑电图和脑磁图技术可以和观察录像一起使用，以便获得关于婴幼儿活动和发展的更为详尽的资料（如图 2-2）。

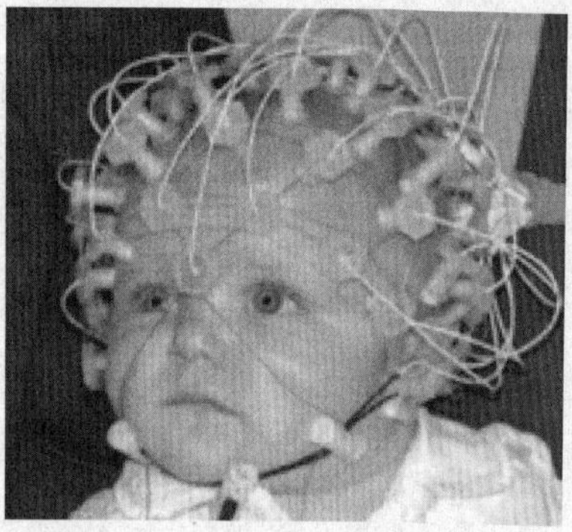

图 2-2　脑功能成像方法

脑功能成像技术也是发展神经机制研究中常用的方法，主要包括功能性磁共振成像（functional magnetic resonance imaging，fMRI）、正电子发射断层扫描（positron emission tomography，PET）、近红外光学成像技术（near infrared spectroscopy，NIRS）等。近些年来，fMRI 技术尤其是静息态 fMRI 技术和近红外光学成像技术由于不需要被试的主动配合，可以提供早期婴幼儿脑功能发展的重要信息，因此，受到发展认知神经科学研究者的格外重视（董奇，2011）。例如，有研究者使用 fMRI 技术发现，人脑的默认网络在婴儿期已经存在；另外一些研究者则使用近红外光学成像技术进行研究，发现 6 个月的婴儿已经形成了数字处理的右侧顶叶脑功能区（Hyde，Boas，Blair，& Carey，2010）。这些都说明脑功能发展与个体发展之间存在密切的关系。

三、发展行为遗传学的方法

心理学、遗传学、行为学和医学等学科在发展的基础上交叉结合，形成了行为遗传学，行为遗传学又与发展心理学相结合，发展出一门新兴的学科——发展行为遗传学，其目的是综合运用心理学与行为遗传学的研究方法与技术，深入考察遗传与环境对人类心理与行为发展是否存在影响，如何产生影响，以及该影响及其作用机制是否随年龄增长而发生变化的问题（张文新，王美萍，曹丛，2012）。

发展行为遗传学研究的问题多为发展心理学领域的研究内容，如羞怯、攻击行为、亲社会行为、父母教养、亲子依恋等，通常采用遗传-环境设计，把基因和环境因素都考虑进去。基因和环境的交互作用，将最终影响到人类正常与异常行为的产生和发展，并决定各种行为的个体差异（白云静，郑希耕，葛小佳，隋南，2005）。

早期的行为遗传学研究采用定量遗传学（quantitative genetics）方法，通过双生子研究、收养研究来探索遗传和环境对行为的影响。双生子研究主要将同卵双生子与异卵双生子的某种心理或行为特征相比较，而收养研究则主要比较收养儿童与其亲生父母和养父母某种心理或行为特征的相关性。迄今为止，定量遗传学的研究已经有了很多重大发现（Plomin & Bergeman，1991；Plomin，Reiss，Hetherington，& Howe，1994）。

分子遗传学（molecular genetics）是行为遗传学研究的新方法，它是分子生物学技术与行为遗传学的结合，其主要目的是从分子水平上测定与某种心理和行为特征相关的基因，从而揭示基因作用于心理和行为特征的机制，具体的研究方法主要有候选基因关联研究（candidate gene association study）和全基因组关联研究（genome-wide association study）。候选基因关联研究是目前发展行为遗传学研究中最常用的策略，主要是通过已有研究直接选定可能与个体某种心理或行为表型变异有关的基因，并通过病例对照设计或基于随机人群的关联分析来确定候选基因与该表型是否存在关联。全基因组关联研究是从人类全基因组范围内的序列变异中筛选出与个体某种心理或行为表型相关联的部分。从经济和快捷的角度出发，目前大多数研究采用的是候选基因关联研究的方法。

行为遗传学的方法需要与心理学的方法综合运用，才能更深入、细致地探讨人类心理和行为特征的发生、发展机制。最近，还有人把行为遗传学的方法与发展认知神经科学的方法相结合，综合考虑基因、大脑活动及行为三方面的因素，探讨基因、环境与脑发育和心理发展之间的交互影响（Green，et al.，2008）。

发展行为遗传学的方法在婴幼儿研究中已有大量的运用。如，在一项对新生儿的气质与基因关系的追踪研究中，使用分子遗传学技术，发现对于两个月的新生儿来说，DRD4 和 5-HTTLPR 两种基因的多态性与其人格特质存在关系（Auervach，et al.，1999）。另一项研究中，研究者发现儿童脑电与性格的关系受其 DRD4 基因的 VNTR（数目可变串联重复序列）多态性调节，9 个月时的脑电活动模式及其基因型能较好地预测其 4 岁时的性格（Schmidt，Fox，Perez-Edgar，& Hamer，2009）。

这些研究克服了传统心理学研究难以触及心理发育的脑机制和基因机制的弱点，摒弃了分别研究遗传和环境作用的片面思路，识别了影响心理发育的关键因素，探索了基因、脑和环境因素对心理发展的复杂交互作用，取得了重大研究进展，极大地推动了并将继续深化对个体心理发育规律的认识（董奇，2011）。

拓展阅读

基因与环境交互作用模型

随着行为遗传学的发展，遗传与环境的影响及其作用机制问题得到了越来越多心理学研究者的关注，目前主导基因-环境交互作用研究的理论模型主要包括素质-压力模型（diathesis-stress model）、不同易感性模型（different susceptibility model）和优势反应敏感性模型（vantage sensitivity model）（见图 2-3）。

素质-压力模型的核心观点是携带某种“风险”或者“易受”基因的个体更容易受到不良环境因素的影响而产生心理或行为问题，即“问题”的产生是由个体的风险素质和消极环境经历共同作用的结果，而那些缺乏风险基因的个体即使暴露于相似的情境下也不会或较少受到不利影响。因此该模型又被称为双重风险模型。

不同易感性模型由贝尔斯基（Belsky）提出，该模型认为，携带某种基因型的个体既比其他个体更容易受到不利环境的影响而发展出问题，但同时又比其他个体更容易受到有利（或非不利）环境的影响而有更好的发展。即同一遗传特征或基因型同时具有使个体变得更好或者更坏的效应。

优势反应敏感性模型是新近提出的（Manuck，2011；Sweitzer et al.，2013）。该模型旨在描述个体对积极环境因素的不同反应性，某些个体更容易受积极环境因素。

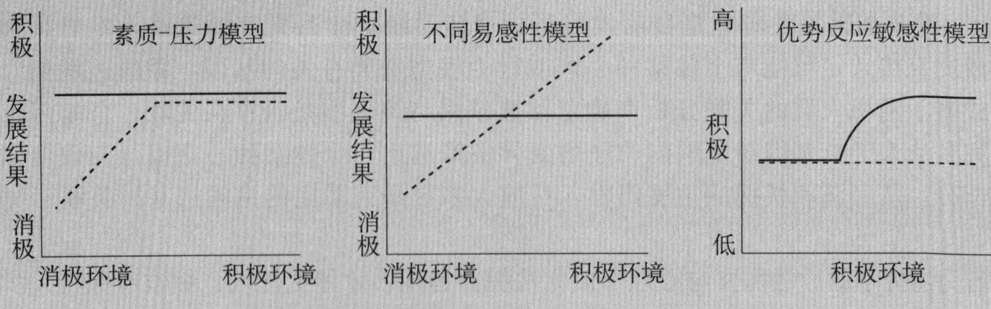

图 2-3　基因与环境交互作用模型

参考文献：

Manuck，S. B. (2011). Delay discounting covaries with childhood socioeconomic status as a function of genetic variation in the dopamine D4 receptor (DRD4). Paper presented at the Society for Research in Child Development，Montreal，Quebec，Canada.

Sweitzer，M. M.，Halder，I.，Flory，J. D.，Craig，A. E.，Gianaros，P. J.，Ferrell，R. E.，& Manuck，S. B. (2013). Polymorphic variation in the dopamine D4 receptor predicts delay discounting as a function of childhood socioeconomic status：Evidence for differential susceptibility. *Social Cognitive and Affective Neuroscience*，*8* (5)，499-508.

四、研究儿童的伦理原则

当儿童参加研究时，伦理方面的问题往往非常复杂。因为无论从生理上还是从心理上，儿童都比成人更脆弱、更易受到伤害。而且，由于不成熟，他们自己很难或根本不能评价他们参加研究意味着什么。由于这些原因，美国联邦政府、一些基金会和研究协会，如美国心理学会（1982）和儿童发展研究协会（1990）等组织已经制定了一些伦理条例（见表 2-1）。

表 2-1　儿童的研究权利

研究权利	内　容
避免伤害	在研究中，儿童有权在身体和心理上受到保护。如果对研究是否造成有害影响产生疑问，研究者应该征求其他人的意见。如果可能造成伤害，研究人员应该改用其他手段获得预想的资料，或放弃该研究。
告知同意	包括儿童在内的所有参加研究的人，都有权要求以适合于他们理解水平的语言向他们解释可能影响他们参加该研究意愿的所有事项。如果研究的是儿童，最好以书面形式得到父母和代表他们的人（如学校教师）的同意。儿童和对他们负责的成人有权在研究的任何时候退出研究。
隐私权	在研究中收集资料时，儿童有权隐藏他们的个人情况。在研究中书写报告和进行非正式讨论时，他们也有这一权利。
知道结果	儿童有权要求研究人员以适合他们理解水平的语言告诉他们研究结果。
有益处理	如果认定在研究中进行的实验处理是有益的，那么控制组儿童有权在条件许可时要求对他们也采取有益处理。

资料来源：据美国心理学会，1982；儿童发展研究协会，1990.

表 2-1 概括了摘自这些条文的儿童基本研究权利。看完这些条文之后，请看一看下列研究情境，它们提出了伦理两难问题。你认为在每种情境中应该注意什么来保护儿童权利呢？这些研究中的任何一个都威胁到儿童的身心因而不应该做吗？

（1）为了研究儿童是否愿意和他们的抚养者分开，一位研究人员请 1 岁和 2 岁孩子的母亲把孩子留在一间不熟悉的游戏室单独待一段时间。研究者知道，在这种情况下，有些儿童会心烦意乱。

（2）在一项道德发展研究中，研究人员想评价儿童的抗拒诱惑能力，需在儿童不知道的情况下对他们的行为进行录像。跟 7 岁儿童说，如果能解决一些非常难的拼图任务，就能得到一个诱人的奖品。还告诉他们说，不要看有意安排在教室后面的同学的正确解决方法。如果这个研究人员必须事先告诉儿童她要研究作弊行为，或他们的行为被密切监视着，她的研究目的就不可能达到。

学校研究委员会认为，只要是对参加者的安全和健康造成危险的研究，就是不合理的，任何时候都应该向参加研究的人提供这种权利。有时候，进一步的研究有助于解决令人困惑的理论问题。

告知同意这一伦理原则要求在被试是儿童时向他们作特别的解释工作。必须考虑到不同年龄儿童作出参加研究与否的选择的能力。对那些因不成熟尚没有能力作出这样选择的儿童，父母的同意能起到保护儿童的作用。除父母同意之外，如果研究是在学校、托儿所和医院进行的话，还应得到其他代表儿童的人如这些机构的工作人员的同意。如果研究包括一些类似受虐待儿童这样的特殊群体，这一点尤其重要，因为他们的父母并不能够代表他们的最大利益（Thompson，1990）。

对于 7 岁和 7 岁以上儿童，应得到他们自己的告知同意，以及他们父母的同意。7 岁左右的儿童由于思维发展，已经能够理解简单的科学原则和对别人的需要。研究者应该用学龄儿童能理解的语言把要做的研究充分解释清楚，尊重并促进他们的这种新能力（Ferguson，1978；Thompson，1990）。当告诉儿童他们提供的信息会被保密，而且他们任何时候都可以退出研究时，要格外小心。儿童可能不理解，有时也不相信研究者的这些承诺。

最后，在陌生情境中，儿童是依靠对成人的基本信任才感到安全的。由于这个原因，有些类型的研究很容易伤害他们。所有的伦理指导文件都要求在使用欺骗时，在隐匿地从单向观察镜观察儿童行为时，关于儿童行为给出错误的反馈时，或不告诉他们研究的真实目的时，要加倍小心。如果这些程序是对成人进行的，那么在研究结束之后，要向他们告知真相，即研究者把研究活动的全部情况和原因告诉他们。对儿童也应该告知真相，但这样做常常不大起作用。虽然做了解释，但儿童离开研究情境时，内心对成人还是抱着信任态度。根据伦理标准，在研究者使机构委员会感到这样做是必需的时候，对儿童的研究中就允许使用欺骗。但由于欺骗对某些儿童可能有严重的情绪后果，所以有些儿童发展专家认为，任何时候使用欺骗都是不道德的，研究者应该采用其他研究策略让儿童参与进来（Ferguson，1978）。

术语解释

1. 自然观察法（naturalistic observation）是直接深入到现场或自然环境中，观察并记录所研究的行为，不对环境施加任何操作或控制。这种观察可以在家庭、幼儿园、学校、社区、商场或其他真实环境中进行。

2. 实验室观察法（laboratory observation）是设置一种可以引发想要考察的行为的实验室情景，使每个被研究者都有同等的机会做出反应。

3. 陌生情景法（strange situation strategy）是由安斯沃思（M. Ainsworth）创立的，是主要用于评价 8～18 个月婴儿的依恋关系的标准化程序。研究过程中，将婴儿与其母亲和一个陌生人安排到实验室中，由于实验室环境和陌生人对婴儿来说都是陌生的，因此成为“陌生情景”。

4. 临床访谈（clinical interview）是指通过灵活的谈话方式来获得被试对于某一事物的观点，如皮亚杰在研究中所使用的临床法，这种方法将访谈和观察、实验结合起来，其实质也是访谈法。

5. 结构访谈（structured interview）是指以相同的方式向所有被试提出相同的问题。最有代表性的是成人依恋访谈。

6. 问卷法（questionnaire method）是指用由研究者根据研究目的严格设计的一系列问题（有关性别、年龄、爱好、态度、行为等）构成的调查表收集资料的方法。

7. 测验法（measurement method）是通过测验量表来研究儿童心理发展规律的一种方法，即采用标准化的题目，按照规定程序，通过测量的方法来收集数据资料。

8. 实验法（experimental method）是指在控制条件下系统地操纵某些变量，来研究这些变量对其他变量所产生的影响，从而探讨婴幼儿心理发展的原因和规律的研究方法。

9. 分子遗传学（molecular genetics）是行为遗传学研究的新方法，它是分子生物学技术与行为遗传学的结合，其主要目的是从分子水平上测定与某种心理和行为特征相关的基因，从而揭示基因作用于心理和行为特征的机制，具体的研究方法主要有候选基因关联研究（candidate gene association study）和全基因组关联研究（genome-wide association study）。

本章小结

1. 以年龄比较为基础，发展心理学形成了三种研究方法（策略）：横断设计、纵向设计和序列设计。

2. 横断研究比较不同年龄组的被试在同一时间点上行为的差异，是一种独立测量设计；即观察不同年龄段的不同的被试。

3. 纵向研究是对同一组被试在不同年龄段进行重复测量，然后进行比较；遵循了重复测量设计的原则，即观测不同年龄水平的同一被试。

4. 序列研究设计是为了研究变化的世界中个体内变化和从出生年代效应中分离出年龄变化而发展起来的。具体设计是在同一时间选定不同的被试群体进行研究，然后对各个被试群体进行纵向的跟踪研究。序列研究法既可以在短时间内了解各年龄儿童心理特点的总体情况，又可以从纵向发展的角度认识儿童心理特征随年龄增长而出现的变化和发展，还可以探讨社会历史因素对心理发展产生的影响。

5. 随着一些科学技术手段的进步，发展心理学研究者开始逐渐采用新的方法对儿童心理进行探索，比如跨文化研究的方法、认知神经科学的研究方法以及发展行为遗传学方法等。多种新技术、新手段的运用使得儿童心理的研究从行为转为行为与心理活动的文化背景、生理机制及生物基础等。

6. 任何关于儿童发展的研究均需严格遵守伦理规范条例，对儿童的心理、情绪或身体可能造成伤害的研究须严格禁止。

拓展学习与活动

相关网站：

http：//www. cogneurosociety. org/ 认知神经科学学会

http：//www. asnweb. org/ 美国神经影像学会

推荐阅读：

1. 劳拉·E. 伯克．（2013）．*伯克毕生发展心理学：从 0 岁到青少年．第 4 版*．北京：中国人民大学出版社．

2. 华莱士·狄克逊．（2017）．*改变儿童心理的 20 项研究*．北京：中国轻工业出版社．

3. 边玉芳．（2009）．*心理学经典实验书系：儿童心理学*．杭州：浙江教育出版社．

4. 辛自强．（2012）．*心理学研究方法*．北京：北京师范大学出版社．

小论文：

查阅国内的心理学核心期刊，尝试提出儿童心理学发展中某一领域内的研究问题，并选用合适的研究设计与方法说明你的研究方案。

第三章

儿童身体发育与动作发展

问题思考

阅读本章内容后，你将找到以下问题的答案

身体发育主要表现在哪几个方面？哪些因素会影响身体的发育？

胎儿期至青春期大脑的发育表现在哪些具体方面？

大脑结构与机能的可塑性表现在哪些方面？

儿童认知和社会性发展的神经基础都有哪些？

粗大动作和精细动作的发展表现在哪些方面？哪些因素可能会影响动作的发展？

身体的发育和动作的发展是儿童认知和社会性发生发展的前提和基础。在儿童早期，儿童从什么事都不会做到能够做许多事情，主要原因是他们身体的迅速发育和大脑的惊人发展。同时，新的动作技能的习得也使得年幼儿童不断以新的方式来控制自己的身体，更好地探索周围的物体与环境，进一步促进了智能的提高。本章内容主要从儿童期的体格发育、脑发育和动作发展三个方面来介绍婴儿身体、大脑和动作的典型发育模式以及丰富的或贫乏的环境刺激怎样促进或阻碍以上三个方面的发展。

第一节　体格发育

一、体格发育的定义及规律

体格发育指的是身体在一生中成长、变化和发展的模式，也可以具体用来指身高、体重、骨骼、肌肉和身体比例等方面的发展过程。

人类体格发育一般遵循四个原则，包括头尾原则、近远原则、等级整合原则和系统独立性原则。头尾原则是指头和躯干首先发育，然后进行至身体的其他部分，例如，头部和颈部肌肉的成熟先于躯干和四肢的肌肉。近远原则是指身体的中央部位先发展，然后进行至外围部位。等级整合原则是指简单技能首先独立发展，然后这些简单技能被整合为更加复杂的技能。系统独立性原则是指不同的身体系统遵循不同的发展速度，不同身体系统发展的时间进程也不同。例如，大肌肉群发育较早，小肌肉群发育迟些，上、下肢肌肉的发育早于躯体肌肉，臂部和大腿肌肉群的发育又早于小腿和足部肌肉群的发育。

二、体格发育的评估

临床上评估儿童体格发育的基本而常用的指标有身高、体重、体重指数、头围。在必要情况下，还可以通过测量儿童的骨龄、体脂率等来进一步了解儿童体格发育状况。

目前，国际上广泛应用的儿童体格发育参考标准有美国疾病控制和预防中心 2000 年制定的生长曲线图（CDC 2000）、美国国家卫生统计中心儿童生长参考标准（NCHS）以及世界卫生组织（WHO）发布的 WHO 儿童生长标准。其中，WHO 儿童生长标准给出了男童和女童的年龄别身高、年龄别体重、身体质量指数、头围等人体测量学数据，为辅助评估和监测儿童发育状况提供了依据，如果某 10 周大的男童体重为 6.4 千克，处于上下 3 个标准差对应的体重 4.5 千克和 8.3 千克之间，则表明该男童处于正常发育范围内（de Onis M et al.，2007a）。为了解和掌握中国儿童体格发育特点及变化趋势，原国家卫生部组织实施了“中国九市 7 岁以下儿童体格发育调查研究”（九市儿童体格发育调查协作组，2007），并根据调查结果制定了《中国 7 岁以下儿童生长发育参照标准》。陈畅等根据上述调查数据，构建了上海市 0～7 岁男童年龄别身体质量生长曲线（陈畅，魏梅，刘世建，金星明，2016），进一步推动了我国儿童保健事业的发展。

儿童骨骼发育最好的评价方法是骨龄，骨龄是儿童骨骼发育与骨龄标准比较求得的骨骼发育年龄。由于手腕部骨骼成熟度的估计最为方便和敏感，因此国内外多采用拍摄手腕骨 X 光片来测量骨龄。目前研究和临床上应用最广泛的骨龄参照标准有 G -P 图谱、叶氏评分法和 CHN 法。G -P 图谱法是美国学者格罗伊里奇和派尔根据 1930 年至 1946 年连续观察的 7 000 多张手腕骨 X 光片而制定的图谱，G -P 图谱被引入中国较早，目前应用较普遍。该方法简便直观，但主观性强，准确性较差。叶氏评分法是我国叶义言教授根据 20 世纪 80 年代在长沙市采集的 2 000 多例健康儿童的手腕部 X 光片和英国 TW2 骨发育评价标准制定的，叶氏评分法精确但烦琐费时，在评价腕骨和掌指骨发育速度不一致时容易产生偏差。CHN 法是原国家体委组织国内 9 家科研单位 60 多名科研人员，以 1987 年至 1989 年在全国 6 省以 22 160 例健康的普通城市家庭儿童为样本制定的手腕部骨发育评价标准，CHN 法准确省时，适用临床常规骨龄评价（吴莹，2010）。

人体脂肪率（F%）的测量主要通过肱三头肌部和肩胛下角部的皮褶厚度相加之和来估测。在人体中，由于皮下脂肪约占总体脂肪的三分之二，皮褶厚度可反映全身体脂含量，因此可以使用肱三头肌部皮脂厚度代表四肢的皮下脂肪，肩胛下角部皮脂厚度代表躯干皮下脂肪，两者之和就是对全身脂肪含量的估计。

三、体格发育的内容

（一）身长/身高和体重

参考 2006 年 WHO 儿童生长标准，正常男、女婴出生时的身长分别约为 50 厘米和

49 厘米，至 1 岁时约为 76 厘米和 74 厘米，比刚出生时长约 50%，因此，出生后的第一年又被称为第一个“增长高峰”。两岁时，男、女童身高分别约为 88 厘米和 86 厘米，比刚出生增长 76%。2～5 岁期间，儿童身高大约平均每年增长 5～6 厘米，到 5 岁时，男、女童身高约 110 厘米和 109 厘米。当儿童进入小学以后，他们的身高每年平均增长 4～5 厘米，处于相对平稳的过渡期。总体来看，在 6～8 岁期间，女孩比同龄男孩略矮、略轻，而 9 岁时女孩开始进入青春期早期，生长激素分泌增多使她们的身高增长加快，此时女孩比同龄男孩更高，而男孩则要在 12 岁左右身高才进入快速增长期，该生长趋势也得到马军等对 1985—2005 年中国 7～18 岁学生身高、体重变化趋势分析研究的证实（马军，吴双胜，宋逸，胡佩瑾，张兵，2010）。青春期是身高的第二个快速增长期，又被称为“青春期生长突增”，身高平均每年至少可增长 6～7 厘米，多者可达到 10～11 厘米。生长突增存在明显性别差异，一般说来，女孩生长突增年龄始于 9～10 岁，至 11～12 岁时发育速度达到最高峰，13～13.5 岁时发育速度回落到较慢的水平；而男孩的生长突增年龄通常始于 11～12 岁，至 14 岁达到高峰，此时男孩身高将超过女孩，16 岁回落到较慢的速度。18～20 岁以后，由于下肢和脊柱的骨骺逐渐闭合，身高增长将变得非常缓慢，至一定年龄便不再变化，女性身高增长停止年龄一般在 19～23 岁，男性为 23～24 岁（有时可持续至 26 岁），这是由于女性骨骺闭合较男性早的缘故。

我国对九市城区调查的结果显示，新生足月男婴体重为 3.33±0.39 千克，女婴为 3.24±0.39 千克，与 2006 年世界卫生组织公布的参考值近似（男 3.3 千克，女 3.2 千克）。由于营养摄入量不足、水分丧失和胎便排出，新生儿体重会在头一周呈现生理性下降 3%～9%，在第 3～4 天达到最低，然后逐渐回升。正常喂养条件下，五个月时儿童的体重可增一倍，男、女童分别约为 7.5 千克和 6.9 千克，12 个月可达到出生体重的 3 倍，男、女童分别约为 9.6 千克和 8.9 千克，大多数婴儿在 24 个月时可达到出生体重的 4 倍，男、女童分别约为 12 千克和 11.5 千克。2～5 岁期间，儿童体重平均每年增长 1.5～2千克，至 5 岁时，男、女童均达到 18 千克左右。学龄期儿童的体重增长平稳，平均每年增长 2～3 千克。进入青春期后，体重平均每年增长 5～6 千克，个别突出的可达 8～10 千克。标准体重的变化也存在性别差异，女孩在 11～13 岁的体重略大于男孩，13～18 岁时，男孩的体重则大于女孩（马军等，2010）。

（二）骨骼

人体骨骼大部分由软骨骨化而成。孕期 18 周，胎儿的骨骼已类似橡胶的软骨，并开始逐步硬化，新生婴儿大多数骨骼硬度小，骨骼数量多，一些骨骼尚未融合连接成一个整体，柔韧性大，因此不易发生骨折，但容易弯曲变形。新生儿不能站立或保持身体平衡的原因之一就是其骨骼小且太柔软。幼儿期软骨转化为骨头的速度变快，这使得身体内部器官得到了更好的保护。儿童时期，骨组织内水分和有机物多，无机盐较少，使得骨骼的韧性大、硬度小，故比较容易变形、脱臼，这个时期孩子应培养良好的身体姿势，不然很容易发生骨骼变形。进入青春期，在旺盛的荷尔蒙的作用下，骨骼的生长进入加速阶段。

需要指出的是，身体所有部位的骨骼并不是都以同样的速度生长和硬化的。下面分别介绍头骨和牙齿的发育情况。

1. 头骨的发育

新生儿颅骨共由6块骨头组成，骨与骨之间存在缝隙，并在头顶和枕部形成两个没有骨头覆盖的区域，分别称为前囟门和后囟门，颅囟将会随着年龄的增长逐渐被一些矿物质所填充，至两岁时形成一整块头盖骨，但在头盖骨连接处仍留有一些柔韧的接缝，可以使头盖骨随着大脑的生长而不断地扩展，骨缝在青春期完全消失，整个头骨发育完全。

头围是反映婴幼儿脑和颅骨发育程度的重要指标之一。根据世界卫生组织儿童头围标准，新生儿头围为34厘米；生后3个月增加8～10厘米，到9个月增加约12厘米；1岁时达46厘米，2岁时增加2厘米，达48厘米。到5岁时头围为50厘米左右；15岁时53～54厘米，与成人接近。

总之，小儿头颅的生长发育与脑的生长发育关系非常密切，1岁前大脑发育非常快，颅底骨和颅盖骨生长比较快，1～3岁大脑的生长发育相对于1岁以前速度变缓，而此时，颅底骨的生长速度远低于颅盖骨的生长速度，3～6岁小儿脑发育基本成熟，3岁时脑的重量达到1 200克，6岁时达到1 400克，已接近成年人脑的重量1 500克，因此颅骨的生长同样也相对变缓。

2. 牙齿的发育

牙齿的发育是衡量儿童生长发育和营养状况的一个重要指标，牙齿出现早的孩子很可能身体成熟也提前。婴儿在6～7个月时，乳牙开始相继萌发出来，但也可能提早到3～4个月或延后到11～12个月。当第一颗牙齿长出来以后，每隔一或两个月便会长出新的牙齿，至2岁时，儿童平均有20颗乳牙。乳牙对恒牙的生长、咀嚼功能、语言习得都起着重要的作用。6岁左右，乳牙开始脱落，第一恒磨牙在第二乳磨牙的远侧萌出，是最先萌出的恒牙，该时期也是儿童龋齿病的高发期，龋齿会对儿童的身心健康产生严重的危害，因此在预防龋齿时应当注重对儿童乳牙的保健，经常刷牙、不吃高糖食物、用含氟的水漱口、进行局部的氟治疗或戴牙套以及补充营养都可以预防龋齿。6～13岁期间，20颗乳牙逐渐被恒牙替代，正常出齐后的恒牙共有28～32颗，上下颌各14或16颗。营养不足会延迟恒牙的出现，营养过剩或肥胖则会令恒牙提早出现。恒牙脱落后不会有新生牙齿替代，因此保护恒牙更为重要。

（三）肌肉与脂肪

1. 肌肉的发育

新生儿出生时已具备了所有肌肉纤维，肌肉组织占婴儿体重的比例为18%～24%。出生时35%的肌肉组织由水构成，随着蛋白质和盐分加入肌肉组织的细胞液，肌肉纤维开始生长，但肌肉组织在婴儿期增长缓慢，婴儿的肌肉并不强健，力量和协调性都较差。

幼儿期肌肉较成人柔软，肌纤维较细，间质组织相对较多，肌肉所含水分也相对较多，蛋白质、脂肪、糖及无机盐较成人少，能量储备较差。学前儿童肌肉收缩力差，易疲劳。童年期肌肉纤维变得更长，且更为坚韧，但由于中枢神经系统对肌肉调节不完善，肌群活动不协调，肌纤维较细，所以该阶段的儿童力量小，不够强壮。

青春期初期，肌肉组织的发育主要表现在肌纤维随身高的增高而增长。青春期中后期，肌肉组织的快速增长则主要是肌纤维增粗，肌肉重量在体重中的比例增加了，如男孩肌肉占身体质量的比例从27%增至40%，此外肌肉力量大大增强，体力也随之增强。在青春期，男女肌肉生长存在性别差异，男性因为雄性激素睾酮分泌水平增加使肌肉力量增长显著，而女性由于体内雄性激素分泌量非常有限，肌肉力量增长则不明显。

2. 体脂率的发育

刚出生的新生儿体内脂肪含量约为11%，随后由于在3～6个月里的母乳喂养率最高，婴儿的皮脂增长速度最快，表现为婴儿肥。脂肪的增长大约在9个月时达到顶点，9个月后母乳喂养率下降，皮脂水平也随之下降。季成叶等人在对中国7～18岁汉族中小学生皮褶厚度和体脂率变化情况的研究中发现，男孩在7岁时的体脂率为15.8%，至12岁时达到最高的19.2%，然后又逐渐下降，至18岁时下降至14.7%。女生在七岁时的体脂率为12.0%，比男生低，至15岁时达到最高的24.9%，然后逐渐下降，18岁时降至20.0%。可以看出男、女生体脂率发育均呈现先增后降的趋势，这是由于在进入青春期前，男、女生的激素分泌水平基本相似，皮下脂肪和体成分发育的性别差异不明显，当进入青春期后，男、女生体内分泌的激素种类和水平不尽相同。男生在雄性激素的作用下，体脂率持续下降，使肌肉发达、身体健壮、肌肉及骨骼等瘦体重迅速增加。青春期后的女性在雌激素（如雌酮和雌二醇）分泌增加的作用下，脂肪合成和在组织中沉积迅速加快，体脂率快速升高，体重的增加相对减慢（季成叶，陈天娇，2013）。

原理应用

如何减轻超重和肥胖负担？

超重和肥胖及其相关慢性病在很大程度上是可预防的。支持性环境和社区是决定人们选择的关键，能使更健康食品和进行定期身体活动成为最容易的选择（最具可得性、可及性和可负担性的选择），从而预防超重和肥胖。在个体水平上，人们可以：

(1) 限制来自脂肪和糖的能量摄入；

(2) 增加水果、蔬菜以及豆类、全谷类及坚果的食用量；

(3) 定期进行身体活动（儿童每天60分钟，成人每周150分钟）。

只有当人们具有健康的生活方式时，个体责任才能发挥最大效果。因此，在社会水平上很重要的是通过持续落实的健康政策来遵循上述建议，这些政策可使每个人可以获得、能够承担并且容易获得定期身体活动和健康饮食，特别是对贫穷的人们。这类政策的一个例证就是对加糖饮料征税。食品工业可以在促进健康饮食方面起到重要作用：

(1) 减少加工食品中的脂肪、糖和盐含量；

(2) 确保所有消费者均可以得到可负担得起的健康营养选择；

(3) 限制营销高糖、高盐和高脂食品，尤其是针对儿童和青少年的营销活动；

(4) 确保健康食品选择的可得性并支持在工作场所定期进行身体活动。

(四) 身体比例

身体比例(坐高/腿长)是反映身体匀称度的重要指标。张亚钦等人在一项关于我国 0～18 岁正常儿童身体比例生长规律的研究中发现,新生儿的身体比例为 2.01,1 岁时降至 1.67,此时的儿童显得头颅大,躯干长,下肢短小。3～6 岁儿童的身体比例从 1.41 降低到 1.25,身形也逐渐变得匀称。学龄期儿童下肢的生长速度远大于上肢,身体比例随年龄增长稳定下降,至 11 岁时降至最低点,身体比例为 1.13。进入青春期后,下肢的增长速度逐渐减慢,上半身的生长速度加快,并逐渐超过下肢,青春后期的身高增长以上半身为主,因此身体比例有所回升,至 18～19 岁时为 1.18,并保持稳定。此外,身体比例在青春期阶段存在性别差异。11 岁以后女性身体比例略高于男性(男女差值为 0.02～0.04),并且 13 岁时这种性别差异达到最大,这是由于女孩比男孩提前进入青春期,性激素对骨骼的作用所致。男孩的肩部变宽,女孩的臀部则比肩部和腰部宽,男孩的体格最终要超过女孩,他们的腿比身体的其他部分都长(张亚钦,李辉,季成叶,2010)。

儿童和青少年的身体比例还与种族遗传有关,中国青少年身体比例与其他种族儿童的身体比例存在一定差别。如荷兰儿童青少年身体比例值小于中国儿童青少年,意大利儿童身体比例也明显低于中国儿童,土耳其 6～17 岁儿童青少年身体比例低于中国。这些数据提示,与白种人相比,中国儿童青少年呈现长躯干体型,与印度人相比呈现长躯干体型,此外,中国内地青少年与台湾和香港儿童青少年体型差别不大,与日本青少年也无明显差异(张亚钦等,2010)。

(五) 性发育

性发育是青春期的重要表现,了解青春期性征发育的现状及规律,对判断青春期个体发育水平、成熟程度和发育趋势以及青春期保健、性早熟的治疗都有积极的意义。

进入青春期,身体各系统器官的发育中,最为明显的是生殖系统的迅速成熟,各生殖器官及第二性征的发育遵循一定的规律。有研究者对中国九大城市男孩性发育进行调查发现,8 岁儿童中有 8.66%的男孩睾丸容积≥4ml,至 9、10 岁时,该比例分别增加至 12.99%和 29.88%。11 岁儿童中有 3.38%的男孩睾丸容积≥12ml。12 岁以后开始有 2.9%的男孩睾丸发育成熟。研究者还发现,有 5.29%的男孩在 11 岁呈现阴毛发育,该比例在 12 岁和 13 岁分别增加至 25.79%和 55.64%。12 岁时,有 3.46%的男孩已经出现初次遗精,至 13 岁和 14 岁时,该比例分别增加至 21.59%和 56.70%(中华医学会儿科学分会内分泌遗传代谢学组青春发育调查研究协作组,2010a)。

对中国九大城市女孩第二性征发育和初潮年龄调查发现,9.16%的女孩在 7 岁时出现乳房发育,8～9 岁时,乳房发育的女孩比例分别增加至 19.57%和 44.92%。此外,有 4.77%的女孩在 9 岁时出现阴毛发育,至 10、11 岁,女孩阴毛发育的比例分别增加至 18.86%和 41.44%。研究者还发现,1.65%的女孩在 10 岁时出现初潮,至 12 岁时则有 40.14% 出现初潮,15 岁时,该比例增至 97%(中华医学会儿科学分会内分泌遗传代谢学组青春发育调查研究协作组,2010b)。

四、体格发育的影响因素

（一）遗传

遗传是指子代和亲代之间在形态结构以及生理功能上的相似，遗传的物质基础是染色体，染色体上的基因（在一定的环境下）决定各种遗传性状。

儿童体格发育与遗传密切相关，遗传基因可通过多种内分泌途径来调节体格的生长发育。其中，身长（身高）是受基因影响最大的体格指标。研究表明，儿童时期和成年期大约有 90%的身高变异（Silventoinen，Posthuma，Van，Bartels，& Boomsma，2006）可以由遗传因素解释。

除身高外，体重、坐高、胸围、肩宽和骨盆宽等体格发育指标也受遗传因素的影响，李玉玲等人在对中国 116 对 6～12 岁同性别汉族双生子的研究中发现，男女性体重的遗传度分别为 0.88 和 0.74，体重指数的遗传度分别为 0.73 和 0.72，坐高的遗传度分别为 0.87 和 0.86，胸围的遗传度分别为 0.88 和 0.62，肩宽的遗传度分别为 0.78 和 0.56，骨盆宽的遗传度分别为 0.73 和 0.59（李玉玲等，2005）。

体格发育的遗传效应大小因年龄的不同而不同。有研究者在成人身高、体重和体重指数的遗传度的研究中发现：身高的遗传度在青年组中为 0.89，老年组为 0.87；体重的遗传度在青年组中为 0.86，老年组为 0.70；人体密度指数的遗传度在青年组中为 0.82，老年组为 0.63（唐久来等，2007）。另外一项来自瑞典的纵向研究也表明，在出生和 1 岁时，儿童身长的变化受遗传因素的影响较小，然而当儿童 2 岁以后，遗传则可以解释 91%～97%的身高变化（Silventoinen et al.，2008）。

体格发育的遗传效应具有性别特异性。研究者在一项来自芬兰的研究中发现，从童年期到成年期，基因可解释男孩身高变化的 81%，而对女孩只有 65%，研究者认为这种性别对遗传度的影响可能与男女的激素水平、神经系统发育有关，也可能是由于女性的心理特点使其对共同环境比男性更为敏感（Jelenkovic et al.，2011）。

此外，也有报道显示，父母种族遗传因素对儿童生长发育有影响，父母异族婚配的儿童的各项体格发育均大于父母同族婚配的同龄儿童，尤其是在身高上。群体移居杂种优势的遗传作用大，超过父母身高基因的作用，从群体遗传学的角度来看，异族通婚对儿童生长发育似有某些优势（刘振范，杨缨，安俊，1992）。

总之，遗传因素对儿童体格发育起着重要作用，这有助于我们了解体格发育的变化规律，不仅在运动员选拔上具有重要指导意义，而且在评估儿童体格发育时，考虑到父母遗传因素的作用，可避免由于发育诊断错误而引起不必要的检查。

（二）家庭环境

家庭是社会的细胞，家庭经济收入、母亲受教育程度、家庭氛围等因素均会直接或间接地影响儿童的生长发育。

家庭社会经济地位（SES）的差异会对儿童生长发育产生持续影响。Finch 等人在对美国7 779 名 2～6 岁儿童的纵向追踪研究中发现，社会经济梯度对儿童出生身长产生直接且独立的影响，并且这种影响一直持续到幼儿期（Finch & Beck，2011）。

家庭社会经济地位可以调节父母体重与儿童体重指数（BMI）之间的关系。Claudia Semmler 等人招募了来自英国 100 个家庭的 428 个双胞胎孩子，并且根据父母的体重将家庭分为“肥胖家庭”和“瘦家庭”，从孩子 4.4 岁起随访至 11.2 岁，结果表明，父母体重与家庭社会经济地位之间存在显著的交互作用，“瘦家庭”中孩子的 BMI 从 4 岁到 11 岁没有显著的差异，而“肥胖家庭”中且家庭社会经济地位较低的儿童则出现超重/肥胖的概率显著增加（Semmler，Ashcroft，Jaarsveld，Carnell，& Wardle，2009）。

在家庭社会经济地位（SES）中，母亲受教育程度对儿童生长发育，尤其是对儿童出生状况的影响更为明显。Howe 对英国 0～10 岁 12 366 名儿童的研究表明，受教育程度低的母亲生育的男孩出生时的平均身高比受教育程度高的母亲生育的男孩矮 0.41 厘米，女孩矮 0.65 厘米。到 10 岁时，受教育程度低的母亲生育的男孩比受教育程度高的母亲生育的男孩平均身高矮 1.4 厘米，女孩平均身高矮 1.7 厘米，与出生时的差别比例基本接近（Howe et al.，2012）。

有学者认为，在很多情况下，儿童营养不良不是因为食物短缺，而是缺乏科学的营养与喂养知识（聂少萍等，2006），而文化程度较高的母亲或抚养人通常更容易获得营养与喂养有关的知识（崔颖等，2007），从而影响儿童的生长发育。

除了家庭经济地位以外，家庭冲突也可能与儿童生长缓慢有关。来自英国的一项研究测量了 6 574 名 7 岁儿童身高，并且使用家庭冲突调查问卷评估了家庭氛围，结果发现，经历过家庭冲突的儿童中，有 31.1%的儿童身材矮小，而在那些没有经历过家庭冲突的儿童中只有 20.2%的儿童身材矮小（Montgomery，Bartley，& Wilkinson，1997）。

（三）营养素

营养是儿童生长发育最重要的物质基础。儿童正处于旺盛的生长发育阶段，必须不断地摄取足够的热量和各种营养素，以满足生长发育的需要。全面、健康、合理的营养是生长的关键，同时也是补救身高遗传不足的必要因素。

微量元素是维持人体日常生命活动和正常代谢的重要物质，其中与儿童及青少年生长发育密切相关的主要有钙、铁、锌、硒和碘。钙元素是构成人体骨骼和牙齿的重要原料，钙元素缺失会造成钙磷代谢紊乱，影响神经肌肉和骨骼的发育。铁是合成血红蛋白的重要元素，可参与血红蛋白、细胞色素和过氧化物酶等蛋白质和酶的合成，对于维持神经系统的能量和控制神经递质平衡具有重要作用，缺铁会导致贫血，使细胞色素酶的活性降低，以致氧运输与供应不良，出现能量代谢过程紊乱，最终导致生长发育不良。锌在骨中的浓度相对较高，人体中的 85%的锌元素分布于肌肉和骨骼中，它是钙化基质重要组成部分。锌不仅参与生长激素的合成与分泌，还与某些重要激素如生长调节素、骨钙素、睾酮和甲状腺激素相互作用调节骨骼的生长和发育，缺锌会使许多含锌酶活性下降，导致物质代谢紊乱，从而出现生长发育停滞以及性成熟障碍。硒对骨骼肌肉系统、大脑和神经系统的发育以及免疫功能的维持都有重要意义。缺碘可引起甲状腺功能低下，生长发育受限，即地方性克汀病。

维生素也是儿童生长发育中不可或缺的营养成分，例如，维生素 D 能调节钙代谢，提高机体对钙、磷的吸收，促进骨骼钙化和身高增长，维生素D缺乏会导致出牙晚、身高发育落后、易发生骨折，甚至形成O形腿。

(四) 喂养方式

喂养方式与生长发育有密切关系，世界卫生组织和联合国儿童基金会建议促进母乳喂养至两岁或以上。母乳中钙的含量可以满足婴儿每日钙摄入量的需求，保证婴儿骨骼的正常发育。此外，母乳是维生素A和蛋白质的关键来源，可以保护儿童免于病菌的感染（Hill，Kirkwood，& Edmond，2004）。研究表明，母乳喂养两年或更长时间的孩子比母乳喂养小于12个月的孩子具有更健康的人体测量学指数（如年龄别身高、年龄别体重和体重指数）（Taren & Chen，1993）。

母乳喂养的持续时间对儿童生长的影响受到儿童年龄的调节。赞比亚的一项对376名5岁以下城市儿童的研究表明，母乳喂养的持续时间与孩子出生后前两年的身高有关，两岁以后则不相关（Ng'Andu & Watts，1990）。

延长母乳喂养持续时间可能是防止超重和肥胖的一个保护性因素。Simon等人从巴西圣保罗的7个私立学校选取了566名2～6岁儿童作为研究参与者，并收集儿童母乳喂养持续时间方面的资料，同时根据2000年美国疾病控制和预防中心的增长图表评估了儿童超重/肥胖情况，结果表明，母乳喂养持续2年或以上的儿童出现超重/肥胖的概率为9.7%，而母乳喂养持续时间为0～6个月的儿童出现超重/肥胖的概率为35%（Simon & Nascimento，2007）。

拓展阅读

母乳喂养

营养不良每年造成约270万名儿童死亡，占儿童死亡总数的45%。在改善儿童生存状况、促进儿童健康成长和发育方面，婴幼儿喂养是一个关键领域。儿童生命最初两年尤为重要，在此阶段如能获得最佳营养，可降低患病率和死亡率，减少日后罹患慢性病的风险，促使身心发育更加健全。最佳母乳喂养至关重要，每年可挽救超过82万名5岁以下儿童的生命。世界卫生组织和儿童基金会建议：

∴产后一小时即开始母乳喂养；

∴生命最初6个月应进行纯母乳喂养；

∴在婴儿6个月时增加有足够营养和安全的补充（固体）食品，同时持续进行母乳喂养至两岁或两岁以上。

然而，许多婴幼儿都得不到最佳喂养。比如，世界范围内，2007年至2014年只有大约36%的年龄不足六个月的婴儿得到纯母乳喂养。建议已得到修订，以解决感染了艾滋病毒的母亲所生婴儿的需要。现在，抗逆转录病毒药物让这些婴儿可以获得纯母乳喂养至六个月，并持续母乳喂养到至少12个月，从而使艾滋病毒传播风险大大降低。

6个月纯母乳喂养对婴儿和母亲有诸多好处，主要可防止肠道感染，对发展中国家和发达国家都是如此。尽早进行母乳喂养（产后一小时），可防止新生儿受感染并降低新生儿死亡率。对于部分母乳喂养或非母乳喂养的婴儿，因腹泻和其他感染导致死亡的风险可能更大。对于6～24月龄儿童，母乳也是能量和营养素的重要来源。母乳可提供6～12月龄婴儿所需的一半或更多的能量，12～24月龄婴儿所需的三分之一能量。母乳还可降低营养不良儿童死亡率。小时候得到母乳喂养的儿童和青少年出现超重或肥胖的可能性较低。此外，他们在智力测试方面的成绩会更好且入学率更高。母乳喂养与成人生活的高收入有关。通过母乳喂养改善儿童发育并降低卫生成本，可为个人家庭以及国家层面带来经济收益。

母乳喂养持续时间较长还有益于母亲的健康和福祉。它可降低患卵巢癌和乳腺癌的风险，并且有助于拉开生育间隔（对6个月以下婴儿进行纯母乳喂养可产生激素效应，通常会导致哺乳闭经期）。这是一种自然控制生育的方法，称为哺乳闭经避孕法。

（五）疾病与卫生

幽门螺旋杆菌对身高和体重有显著和持续性的影响。一项前瞻性队列研究表明，在幽门螺旋杆菌感染率高的人群中，会出现新的持续感染，并伴有明显的生长阻滞。受感染儿童在12～60个月内的生长速度降低（Bravo et al.，2003）。一项有关学龄期幽门螺旋杆菌感染儿童的生长发育的研究表明，受感染儿童在7～11岁之间，身高增长下降了1厘米（0.3～2.0厘米），其中女孩身高增长下降得更为明显（Patel，Mendall，Khulusi，Northfield，& Strachan，1994）。研究者认为，长期持续性幽门螺旋杆菌感染会引起低水平的慢性胃炎症，不仅会导致儿童营养摄入不足，而且炎症使白细胞介素、肿瘤坏死因子释放，干扰青春期内分泌功能，进而影响生长发育。

土源性线虫感染是引起儿童（尤其是发展中国家儿童）生长发育迟缓的主要寄生虫病之一（Bethony et al.，2006）。土源性线虫能吸取宿主养分，导致营养不良，极大损害人体健康。尚煜等对广西、海南农村地区15所学校的1 031名9～12岁儿童的生长发育状况进行了调查，结果发现，感染土源性线虫的儿童中有30.7%的儿童存在生长发育迟缓，中重度感染儿童的平均年龄别身高 Z 分数显著地低于未感染儿童（尚煜 et al.，2011）。

此外，先天性疾病（如先天愚型）对小儿体格发育和智力发育都会产生明显影响。长期疾病如青少年儿童反复的呼吸道感染、消化道疾病、慢性肝炎、哮喘、心脏病、贫血等均可影响生长发育。内分泌疾病（如甲状腺功能减退症）常引起骨骼生长和神经系统发育迟缓，对生长发育的影响更为突出。

第二节　脑发育

一、从胎儿期到青春期的大脑发育过程

人类大脑发育是一个漫长的过程，从孕期第三周神经细胞的分化，延伸到青春期后

期，直至个体的一生。基因表达和环境刺激对于正常大脑发育是必不可少的。但基因和环境的影响并不能完全决定大脑的发育。大脑发展是促进新神经结构和功能出现和分化的一系列复杂的动态和适应的过程，这些过程受到基因的制约，但是随着时间的推移，不断变化的环境会使人脑变得复杂，结构呈现动态化发展（Stiles，2008；Waddington，1940）。

（一）胎儿期的大脑发育

1. 神经元的发育

神经元又称神经细胞，是构成神经系统结构和功能的基本单位。人类中枢神经系统中约含1 000亿个神经元，仅大脑皮层中就约有140亿个。

大部分神经元是在妊娠中期产生的（Rakic，1997）。早在孕期的第42天，神经元就开始产生（Stiles，2008）。大概在孕期108天时，神经元基本已经都产生了（Clancy，Darlington，& Finlay，2001）。从12周到20周，神经元在继续产生的同时也会迁移到皮层中的特定区域，在此之后，会有许多细胞快速死亡，从孕期24周到出生后的4周之间，神经元的数量会大量减少。

为了融入神经网络，神经元发展出轴突和树突，使它们能够与其他神经元进行交流。轴突是从神经元发送信号的主要通道，而树突是接收来自其他神经元信号的主要场所。神经元与神经元之间的机能接点为突触，突触数量和结构的变化是突触发育成熟的重要表现，也是大脑发育的关键。胎儿在4～5个月时，突触正处于形成期，6～7月突触会迅速增多（王慧娟等，2009），这为神经元的连接提供了基础。

2. 大脑前额叶皮层神经元的发育

人脑前额叶皮层是人类大脑高级功能的关键组成部分，参与记忆形成、短期储存及调取、语言、情绪的调节等功能。前额叶皮层参与人脑的高级智力活动，是人类思想的重要物质基础，从灵长类祖先进化到现代人类的过程中，大脑容量增加了一倍，而这增加的部分主要体现在前额叶皮层面积的增加上。前额叶皮层是大脑中最重要的区域之一，具有极其复杂而且广泛的神经分布和双向联系，例如，前额叶皮层和丘脑、尾状核、苍白球、杏仁核和海马之间有着丰富的直接联系，再通过这些结构与下丘脑和中脑之间实现间接的神经联系，而这些神经联系，是前额叶皮层多种生理心理功能的重要生物学基础。

Zhong等（2018）揭示了在人类大脑前额叶皮层中兴奋性神经元发育的关键阶段的孕期具体时间：生成（8～12周）、迁移（13～16周）和成熟（19～26周），并且通过电生理手段首次发现人前额叶皮层深层神经元在孕期26周就出现了初步的环路（出现了兴奋性与抑制性突触后电流）。此发现说明神经元之间的电活动在人类大脑早期发育中可能起到非常重要的作用（Zhong et al.，2018）。

Zhong等（2018）还发现在胎儿早期（10周）的前额叶皮层中已经存在少量的抑制性神经元的前体细胞（TTF1阳性），虽然转录组测序分析表明TTF1阳性的前体细胞大多数处于细胞周期的静息期，但还是表明有可能一部分抑制性神经元是在皮层区原位生成的，而并非主流观点认为的从大脑腹侧的神经节隆起区域迁移过来的。他们发现与兴奋性神经元相比，抑制性神经元的功能成熟相对比较晚，两类神经元的成熟时间并不一致。这一发现提示人类大脑发育非常不同于其他模式生物的大脑，也为神经发育疾病例如自闭症等疾病的研究提供了重要的切入点（Zhong et al.，2018）。

3. 大脑皮层的发展

（1）大脑皮层的表层变化。

人类的大脑表层起初是一种光滑的“无脑回”结构，并逐渐发展出具有脑回和脑沟的典型成熟模式。

胎儿从14周开始出现皮层表面浅压迹，20周左右皮层折叠较快（展金锋等，2011），在25周时，在脑岛部位大脑皮层发生了第一次折叠，这个过程会一直延续到第28周。27周时，中央沟开始出现。在25至27周之间，开始出现上颞沟、钙化裂隙、枕上裂和胼胝体边缘裂，并在28周至29周形成良好。侧支沟在28周时形成。额叶沟在27周清晰可见。在顶叶中，从27周开始，顶叶内裂出现得很早。折叠后，出现中央后沟，使得顶叶中的沟纹更加复杂。额叶下方和上方的脑沟折叠出现在妊娠第28周左右，而前中央沟在第29周出现。31周后，先前形成的脑沟的折叠模式变得更加复杂，如扣带回中的褶皱，尤其是胼胝体边缘裂隙的前部（Clouchoux et al.，2011）。

（2）大脑皮层结构发育。

在人类胎儿大脑发育的过程中，大脑皮层的发育显得尤为重要，而皮层发育中又以层状结构的发育变化最为重要。皮层结构虽只是胎儿发育过程中大脑皮层出现的过程性结构，但是皮层发育障碍会导致幼儿癫痫、智力缺陷、发育迟滞和神经功能缺陷等疾病。

胎儿的大脑皮层从外侧向内侧依次分为7层层状结构：边缘层、皮层层、皮层下层、中间层、室外层、室周层和侧脑室层。

我国学者展金锋以及李超通过MRI技术对胎儿大脑皮层的研究得出几乎一致的结论：在14～16周时，可观察到4到6层皮层。18～23周时层状结构发育典型。在第20周时，形成典型的7层层状结构。24～28周时，层状结构之间的界限逐渐模糊。30周以后，大部分层状退化消失分化成成熟的皮层结构（展金锋等，2011；李超，2015）。

此外，大脑皮层结构的厚度也会随着孕期而变化。侧脑室层、室周层、室外层、皮层层和边缘层的厚度在孕期20周之前会随着孕龄逐渐增加，在20周达到顶峰，之后会随着孕龄逐渐减小。中间层和皮层下层在22周厚度增长较快，在28周有所下降，之后厚度逐渐增加（展金锋等，2011；李超，2015）。

（3）大脑皮层的异常发展。

大脑皮层发展主要是由神经细胞增殖、迁移和组织来决定的。因此其中任何一个阶段的异常都会导致大脑皮层的畸形。比如：细胞增殖异常可能会导致原发性小头畸形、巨脑畸形、半侧巨脑综合征。初始神经元迁移失败会导致脑室周围异位。神经元无法在其预定的皮层目的地停留，并继续迁移到皮层表面会导致鹅卵石畸形。发育阶段的重叠、紊乱可能会导致皮层畸形（Lerman-Sagie & Leibovitz，2016）。

4. 营养与大脑发育的关系

胎儿的大脑除了会随着自身胎龄的增长而不断发育外，同时还需要其他大量营养元素辅助其生长（Georgieff，Ramel，& Cusick，2018）。妊娠期间特别是孕期的10～18

周，胎儿大脑锥体细胞生长最快，在这期间胎儿需要大量的多种氨基酸、维生素、微量元素、必需脂肪酸，以便合成锥体细胞的核蛋白，使细胞核迅速增大并分裂，以促进大脑锥体细胞的迅速增殖（李虹，2009；Georgieff et al.，2018）。而胎儿所需的这些营养物质大都来源于母体，因此孕妇摄入的营养成分不仅要保证其自身的健康状况，还担负着促进胎儿发育的重任（Picciano，2003）。孕妇营养不良将会直接导致胎儿营养物质不足而对大脑发育造成不利影响（Rees & Harding，2004），如缺碘会造成胎儿中枢神经系统及生长发育障碍，影响智力提高（Picciano，2003；姜振坤，1994）。动物研究和人体研究的结果也证实孕末期 DHA（不饱和脂肪酸二十二碳六烯酸）和 AA（花生四烯酸）的缺乏将会影响下一代脑发育和脑功能的完善（高志英，薛长勇，2011）。但是孕妇也要避免过度补充营养，营养过剩一般不会直接影响胎儿大脑的发育，却会通过影响孕妇的健康间接影响胎儿大脑发育。大脑发育唯一可以利用的能源是糖，但过度摄入含糖量过高的营养品则易诱发妊娠糖尿病（从向珊，2010）。很多研究提出，妊娠后半期孕妇糖尿病的代谢紊乱如未得到控制，可能引起胎儿的脑损伤，导致以后的神经精神发育异常（李虹，2009）。孕妇大量食用鱼，会吸收鱼体内所含的水银，并将其通过胎盘传给胎儿，加之胎儿自身排泄能力较差，更易使水银堆积体内，可能会影响胎儿脑部发育，使智力发育迟缓（戴汉文，2015）。

（二）婴幼儿期大脑的发育

1. 神经元的发育

以往的研究表明，神经元的迁移在出生以前就已经结束。最近的研究发现在出生后大脑前部深处仍有小部分未成熟的神经元，它们会迁移至大脑皮层，分化成许多抑制神经元亚型。这对新生儿抑制功能的发育起着举足轻重的作用，也有可能与一些神经系统疾病有关。如：自闭症与额叶皮层抑制神经环路的异常有关，因此，迁移到大脑皮层的抑制神经元也可能与自闭症有关（Paredes et al.，2016）。

新生儿的大脑基本上具有和成人大脑相同数量的神经元，但是这些神经元之间的连接尚未完全建立（Nowakowski，2006）。婴儿大脑的建设任务非常艰巨，依赖于基因和环境的相互作用（Meaney & Szyf，2005）。一个神经元的冲动传到另一个神经元或传到另一细胞间的相互接触的结构即突触在产后期快速产生，到 2 岁时达到成人水平的两倍，然后在青春期早期回落到成人水平。所以，婴儿出生后的前两年是大脑结构发展最显著的时期（Herschkowitz，2000）。

环境刺激对突触的形成产生着重要影响，那些受到周围环境刺激的神经元会继续形成突触，建立更精细更复杂的交流系统，从而支持复杂能力的发展，那些受到很少刺激的神经元将会丧失突触。除此之外，环境刺激的作用也会增强某些白质轴突的完整性以及修剪其他轴突（Duffau，2013），这种变化可能同时促进发展中的大脑结构网络的有效重构，进而对大脑发育产生影响。

2. 大脑皮层的发展

人类出生以后，大脑皮层经历了许多微观结构的改变。第一表现在大脑皮层厚度的增加上。出生后的前 3 年是大脑皮层厚度增加最快的时期。额叶眼动区的发展速度比运动皮层更快。但是从 4 岁到 7 岁，大脑皮层厚度的增长速度变慢，在 6～9 岁之间皮层达到最厚（Tsekhmistrenko，Vasilyeva，& Shumeiko，2017）。

相对于不同的脑区，大脑皮层的厚度以及厚度达到顶峰的时间也会有差异。Tsekhmistrenko 等发现前额叶和后部联合的皮层相对于其他脑区的皮层更薄；中央前回和枕叶的皮层厚度增加到 3 岁，而颞叶和前额叶皮层会增加到 5～6 岁（Tsekhmistrenko et al.，2017）。

第二表现在脑皮层面积的扩展上。在第一年，皮层表面积急剧扩大，平均扩张 1.80 倍。具体来说，在两个半球上，上颞叶、上顶叶、内侧眶额、外侧前额叶皮层、后中央脑回和枕叶的区域比其他皮层区扩张得更大。在第二年，皮层表面积扩张仍然很大，平均扩张 1.20 倍。两个半球的上额、中额、眶额、下颞、下顶叶和顶叶皮层的区域比其他皮层区扩张得更大（Li et al.，2013）。

第三表现在体积的扩大上。在第一年，灰质的体积增加 106%，第二年增加 18%。在第一年体积增加较快的有额下回、角回以及与语言发展相关的皮层区域，发展最快的区域是脑岛（脑岛涉及很多功能，比如对内部感觉、疼痛、身体运动的感知）、梭状回（梭状回主要涉及面部识别和颜色处理）和颞下回（颞下回主要涉及高阶视觉处理，包括形状和面孔）。在出生后的第二年，额叶和顶叶的皮层相对于其他皮层的区域体积增加更大。

灰质体积的异常会导致各种疾病。比如：自闭症、精神分裂、抑郁症。研究者发现这些疾病都与两岁前大脑灰质体积的过度增加有关（Gilmore et al.，2012）。

3. 神经连接的发展

从婴儿期到幼儿期，人类的大脑在结构和功能上经历着快速成长，这对以后的认知和行为发展有着重要的影响。随着神经影像学和神经生理技术的发展，近年来很多学者从神经连接的视角来探索大脑结构和功能的发展变化。

神经元的连接早在孕期 21 周就开始了（Gilmore et al.，2012），连接主要以短距离为主（Kostovi & Judas，2010），随着时间推移神经纤维的长度不断增加（Yap et al.，2011）。在 1 岁时主要以长距离连接为主，并在 2 岁时得到加强，与此同时神经纤维的长度也在增加。这些使大脑的网络连接更像是一个整体（Cao，Huang，& He，2017）。

人脑在婴儿期和学步期会发生迅速的增长，但脑结构和功能的发展模式最有可能遵循的发展规则为先初级皮层再高级区域。比如：在出生后的前 3 个月，视觉区域的连通性会迅速地提高；紧接着，在出生后的前 6 个月，功能连接的强度显著增加，使注意区域成熟；最后是执行控制网络的成熟（Cao et al.，2017）。

此外，研究者还发现大脑神经连接的发展存在显著的性别差异。比如：在 2 岁时，大脑的神经连接表现出性别差异。女孩连接的局部效率和整体效率都高于男性（Yap et al.，2011）。

大脑神经连接的异常会导致许多认知障碍，比如新生儿杏仁核的功能连接与 6 个月时出现的恐惧和认知发展（包括新兴的感觉运动，注意力和记忆能力）有关（Graham et al.，2016）。1 岁儿童的丘脑的网络连接可以预测 2 岁时的一般认知能力（Alcauter et al.，2014），而脑网络功能波动的频率分布也与 1 岁婴儿的行为表现有关（Alcauter et al.，2015）。

（三）童年期至青春期大脑皮层的发展

在整个儿童期至青春期，灰质和白质的体积都呈逐渐增长的趋势。灰质体积的增长遵循“倒U”形的发展趋势，在不同的脑叶，灰质体积达到顶峰的时间不同（Giedd et al.，1999）。例如，额叶灰质在女孩11.0岁时达到最大体积，在男孩12.1岁时达到最大体积；女孩在16.7岁、男孩在16.2岁时颞叶皮层灰质达到高峰；顶叶皮层灰质高峰在女孩中是10.2岁，在男孩中是11.8岁（Giedd et al.，1999）；而白质的体积呈线性增加，在人类大概40岁的时候白质才开始减少（Bartzokis et al.，2001），而且这种增长也呈现出区域性。相对腹侧前额叶区域（即眶额叶皮层），白质在背侧前额叶皮层中增加的更多（Reiss，Abrams，Singer，Ross，& Denckla，1996）。总颞叶体积在4至18岁的年龄范围内表现相对稳定。

这个时期，大脑皮层的厚度也在发生变化。Sowell等（2004）对5～11岁的儿童研究发现大脑皮层厚度发育每年以0.4～1.5毫米的速度发展，最突出的是在额叶和枕部区域。皮层厚度的范围从枕部区域1.5毫米到背内侧额叶皮层5.5毫米（Sowell et al.，2004）。

（四）大脑可塑性

1. 结构可塑性

大脑可塑性可以分为结构可塑性和功能可塑性两个方面（杨雄里，2003）。大脑结构的可塑性包括突触可塑和神经元可塑，是指大脑内部的突触、神经元之间的连接可以由于学习和经验的影响建立新的连接，从而影响个体的行为（郭瑞芳 & 彭聃龄，2005）。也就是说，如果神经网络被经验所改变，那么它们负责的功能必定会发生一些变化。相反，如果行为发生变化，那么产生行为的神经回路的组织或特性必定会有一些相应的变化（And & Whishaw，1998；Kolb & Whishaw，2010）。不同的学习和经验对大脑结构的影响不同，因而大脑结构之间的差异也不同。例如在体育运动方面，吴殷、张剑、曾雨雯和沈城（2015）采用功能磁共振成像技术，比较了13名羽毛球运动员、13名篮球运动员和16名非运动员的大脑灰质结构差异。结果表明，运动员双侧中央前回、左侧顶下小叶、中央后回、眶额回、颞上回灰质体积显著大于非运动员。

Gaser和Schlaug（2003）使用类似VBM（基本体素形态学分析，voxel-based morpho metry）的方法，将专业键盘手与非音乐家和业余爱好者进行了比较，发现与业余爱好者和非音乐家相比，专业键盘手的感觉运动区域、左前额叶区域以及左小脑区域中的灰质密度更大（Gaser & Schlaug，2003）。还有研究发现，与非音乐家相比，音乐家的胼胝体（连接右半球和左半球的密集的白质）更大，这种差异是强烈的感觉-运动信息在左右脑运动区域之间反复传递的结果，因为学习乐器都需要右手和左手紧密协调活动（Schlaug，Jäncke，Huang，Staiger，& Steinmetz，1995）。但是这种差异只在大脑可塑性强的时期才会发生，并且只出现在男性音乐家中（Lee，Chen，& Schlaug，2003）。

2. 功能可塑性

大脑功能的可塑性可以理解为通过学习和训练，大脑某一脑区的功能可以由邻近的脑区代替，也表现为脑损伤患者在经过学习、训练后脑功能在一定程度上的恢复（郭瑞

芳 & 彭聃龄，2005)。

Schneider，Schönle，Altenmüller 和 Münte（2007）的研究证实了钢琴训练对中风患者运动康复的有效性。还有研究者使用正电子发射断层扫描技术观察了失语症恢复过程中涉及语言理解的皮层网络的短期变化（Schneider，Schönle，Altenmüller，& Münte，2007)。研究者对 4 名由后左脑中部动脉梗塞引起的威尔尼克区失语患者进行了连续 12 次局部脑血流量的测量，并且在测量过程中给他们安排了语言理解任务测试。同时在每两次测量的时间间隔内，要求患者参加短暂而高强度的语言理解训练，结果发现在接受训练后，所有病人的行为表现均观察到显著的改善（Musso et al.，1999)。

3. 大脑可塑性的个体差异

大脑的可塑性说明大脑发育并不完全是由先天生物因素所决定的，后天环境因素对其发展也有着举足轻重的作用。人类在发展过程中，不同的个体由于基因与环境的差异性，其大脑的发育速度和可塑性不尽相同。即大脑可塑性存在个体差异。

在人的一生中，中枢神经系统具有一定的可塑性。但是在大脑发育的过程中，某些功能的发展存在一个关键期，在这个关键期内大脑的可塑性就会比较强。Newport 选取了 51 个从 22 岁到 77 岁的被试，他们在出生时或者在学习英语之前就已经是聋哑人，而且从他们接触美国手语（ASL）到现在，就一直将 ASL 作为自己的主要语言。根据被试学习 ASL 的年龄，研究者把他们分成了三类：(1) 本地学习者，这些人从一出生就开始学习 ASL，他们的父母也是聋哑人；(2) 早期学习者，他们在 4～6 岁进入聋哑学校时才开始接触 ASL；(3) 后期学习者，这些被试则在 12 岁以后才开始接触 ASL。为了排除使用 ASL 时间长短的影响，这些被试又被分为两组，一组是年轻成年人（22～36 岁)，已经使用 ASL3～36 年；另一组是年长一些的成年人（39～77 岁)，使用 ASL39～69 年。他们测试了这两组被试的 ASL 造句和句子的理解，发现早期学习者平均得分稍低于本地学习者，而后期学习者的得分则更低（Newport，1988)。

另外，就人类发展的生命全程来说，大脑早期的可塑性会更强一些。随着年龄的增长，大脑内部各部分发展趋于成熟，结构越来越稳定，从而使得大脑的结构可塑性降低。Elbert 等人在 1995 年做了一个研究，以 9 名平均从 11.7 岁开始学习弦乐器的弦乐演奏家作为实验组，6 名非音乐家作为对照组。研究发现，弦乐演奏家左手的皮层表征区要大于非音乐家左手的皮层表征区。而进一步研究又发现青春期以前开始学习弦乐器的演奏家要比青春期以后学习弦乐器的演奏家的左手皮层表征区更大（Elbert，Pantev，Wienbruch，Rockstroh，& Taub，1995)。

大脑可塑性的个体差异还表现在性别上。通常男孩患自闭症的风险是女孩的 4～7 倍，有学者认为，这可能是因为突触和局部大脑可塑性存在性别差异。自闭症的发作可能主要涉及突触可塑性的突变，而性别基因与性激素之间的相互作用有可能导致男性知觉脑区的突触和连续区域可塑性大于女性，即在遗传与环境的相互作用下男性大脑比女性大脑更可塑，因而更容易患有自闭症（Mottron et al.，2015)。

4. 大脑可塑性对大脑发育的影响

一般来说，大脑的可塑性没有好坏之分，它只是一种使大脑发生变化的潜在力量。但是这种变化的结果是适应性的还是适应不良的则取决于我们如何利用这种潜在的力量

(Berardi，Sale，& Maffei，2015)。这也就是说，大脑可塑性会因为环境因素的不同而对大脑产生不同的影响。

一方面，积极的环境因素有利于大脑功能的进一步发展，例如：在儿童 0～4 岁期间，将其置身于丰富多彩的标准母语环境中，有利于儿童习得母语的音素、词汇和语法(卢英俊 & 施莹，2009)。中国科学院心理研究所的杜忆等人（Du & Zatorre，2017）也发现音乐训练能够提高我们在噪声环境下的言语感知和识别能力。但是也要注意防止刺激过于丰富，因为神经元每次激发都要耗费能量，对于婴儿来说，过度刺激会使其大脑疲惫而无法将知识整合（邹育如，2005）。

另一方面，消极的环境因素则会抑制大脑发育，损害大脑功能。有研究发现，如果对女孩的性暴力发生在 3～5 岁或 11～13 岁时，会使女孩海马的体积减小（Andersen et al.，2008），进而导致个体成年后的言语记忆能力显著下降（Bremner et al.，1995）。因此应该在个体成长过程中尽可能地营造一个良好的环境，给予大脑丰富且适宜的环境刺激以促进神经元的连接，进而促进大脑发育。

拓展阅读

大脑强大而又神秘的“可塑性神话”

因脑动静脉畸形（arteriovenous malformation，AVM），派特·马蒂诺（Pat Martino）1980 年动了脑部手术，移除了一团畸形的血管，切除了左颞叶的 70%。当时，他是爵士乐界最有名的吉他手之一。

在自传中，马蒂诺写道，他在手术后感觉自己像一具僵尸。他不记得自己的名字了，不认得父母了，也不知道自己还是个音乐家。事实上，马蒂诺患上了“逆行性遗忘症”(retrograde amnesia)，记不起来那次几乎致命的发病之前的事情。

2007 年马蒂诺接受了第一次磁共振（MRI）检查，当神经外科医生马塞洛·加拉尔萨（Marcelo Galarza）看到马蒂诺大脑磁共振成像的那一刻，他惊呆了。加拉尔萨医生说：“无法相信他的左颞叶被摘掉了这么多。”

直到 2010 年之后，神经科学家才发表了基于他检查结果图像的研究。马蒂诺居然能从一场移除了相当一部分脑组织并导致失忆的手术中恢复过来，吉他技巧还与以前一样出色，这让医学专家们和马蒂诺的粉丝们都感到震惊。在 2014 年发布的一份《世界神经外科》(World Neurosurgery）报告中，来自西班牙穆尔西亚大学附属医院的加拉尔萨，和来自欧洲、美国的同事们一起写道：“就我们所知，这一案例研究是有史以来第一次观察到病人完全从长期失忆症中恢复，并且找回了自己手术前的艺术专业能力。”

马蒂诺年过七旬，已经发布了 30 多张专辑。他满世界开巡回演唱会，许多爵士乐评论家和音乐人说，他的音乐比以前更欢快、更有创意了。法国蒙贝利耶大学医学中心教授、神经外科医生乌格斯·迪福（Hugues Duffau）写道：他的案例说明了大脑的神经可塑性——在生长和学习过程中，大脑用以“优化自身神经系统”的强大能力。这位吉他手的恢复过程证明大脑也可以“即兴演奏”——通过长出新的神经连接，来补偿畸形或者受伤的大脑部分，从而恢复大脑的运动、智力和情感能力。神经学家说，马蒂诺的故事讲述了音乐是如何重塑他的大脑并改变人生的。

二、认知发展的神经基础

（一）视觉定向与视觉注意发展的神经基础

视觉定向和视觉注意都属于注意转移。视觉定向（visual orienting）是外显的注意转移，是指个体转动眼球和头部，对新刺激做出反应，或者预期新刺激出现的行为；视觉注意则是一种内隐的注意转移，例如，我们不移动眼球就可以对我们视野内的某些空间位置或物体进行加工，而忽略掉其他的目标。

一岁前，视觉定向是婴儿获取信息的主要方式。最近，有两个新的研究方法被用来解决婴儿视觉定向的发展问题：一是根据发育神经解剖学方法预测神经通路发展的顺序；二是使用标记任务确定特定结构或通路的功能发展水平。有研究使用了第一种方法，并分析认为，婴儿在特定年龄的视觉定向行为由功能发展成熟的通路决定；而皮层通路功能的成熟受到初级视觉皮层的发展状态影响。综合以往研究，有学者提出了与眼动控制相关的神经通路发展顺序假设：从眼球到上丘的皮层下通路（可能包括从 V1 区皮层深部到上丘的皮层投射纤维），到抑制上丘通路的皮层投射纤维，然后是颞中回皮层的神经通路，最后是包含额叶眼区及其相关结构在内的神经通路。为了验证这个假设，科学家们做了大量的研究。有研究发现，在新生儿中，只有初级视觉皮层的深层神经回路可能具有支持有组织的信息加工活动的能力。参与眼动控制的皮层通路在新生儿期多数只接收到很弱或无序的信号。视觉诱发电位等方面的研究发现，新生儿眼睛接收到的信息进入了初级视觉皮层。从新生儿开始，个体就具备了简单的目标驱动的眼动行为，并且眼动技能在生命的第一年一直在发展。有些研究发现婴儿的前额叶在眼动行为中比后部的脑区更重要。可能在个体早期发展的过程中，这些通路最初并不像成人的神经通路那样有明显的区别。因此，婴儿的视觉神经通路可能以一种与成人非常不同的方式相互作用和加工信息。

许多研究对儿童时期的视觉注意发展进行了追踪，结果发现，与成人相比，婴儿对注意范围大小的控制能力更强、解除注意（忽略分心信息或错误线索）的能力更强、转换注意的速度更快。与此相比，对儿童内隐注意的脑研究则刚刚开始。相关研究主要集中在三个方面：（1）事件相关电位的研究；（2）早期皮层损伤的影响；（3）遗传导致的发展障碍。研究发现，在 3 月龄婴儿中，事件相关电位研究不能提供婴儿是否具有内隐注意转移能力的证据；而到 5 月龄时，婴儿的内隐注意转移的事件相关电位模式就与成人相似了。

（二）物体知觉发展的神经基础

日常生活中，虽然我们对物体的知觉和操作看起来简单，但其中包含着复杂的计算过程和丰富的知觉表征。假如我们用手拿一个东西，我们首先要知觉物体的位置、形状、大小、重量等特征，然后我们的手根据物体的特征来调整动作，最后转动手腕拿到物体。以往有很多行为研究探讨了儿童的物体操作发展，最近才开始有研究提供与儿童物体知觉和操作相关的认知神经证据。

人脑对物体的视觉信息加工的神经传导通路可以被概括为两条：一条是从初级视觉皮层出发，到达颞叶的一些脑区，即腹侧通路；另一条是从初级视觉皮层到顶叶皮层，即背侧通路。目前关于这两条通路开始分离的确切位点仍存在争议。腹侧通路有时又被称为“是什么”（what）或“知觉”（perception）通路，背侧通路常被称为“在哪里”（where）或“动作”（action）通路。背侧信号通路内神经元的空间认知编码展现出多个空间认知系统。例如，一些顶叶皮层的细胞可以预测眼跳后的视网膜电位变化，及时更新皮层视觉空间表征，从而持续地为大脑提供关于物体空间位置的准确编码。有些细胞可以对眼神方向做出反应，而顶叶皮层的一些神经元可能参与追踪移动的物体。背侧通路的神经元可以编码物体的大小、形状、去向，使得有机体可以恰当地拿到物体。腹侧传导通路加工的物体特征比背侧通路加工的复杂得多。这些细胞的兴奋具有非常显著的选择性，都会对物体的图像和表面特征有选择地做出反应。而且事实上，这些神经元是对物体保持不变的一套特征做出反应，而对物体位置的变化不敏感。腹侧通路上的神经元的特性完全符合一个系统识别具有稳定特征的物体、场景以及人物的要求，而不是去识别自然场景中视觉排列的实时变化。固定不变的物体表征能够为大脑的再认记忆和其他长时的视觉表征提供原始信息。生活中，我们知觉物体，不仅是在物体静止时知觉它，更要在变化的空间位置中知觉它。因此，我们的大脑需要上述两类不同的物体表征。

近年来有研究者从背侧和腹侧视觉通路的整合程度这一角度来探讨婴儿在注视和探物任务中的表现。Mareschal 等学者提出研究假设，注视（looking）任务和探物（reaching）任务研究表明在婴儿发展早期腹侧和背侧视觉通路的整合程度相对较低。研究结果表明，在再认任务中，婴儿可以编码物体的表面特征，也可以编码其空间位置，但是对这两方面信息不能同时加工，这表明婴儿能激活背侧和腹侧通路中的一条，但不能像成人一样同时激活这两条（Mareschal，Plunkett，& Harris，1999）。然而，这样的行为学研究结果并不能确定这两条视觉通路是在发展过程中逐步整合还是逐步地分离。另有学者进一步探讨了婴儿的知觉组合能力开始时间，发现一组 8 月龄的婴儿在知觉加工过程中已经能够在与成人类似的时间段发现左额叶有清晰的 gamma 活动突然增强。在对照组则看不到类似的振荡。更小的婴儿则没有表现类似的振荡，不过其大脑也能显示出 gamma 活动增强的倾向，只不过不是短时间的爆发，而是弥散在较长时间的大脑计算过程中。

（三）记忆发展的神经基础

1. 长时记忆发展的神经基础

长时记忆可分为多种类型。根据意识是否参与信息的提取过程可以将其分外显记忆和内隐记忆。外显记忆有赖于内侧颞叶中的皮层神经回路，包括海马及其周围的皮层结构以及丘脑。其中，很多研究者认为海马主要参与情景记忆而较少参与语义记忆。内隐记忆的各个成分依赖于不同的神经回路，尽管有时这些回路的作用会相互重叠。例如，一些内隐运动学习和条件学习与基底节、小脑和其他运动皮层有关，而知觉启动效应则与感觉皮层有关系。这种记忆系统理论在记忆发展的认知神经科学中占据主要地位。

(1) 外显记忆的发展。

Schacter 和 Moscovitch 是最早一批提出记忆发展的认知神经假说的科学家，他们认为尽管在成人中发现长时记忆中必要的脑回路可能在内侧颞叶，但是这种机制对于出生后的第一、二年可能不适用。另一个与此相关的假说指出，成人的遗忘综合征与婴儿的记忆能力有相似性，都是再认有困难，但是仍然可以学习新的技能和习惯；遗忘综合征患者的内侧颞叶有损伤。这些观察结果都提示，婴儿最初是依赖内隐记忆的，后来才出现了外显记忆（Schacter & Moscovitch，1984）。

Bachevalier 和 Mishkin 测试了一岁以内（3，6，12 个月）猴子在认知记忆和习惯记忆任务中的表现，结果发现小猴在三四个月时已经能够像成年猴子一样容易地完成视觉习惯化任务，在 4 个月时才能完成认知记忆任务，到 1 岁时认知记忆任务的完成才能达到成年猴子的水平。他们认为，小猴所展示出来的记忆能力发展过程中的分离现象是由于出生后内侧颞叶需要较长时间才能发展到能够再认的水平，从而使得联想记忆（认知记忆）的出现比感知运动习惯的形成晚（Bachevalier & Mishkin，1984）。这种解释可以用于阐明人类婴儿的记忆发展，因为婴儿也是直到 15 个月左右才能完成非匹配延迟任务（the delayed non match-to-sample，DNMS），并且 6 岁时尚不能达到成人水平。但是关于视觉比较配对任务的研究结果与上述观点不符。研究发现，出生后 15 天到 30 天，正常的恒河猴宝宝逐步发展出很明显地看向新刺激的偏好。但是在早期发生内侧颞叶（及海马）损伤的猴子中，没有发现这样的偏好。这个结果与上文的论点正好相反，提示了在很早的发展阶段，内侧颞叶就在视觉再认记忆中发挥着重要的作用。同时，这个结果也表明有一些内侧颞叶未成熟以外的因素进一步延迟了猴宝宝在非匹配延迟任务上的成功表现。

人类婴儿视觉比较配对任务中的再认记忆能力也是延迟出现的：3～4 天时婴儿对新面孔的注视时间比熟悉面孔长，甚至延迟 2 分钟后再呈现再认刺激，也会出现这样的差别。3 个月大的婴儿可以在延迟 24 小时后完成再认任务。这些结果表明，内侧颞叶的记忆回路在婴儿期已经有了一定的功能。

为了解释上述结果，Nelson 提出了另一个关于早期记忆发展的观点。这个观点认为，外显记忆的雏形（前外显记忆）在出生时就存在，主要依靠海马的功能实现，并能使个体表现出在视觉比较配对任务中对新刺激的偏好。在 8～10 个月时，海马及其周围皮层的发展与相互联系使得个体拥有了更成熟的外显记忆能力，能够支持更多的记忆过程。Nelson 认为内侧颞叶中较早成熟的部分使得婴儿第一个月就拥有一种外显记忆的雏形，但是在 8～10 个月时，内侧颞叶进一步成熟使得外显记忆有了一次重大的飞跃，海马齿状回的神经回路可能在其中发挥了重要的作用。另外，对记忆发展障碍儿童的研究发现，海马本身对情景记忆的发展极其重要，这也许是因为海马会中介情景记忆的形成。

外显记忆在婴儿期之后还会继续发展，特别是情景记忆需要较长时间达到成人水平，这是由于内侧颞叶的神经回路一直在发展变化，内侧颞叶与前额叶之间的联络也在不断地趋向成熟。研究发现，儿童年龄越大，记住的事实越多，而且在 4～6 岁期间有一个非常大的进步，能够更好地识别记忆的来源。4 岁儿童会在辨别事件来源时犯许多错误，不过，他们仍然具备一定的辨别来源的能力。来源记忆能力的提高可能与前额叶的发展及其与内侧颞叶的联络有关。

（2）内隐记忆的发展。

在内隐记忆发展方面存在的争论比外显记忆发展要少很多。大多数研究者认为内隐记忆在出生后第一个月就已经大致形成，直到3岁以后可能还有少量的发展。这个发展时间表对于不同形式的内隐记忆都是适用的，例如知觉启动、动作序列学习。

遗憾的是，目前关于婴儿内隐记忆的研究较少涉及脑机制。婴儿条件化眨眼（the conditioned eye blink）范式是为数不多与动物研究类似的任务，通过动物研究可以知道小脑对内隐记忆有重要作用。小脑发育较早可能与婴儿在出生后10～30天就可以出现条件化眨眼反应有关。另一项关于3个月婴儿视觉期待范式（visual expectancies paradigm）的研究表明，出生后3个月开始，婴儿可以根据之前刺激呈现的序列期待下一个物体出现的位置，这种能力被认为有赖于纹状体。但是关于人类纹状体的发展，研究证据较少，从仅有的一些证据来看，纹状体可能在出生时就已经具备功能。但是，视觉期待能力还可能与额叶的眼动控制能力有关。Nelson和Webb（2003）发现6个月的婴儿在与成人相似的时间窗表现出启动效应，不过反应启动效应的脑电成分的形状及电极位置与成人有差别。

综上所述，我们发现多数的记忆任务可能都动用了多个记忆系统，并由眼动控制和注意转移相关的神经通路参与。这些神经回路或通路中的一个或几个尚未发展到成熟水平，在记忆任务中也可能是无法被发现的，因为其他通路可能发挥其补偿作用。所以，出生后各个不同的记忆系统之间的整合程度可能是最重要的。如果真的是这样，那么只有当我们能够从整合的角度研究不同的记忆通路之间的关系时，才能更好地解释记忆的发展。

2. 工作记忆发展的神经基础

工作记忆的发展与前额叶的成熟之间的联系是发展认知神经科学的重要内容。人类婴儿工作记忆发展的研究利用神经科学技术来探讨了婴儿在完成A not B任务时的发展变化与前额叶功能的关系。其中一项系列研究发现，婴儿前额叶的EEG反应与在较长时间延迟后能够完成延迟反应任务有关。

一些脑成像研究发现在儿童和成人中，背外侧前额叶都参与了工作记忆任务，并发现背外侧前额叶参与了包括内侧顶叶在内的一个神经网络。连接额叶和顶叶的白质纤维的发育在工作记忆发展中可能发挥着重要的作用。在细胞水平，计算模型的研究认为额叶与顶叶区域之间较强的突触连接应该是儿童工作记忆发展有关的脑活动变化的基础，这两个脑区内部更快的神经信号传递或者更强的细胞连接则与工作记忆发展关系不大。

尽管上述研究结果都很令人信服，但是，另外一些研究告诉我们，前额叶皮层成熟假说可能并不能解释工作记忆发展中的所有问题。例如，关于工作记忆容量及相应的前额叶活动可以通过训练提高的研究就与该成熟假说不符合。传统观点认为工作记忆容量在成年后是不可变的，而最近的一些研究发现了其可变性。

关于婴儿的研究则进一步开拓了我们对于工作记忆发展的认识。例如，一些研究发现6个月婴儿在保持其对物体的表征时（从看到物体消失到物体再次出现），在右侧颞叶区有高频脑电波的爆发。另一项研究则发现，婴儿在执行工作记忆任务时，所有脑区的活动都有偏离基线的变化，而 4 岁儿童在执行工作记忆时，仅额叶的电活动有变化。Beauchamp 等研究了早产儿的工作记忆发展，发现新生儿海马容积与 2 岁时的工作记忆能力相关，但是皮层容积（即使是背外侧前额叶皮层容积）与其无关。这些研究提示，婴儿工作记忆相关的脑区可能与成人不同，或者是包含的脑区范围更广，随着个体的发展，工作记忆才逐步成为额-顶网络的特定功能（Beauchamp et al.，2008）。

（四）语言发展的神经基础

生活中我们掌握和使用的语言除了母语，还有第二语言。在研究母语能力时，我们一定要注意区分言语知觉（speech perception）和语言加工（language processing）。言语知觉指的是分辨言语中的发音模式并分析其感知觉加工过程，语言加工指的是理解词语含义和应用语法规则等各种语言技能。大多数语言研究者认为早期的言语知觉能力为之后语言加工能力的成功建构打下了基础。在研究语言发展的这一领域，认知神经科学家无法用动物模型解决人类特有的语言功能发展问题，大部分的成果来自言语和语言加工的脑成像研究、脑损伤婴儿的研究以及先天性发育异常的研究、语言获得与神经发育的关系的研究。这个领域的一个关键问题是，语言在多大程度上具备先天生物基础？探讨围生期语言相关脑区受损的儿童是否能够获得语言有助于我们了解是否有皮层先天具备表征语言的能力；而研究先天性耳聋儿童的口语表达与脑区的关系有助于我们了解言语表征是否是各种因素（包括皮层基本结构）综合发展作用的结果。有研究发现，儿童语言功能受损后，它的恢复可能不是一次完成的，语言的获得可能存在几个关键点。

无论是否存在先天具备语言功能的脑区，后天的语言输入都对大脑的语言加工有一定程度的塑造作用。儿童成长的语言环境会影响他们的语言获得。语言输入既包括口语，也包括阅读。出生时，左右脑就存在一些神经解剖方面的差异，并且左脑就已经具有一定程度的语言加工偏好，这种差异可能是由于发展中成熟早晚的不同导致的。语言功能相关的脑电活动随着经验的增长而逐步出现在一定区域内，语言技能则变得越来越成熟和自动化。如果语言功能相关的脑区在发展早期受损，则其他脑区可以承担这一功能。早期生活中在语言区内进行的言语加工过程可能影响了该区域内的突触和树突的微细结构，使得这一区域的功能越来越特异化。同时，这个区域的神经回路在发展中仍然保持着一定程度的可塑性。近期，有研究提出联结各个语言区域的白质纤维可能对高级语言功能有重要作用，并且发现这些白质纤维在灵长类动物中较弱。对于这些神经通路的研究将帮助我们理解在语言获得发展的过程中脑区之间的相互作用。

三、社会性发展的神经基础

儿童的社会性发展主要涉及认识、理解自我与他人以及处理自我与他人关系的能力。儿童的社会性发展对于儿童的生活具有非常重要的意义。社会性发展良好的儿童能够在与他人的交往中关注他人，理解他人的想法和感受，并且愿意做出符合他人意愿的行为。

近来随着神经心理学、神经科学的快速发展，发展心理学家逐渐将关注从外显行为层面扩大到了神经层面。神经证据为行为证据提供补充，进一步完善了对儿童社会性发展的认识。

(一) 儿童自我发展的神经机制

儿童社会性发展的一个首要方面是自我的发展。儿童必须首先能够认识和理解自我，并能够区分自我与外部世界，区分自我和他人，才能进一步认识和理解他人的观点，并处理与他人的关系。因此，自我的发展是儿童建立与他人关系的基础。探讨儿童自我发展的神经基础有助于说明是否存在与自我加工有关的特定模块，并进一步揭示一些特殊群体在理解自我和他人方面存在的困难是否与其特定的脑区有关。

1. 自我识别的神经机制

自我识别指的是个体通过外部特征（如面孔）来识别出自我的能力。自我识别的出现标志着个体自我发展的开始。为探讨个体自我识别的神经机制，有研究者选取了几名正在接受瓦达测试[①]的病人进行实验（Keenan，Nelson，O'Connor，& Pascualleone，2001）。研究者要求被试看一些由被试熟悉的面孔和被试自己的面孔生成的变形面孔图片，并努力记住它们。之后，被试需要选择出他们刚才见过的面孔图片。提供给被试的选项包括自己的面孔和熟悉的面孔，而非被试曾经看到的由二者产生的变形面孔。研究结果显示，当被试的左脑被麻醉后，他们都选择刚才看到的面孔是自己的面孔；而当被试的右脑被麻醉后，他们之中的大部分人选择的是熟悉的面孔。为了进一步验证这一结果，研究者又选取了正常发展的被试进行实验。在实验中给被试呈现由被试自己的面孔和一个名人面孔产生的变形面孔，或是由被试熟悉的一个面孔与一个名人面孔所产生的变形面孔。在被试看面孔图片时对被试左右脑的运动皮层进行经颅磁刺激（transcranial magnetic stimulation）。结果发现，当被试看到包含自己面孔的图片时，其来自右脑的运动诱发电位较大。上述实验均证实了大脑右半球与个体的自我面孔识别有关。

另有研究者通过对自闭症群体的研究来说明自我识别的神经基础。自闭症群体在人际交往方面表现出较为严重的困难，而自我的发展对于个体的人际交往至关重要，因此自闭症群体可能在区分自我和他人方面存在问题。Kita 等人（2011）选取了三类男性，分别是典型发展的成人、儿童以及自闭症儿童，要求他们完成一个自我面孔识别任务，在电影中判断最初看到的面孔的性别是否发生了变化。在被试完成这个任务的同时，记录他们的氧络血红蛋白的水平。结果显示被试在完成这个自我识别任务时，其右侧额下回（right inferior frontal gyrus，R-IFG）的氧络血红蛋白的水平高于左侧额下回。并且，儿童的自闭症越严重，其右侧额下回的这种血流动力学活动水平就越低。这说明右侧额下回可能与个体的自我面孔识别有关。

对一些关于自我面孔识别的功能性神经成像研究进行的元分析（Platek，Wathne，

---

① 瓦达测试是 1949 年由瓦达（Wada）创立的技术，将一种迅速起作用的麻醉剂异戊巴比妥钠注入颈内动脉，使一侧脑半球处于暂时麻醉状态，导致该侧机能丧失，以判定该侧是否为优势半球或判断其机能。

Tierney，& Thomson，2008）发现，个体的自我识别主要激活四个脑区，分别是左侧梭状回、双侧的额中回和额下回以及右侧楔前叶。但这些研究者也指出虽然大脑的右半球被认为在自我识别中起着更为关键的作用，但其研究结果表明在进行自我面孔加工时大脑的两个半球都出现了激活的区域。

2. 自我知识的神经基础

随着儿童不断成熟，儿童对自我的认识已经从外部特征逐渐转向内部特征。儿童开始认识到自己的人格特质、能力以及兴趣等方面的特点。年长儿童逐步形成关于自我的抽象知识。儿童自我知识有关的发展方面包括自我概念、自尊以及自传体记忆。

对于自我概念的神经基础，目前观点不一。克雷克等人（Craik et al.，1999）采用 PET 研究考察了自我参照的神经机制，表明涉及与自我相关的编码过程的独特脑区是右侧额叶。另有研究者采用类似实验范式对自我参照效应进行事件相关功能性磁共振成像（fMRI）研究，也发现内侧前额叶皮层（medial prefrontal cortex，MPFC）是涉及自我参照的独特脑区。然而，另外一些研究却持不同的观点。研究者发现很多加工过程都能激活 MPFC（Nakao et al.，2009）。这些过程涉及自我知识的参照、自我监控以及他人知识的参照。因此，研究者认为 MPFC 并不是独特于自我参照的神经机制，它只是能够为个体表征出某一标准（Nakao，Takezawa，& Miyatani，2006）。虽然存在分歧，但可以确定的是目前大多数研究认为 MPFC 是与加工自我概念知识有关的神经基础。

自尊（self-esteem）指对自我的积极和消极评价（Feldman，2006）。有研究者考察了个体状态自尊（state self-esteem）的神经机制（Eisenberger，Inagaki，Muscatell，Haltom，& Leary，2011）。状态自尊主要指个体在任一时刻对自我的感受。在研究中，被试先要完成一个关于自我特点的访谈，并被告知他们在访谈中的表现将被记录下来，放给另一个被试听，这个被试将对录音中的被试进行评价。之后，被试进行 fMRI 实验。在实验过程中，被试会看到另一被试对其印象的相关词汇，然后评价此时他们关于自己的感受，即状态自尊。结果显示较低水平的状态自尊激活了双侧的前脑岛、背侧前扣带皮层以及背内侧前额叶皮层和后侧颞上沟。此外，状态自尊在扫描前后有所下降的被试与自尊没有变化的被试相比，其 MPFC 表现出较高程度的激活。上述研究通过他人关于自我的反馈说明自尊的神经机制，另有一些研究通过问卷直接考察了被试对于自我价值的整体评价（Yang，Dedovic，Chen，& Zhang，2012）。在实验中，要求被试对三种条件下的短句子做是否判断，包括判断某个句子对自己来说是否正确、对自己熟悉的他人来说是否正确以及对于基本常识而言是否正确。结果显示在自我和他人条件的比较中，激活的脑区主要涉及前扣带回。并且，被试的自尊分数与其在自我与他人比较中右侧背侧前扣带回的激活呈显著负相关。

自传体记忆（autobiographical memory）主要指个体关于自己那些重要的、过去发生的事件的描述（Berk，2005）。一些研究者采用 fMRI 研究区分了自传体记忆、情景记忆和语义记忆三者的神经基础（Stlaurent，Abdi，Burianová，& Grady，2011）。他们选取了老年人和青年人两组被试，让其完成四类任务（控制任务、情景记忆任务、语义记忆任务、自传体记忆任务）。结果显示，自传体记忆具有独特于情景记忆和语义记忆的神经机制。被试在完成自传体记忆任务时激活了腹内侧和背内侧前额叶皮层、双侧的海马、左侧角回、颞极以及左侧的尾状核。此外，有研究比较了自传体记忆和心理理论涉及的脑区活动，试图进一步揭示自传体记忆的独特神经机制。研究者让被试分别完成自传体记忆任务和心理理论任务（Rabin，Gilboa，Stuss，Mar，& Rosenbaum，2010）。在自传体记忆任务中，被试需要根据和自己有关的照片回忆出照片中尽可能多的细节。而在心理理论任务中，被试会看到陌生人的照片，并需要根据照片内容产出一个新的事件或故事情节。结果发现，虽然自传体记忆任务和心理理论任务激活了一些共同的脑区，但二者也都有其独特的神经机制。自传体记忆任务的独特性在于激活了右侧海马，而心理理论任务的独特性则在于激活了颞顶联合区（PTJ）。

（二）情绪和气质的神经基础

1. 情绪的神经基础

情绪发展是个体社会性发展的重要方面。有时个体为了达到某一目标，需要努力地调节自己的情绪，避免受到情绪的干扰。本部分将探讨情绪发展的两个重要方面：情绪体验和情绪调节的神经机制。

对于人的一些基本情绪体验，如快乐、悲伤、厌恶等进行的脑成像研究（Lane，Reiman，Ahern，Schwartz，& Davidson，1997）发现，这三种情绪体验都激活了前额叶皮层、丘脑以及双侧的前颞叶结构。但是，不同情绪也激活了特定的脑区。快乐情绪激活了双侧的中部和后部颞叶皮层以及下丘脑。悲伤情绪激活了双侧的中部和后部的颞叶皮层、外侧小脑、小脑蚓部、中脑、核壳以及尾状核。厌恶情绪更多地激活了中脑。

情绪调节指个体通过一些策略使自己的情绪状态处于最佳的强度水平，从而完成特定目标的过程。有研究考察了儿童的情绪自我调节的神经机制。研究者选取 8 至 10 岁的女孩，让她们观看悲伤或是中性的电影片段。在非重新评估条件中，要求被试对电影片段做出正常的情绪反应。在重新评估条件中，要求被试尽量抑制住看电影时的任何情绪感受。发现在看悲伤电影时抑制自己的情绪感受，会激活双侧的外侧前额叶皮层、眶额皮层以及内侧前额叶皮层。另有研究者对 7～14 岁的儿童进行了自我调节的神经心理学研究（Lamm & Lewis，2010）。他们让被试完成一个“Go No-Go”任务，即被试在看到一个字母后需要按键，但当这个字母再次出现时则要避免按键。在一些组块中被试会赢得分数，但在另一些组块中，由于实验中的调整被试会丢掉分数。这种实验操作的目的是引发被试的负性情绪（如焦虑、难过、生气等），同时引发被试的情绪自我调节过程。结果发现随着年龄的增长，儿童在完成涉及抑制控制成分的“Go No-Go”任务时腹侧前额叶的激活有所减少；而在完成涉及情绪自我调节的任务时腹侧前额叶的激活有所增加。

2. 气质的神经基础

气质（temperament）主要描述了个体情绪反应的性质、强度和活动水平等方面的差异性（Rothbart & Bates，1998）。气质被认为更多地体现了个体先天的特性。

有研究比较了在婴儿期被认为是抑制型和非抑制型个体的成人，对于新异刺激的脑活动差异（Schwartz，Wright，Shin，Kagan，& Rauch，2003）。发现在婴儿期被标定为抑制型的个体，在看到新异刺激时表现出了较多的杏仁核区域的激活。除了关注抑制型个体对新异性刺激的特异反应，也有研究关注了他们对奖赏性刺激的反应。研究者让在婴儿期被认为是行为抑制型的青少年完成一个奖赏-偶然性任务（reward-contingency task）（Bar-Haim et al.，2009）。在这一任务中，被试需要对不同的刺激做出相应的反应。在非偶然性试次中，被试需要根据刺激中心位置的线索"1"或"2"进行按键反应，并且正确的反应能够得到奖励。在偶然性试次中，被试也需要根据刺激所呈现的问题进行按键反应，同时也让被试相信他们的正确反应会获得奖励，但实际上被试什么时候得到奖励是事先决定的。在简单的运动试次中，只要求被试按"1"或"2"。结果表明，只有在偶然性试次中，抑制型青少年比非抑制型青少年显示出更多的伏隔核区域的激活。在其他两种试次中，没有发现不同气质类型青少年脑区活动的差异。这一结果表明抑制型青少年在加工偶然性刺激线索时表现出了神经活动的特异性。

（三）儿童社会认知能力发展的神经机制

个体的社会认知能力对于个体和其他成员形成和维持和谐的关系具有重要作用。许多研究都发现社会认知能力发展较好的个体能够在同伴中更受欢迎，而社会认知能力较差的个体则往往会受到同伴的拒绝和忽视。

1. 基本的社会认知能力

在个体能够对他人的各种状态进行复杂的理解和推理之前，会发展出一些基本的社会认知能力。这些认知能力是个体日后发展高级认知能力的基础。个体认识到人是不同于其他客体的一种有生命体，能够自主地行动。并且个体同时认识到人的面孔也是一种非常独特的刺激，可能传达了特定的信息。

为了考察个体能否区分生命体和无生命体，研究者采用了让被试对运动的形状进行解释的实验任务。让被试观看用简单的几何形状建构的两种不同的故事片段（Martin & Weisberg，2003）。一种是社会性片段，主要涉及人类的活动，如跳舞、钓鱼和分享等行为。一种是机械性片段，主要涉及一些无生命物体的运动，如台球、保龄球和起重机等。结果显示，当被试把故事片段解释为生命体的活动，即社会互动的时候，他们的后颞叶皮层、右侧杏仁核以及腹内侧前额叶皮层都会被激活。采用类似的实验方法，研究者考察了对有生命个体行为理解的神经机制（Wheatley，Milleville，& Martin，2007），试图进一步说明与理解生命体行为有关的神经机制究竟主要涉及的是社会网络（social network）还是镜像系统（mirror system）。结果显示，当被试进行与生命体有关的推断和想象时，激活了大脑的许多区域，包括内侧额回、楔前叶、中央后回、颞上回、颞上沟、梭状回、后脑岛、前脑岛、后扣带皮层、扣带回、杏仁核以及尾状核。其中的许多区域都是社会网络涉及的脑区。并且，在被试进行与生命体有关的加工时，并没有激活镜像系统。这一结果表明理解生命体的行为可能主要涉及社会网络。

无论对于婴儿、儿童，还是成人而言，面孔识别（face recognition）能力为进一步理解其他个体的内部状态，并与其进行社会交往提供了前提条件。婴儿刚出生就能进行快速的面孔识别（Walton & Bower，1993）。许多研究对个体面孔识别的神经机制进行了探讨。有研究者考察了 18 至 42 周的婴儿对出现在其不同视野的面孔刺激的区分（De

Schonen & Mathivet，1990）。在实验中，给婴儿呈现一张自己母亲的面孔或是其他母亲的面孔，即陌生人的面孔。通过操作性条件作用，使婴儿学会把特定的面孔刺激与特定的位置相联系，从而获得玩具奖励。结果显示，婴儿在区分这两个复杂的面孔刺激时表现出了右脑加工的优势。因为当在婴儿左视野呈现刺激时，婴儿的表现比在其右视野呈现刺激时的表现要好。这个研究提示大脑两半球在进行面孔加工时呈现出偏侧化。另外有研究人员采用脑磁图仪（Magnetoencephalography，MEG）考察了6至19岁的儿童和平均年龄为25岁的成人在进行面孔识别任务时涉及的神经活动（Taylor，Mills，& Pang，2011）。研究结果显示，在加工正向的面孔时，所有年龄段个体都表现出右侧海马区域的激活。除10～11岁和16～17岁两个年龄组外，其他组被试还表现出了右下额叶区域的激活。此外，还发现10～11岁年龄组被试在加工重复性的正向面孔刺激时表现出了右下额叶的激活。这些研究证实了大脑右半球在面孔识别中的作用，揭示了具体负责面孔加工的脑区。

2. 高级的社会认知能力

随着年龄的增长，个体开始越来越多地与他人进行社会交往。在交往过程中，个体逐渐发展了一些高级的社会认知能力。个体不仅能够意识到自我的情绪，还能够理解和感受他人的情绪体验。不仅能够理解他人的情绪状态，还能理解和推理他人的其他心理状态，如愿望、意图和信念等。

共情主要指理解并感受到他人的情感体验（Feldman，2006）。共情被认为一般具有三个主要成分，包括对他人产生的情感反应、用于采择他人观点的认知能力以及情绪调节（Decety & Jackson，2006）。在总结了一系列功能成像研究后，有研究者提出，不仅共享的表征在共情中具有重要作用，为避免自我和他人的混淆而进行监控和调节的认知及情绪过程也是共情的重要成分（Decety & Jackson，2006）。与这些成分有关的脑区主要涉及脑岛、前扣带皮层以及右侧颞顶区。在关于共情的神经成像研究中，大多数研究都通过个体在观察到他人的身体疼痛后的神经活动来说明共情的神经机制。有研究者考察了7～40岁个体在共情和同情时涉及的神经活动的发展变化特点（Decety & Michalska，2010）。他们在实验中让被试观看与日常生活中的疼痛和非疼痛情境有关的三种视觉刺激。第一种涉及一个人的疼痛是意外造成的，第二种涉及一个人处于非疼痛的状态，第三种涉及一个人的疼痛是由另一个人故意造成的。第一种刺激用于引发共情，而第三种刺激用于引发同情。研究结果显示，在被试观看引发共情的刺激时，被试的年龄越小，其在杏仁核、运动辅助区和后脑岛处的激活越强；被试的年龄越大，其在左侧额下回和右侧额上回处的激活越强。这一研究结果说明在发展的不同阶段，共情涉及的脑区活动存在差异。还有研究考察了个体在对与其感受截然不同的他人共情时所涉及的神经机制（Lamm & Lewis，2010）。在实验中，要求被试看一些关于某人的手被物体触碰的图片，并试图想象在特定情境中的疼痛感受。在需要共情的对象中，一类对象是与被试相似的他人，这类人对尖利物体的触碰感到疼痛，而对柔软物体的触碰没有疼痛感；另一类对象是与被试不相似的他人，这类人对尖利物体的触感没有感觉，反而对柔软物体的触碰感到疼痛。结果显示，被试对两类对象共情时激活了脑岛和内侧/前侧扣带皮层。这个结果说明无论对何种对象进行共情，共情都涉及较为稳定的神经结构。另有研究者从共情的主观体验的角度来说明其神经基础（Lian, Morelli, & Lieberman, 2012），更为关注被试自我报告的共情体验。他们在实验中给被试呈现一个描述悲伤情境的句子，然后呈现六张处于此情境中的人的图片。在观看条件下，要求被试对这些图片做自然的反应；在共情条件下，要求被试去理解情境中人们的想法，并想象这些人会有何种感受；在负载条件下，要求被试在看图片时记住一串数字。与此同时，对被试的大脑进行扫描，在扫描刚结束后，要求被试在 7 点量表上评定他们对于刚才看到的图片的共情反应。结果发现在所有条件中，被试报告的共情体验的水平越高，其在内侧前额叶皮层区域的激活就越强。与负载条件相比，被试在共情条件下报告的共情体验和内侧前额叶皮层的激活水平都较高。这些结果说明内侧前额叶皮层可能也是共情发展的重要神经基础。

心理实验

没有痛感也能对疼痛共情吗？

在以往关于共情的研究中，通常向被试呈现他人身体疼痛感受的视觉刺激，进而探究被试的神经活动。个体往往能够通过图片想象到疼痛感受或回忆起相似的疼痛经历，从而共情。然而，如果被试从未体会过疼痛感，还会共情吗？

Danziger，Faillenot 和 Peyron（2009）利用 fMRI 技术研究了先天性疼痛不敏感（CIP）患者对疼痛共情的神经机制。实验组和对照组分别由成年 CIP 患者和健康个体组成。两组被试在自我评定的共情问卷上的得分上没有显著差异。在实验中，分别向被试呈现了多组在疼痛刺激情境下的身体部位和他人疼痛感受时的面部表情，并在呈现刺激的同时对被试大脑进行扫描。结果显示，在两类不同图片刺激下，CIP 患者脑区的前中扣带皮层和前脑岛均能够正常激活，与健康个体的表现一致。也就是说，缺乏疼痛经验的个体也能够像健康个体一样产生疼痛共情。对此，研究者认为，尽管 CIP 患者缺乏疼痛感受，但通过关联机制，他们可能已经学会了对他人痛苦有所反应。

参考文献：

Danziger, N., Faillenot, I., & Peyron, R. (2009). Can we share a pain we never felt? Neural correlates of empathy in patients with congenital insensitivity to pain. *Neuron*, *61* (2), 203-212.

儿童心理理论是指儿童个体能够理解自己和他人的心理状态，并依此来预测他人行为的能力（Premack & Woodruff, 1978）。典型发展的儿童一般在 4 岁左右能够完成错误信念任务（Wellman, Cross, & Watson, 2001），这标志着他们心理理论发展已经经历了一个质的飞跃。有研究者选取了 8 至 12 岁的儿童和 18 至 40 岁的成人两组被试，让其完成言语和非言语的错误信念任务（Kobayashi, Glover, & Temple, 2007）。并且，被试需要对关于他人错误信念的问题在给定的答案中做出选择。结果发现，这两个年龄组被试在进行心理状态推理时都激活了相同的脑区，包括双侧的颞顶联合区和右侧的顶下小叶。然而，同时发现各年龄组被试在完成心理理论任务时激活了特定的脑区。与非心理理论条件相比，儿童在心理理论条件中比成人更多地激活了右侧的颞上回、右侧的颞极、楔叶以及右侧的腹内侧前额叶皮层。而成人在心理理论条件下更多地激活了左侧杏仁核。这意味着儿童和成人在进行心理状态推理时可能涉及不同的脑区活动。

心理实验

意图理解

心理理论（theory of mind）涉及对他人的信念、意图和情感等心理状态的理解。理解他人的意图对于个体的社会交往至关重要。塞尔（Searle，1983）将意图分为个人意图（private intention，PInt）与交往意图（communicative intention，CInt）。个人意图涉及通过观察单一个体的行为来推测其意图，例如，A修车是为了自己使用。而交往意图涉及需要观察两个或两个以上个体之间的行动来推测主人公的意图，例如，A准备浪漫晚餐，其目的是向B求婚。

研究者用脑成像技术考察了个体在理解个人意图和交往意图时所激活的脑区（Walter et al.，2004）。研究分别设置了包含个人意图和交往意图的两种故事，并以无关联的语句作为基线，要求被试根据故事提供的线索选择主人公的行动意图。结果发现与基线相比，交往意图条件激活的脑区主要分布在前扣带回、颞上沟和颞极。个人意图条件仅仅激活了大脑后侧区域。这一结果表明人们在理解不同种类的意图时，大脑的不同区域在发挥作用。

参考文献：

Searle，J. R. （1983）. *Intentionality：An essay in the philosophy of mind*. Cambridge：Cambridge University Press.

Walter，H.，Adenzato，M.，Ciaramidaro，A.，Enrici，I.，Pia，L.，& Bara，B. G. （2004）. Understanding intentions in social interaction：The role of the anterior paracingulate cortex. *Journal of Cognitive Neuroscience*，*16*，1854－1863.

道德被认为是一个文化群体所具有的用于指导社会行为的习俗和价值观（Moll，Zahn，De，Krueger，& Grafman，2005）。道德水平较高的个体会在与他人交往中更多地考虑他人的利益和感受，并倾向于做出更多的亲社会行为。有研究者考察了被试在进行道德判断时的神经机制（Young & Saxe，2008）。在实验中，他们让被试看一些涉及道德情境的故事片段。被试需要就主人公的行为是否被允许进行评定。结果发现，内侧前额叶皮层主要用于加工信念的效价，而颞顶联合区和楔前叶主要用于对信念进行编码，以及在道德判断中整合信念和行为的相关信息。这些结果说明用于加工心理理论的部分脑区也在个体的道德判断中起着重要的作用，并且不同的脑区与道德判断的不同加工环节有关。研究者采用相似的范式考察了被试在进行道德判断时的神经机制（Young & Saxe，2009）。有所不同的是，他们实验中的一种条件是让被试直接阅读与主人公道德有关的行为的故事，然后对一些信息的正误进行判断。结果发现右侧的颞顶联合区、楔前叶和内侧前额叶皮层被显著激活，个体在进行道德判断时会同时进行自发的心理状态推理。另有研究进一步考察了当个体的道德标准与其个人愿望发生冲突时进行道德决策的神经机制。萨默等人（Sommer et al.，2010）让被试阅读一些涉及冲突情境的故事。被试需要在道德行为和自我利益中做出选择。结果显示，道德冲突情境激活了一系列脑区，包括内侧额叶皮层、颞叶皮层、颞顶联合区以及后扣带皮层。而被试的享乐主义决策更多地激活了杏仁核/海马旁区域。总之，个体的道德发展可能涉及一系列脑区的活动。凯斯比亚（Casebeer，2003）总结了道德认知涉及的重要脑区，包括前扣带皮层、前颞叶皮层、基底前脑、额极皮层、内侧额叶皮层、内侧眶额皮层、楔前叶、颞上沟以及丘脑/中脑。

第三节　动作发展

一、动作发展的定义与规律

婴儿动作技能的发展包括粗大动作技能和精细动作技能两方面。粗大动作技能指在进行大幅度身体运动时表现出来的能力，如抬头、爬行、站立、走路和跳跃等。精细动作技能指通过手臂、手和手指对细小动作的控制能力，如自主够物、抓获、书写、绘画以及生活技能（穿衣、进食等）等。表 3－1 呈现了《中国儿童发育量表》中 0～6 岁儿童动作技能发展的里程碑。

儿童动作技能发展的方向按照一定的原则有序进行，如头尾原则、近远原则和大小原则等。头尾原则指的是动作技能的发展按从头到脚、由上至下的顺序进行，如对头的控制早于对胳膊和躯干的控制，对胳膊和躯干的控制早于对腿的控制。近远原则指的是动作技能的发展按从由中央到外围、由近及远的顺序进行，如对头、躯干和胳膊的控制早于对手和手指的控制。大小原则指动作技能的发展是从涉及大肌肉的粗大动作逐渐过渡到涉及小肌肉的精细动作。

动作技能的发展顺序不一定严格遵循头尾原则，而是由动作所涉及身体部位的解剖结构、周围环境以及儿童努力程度等因素共同决定的。例如，加洛韦和西伦发现，12 周大的婴儿首先使用抬腿而不是手来触碰放置在其附近的玩具，这是因为髋关节比肩关节更稳定、更容易被控制，对腿部移动的限制以及包含的动作数量也较少，因此，婴儿腿部动作先于手部动作的出现（Galloway & Thelen，2004）。

表 3－1　《中国儿童发育量表》粗大动作和精细动作发展里程碑

月龄	粗大动作	精细动作
1	拉腕坐起头竖直片刻（2 秒）	触碰手掌握拳
2	拉腕坐起头竖直短时（5 秒） 俯卧头抬离床面	拨浪鼓留握片刻
3	俯卧抬头 45° 抱直头稳（10 秒）	两手握一起 3～4 秒 拨浪鼓留握 0.5 分钟
4	俯卧抬头 90° 扶腋可站片刻 2～3 秒	摇动并注视拨浪鼓
5	轻拉腕部即坐起 独立头身前倾 5 秒	抓住近处玩具（2.5cm）
6	仰卧翻身	会撕纸（16 开） 把弄到桌上 1 积木
7	自如独坐 10 分钟	把弄到小丸 自己取 1 积木，再取 1 块

续前表

月龄	粗大动作	精细动作
8	双手扶物可站立 5 秒	拇指按小丸 试图取第 3 块积木
9	会爬 拉双手会走 3 步以上	拇指、食指捏小丸
10	拉栏站起 扶栏可走 3 步以上	食指动作熟练
11	扶物蹲下取物（要站起） 独站片刻	打开包积木的纸
12	独自站稳 10 秒 牵一手可走 2 步以上	试把小丸投进小瓶 手掌握笔留笔道
15	独走自如	自发乱画 从瓶中拿到小丸
18	无方向扔球（手举过肩，一臂远）	模仿画直线（方向不限）
21	脚尖走（散步） 扶墙上楼（熟练三级以上）	玻璃丝穿过扣眼（线过 0.5cm）
24	双足跳离地面（同时并离地 2 次以上）	穿扣后拉过线
27	独自上楼 3 级以上 独自下楼 3 级以上	模仿画竖道
30	独脚站 2 秒	模仿搭桥（示范） 穿扣子 3～5 个
33	立定跳远跳过 16 开纸	模仿画圆（示范、闭合圆形不能明显成角）
36	两脚交替跳（高度在 5cm）以上	折纸边角整齐（长方形） 模仿画十字
42	交替上楼 并足从楼梯末级跳下	模仿画“口”（各角＞45°）
48	独脚站 5 秒（示范）	画人像 3 个部位
54	独脚站 10 秒钟（示范） 足尖对足跟向前走 2 米	筷子夹花生米（3/3）
60	接球（距离 1 米）	画人像 7 个部位
66	足尖对足跟向后走 2 米	画人像 10 个部位
62	拍球 2 个	拼小人 会写自己的名字
78	拍球 5 个	译码（2 分钟 25 个）
84	拍球 10 个以上	会打一种活结（扣），能准确描画出一幅图形

二、动作发展的理论

成熟论：成熟论认为，人类动作的发展是由基因决定的先天程序逐渐展开的过程，生理成熟是动作技能获得和发展的基础，练习对动作发展的促进作用必须以生理成熟为前提。成熟论的有力证据之一是来自美国心理学家格塞尔的同卵双生子爬楼梯实验（Gesell & Thompson，1929）。此外，不同文化背景下儿童动作发展经历大致相同的阶段这一事实也支持了成熟论观点。

经验练习假说：经验练习假说认为，儿童早期丰富的经验和练习对动作发展至关重要，早期动作发展经验剥夺和缺乏练习会抑制动作的发展。1960 年，韦恩·丹尼斯对伊朗一所福利机构中长大的孤儿进行了追踪调查，这些孤儿从出生至 2 岁一直躺在婴儿床上，未曾坐立过且很少跟人玩耍，结果发现，这些孩子在 1～2 岁时均不会走路，且不到一半的儿童可以独自坐立，3～4 岁时，仍只有 15%的儿童可以在他人支持下行走（Dennis，1940）。此外，婴儿动作发展受教养方式的影响，例如来自肯尼亚的吉普斯吉人会在婴儿 8 周大时就开始训练其行走，并且时常把婴儿放在可以保持站立姿势的凹洞里，结果发现，当地婴儿比其他国家和地区的婴儿早坐大约五星期，并且早走大约一个月。值得注意的是，经验练习假说并不否认生理成熟，而是更强调经验和练习在动作技能发展中的重要作用。

动态系统理论：动态系统理论将动作技能视为一个系统，由各单独能力结合起来共同发挥作用，使人对环境的探索和控制更为有效。动作技能的发展过程是动作系统化的过程（Thelen & Smith，1994）。例如，对头和上身的控制共同构成了坐，而踢腿、伸手等动作系列组成爬行、站立、踏步，然后又结合为走。动态系统论认为每一项新动作技能的发展都是由多种因素决定的，包括中枢神经系统的发育、身体运动能力、个体目标和动机以及支持技能发展的环境等。此外，儿童还要对各种技能不断进行协调，最后才能掌握某一动作技能，如为了学会走路并走得协调流畅，儿童会花费大量的时间练习，最终在大脑里形成新的控制这种动作模式的联结，当动作方式不能帮助儿童达成目标时，儿童便会开始探索并选择新的更有效的动作方式。动态系统理论表明动作发展并不是单独由基因决定的被动发展过程，而是儿童基于身体能力和生活环境，在探索和掌握新任务的动机激发和目标导向下，主动形成动作系统的过程。每一种技能的获得都是把先前掌握的技能整合到更复杂的系统里，由于任意两个婴儿都不可能有相同的经验，因此每个婴儿在面对一个新出现的动作技能时，实际协调各种动作成分的方式也会有所不同（Smith & Thelen，1993）。

三、动作发展的评估

大肌肉群发展测试（test of gross motor development，TGMD）通常被用于测量 3～10 岁儿童大肌肉动作的发展状况，包括身体位移能力和操控能力两部分测验，共测查 12 项动作，该测试经过修订后于 2000 年发布第二版 TGMD-2，并在科学研究和体育教育中得到广泛应用（Aponte，French，& Sherrill，1990），有着良好的信效度。TGMD 认为，儿童的身体成长以及早期的运动经验是动作技能获得和发展的根本因素（Thelen & Smith，1994），如果在身体成长上得不到改善，这种缺陷将对动作技能造成终生影响。另外，在评估运动协调能力方面，《动作协调能力测量评价系统》可通过 9 项任务来评价 7～12 岁儿童的动作协调能力，该工具仅从整体上进行评估，不涉及动作发展的水平和变化规律（徐政，2002）。

国内外有关儿童早期发展的评估量表（如贝利量表、丹佛测验以及年龄与阶段测验等）通常包括对动作领域的考察，能刻画出早期动作技能发展的水平。美国心理学家 N.

贝利等人于1933年制定了用于评估0～30个月婴幼儿发展的量表，经过第三次修订后于2005年出版了BSID-Ⅲ。BSID-Ⅲ对0～42个月儿童的认知、语言、身体动作、社会性情绪、适应行为等五大领域进行了评估。例如，在BSID-Ⅲ儿童量表的运动领域得分低于临界值，表明孩子可能在运动方面存在发育迟缓，提示需要进一步临床评估和干预（de Onis M et al.，2007b）。首都儿科研究所生长发育研究室从全国12个省、市收集15 053例儿童神经、心理发育资料，历时10年制定出《中国儿童发育量表》，该量表从大运动、精细动作、适应能力、语言、社交行为等五个方面并采用发育商评估儿童智能发育状况，为智能超常或发育迟缓提供了可靠的早期诊断依据。

心理学家的故事

南希·贝利

南希·贝利（Nancy Bayley，1899—1994），美国发展心理学家，纵向多学科研究的先驱，获得美国心理学会杰出科学贡献奖的第一位女性。

1928年，贝利开始在加州大学伯克利分校的儿童福利研究所致力于一项称为伯克利增长的研究（Berkeley Growth Study）。该研究的目的是探究人类从婴儿期到成年期的一系列生理、心理特征的变化。

1969年，南希·贝利出版了《婴幼儿发展贝利量表》（Bayley Scales of Baby and Child Development），最初的贝利量表由三个先前的量表（加州第一年心理量表、加州学前心理量表以及加州婴儿运动发展量表）组合而成，后来经过两次修订，最终形成目前在临床上普遍使用的BSID-Ⅲ量表。贝利量表的主要目的是获取关于儿童发育里程碑和能力的信息，以及在学习障碍出现时介入早期干预。

1971年，贝利获得美国心理学会发展心理学分会特别颁发的霍尔奖，还获得美国心理学基金会的金质奖章和美国教育研究会的奖励，并在同年出版书籍《人之发展过程》。

四、动作发展的内容

（一）粗大动作的发展进程

1. 抬头、爬行、坐和站立的发展

抬头：动作发展先从头部开始，新生儿开始只会一些先天反射性动作，大约一个月后，由于大脑和颈部肌肉的发育，多数婴儿可以达到动作发展的第一个里程碑，即俯卧时抬头到水平位置，5个月左右，俯卧时能够将头部高高地昂起。

爬行：爬行最初源于游泳反射，随着肌肉力量增加，在5个月时婴儿通常能够自然地趴着利用手臂和腿向前移动，直到8～10个月，大部分婴儿能挺起上身，协调手和膝盖使爬行平稳。值得注意的是，不同婴儿学会爬行的时间不尽相同，有的孩子7个月左右就开始爬行，而有的孩子（尤其是躺着睡觉的婴儿）甚至没有经过爬行便学会了坐，因此爬行并非正常大运动发展的必经过程。此外，刚学会爬行的婴儿会出现倒退爬的现象，是由于腹部和背部肌肉力量不足，不能熟练控制四肢协同运动的缘故。爬行使婴儿能从不同角度观察物体，对婴儿认知和其他他动作的发展具有重要意义。

坐：婴儿坐的动作需要发展肌肉使上半身保持稳定，3 个月时能在支持下坐在照养者的膝盖上，到 6 个月时，婴儿能无支持地坐。2 个月左右的婴儿，在俯卧时会借助自己手臂的力量完成挺胸的动作，3 个月左右，婴儿已学会自己翻身。5 个月左右的婴儿需要用手握住床边来保持自己的坐姿，7～8 个月时，不管是趴着还是仰着，婴儿都可以独自坐起，用解放出来的小手去探索物体。

站立：婴儿爬行动作发展的同时，站立动作也在发展。站立是直立行走的开始，婴儿先是用手扶物（如桌椅）站立，到 10 个月时便能独自站立。1 岁至 1 岁半左右，婴儿能从支持性的跨步发展为平稳而协调的行走。24～25 个月时，肌肉发展至具有足够力量，儿童就能单脚站立。

2. 身体移动动作的发展

随着身体的发育，重心逐步下移到躯干，身体平衡能力的提高为儿童移动能力的发展做好了准备。身体移动能力包括跑、水平跳远、单足跳跃等技能，主要体现了儿童四肢协调和肌肉-关节协调能力。

跑：跑是由两脚交替作为支撑点所完成的周期性动作，是儿童移动动作技能中最基本的技能之一，也是其他移动动作技能发展的基础。1～2 岁学步儿在跑动时，他们的步频大、步幅小、呈跳跃式，不能很自如地转弯或停止。3～6 岁儿童跑动的速度和平衡能力尽管得到一定发展，但往往由于高估自己的运动能力，因而容易在大胆尝试一些动作时意外受伤。学龄期儿童跑动时，其躯干逐渐向前倾，左右摆臂或不对称摆臂逐渐过渡到前后摆臂，摆动腿折叠程度增加。随着年龄增长，儿童跑动时的步幅，蹬地腿离地时的膝角、后蹬结束时上体前倾角都有所增加，这使得在跑步中获得的动力更大。此外，随着儿童年龄的增长，跑步时的身体重心在缓冲阶段起伏变小，落地缓冲动作日趋合理。总的来说，3～6 岁儿童的跑步动作发展很快，至 10～12 岁时，基本稳定并接近成人水平。

立定跳远：幼儿初期，儿童立定跳远时手臂无预摆，膝关节微屈，显得僵硬，起跳角度较大，身体前倾幅度小，整个身体呈垂直向上跳，落地缓冲力较小。幼儿晚期和学龄前期，儿童在立定跳远时膝关节会随着手臂摆动适宜弯曲，蹲屈幅度有所增加，但起跳角度依然大于 45 度，腿部较伸展，腾空时膝关节弯曲幅度有所加深，落地缓冲力有所加强。学龄后期，儿童的立定跳远动作在整体上表现得自然协调，起跳时膝关节蹲屈较深，腾空时保持膝关节弯曲，落地后前伸脚后跟触地，缓冲充分。

单脚跳：3.5～4 岁的儿童大致能完成单脚跳的动作，然而连续跳跃的次数少，基本是上下跳动，且水平移动的距离很短。4.5～5 岁儿童在完成单脚跳的动作时，其支撑腿力量有所增加，同时膝盖配合屈伸，连续跳跃的次数虽有增多，但动作表现笨拙，衔接不流畅，并且非优势腿的单脚跳动作能力明显落后于优势腿。处于幼儿期的儿童，由于还没有掌握缓冲落地的方法，因此其单脚跳动作更多采用的是扁平足式触地。学龄初期的儿童可以连续跳跃且非优势腿与优势腿的跳跃能力差距缩小，能腾空，但只能略微离开地面，该阶段的儿童虽已具备平衡、协调和腿部力量等素质，但还不能熟练完成单脚跳动作。学龄后期的儿童在跳跃过程中能使支撑腿的蹬地发力和摆动腿的摆动及手臂的推动力三者完美结合，协调完成每个单脚跳动作，此时的儿童已经具备良好的平衡、协调能力以及强壮的腿部力量。

3. 物体控制动作的发展

物体控制动作包括原地接球、踢球、上手投球等，主要体现儿童大肌肉发力、动觉-视觉以及对外界物体感知觉的协作能力。

接球：3.5～4 岁的儿童在接球时，其手臂不会弯曲和缓冲，不会根据球的落点调整身体位置，动作显得比较僵硬，反应比较迟缓。5～6 岁时，儿童仍需要借助身体去接球，形成“抱球”和“捞球”的动作，在接球过程中能调整身体与球之间的距离，但不能准确接住空中移动的球。6.5～8 岁儿童的接球动作表现为，手臂前伸、掌心相对、双膝弯曲、身体重心降低，手臂在接住球时能有意识后让以便缓冲，能够根据空中球的路线适当调整接球姿势和位置，但身体移动仍不够灵活。8.5～10.5 岁的儿童能根据球的飞行路线相应地调整身体位置，准确截获空中移动的球，接球后手臂主动弯曲以作为缓冲。

踢球：3～4 岁儿童的踢球动作表现为，助跑缓慢，双臂无摆动，踢球后静止地站在球后方，球运行距离短，且无明显性别差异。从 5 岁开始，男女童的踢球动作水平均有明显的提高。学龄期是儿童踢球动作发展的关键期，身体神经系统及骨骼肌系统逐渐成熟，使得儿童踢球动作也得以发展。至 7 岁时，大多数儿童在踢球时，其助跑与触球动作能够连贯地衔接，触球时支撑腿在球的侧方或球的侧后方，踢球后出现随前动作，并且男童显著优于女童，随着年龄增长，这种性别差异也越明显。8～10 岁的儿童在踢球时，其助跑更快，踢球前最后一步的步幅更大且出现腾空动作，触球时躯干后倾，踢球后出现单腿支撑动作，此时无明显的性别差异。

上手投球：上手投掷动作是大肌肉动作中操作技能，不仅是常见的体育动作之一，也是很多运动的组成部分。3 岁之前，儿童上手投球时面向前方，双脚并拢或微开，投掷臂挥动幅度小，类似“砍切”动作，下肢静态支撑，躯干无扭转。4～5 岁时，儿童上手投球的动作表现为：手臂上挥，同侧上步，投掷臂挥动幅度小，“砍切”动作消失，躯干整体僵硬转动，后续动作超越身体。6～8 岁的儿童在上手投球时手臂高挥，异侧上步，投掷臂挥动幅度较大，躯干小幅度转动（动作比较协调），后续动作手臂超越身体。9～10 岁的儿童上手投球时，投掷臂挥动幅度变得更大，躯干后倾，且大幅度分层次转动（动作协调），上下肢均存在后续动作（贲焕发，2014）。

（二）精细动作的发展进程

1. 自主够物动作的发展

新生儿出生时已有抓握反射，表现出够物倾向，但这种前够物动作协调性很差。到 2 个月时，先天的抓握反射逐渐消失，自主够物行为开始出现，婴儿能盯着悬挂在可接触范围内的客体挥舞手臂（Bower，1982）。大约 3 个月时，够拿动作准确性逐渐提高，但由于婴儿手眼协调能力有限，尚不能抓住或拿住客体。婴儿 4 个月时能根据来自肌肉肌腱关节的本体感受线索伸手抓取东西，但控制性较差且持续时间较短，这种抓握动作是婴儿与所处环境相互作用的一个显著表现，4～5个月婴儿会协调两只手来探索物体。大多数婴儿在5～6个月时能够有意识够拿、抓握和拿住各种小物体，并利用视觉提高抓握的准确性，并且能在不需要看到自己手的情况下缓慢抓住在黑暗房间中照亮的运动物体。从6个月至9个月，婴儿只需伸出一只手便可够拿，且越来越擅长够拿呈现在其能接触到范围内的各种小客体，包括移动物体。10个月左右，由于够拿和抓握已经做得游刃有余，婴儿会根据下一个要做的动作来调整够拿动作。1岁的婴儿能捡起葡萄干和割草刀、转动球形把手、打开合上小盒子以及开始解决有够拿动作的简单问题，如寻找或发现藏起来的玩具。值得注意的是，婴儿在够拿动作方面表现出明显的个体差异，够物和抓握技能不是一种简单的程序运行过程，不同婴儿有不同的方式来提高够拿和抓握技能的准确程度。7个月以下的婴儿主要依靠触觉信息来决定抓获模式，而8个月大的婴儿则更多使用视觉信息来判断。此外，经验也有助于婴儿伸手抓取物体，有过使用黏力手套捡玩具经验的3个月大的婴儿在抓握和操控玩具上显得更容易，注视玩具的时间更长，拍打玩具的次数更多。

精细动作的发展在幼儿期有一个飞跃，因为对手和手指的控制能力提高，3岁幼儿可以用拇指和食指抓取很小的东西，但还是有点困难，4岁幼儿精细动作的协调能力有了明显进步，手、手指和脚能在眼睛的指示下很好地协作。

2. 书写动作的发展

书写动作是通过手部运用笔类工具进行活动的技能，是儿童的一项重要发展任务和能力要求。只有具备一定的书写能力，儿童才能有效地进行书面学习，从而掌握大量间接经验。

握笔方面，7岁前儿童的握笔姿势经历了自然、过渡和成熟三个发展阶段（Schneck & Henderson，1990）。自然阶段握姿主要出现在4岁前，主要靠腕部、臂部和躯干的联动运笔，手指尚不够灵活，主要握笔姿势有反手抓握姿、正手抓握姿、伸展食指抓握姿、蜡笔握姿和伸展型握姿五种。过渡阶段握姿的年龄阶段为3～4岁，运笔仍然依靠肩部力量，但腕部与肘部的灵活性明显加强，其类型主要包括两指交叉握姿、静态三点握姿和四指握姿。成熟阶段握姿出现于4～6岁，运笔主要利用手部肌肉尤其是手指的力量，其类型主要包括侧面三点握姿和动态三点握姿。研究表明，3.5～5.5岁是儿童握笔姿势的迅速发展期，大部分儿童在5.5岁时，握笔姿势已趋成熟（王希 & 郭力平，2009）。

写字方面，幼儿起先分不清写字和画画，写字类似涂鸦。幼儿在3～5岁时能逐渐区分书写和非书写，开始具备书写字母和数字的能力，通常可以写出可辨认的数字和字母，但仍难以做到结构整齐、大小合适和笔画流畅。在整个学龄期，儿童的精细动作得到大大改善，6岁时大部分儿童能较清楚地写出字母以及1到10的数字，但通常字体很大，因为他们使用整个手臂，而不使用手腕和手指来书写。儿童一般先学会大写字母，因为大写字母的水平运动和垂直运动相对于小写字母的细小曲线动作更容易控制。随着儿童能更准确地写出高度和间距一致的字母，字体可辨性逐渐增加，字迹也变得工整而均匀。儿童初学写字母时常出现颠倒的现象，尤其是镜像字母（如b和d，p和q），直到二年级有所改善（Greer & Lockman，1998）。真正掌握书写技能的动作模式要到7岁，即使到了小学三年级，仍然有一部分儿童表现出书写困难。需要指出的是，众多学者研究的是拼音文字的书写，而我国的汉字属于表意文字，其形状结构要比拼音文字复杂得多。儿童学习书写汉字时，对其精细动作技能的要求更高，除了手部动作的发展外，书写动作也是将感知觉与动作技能协调的复杂过程，书写过程的顺利完成需要一定水平的整合能力，因此在判断个体是否具有书写困难时，还需要考虑书写过程中的其他影响因素。

3. 绘画动作的发展

绘画能力是儿童书写技能发展的前奏体，绘画练习经验也有助于儿童书写技能的获得。研究表明，只有在绘画能力逐渐发展到能完成 9 种图形，包括水平线、垂直线、圆圈、正十字、右角平分线、正方形、左角平分线、交叉线和三角形，儿童才真正具备文字书写技能的必要基础。

即使学步儿也会模仿别人进行画图，随着儿童表征能力的逐步发展，画在纸上的符号也有了意义。儿童艺术表征能力指的是用图画作为符号来代表现实的能力。

绘画技能的发展一般遵循以下顺序：1）涂鸦，此时画画的姿势更能代表儿童想要表达的东西，2 岁儿童属于该阶段，他们通常画一些竖线或折线；2）初级的表征形式，3～4岁的儿童会画简单的几何图形，如十字、圆形、正方形等，很少有人能看懂 3 岁儿童的画，当在成人指导图画如何代表某个物体时，儿童的画才容易被理解（Callaghan & Rankin，2002）；3）更接近现实的画，5～6 岁的儿童随着精细动作和认知的发展，绘画中的现实成分也逐渐增多，由于对深度知觉的表征能力尚不成熟，其画作中常会出现知觉扭曲现象，这反而使图画显得更具创造性；4）学前末期儿童能够准确临摹很多二维图形并运用到绘画中，一些深度线索也开始出现，如将远处物体画得比近处物体小；5）小学生不但能描绘物体细节，而且能把各部分联系起来构成一个有机整体。

儿童的绘画能力受文化环境影响，在具有浓厚绘画艺术氛围的文化环境下，儿童的绘画不仅能反映习俗，而且更加精致。在缺乏艺术熏陶的文化中，即使年龄较大的儿童和青少年也只能画出很简单的画。例如研究者要求没有上过学的 10～15 岁儿童画一个人，他们画出的大多是一些不具表征意义的形状或简单的棍子、轮廓等形象（Martlew & Connolly，1996）。

4. 生活动作的发展

基本的生活动作是家庭和社会对儿童提出的早期重要发展任务之一，包括穿衣、洗漱和进食等基本技能。

穿衣技能：一般而言，幼儿 2～3 岁时可以穿脱简单的衣服，3 岁以后能独立完成穿鞋任务，但常把鞋穿反。5 岁时能够系纽扣和使用剪刀。随着中枢神经髓鞘化，儿童的精细动作技能逐渐提高，6 岁儿童能够完成较复杂的自主技能——系鞋带，系鞋带不仅需要较长时间的注意，而且还需配合手的一系列复杂精细动作以及相应操作的熟练度。

洗漱技能：洗漱技能是生活动作的重要组成部分，2 岁的幼儿能双手配合做出简单的洗手动作，但还不能主动用毛巾擦干手。2 岁时幼儿开始模仿成人刷牙，但由于还未掌握三角架式抓握动作，因此不能真正掌握刷牙的动作模式。3 岁左右，在成人的示范和指导下，大多数孩子都能完成洗手、洗脸并用毛巾擦干的任务，且随着抓握动作的熟练和动作稳定性、灵巧性的提高，大多数孩子都学会刷牙，4 岁以后的幼儿能熟练自如地正确刷牙。

进食动作技能：进食动作技能也是生活动作的重要发展领域。6 个月的婴儿能够拿起香蕉切片或青豆等食物，但不能直接放入嘴里，一般是先将抓有食物的手升至脸颊，再移动到唇边，最后将食物放入嘴里。由于婴儿的手眼协调发展迅速，不久之后婴儿就能够将不同尺寸和形状的食物直接送到嘴里。1～1.5 岁时婴儿开始使用手抓握勺子自己吃饭，因为手腕旋转不灵活而显得较为笨拙，仍需成人的帮助。2～3 岁的幼儿逐渐从手掌抓握发展到指尖抓握进餐。3 岁以后，幼儿能像成人一样只用拇指、食指和中指抓握勺子，独立完成吃饭任务，但其动作的稳定性、灵巧性以及双手的协调性还有待提高。4 岁时可以很好地使用汤匙自己吃饭，此外，3～5 岁是幼儿筷子使用技能迅速提高的特殊阶段，5～8 岁的增长则比较缓慢，但总体来看，动作的有效性、精确性和稳定性均得以提高。

五、动作发展的意义

动作发展对认知发展产生重要作用。皮亚杰的认知发生论认为儿童的认知源于主体对客体的动作。当能爬行和直立行走时，儿童便能在更广范围内主动去探索更多事物，从而促进认知的发展。研究表明，有爬行经验比无爬行经验的婴儿在“A 非 B”延搁任务（主试将两块完全相同的布放在桌面上，用玩具吸引婴儿注意后，主试将玩具推到某块布下，让婴儿立即寻找和间隔一段时间寻找玩具）上表现出更好的空间认知能力（董奇，张华，陶沙，曾琦，2001）。此外，婴儿可根据自身的爬行经验来获取周围环境的信息（Gibson et al.，1987），并根据反馈调整自身探索行为（Adolph，Eppler，& Gibson，1993；Adolph & Avolio，2000）。与那些刚开始爬或行走的婴儿相比，有丰富爬行和行走经验的儿童有更好的空间记忆，能更容易寻找到隐藏的目标位置。

精细动作的发展使婴儿活动的目的性日益增长，对事物间的关系认识进一步深化，从而促进认知的发展（李斐，颜崇淮，沈晓明，2005）。研究表明，5～7 岁儿童在精细动作上的成绩和随后的认知技能水平（阅读和语言）存在共变关系（Wolff，Gunnoe，& Cohen，1985）。精细动作发展落后儿童在认知能力上也存在不同程度的落后，这从另一方面证明了动作发展对认知发展的重要性。研究表明，动作协调困难的幼儿在完成认知功能任务（如动作抑制、任务切换、工作记忆）上存在困难（Pangelinan et al.，2011）。精细动作能力差的孩子在写字时，需要分配更多的注意力来监控动作本身，从而减少了更高级认知任务的注意资源（Stewart，Rule，& Giordano，2007）。而且，一定程度上精细动作能力可作为后期神经发育障碍和学习困难儿童的重要鉴别指标（李蓓蕾，林磊，董奇，von Hofsten，2002）。

动作的发展不仅能促进儿童认知能力的发展，还能促进其社会能力的发展。例如，当儿童学会爬行和行走时，成人通常会限制儿童进行危险的探索活动，孩子在与母亲的冲突和意志较量中逐渐学会利用社会参照线索或规则来调节自己的行动，随着对自己身体控制能力的增加，儿童也会发展出最初的自信心。除此之外，动作的发展还能使儿童与成人和同伴进行愉快的社交互动，如拍手、追逐和捉迷藏等。当儿童感到不安全时，可以回到照养者身边寻求保护和安慰，这使他们可以更大胆地去探索陌生环境和寻求挑战（Ainsworth，1979）。

在神经生理方面，研究者认为婴儿早期动作活动会导致大脑感知控制系统的重组，能使感知系统和运动系统共同作用以促进产生范畴化、记忆和总体适应能功能。fMRI 和 PET 等脑成像技术显示，手的各部分在大脑皮层有相应固定的投射区，随着手部的精细动作技能提高，皮层相应投射区也逐渐扩大，发生功能重塑（Tramo，2004）。简单的手指运动与皮层初级躯体感觉区（SMI）激活有关，复杂的手指运动不仅与 SMI 区激活有关，而且同时常伴辅助运动区（SMA）、运动前区（PMA）、顶叶上部、前部、前额叶、小脑和基底节等多部位的活化，这些研究结果进一步提示精细动作技能发展过程对中枢神经系统具有正性可塑性。此外，对小提琴家的大脑皮层进行研究发现，其手指在大脑皮层的投射区显著大于普通人（常时新等，2002）。突触连接部位的长时程增强（LTP）或长时程减弱（LTD）是影响突触效能和可塑性的神经电生理基础，同时也是脑认知发育的基础。研究显示，刺激小脑的爬行纤维——浦肯野细胞突触可产生 LTD，刺激纹状体——皮层突触可发生 LTP（Ito & Kano，1982），而小脑恰好是参与躯体平衡和肌肉张力调节以及随意运动的重要脑器官。

六、动作发展的影响因素

（一）遗传

儿童动作技能的发展建立在神经生理成熟的基础上，动作技能发展水平受到肌肉纤维类型和线粒体活动等因素的影响，虽然可以训练，但很大程度上是由基因决定的（Mulligan et al.，1998）。研究表明，多巴胺受体基因 DRD4 长的婴儿表现出较高的运动能力（Auerbach，Faroy，Ebstein，Kahana，& Levine，2001）。

遗传因素在神经肌肉协调的快速运动中起着重要作用，中枢神经系统组织和控制快速运动的策略具有强烈的遗传依赖性。Missitzi 等人为评估遗传和环境对神经肌肉协调能力差异的作用，选取了 40 名平均年龄为 21 岁的健康男性双生子作为被试，这些双生子中有 10 对同卵双生子和 10 对异卵双生子，被试需要以不同的速度进行一系列肘关节屈曲，尝试准确地接近目标。结果表明，在最大运动速度的 70%和 50%时，动作精确性的遗传性为 0.85 和 0.73（Missitzi，Geladas，& Klissouras，2004）。

事实上，运动技能的学习也同样地受到遗传控制，有反馈的练习是影响运动技能获得的基本因素之一，但是我们常常可以观察到，在同等练习情况下，有些人比其他人总是进步得更多。Fox 等人通过研究双生子在转子追踪任务中的表现考察了基因和环境对运动学习的影响，发现即使在初始阶段，被试在任务上的成绩也存在很高的遗传影响率（Fox，Hershberger，& Bouchard，1996）。另外，Williams 等人对 22 对同卵双生子和 41 对异卵双生子进行了为期 6 天的 72 次平衡仪稳定任务试验（Stabilometer Balance Task），结果发现，遗传力在运动学习的早期阶段很低，但随着练习的增加，它稳定在

65%左右（Williams & Gross，1980）。

人类运动皮层的可塑性在很大程度上是由基因决定的（Kleim et al.，2006），与运动学习和神经康复密切相关。运动学习的遗传性和人脑短期可塑性的遗传性两者可能有相同的神经生理机制（Asanuma & Pavlides，1997）。BDNF Val66Met 基因的多态性被认为部分影响了活动依赖性脑源性神经营养因子的分泌，会损害人类和小鼠的运动技能（Fritsch et al.，2010）。研究表明，携带至少一个 BDNF Val66Met 等位基因的个体，其运动学习能力和大脑可塑性都较低（Missitzi et al.，2011）。McHughen 等人一项研究中使用功能性磁共振成像技术对人类的 BDNF 基因的单核苷酸多态性与大脑运动系统功能、短期可塑性和短期运动学习之间的关系进行了测试，结果发现，Val/MET 的 BDNF 基因型在短期学习和运动行为测试中的表现相对于 Val/Val 基因型的被试差（Mchughen et al.，2010）。

（二）环境

1. 化学物质暴露

铅、汞、砷和锰等有毒金属会对大脑的发育产生不利影响。我们通常可以在动物实验中以及人类重大污染事故或暴露在工业厂房附近的住宅中观察到这种不利影响。

铅：来自辛辛那提的一项研究表明，新生儿血液中铅含量而非产前母亲血液中的铅含量与儿童较差的精细运动技能之间存在关联（Dietrich，Succop，& Berger，1993）。Winneke 等人通过评估 115 名学龄儿童牙齿中的铅含量发现，铅水平与手指敲击速度呈边缘显著负相关（Winneke et al.，1983）。此外，也有研究报道了类似的结果，表明幼年时牙齿中较高的铅含量与成年后手指轻敲速度缓慢、手眼控制能力较差有关（Listed，N.，1991）。

汞：目前关于汞对产前胎儿和产后儿童运动发育的影响仍存在着相互矛盾的证据。在波士顿进行的一项研究中，研究人员在 1999—2002 年期间共招募了 341 名怀孕妇女并收集她们产前血液中汞含量数据，然后再评估她们孩子 3 岁时的精细动作能力，结果显示，如果母亲的血汞含量高，她们孩子的运动能力平均得分也就会越低（Oken et al.，2008）。另一些来自波兰的研究表明，婴儿脐带血中高汞含量与 12 个月时婴儿在贝利量表运动能力测试中成绩较差有关，而这种关系在 24 和 36 个月时则不存在（Jedrychowski et al.，2007）。来自塞舌尔的一项针对 87 名儿童的长达 9 年的追踪研究表明，随着母亲产前血液汞含量增加，儿童在两个视觉运动协调测验中的成绩反而上升（Davidson et al.，2000）。另外，通过测试发现，母亲产前头发中甲基汞的含量与其子代运动技能的发展无关（Myers et al.，2003）。

砷：砷能够穿过胎盘影响胎儿的生长发育，大多数关于砷的不良影响的研究都来自发展中国家，因为发展中国家人民饮用的井水中可能含有高水平的砷。来自孟加拉国的一项横断研究对饮用水中砷含量与 304 名 8～11 岁儿童的运动功能的关系进行了考察，结果发现，饮用水中砷水平与运动功能和精细运动协调的测量结果呈负相关（Parvez et al.，2011）。

锰：锰是一种重要的营养物质，也是一种已知的神经毒剂。研究表明，脐带血中锰的含量与儿童 3 岁时的精神运动指数呈负相关（Takser，Mergler，Hellier，Sahuquillo，& Huel，2003）。来自意大利的一项横断研究也发现，土壤中锰含量与 11～14 岁儿童青少年的运动协调能力降低存在联系（Lucchini et al.，2012），另外在墨西哥进行的一项研究中也发现锰暴露与 7～11 岁儿童的运动功能和精细运动协调能力呈微弱的负相关（Hernándezbonilla et al.，2011）。

多氯联苯和杀虫剂： 多氯联苯是一种有机化学物质，在工业过程中产生，在环境中持续存在，可通过食物链进入人体内。有研究报道，产前多氯联苯水平与新生儿运动障碍以及在 6 个月时的运动发育迟缓有关（Rogan & Miller，1989）。在另一项对 171 名婴儿进行的前瞻性研究中同样发现，母乳中多氯联苯水平与儿童 30 个月时的运动成绩成反比（Walkowiak et al.，2002）。来自日本的一项研究对 134 名血液样本检测出二噁英和多氯联苯的孕妇的后代进行了贝利儿童发展测试，结果表明，母亲血液中高水平的二噁英异构体与婴儿运动发育成绩呈负相关，且比对智力发育的影响更明显（Nakajima et al.，2006）。

杀虫剂的使用也与儿童动作发展密切相关，在厄瓜多尔进行的一项研究表明，从事花卉行业工作妇女（被认为接触了杀虫剂）的子代与其他孩子相比，她们孩子的运动技能均较差（Handal，Harlow，Breilh，& Lozoff，2008）。另外，Guillette 等人对墨西哥 33 名生活在使用多种杀虫剂地区的儿童进行了比较，发现这些生活在普遍使用农药地区孩子的粗大动作和精细动作能力都较差（Guillette，Meza，Aquilar，Soto，& Garcia，1998）。

拓展阅读

环境卫生

获取清洁水源和卫生设施、良好的个人卫生、洁净的空气和安全的环境，对于保护儿童的健康和支持他们的发展至关重要。日益发展的城市化、工业化和气候变化正在损害儿童成长的环境。创造可持续发展的环境，减少儿童在环境危害中的暴露，是养育照护议程的关键部分，对于促进儿童的茁壮成长至关重要。众多强有力的证据都表明，暴露于室内和室外的空气污染中会导致各种儿童和成人疾病，包括急慢性呼吸道疾病（如肺炎、慢性阻塞性肺病）、肺癌、缺血性心脏病和脑卒中等。即使暴露于环境毒素的程度较低也会导致严重的残疾。汞和铅等毒素对每个人都有害，但幼儿是最脆弱的群体。他们的神经系统仍在发育，会吸收成人 4～5 倍的铅，而汞会影响胎儿的大脑发育。这些毒素和污染物会损害大脑，影响儿童的认知、学校表现和社交情绪行为，并可能导致智力残疾。创造健康、绿色、无毒素的环境将确保幼儿能够以最佳的方式发展。

2. 微量元素的缺乏

铁： 铁缺乏会影响儿童期精神运动的发展，但可以通过给予铁补充得以扭转（Saloojee & Pettifor，2001）。在桑给巴尔进行的一项涉及 614 名学龄前儿童铁补充随机对照试验中发现，铁补充能改善儿童在 12 个月后的运动发展，但这种改善只针对那些严重贫血，即血红蛋白水平低于 90g/L 的儿童（Stoltzfus et al.，2001）。研究人员也发现，强化铁配方奶粉喂养的缺铁儿童与非强化铁配方奶粉喂养的缺铁儿童在 9 个月和 12 个月的精神运动发展上存在差异（Moffatt，Longstaffe，Besant，& Dureski，1994）。

碘和甲状腺激素缺乏：在巴布亚新几内亚的一个地区，研究者使用碘化食用油和安慰剂（生理盐水）对碘缺乏妇女进行了一项随机对照试验，结果发现，严重缺碘的妇女经过碘化食用油补充碘后，她们的后代几乎完全没有了地方性克汀病，主要的运动发育迟缓也随之减少（Pharoah & Connolly，1987）。研究者在继续追踪这些孩子时发现，他们的手工操作能力也从中受益（Connolly，Pharoah，& Hetzel，1979）。西班牙的一项研究表明，与怀孕后期进行碘补充相比，孕早期补碘能提高孩子在 18 个月时粗大动作和精细动作协调能力成绩（Berbel et al.，2009）。研究者认为，碘缺乏症与甲状腺激素分泌有关，促甲状腺激素与整体运动和精细运动能力呈负相关（Roze et al.，2009）。此外，如果在妊娠早期出现甲状腺激素缺乏症，孩子在视觉注意、视觉处理和总运动技能方面均会出现问题，如果怀孕后期缺碘，孩子会面临更多的发育风险，如视觉空间技能、动作反应速度和精细运动能力受损（Zoeller & Rovet，2004）。

3. *母亲生活方式*

酒精：女性在怀孕期间过量饮酒会损害孩子的神经认知发育。美国华盛顿州的一项研究表明，与不饮酒的母亲相比，每天饮用超过 4 杯酒的母亲，其后代在 8 个月时的运动能力表现较差（Streissguth，Barr，Martin，& Herman，1980）。研究者继续跟进调查发现，这些孩子成年后的精细动作协调能力也较差（Connor，Sampson，Streissguth，Bookstein，& Barr，2006）。另外，一篇系统性文献综述对母亲酒精摄入量与孩子运动能力关系进行了梳理，发现 6 项队列研究中有 5 项研究的结果表明，孕妇每天饮酒超过 4 杯会对孩子的运动功能造成负面影响，而饮酒量小于每周 10 杯，则不会对孩子的运动功能产生不利影响（Bay & Kesmodel，2015）。

吸烟：母亲吸烟影响胎儿发育，并且会导致童年和成年期的动作发育迟缓。一项研究对 282 名新生儿进行了行为评估，结果发现，无论是母亲主动吸烟还是被动吸烟都与孩子较差的运动能力成绩相关（Hernández-Martínez，Arija，Escribano，& Canals，2012）。英国一项有关 1958 年出生队列的 13 207 名儿童的研究发现，母亲在怀孕期间吸烟会使孩子运动能力轻微下降（Larsson & Montgomery，2011）。另外一项对 320 名儿童长达 16 年的纵向追踪研究也发现，孕妇产前吸烟与儿童加工速度及视协调缺陷有显著的独立联系（Willford，Chandler，Goldschmidt，& Day，2010a）。

大麻：孕产妇产前接触大麻与吸烟一样，其子代在 16 岁时的加工速度和视协调方面存在缺陷（Willford，Chandler，Goldschmidt，& Day，2010b）。但大麻接触通常与烟草使用并存，因此，研究结果可能是大麻和烟草使用共同的作用。

4. *母亲疾病和药物治疗*

母性癫痫：许多抗惊厥药物有致畸作用，可能导致先天性唇裂、腭裂或脊柱裂。1976 年至 1983 年间，在柏林进行的一项研究比较了单药治疗的癫痫患病孕妇和联合用药治疗的癫痫患病孕妇的子代在 15 个月大时的运动能力，结果发现，联合用药治疗的癫痫患病孕妇的孩子在贝利量表的运动能力测试和麦卡锡运动能力测试中得分明显偏低（Steinhausen et al.，1994）。

母亲糖尿病：母体糖尿病，尤其是胰岛素依赖型糖尿病，与孩子各种不良的发展结果有关。来自哥本哈根的一项研究发现，胰岛素依赖型糖尿病妇女的孩子4～5岁时在麦卡锡运动能力测验和运动发育质量评估上得分均显著低于对照组孩子（Petersen，1989）。

产前感染：Foster和他的同事研究了62名出生携带艾滋病毒儿童（母亲在怀孕期间感染艾滋病毒）的运动功能，结果发现，这些孩子比未受感染孩子有更严重的运动障碍和神经系统异常症状（Foster et al.，2006）。

母亲抑郁：目前有关单纯母亲产前抑郁症对子代运动功能影响的研究仍存在不一致的结果（Nasreen，Kabir，Forsell，& Edhborg，2013；Tse，Richedwards，Rifasshiman，Gillman，& Oken，2010）。然而，如果抑郁症妇女在怀孕期间服用药物，那么其子代的运动功能会受到明显影响。美国的一项研究对44名患有严重抑郁症且正在服用五羟色胺再摄取抑制剂的孕妇进行了调查，结果表明，这些孕妇的孩子比未服药抑郁孕妇的孩子表现出更低的心理运动发育能力（Casper et al.，2003）。

5. 出生状况

早产：大量的研究表明极早产儿（孕期＜32周）会存在高风险的发育问题。一项对156名早产儿童（孕期＜35周）从出生到6岁的追踪研究表明，这些孩子在感知运动功能上均存在较大的缺陷，其中44%的孩子在儿童运动评估系列（Movement ABC）中的得分低于第15百分位数（Jongmans，Mercuri，Dubowitz，& Henderson，1998）。另外，美国的一项研究比较了134名早产儿（孕期＜37周）与134名足月分娩儿在4岁时的动作能力表现，结果表明，早产儿在精细动作能力上表现较差，但在粗大动作能力上两组儿童表现相当（Sullivan & Margaret，2003）。

出生体重：低出生体重儿在视觉运动整合方面更容易出现问题，表现出较差的精细动作和粗大动作协调能力。芬兰的一项出生队列研究通过父母问卷调查了8 000名8岁孩子的发育情况，结果显示，出生体重小于2 500 g的儿童在运动技能方面比其他同龄人更差（Yliherva，Olsén，Mäki Torkko，Koiranen，& Järvelin，2001）。另一项有趣的研究调查了22对出生体重相差至少25%的双胞胎，结果发现，9岁时双胞胎中出生体重较小的孩子在运动和视觉感知能力上均表现较差（Ylitalo，Kero，& Erkkola，1988）。

原理应用

如何对不能母乳喂养的低出生体重婴儿进行喂养？

每年有两千多万名婴儿的出生体重低于2 500克，其中96%以上发生在发展中国家。这些低出生体重婴儿面临更多新生儿疾病和死亡危险。多数低出生体重是早产或个头小于胎龄的结果，或者是两者的结果。采取措施改善低出生体重婴儿的喂养可能增进个体婴儿的近期和长期健康与福祉并对人口中的新生儿和婴儿死亡率产生显著影响。

世界卫生组织建议，低出生体重婴儿应由其母亲哺乳。如果这类婴儿不能由其母亲哺乳，就应当喂以捐赠人乳（仅适用于能够获得或者可设立安全、经济上可承受的母乳贮存设施的地区）或标准婴儿配方粉。对不能进行母乳喂养的低出生体重婴儿可利用替代口服喂养方式进行喂养，比如奶瓶喂养或者奶杯喂养。对这些方法所作的比较研究显示，奶杯喂养在出院时可以增进纯母乳喂养率，但这些益处得不到维持。奶杯喂养还与住院时间的延长相关。然后，因杯子比瓶子容易清洗，奶杯喂养有可能会降低诸如腹泻等严重感染的危险。

为此世界卫生组织建议，需要用替代口服喂养方式进行喂养的低出生体重婴儿，应使用杯子（或者带有喙状倾出口的杯子）或汤匙喂养。

新生儿发病率：有新生儿问题的儿童通常存在运动障碍，特别是当他们有长时间的高胆红素血症或呼吸问题（非呼吸窘迫综合征）时（Lindahl，Michelsson，Helenius，& Parre，1988）。一项研究调查了 111 名在新生儿期患有脑膜炎的儿童，当这些儿童长到9～10岁时，他们的运动技能明显较差（Stevens et al.，2003）。此外，如果早产儿在出生时患病，其 4 岁时的精细运动发展会有很大的延迟（Sullivan & Margaret，2003），在围生期患病的儿童，其 12～14 岁时会出现不同类型的运动协调障碍（Lunsing，Hadders-Algra，Huisjes，& Touwen，1992）。

6. 社会环境

在德国进行的一项研究表明，儿童在 3 个月、24 个月和 4.5 岁时的运动发育延迟与低父母教育程度、在家庭中不受欢迎和家庭过度拥挤等因素密切相关（Laucht，Esser，& Schmidt，1997）。

不同类型的协调障碍与低社会阶层有关（Soorani-Lunsing，Hadders-Algra，Huisjes，& Touwen，1993）。一项横断研究调查了环境背景与婴儿发展的关系，研究者使用阿尔伯特婴儿量表收集了 561 名婴儿 0～18 个月运动能力的数据，结果表明，婴儿运动能力与家庭收入和家庭空间量之间存在正相关（Saccani，Valentini，Pereira，Müller，& Gabbard，2013）。另外，来自北爱尔兰的纵向研究考察了社会弱势对儿童运动发展的影响，结果表明，与相对社会优势的同龄孩子相比，社会弱势群体孩子在 4～5 岁和 7～8 岁时的运动技能存在显著的缺陷（Mcphillips & Jordan-Black，2007）。Van Beveren 等人对 50 个来自贫困家庭的孩子进行了一项有趣的研究，50 个孩子中有 25 名被社会经济条件良好的家庭收养，研究者在出生后 12 个月时评估收养家庭和原贫困家庭孩子的运动发展，结果发现，经济条件较好家庭收养的孩子表现出更好的运动技能（Beveren，Little，& Spence，2000）。

父母教育程度、父母养育行为、儿童早期逆境和家庭结构等均与儿童运动能力发展存在一定程度的关系。在希腊克里特岛进行的一项研究发现，当母亲的受教育年限延长（与低水平相比）时，孩子运动发展会表现得更好。母亲有固定的工作，孩子的粗大运动技能发展会得以加强，如果孩子有兄弟姐妹的话，这种益处则减少（Koutra et al.，2012）。巴西一项对 561 名 0～18 岁婴儿的研究显示，孩子的运动技能高低与父母养育行为存在正相关（Saccani et al.，2013）。德国一项研究也表明，孩子在贝利量表的运动技能测试上的表现与父母养育方式有密切关系（Ribasfito，Sala，Kogevinas，& Sunyer，2001）。Stanton 等人考察了幼儿早期逆境与发育结果的关系，结果表明，较差的运动技能与家庭不幸和不良养育态度高度相关（Stanton，Mcgee，& Silva，1991）。也有研究对比了单亲家庭、继父家庭和自然父母家庭长大的孩子在 5 岁时的发展和行为状况，结果表明，单亲家庭的孩子在视觉运动协调性上表现较差（Wadsworth，Burnell，Taylor，& Butler，1985）。

术语解释

1. 体格发育指的是身体在一生中成长、变化和发展的模式，也可以具体用来指身高、体重、骨骼肌肉和身体比例等方面的发展过程。

2. 神经元又称神经细胞，是构成神经系统结构和功能的基本单位。

3. 大脑功能的可塑性可以理解为通过学习和训练，大脑某一脑区的功能可以由邻近的脑区代替，也表现为脑损伤患者在经过学习、训练后脑功能在一定程度上可恢复。

4. 突触（synapse）是指一个神经元的冲动传到另一个神经元或传到另一细胞间的相互接触的结构。

5. 成熟（maturation）是指由遗传决定的自然成熟过程。

6. 青春期发育突进（adolescent growth spurt）是指青春期身高和体重生长速率加快的现象。

本章小结

1. 人类体格发育一般遵循头尾原则、近远原则、等级整合原则和系统独立性原则。临床上评估儿童体格发育的常用指标有身高、体重、体重指数、头围、骨龄和体脂率。出生后的头一年又被称为第一个“增长高峰”，学龄期儿童的身高每年平均增长 4～5 厘米，处于相对平稳的过渡期，青春期是身高的第二个快速增长期，又被称为“青春期生长突增”。一方面，儿童体格发育与遗传密切相关，遗传基因可通过多种内分泌途径来调节体格的生长发育。同时，家庭经济收入、母亲受教育程度、家庭氛围等家庭因素、营养以及喂养方式等均会直接或间接地影响儿童的生长发育。

2. 大脑神经元和大脑皮层在婴儿期、幼儿期及青少年期表现出显著的变化和发展，脑机能也在逐渐地完善并发挥更大的作用。

3. 大脑可塑性可以分为结构可塑性和功能可塑性两个方面。大脑结构的可塑性包括突触可塑和神经元可塑，是指大脑内部的突触、神经元之间的连接可以由于学习和经验的影响建立新的连接，从而影响个体的行为；大脑功能的可塑性可以理解为通过学习和训练，大脑某一脑区的功能可以由邻近的脑区代替，也表现为脑损伤患者在经过学习、训练后脑功能在一定程度上可恢复。

4. 研究者开始关注认知与社会性发展的神经机制，对不同的认知领域（包括视觉定向、视觉注意、物体知觉、记忆）以及社会性发展领域（包括情绪、气质、心理理论、道德等）进行了深入研究，初步揭示了与不同活动相对应的脑机制。

5. 婴儿动作技能的发展包括粗大动作技能和精细动作技能两方面，粗大动作的发展包括爬行、坐和站立的发展，身体移动动作的发展，物体控制动作的发展。精细动作主要指手部的够拿和抓握动作。儿童动作技能发展的组织和方向按照一定的原则有序进行。

6. 动作发展对认知发展产生重要作用。动作的发展不仅能促进儿童认知能力的发展，还能促进其社会能力的发展。在神经生理方面，婴儿早期动作活动的结果会导致大脑感知控制系统的重组。遗传因素在神经肌肉协调的快速运动中起着重要作用，中枢神经系统组织和控制快速运动的策略具有强烈的遗传依赖性。运动技能的学习也同样地受到遗传控制。人类运动皮层的可塑性在很大程度上是由基因决定的，与运动学习和神经康复密切相关。此外，化学物质暴露、微量元素的缺乏、母亲生活方式、母亲疾病和药物治疗、儿童出生状况和社会环境如社会经济地位都会影响到儿童动作发展。

拓展学习与活动

相关网站：

http：//www. who. int/zh　世界卫生组织网站

https：//www. cdc. gov/ncbddd/childdevelopment/research. html　儿童发展

推荐阅读：

1. 劳拉·E. 伯克．(2014)．*伯克毕生发展心理学：从 0 岁到青少年（第 4 版）*．北京：中国人民大学出版社．

2. 黛安娜·帕帕拉等．(2013)．*发展心理学：从生命早期到青春期*．北京：人民邮电出版社．

3. 罗伯特·费尔德曼．(2007)．*发展心理学：人的毕生发展（第 4 版）*．北京：世界图书出版公司北京公司．

小论文：

促进儿童的体能和智能发展是当前社会的一项重要任务。请从遗传与环境入手探讨影响儿童体格发育、脑发育和动作发展的因素及相互作用机制。

第四章

儿童的认知发展

问题思考

阅读本章内容后，你将找到以下问题的答案

婴儿具有早期记忆吗？

儿童的推理能力是如何发展的？

儿童的言语障碍有哪些类型？各有什么特征？

智力超常的儿童是在每一方面都突出吗？教育者应该如何对待智力超常的儿童？

瑞士发展心理学家皮亚杰曾设计过一个著名的三山实验。实验中有一个包含三座假山的模型，三座山各有不同，一座山上有间房屋，另一座山上有一个红十字架，第三座山上覆盖着白雪。实验者把这个模型放在桌子当中，并让儿童坐在桌子的一边。随后，把一个布娃娃放在桌子周围的不同位置并同时问儿童，“你认为布娃娃看到了什么？”研究发现低龄儿童对这个问题很难正确回答。在第二个实验中，实验者向儿童出示从不同角度拍摄的三座山的照片，让儿童挑出布娃娃看到的是哪张照片。第三个实验则给儿童三张硬纸板代表三座山，要求儿童按布娃娃所看到的三座山来把三张硬纸板排好。

实验结果显示，8 岁以下儿童一般不能成功完成任务。大多数 6 岁以下儿童选择的照片或搭建的模型，与他们个人而非布娃娃的观察角度一致。据此，皮亚杰认为学龄前儿童在对事物进行认知、判断时是以自我为中心的，不能很好采纳他人的观点。后来，也有一些研究者改进实验，发现当场景是儿童熟悉的并且问题也容易被理解时，即使是幼儿也能够考虑到他人观点。总的来说，儿童认识世界的方式、角度和水平与成人是不同的，下面就让我们一起来了解儿童的认知发展。

第一节　儿童记忆的发展

一、儿童记忆的发展概述

有关早期记忆的认识起源于 20 世纪 80 年代。在此之前，大部分的研究认为婴儿并不具备编码、存储并提取过去事件信息的能力，即并不具备早期记忆能力。皮亚杰认为，18～24个月的幼儿缺乏象征性思维能力，他们还无法在心理层面上表征客体和事件。按照皮亚杰的观点，婴儿的记忆几乎是一片白纸，既无过去，也无未来。并且即使在他们的表征能力开始发展后，也不足以形成能记忆复杂事件的认知结构。与之相辅的观点也认为，即使是7岁的儿童在复述童话故事时也可能在时间顺序上出现记忆错误（Piaget，1969）。但是，皮亚杰的这些观点并非是完美的。首先，大量有关“认生”、客体永久性、习惯化和去习惯化等现象的研究都在一定程度上告诉我们婴儿具备一定的记忆能力。其次，通过口头报告的方法测量婴幼儿对一系列单词、图片、故事的记忆状况时，言语表达能力会是一个很重要的干扰因素。对于年长的儿童，其言语能力发展较好，采用口头报告能非常好地检查儿童是否具有相关的记忆；但对于年幼的儿童，他们并不具备完善的言语能力，因此可能无法提供有关过去的信息。在这种情况下，直接断定低龄儿童没有早期记忆能力显然过于武断。最后，社会文化理论也通过考查“自传体记忆”质疑了皮亚杰有关年幼儿童不具备记忆能力的观点。当你问一位刚上幼儿园的儿童“你今天在学校里玩了什么，当时你旁边的小朋友在做什么，老师有没有说什么”时，他能够在一定程度上进行相应的回忆。这些结果说明年幼儿童在成人的指导下，能学会如何记忆以及用连贯的叙述方式来表达发生在过去的个体所经历过的事件（Fivush，1997）。因此，从婴儿开始，儿童的早期记忆已经产生。那么它的发展过程怎样？我们将在接下来的部分进行阐述。

二、儿童早期记忆能力的发展

（一）婴儿的记忆能力

婴儿的记忆是否存在以及如何表现已经成为当前记忆研究的热点问题，为了研究婴儿的记忆，人们主要使用图片配对比较、操作性条件作用、延迟模仿等范式。

1. 再认能力

20世纪50年代，范茨（Fantz，1956）提出了图片配对比较方法。这一方法的程序是，首先向婴儿呈现包含有一系列配对图片的刺激，研究假定在看过这些图片之后婴儿会留存有相关的记忆；随后向婴儿呈现一对包含有熟悉图片（有记忆经验）和不熟悉图片（无记忆经验）的刺激，进而观察婴儿的反应以了解他们的记忆特点。作为图片配对比较的一种变式，习惯化研究方法也常被人使用。在这种方法中，当婴儿观看图片刺激的时间下降到一定的标准（通常是观看时间下降50%）时，研究者向婴儿出示一张新颖的图片并注意婴儿的视知觉变化反应。无论是经典的图片配对比较还是习惯化研究方法，婴儿对熟悉图片和不熟悉（新颖）图片的分化反应成了他们是否具有再认记忆的重要证据。20世纪70年代的一些研究（如Fagan，1973）中，人们发现5个月的婴儿在观看一张人类面部照片仅两分钟的情况下，两周后仍具有再认照片的迹象。当采用某种更具动感的活动刺激时，3个月的婴儿在第一次接触刺激后的3个月里仍能表现出再认的能力。

2. 记忆保持能力

借鉴操作性条件作用的原理，我们可以检验婴儿是否具有记忆保持能力。在这一方法中，研究者在婴儿床上方放置一个很有趣的物体，短暂等待之后，测量婴儿“踢”这一物体的动作次数并将它作为基线水平。随后，研究者用一根带子把物体和婴儿的腿轻轻绑在一起，从而使得物体随婴儿的腿部活动而活动。一般而言，在3～9分钟的时间里，婴儿会认识到腿和物体的运动是同步的。他们发现只要自己的腿一动，物体就会伴随着产生活动，这一反应伴随之后的强化很容易让婴儿获得操作性条件作用，从而学会“踢腿”。此时，研究者解开带子，再继续观察婴儿是否还有“踢腿”的动作。很明显，如果随着带子解开婴儿踢腿的频率回归到基线水平，就说明他们的行为反应完全是取决于外部环境刺激的，其心理内部并没有什么记忆内容；但是如果随后婴儿的“踢腿”动作次数明显高于基线水平，则说明他们头脑内产生了一定的记忆保留痕迹。研究者们（Hill，Borovsky，& Rovee-Collier，1988）采用这一范式发现，两个月大的婴儿在1～3天里能回忆起之前运动的物体，在6个月大的婴儿身上，这一记忆甚至长达两周之多。

3. 延迟模仿

根据皮亚杰的观点，婴儿具有一定的再认能力，有关习惯化的研究可以为此提供证据。那么婴儿是否具有更高的记忆能力比如回忆的能力？有研究（Meltzoff，1988）指出，9个月大的婴儿能够模仿24小时之前看到的某个榜样人物的某些行为；另外一项研究（Carver & Bauer，1999）则表明，9个月大的婴儿在看到榜样的行为很长一段时间之后，还能产生模仿行为，这一持续时间甚至可达5个星期之久。此外，使用客体永久性任务的大量研究也表明婴儿具有一定的早期回忆能力（Goswami，2010）。

上述研究表明婴儿具有一定的记忆能力，但儿童心理学中的经典困惑——婴儿期的记忆缺失现象，仍值得探讨。这一问题将在随后的自传体记忆部分进行阐述。

（二）幼儿的记忆能力

随着年龄的增长和语言能力的发展，幼儿逐渐开始形成一系列的表征系统，通过更好地对所经历的事件进行编码储存，他们的事件记忆能力大大提高。事件记忆涉及人类的有意识活动，是对为实现某种结果而发生的所有与事物和人有关的行为（Nelson，1986）的记忆。它的一种主要表现是自传体记忆（autobiographical memory），即个体对过去特定情境中有关自我信息的记忆，是个体在特定时刻经历的重现（Schneider & Pressley，1997）。从某种意义上说，自传体记忆是婴儿期记忆缺失的巨大转折，自传体记忆的启动意味着记忆缺失现象不再继续。那么婴幼儿的自传体记忆是如何产生、发展的呢？

1. 自传体记忆与婴儿期记忆缺失现象

婴儿期记忆缺失通常被定义为人们对特定年龄之前（一般为3～5岁）所发生的早期生活事件无法进行回忆的现象（Schneider & Pressley，1997）。按照古典精神分析理论，个体在早期的大量经验由于存在创伤或者不合伦理会被压抑到无意识中去，因此弗洛伊德认为我们在早期很难有记忆。随后的许多研究者并不赞成这种看法，继而提出了婴儿前额皮层不成熟、缺乏自我认识以至嵌入早期记忆、早期记忆系统和后期记忆系统之间存在质的差异，以及缺乏分享和复述记忆的社会系统等解释。甚至针对上述记忆缺失的定义，仍有不少研究者质疑。他们认为，早期生活事件并非是以一种“全”或“无”的形式进入记忆的，人们对年幼时期的记忆受许多因素的影响，可能并不存在一个固定的记忆出现点。现在，大多数研究者认为，由婴儿期向幼儿期过渡时，个体记忆系统的发展是连续的量变过程而不是间断的质变过程。例如，有研究者提出应将婴儿期的记忆缺失症看作是在儿童长期的自传体记忆中有关 4 岁以前的记忆事件相对较少的现象（West & Bauer，1999）。另外有研究也发现，如果有恰当的提示线索，七八岁儿童对一些发生在两三岁时的事件（如受到伤害）能够清晰回忆（Peterson & Parsons，2005），而等他们长大成人后，就难以再回忆起这些经验了，这说明婴儿期记忆缺失的现象与回忆者当前的年龄阶段也有关系。

2. 影响自传体记忆的因素

儿童自传体记忆受到内部与外部两方面因素的影响。内部因素以认知自我为代表。“认知自我”是自传体记忆的基础，它源自儿童在 2 岁多时的视觉自我再认（如知道镜子中的自己）（Howe & Courage，1997），后来逐渐发展为高级的社会认知。认知自我不仅是一种知识的增加和一定意识水平的反映，更是一系列相关联的认知发展的一部分（如语言、象征性游戏、计划、客体永久性等）。借助于这些发展成果，幼儿能够同时对各种来源的信息进行表征，且可以进行自我评价和修正，从而促进自传体记忆的发展（赵佳，方格，2005）。

外部因素主要涉及以下几个方面。首先是父母的谈话风格。如果父母频繁地参与有关过去事件的谈话，对先前经历提供丰富的描述性信息，并采用一种精细化的谈话风格，那么儿童对过去事件的记忆将更详细和精确。相反，重述性谈话风格的父母对过去事件提供较少的细节，只简单重复地或粗略地描述过去，这种风格导致儿童的自传体记忆内容较少且组织性较差（Reese，Haden，& Fivush，1993）。其次是亲子依恋关系。具有安全型依恋关系的亲子即使一开始是谈论消极话题，如果之后更多地讨论积极话题，儿童也更能接受对话题的探讨（Farrar，Fasig，& Welch-Ross，1997）。再次是情绪唤醒程度。一般来说，高情绪唤醒程度的、对个人具有重大意义的事件可以激发出详细的、相对不易遗忘的自传体记忆。最后是文化因素。东西方不同文化群体下儿童的自传体记忆发展的对比研究发现，相比于美国儿童，亚洲文化下成长的儿童对早期自传体记忆的汇报较少地涉及自身以及自我评价，他们在自传体记忆中更容易抓住一般事件而非特殊事件，且描述较为简略（Wang，Leichtman，& Davies，2000）。

（三）儿童早期记忆能力发展的变化

1. 保持时间的变化

在人生的头两年，记忆的保持时间快速增长，并且受多种因素的影响。在一岁以内的儿童身上，陈述性记忆的保持时间相对短暂，例如 6 个月的婴儿只能回忆出三个动作步骤中的一步，且记忆只能维持 24 个小时。9～11 个月的婴儿，事件记忆的时间长度显著提高，他们能够在动作消失后的 24 小时（Meltzoff，1988）甚至 5 个星期后（Carver & Bauer，2001）还记得这个动作。

2. 保持细节性的变化

婴儿期及童年早期的记忆在保持的细节方面随年龄的增长而发展得越来越好。年幼的儿童对事件特定细节的记忆还不够丰富，但随着年龄的增加细节性迅速完善。例如，参观过迪士尼乐园的3岁或4岁儿童，在长达一年半（18个月）以后，还记得大量关于发生在这次旅行中的细节（吃了什么好吃的，玩了什么好玩的），对于年长的儿童，他们则能回忆出更多的描述性细节（Hamond & Fivush，1991）。并且，这种细节性的增加不仅体现在口头报告中，还体现在儿童的延迟模仿行为中。

3. 自我相关性的变化

有关记忆的自我相关性特征的证据来源于2岁左右儿童对“镜像我”的认识。与婴儿的自我意识发展水平较低一致，早期儿童的记忆与自我相关性很低，他们对与自己有关的事物（包括自身的长相、穿着、言行）并不会特别地关注与记忆。随着年龄的增长，自我意识开始萌芽、发展，儿童也开始在谈论过去事件的过程中越来越多地提及自身，他们的记忆越来越与自己有关，甚至与自我定义、自我概念相关。

三、儿童记忆策略的发展

记忆策略被界定为为了达到某种记忆目的而进行的心理或行为活动，这种活动是需要意志努力的、有潜在意识的且受人控制的（Bjorklund，Muir-Broaddus，& Schneider，1990），可以用来提高记忆效率。在日常生活中，记忆策略的使用无处不在。人们采用“山巅一寺一壶酒”的谐音方法记住圆周率3.141 59；中学生在从词典中查到一个单词后一边读一边拼写；大学生在课堂上记笔记或在重要语句下划线，这些都体现了记忆策略的使用。记忆策略相对地可以分为储存策略和提取策略：储存主要包括识记与保持，如复述策略；提取主要包括再认与回忆，如线索策略。

那么记忆策略的发展轨迹是怎样的？儿童会使用哪些记忆策略？在接下来的部分里，我们将对此进行探讨。

（一）记忆策略的发展轨迹

1. 无策略阶段

在婴儿和年幼儿童身上，记忆的产生是伴随着外部刺激的变化和对自身经历的认识而自然发生的，在他们的记忆过程中基本上看不到什么策略。这一点与他们在感知方面的无意识特点有关，例如，婴儿的知觉、注意、记忆等心理现象，更多表现为无意识加工，缺少积极主动的有意识参与，因此被称为无策略阶段。

2. 策略产生缺失阶段

幼儿园的儿童以及年幼的学龄儿童虽然不会自发地运用策略，但他们执行策略的基本能力是有所提高的。换言之，在教师或家长的指导和帮助下，他们能采用记忆策略。但这时的策略，还不能迁移到新的情境中，因而还未达到元认知的意识水平。产生这种状况的原因，可能是年幼的儿童并不具有充足的应对记忆任务的心理能力。正如双任务程序的研究结果表明的，当要求儿童分别或同时完成两项任务时，年幼的儿童较年长的儿童在记忆策略的执行上需要更多的心理努力（Bjorklund & Harnishfeger，1987）；另外，个体在知识领域方面存在的差异也将影响策略使用上出现的年龄效应（Bjorklund &

Schneider，1996）。总的来说，“产生缺失”是个体在记忆策略执行时不知道做什么。

3. 成熟运用阶段

策略的使用相对成熟并熟练之后，青少年会自发地调整策略以使之具有一定的规则，其通常发生在青春期和成年早期（Schneider & Pressley，1997）。当然，我们很难确切地说，策略的获得具体发生在什么年龄，从产生缺失变化到自发产生和利用某一策略，在个体内部还存在许多的影响因素，如任务情境的变化、年龄的增长、经验的增加等。

（二）记忆策略的运用

1. 复述

小学低年级的儿童最早使用的记忆策略是复述，即不断重复信息。所谓“熟读唐诗三百首，不会作诗也会吟”，体现的就是复述策略的作用。但相比于高年级小学生，低年级小学生使用复述策略的系统性和成功率较低，这可能与他们的工作记忆容量较低、不善于进行归纳总结有关，例如记忆“树、猫、狗、草”时，他们不易形成“树、草”“猫、狗”这样利于记忆的词语组块，从而难以产生高效的记忆（Ornstein & Naus，1985）。

2. 组织

儿童掌握的第二种记忆策略是组织，即将相关的材料加以分组后进行记忆。分组的实质是形成记忆组块，从而减少记忆负荷，提高记忆效率。组块形成的标准包括类别（电器——电视机、洗衣机）、关系（牛——草、毛）、相似性（凝视、注视、观察）等等。到10～11岁时，儿童基本上可以自发地运用组织策略（Flavell & Wohlwill，1969）。

3. 精细加工

到小学高年级，儿童开始使用精细加工策略，即在记忆对象之间建立有意义联系，把新的、需要记忆的事物与头脑中已有的经验建立起联系，并根据其意义进行记忆。如记忆“大象”“冰箱”这两个词，可以生成语言复述或心理映像——“把大象装进一台冰箱中”，这种策略需要相当多的努力和记忆空间，在青少年期和成人早期被越来越普遍地运用（Schneider & Pressley，1997）。

原理应用

根据儿童记忆策略的发展特点，家长和教师在培养儿童的记忆能力时应把握以下几点。

（1）适应儿童的记忆特点，不揠苗助长。

如上所述，儿童经历了从没有记忆策略到逐渐产生并使用记忆策略这样一个过程。在年幼儿童身上，记忆策略的缺乏使得他们的记忆能力受到限制。对此，无论是家庭教育还是学校教育，均应适应儿童当前的记忆特点，不能以成人的记忆效果和记忆容量为标准来要求儿童，不能简单地开展超前教育，那样只能是揠苗助长，事倍功半。

（2）根据儿童具体形象思维为主的特点，不抽象复杂。

在日常生活对话与课堂学习过程中，家长、教师应当根据幼儿直观形象思维为主的特点，多采用具体直观的记忆材料，如实物、图片、儿歌、故事等，少用抽象的词汇、英文单词、概念、哲理等。抽象的记忆材料使得儿童难以理解其中含义，同时无法引起儿童的兴趣和持久的注意。例如，对幼儿园儿童来说，“黑暗的旧社会”这样的描述是比较抽象的，如果能够从吃、穿、住、行等日常生活角度入手进行解释，他们的理解和记忆效果就会好很多。

（3）创造幼儿记忆的“最近发展区”，不原地踏步。

从最近发展区的观点来看，教育的关键在于既要适应儿童的现有发展水平，又要适度提出更高的目标以促进其发展。因此，家长和教师应积极创造儿童记忆的最近发展区，针对不同年龄段的儿童，教授其不同难度的记忆策略，以帮助其提高记忆能力。除了常见的复述、组织等策略外，还可以教会他们使用多感官通道记忆法（视、听、触等多种感官通道参与记忆活动）、化整为零法（将较长的记忆材料分成几个部分），等等。

第二节 儿童推理能力的发展

一、儿童推理能力发展概述

作为成人，我们拥有许多关于客观世界的知识，并在认识世界的过程中不断形成新的概念和范畴，对面临的问题可以进行推理和解决。此外，我们还可以根据已有的知识和经验去探究未来世界的发展趋势，预测社会的改革变迁。人类所具有的这种推理和问题解决能力的变化发展大都要经历一个漫长的过程，这一过程始于婴儿期，贯穿于一生全程发展的各个阶段。

在谈及儿童推理能力发展的规律时，我们不得不提到皮亚杰有关儿童认知能力发展的理论。他认为儿童的认知发展大体分为四个阶段，依次是：通过动作认识世界的阶段（0～2 岁的感知运动阶段），通过直观的、象征性的思维认识世界的阶段（3～6 岁的前运算阶段），通过具体形象思维认识世界的阶段（7～12 岁的具体运算阶段），以及通过抽象符号认识世界的阶段（13～16 岁的形式运算阶段）。

在感知运动阶段，儿童主要依靠自身的动作图式去认识和适应外部世界，通过嘴、眼、耳、手等来探索环境，在此过程中以动作思维为主要内容的智力先于语言产生，并建立“客体永久性”，产生“认生”等记忆现象。在前运算阶段，儿童的思维从具体动作中摆脱出来，开始运用象征性思维理解、记忆外部世界，并通过直观思维进行推理和问题解决，虽然其中可能会出现错误（如不守恒），但他们还是逐渐形成了关于因果和物理现实的简单观念。具体运算阶段发生在7～11、12 岁之间，儿童获得了“守恒”的概念，并能够进行具体逻辑推理。最后，在形式运算阶段，青少年逐渐形成了抽象、系统的思维，他们在面临问题时能够提出假设，进行演绎推理，以及进行更复杂的思维活动。

皮亚杰的理论为研究儿童推理能力在内的认知发展的内容、结构、规律和方法提供了重要的参考。但在20世纪七八十年代之后，随着研究理论、技术和方法等方面的进步，一些发展心理学家开始对皮亚杰的阶段论提出质疑，焦点主要集中在是否低估了年幼儿童的认知发展水平而高估了年长儿童的认知能力上，以及儿童的认知发展是否存在普遍的急剧变化，是否如同皮亚杰所主张的，具有一致性和阶段性。一言以蔽之，皮亚杰理论正确地把握了儿童认知发展的重要趋势，但在具体的年龄阶段上可能还存在一些待解决的问题。

二、婴儿对客体知识推理能力的发展

皮亚杰的研究认为，在早期发展阶段婴儿尚不能对外部世界的知识进行推理，“客体永久性”现象对此就提供了证据。当向一名8个月以内的婴儿隐藏某个物体时，婴儿并不会主动寻找该物体，这是由于他缺乏“客体永久性”认识，不能理解物体被隐藏时并未真的消失这一概念。随后的研究发现，仅仅依赖这一“反应任务”范式的研究结果，无法将婴儿的客体认识能力与其他（例如计划、执行等）能力进行有效区分。因为婴儿为了获得隐藏于桌布底下的物体，不仅需要在头脑中表征物体的存在以及空间位置，还需要足够的信息加工资源，对接下来的抓取动作进行计划和执行，显然这对于他们来说是有难度的（Hespos & Baillargeon，2008）。进一步的研究采用诸如“违背期望”（violation of expectation，VOE）任务范式，给3.5个月大的婴儿呈现与期望一致的可能事件和与期望违背的不可能事件，结果发现婴儿对不可能事件注视的时间更长，说明他们实际上具备了某种推理所需的知识或信念，能够意识到该事件的结果是令人惊讶的（Baillargeon & Devos，1991）。此外，也有研究（Newcombe，Huttenlocher，& Learmoonth，1999）发现年幼的婴儿在VOE任务中会因为物体的隐藏和提取不在一处而表现出惊讶，这表明他们已经具有了“客体永久性”认识。进一步的研究表明，年幼的婴儿能够对隐藏的物体进行视觉搜索而非动作搜索（Ruffman，Slade，& Redman，2005），说明他们确实具有了一定的认识客体知识的能力。

三、儿童类比推理能力的发展

类比思维在智力活动中占有重要的位置，通过类比解决问题被认为是人类认知的核心成分，可以说，所有的智力行为都与类比思维有关。在数学、科学、艺术、政治以及生活中的许多领域，类比起到了非常重要的作用，这种作用在儿童早期，也同样能体现出来。即使是10个月和13个月大的婴儿，也能够在知觉相似性提高的条件下表现出偶发的类比推理（Chen，Sanchez，& Campbell，1997）。一般来说，类比是遇到一个新问题（靶问题）时，人们往往会想起一个过去已经解决的相似的问题（源问题），并运用源问题的解决方法和程序去解决靶问题。类比推理则是根据两个对象的相似性，从某一对象的已知特性推断出另一对象可能也具有该特性的认知活动（李红，冯廷勇，2002）。

一般来说，问题所包含的信息涉及内在的原理信息与表面内容信息两方面。内在原理是问题所包含的内在结构或关系，是解决问题的关键；表面内容是指问题所涉及的事物、形式、情节等具体内容。与此相一致，类比推理具有关系相似性和表面相似性两种水平。此外，在以往对儿童类比推理能力发展的研究中，通常会采用两种推理任务：项目类比推理和问题解决类比推理。项目类比推理表示为A∶B∷C∶D，例如“牛∶草∷猫∶?”，这种经典的项目类比推理主要考察儿童是否能根据关系的相似性进行相应的推理。在皮亚杰的研究（Piaget，Montangero，& Billeter，1977）中，他发现年幼（5～7岁）的儿童在解决诸如“自行车∶车把∷船∶?”之类的基于功能和因果关系的问题时，大都基于联想推理。而7～12岁的儿童则在此类问题上会有更好的表现。这似乎显示只有到形式运算阶段，儿童才能较好地进行关系类比推理。

对此，有些研究者提出了质疑。他们认为皮亚杰的项目类比任务中包含了儿童还未掌握的很多准备知识，在这种情况下年幼儿童并不熟悉这些关系，自然也无法正确进行类比推理。要想揭示出儿童真实的推理发展状况，必须采用他们熟悉的知识和关系。在一项研究（Goswami & Brown，1989）中，研究者设计了一系列基于因果关系且能为年幼儿童所理解的类比项目，例如：巧克力融化成巧克力汁，相当于雪人融化成什么？结果发现，类比推理的成功率和因果关系知识随年龄的增长而增长：3岁儿童的成功率为52%，4岁儿童为89%，6岁儿童则达到了99%。这些结果说明，推理能力的发展依赖于对事物关系知识的获取与丰富。如果推理问题解决中所涉及的事物及其关系符合儿童的生活经验，他们的表现将会更加成功。

心理实验

儿童对因果关系的理解

皮亚杰认为，儿童是在几年的时间内慢慢地获得对因果关系理解的。后来的研究者认为，他之所以得出这个结论，是因为他要求孩子们解释是什么东西引起了风雨以及机器是如何工作的，显然这些问题超出了孩子们的能力范围。如果把这些问题换成他们很熟悉的问题，结果很可能不一样。

在一次试验中，孩子们看见一个球在一只大盒子里顺着一个坡滚下去，然后消失在视野中，这个时候，盒子里藏着的一只玩具娃娃跳出来了。然后这个实际上由两部分构成的盒子被拉开了，原来在盒子的一半中的球明显不能跑到另一半中去，可是玩具娃娃还是从里面跳出来了。这个时候，4～5岁的孩子们会大笑起来，并说：“这是玩的把戏，是吧？”他们很清楚，这个事情按理是不能发生的。

参考文献：墨顿·亨特．(1999)．*心理学的故事*．海口：海南出版社．

四、儿童归纳与演绎推理能力的发展

人类的推理通常被界定为涉及对现有知识的操作，从而得出新结论的心理活动。在这一活动中，通常会涉及归纳与演绎推理。所谓归纳推理是指从特定的事件、事实向一般的事件、事实推论的过程，是将知识或经验概括简约化的过程（李红，陈安涛，冯廷勇，李复洪，龙长权，2004）。所谓演绎推理则是从一般性的前提出发，通过推导即“演绎”，得出具体陈述或个别结论的过程。它包括：条件推理（如果A成立，那么B……）、反事实推理（逻辑上正确，但可能不符合真实情况的推理）、传递性推理（如线性推理）等。相比于归纳推理，演绎推理问题可以在没有或不顾相关真实世界的知识下，实现问题的解决。正如上述提到的反事实推理，在前提错误的情况下，一个问题可能并不符合真实情况，但却可能符合逻辑。例如：A是一只绵羊，所有的绵羊都会吠叫，那么A会吠叫吗？从演绎推理方面来说，A会吠叫是符合逻辑的，但却与真实情况不符。

正如前述所言，当今的观点认为类比是归纳推理的早期阶段，它可能从婴儿期就开始发展。总的来说，归纳推理在非常年幼的儿童身上都能看到。例如，格尔曼等人（Gelman & Coley，1990）发现2岁的儿童更可能将某一熟悉类别的重要属性赋予该类别中较为典型的案例。如更可能将住在巢穴这一属性赋予鸟类中的知更鸟，而非古代巨鸟。在探讨婴儿概念的发展问题时，曼德勒和麦克多诺（Mandler & McDonough，1996）发现了一种被称为“概括化模仿”的技术，这一技术向2～3岁的婴儿呈现一个动作模型。例如让儿童观察一个动物（如狗）用杯子喝水的场景，之后将杯子交给婴儿，同时出示另一个动物（如鸟）和一个人造物（如飞机），随后观察婴儿会选择把杯子递给谁。结果发现，婴儿能正确地选择让动物喝水，而不是让人造物喝水。这说明婴儿能将一种动物的动作模型正确地推论到另一种动物上。因此，研究者提出了一个重要假设，即归纳推理并不是依据项目的相似性而实现的，而是基于已有的概念驱动而实现的。

除上述提到的类别化与概念形成的方式外，顿悟以及类比推理能力的发展也涉及归纳推理能力的发展。一般而言，相比于年长儿童，年幼儿童由于缺乏经验反而较少受思维定式或者功能固着的影响，因此对于物体功能的认识和问题的解决，他们有着更灵活的见解。在一项研究（German & Defeyter，2000）中，研究者向5～7岁的儿童呈现这样一个问题：Bob是一只短腿的玩具熊，它想自己从书架上取下它的玩具。但是由于腿短，所以它跳着也无法够着，那么小熊应该采取什么方式获得书架上的玩具呢？对于实验组（功能固着组）的被试，小熊可以利用放置在它面前的一个小箱子，同时箱子里放置有一些玩具积木、一块磁铁、一个小球和一辆小车；而对于控制组的被试，小熊面前放置的是一个空箱子和玩具积木。对于这一问题，正确答案是将箱子腾空，并翻转过来，然后在箱子上搭建积木，从而够到书架上的玩具。实验结果发现，对于5岁的儿童，功能固着组与控制组在顿悟问题的解决速度上并无显著差异；而对于6岁和7岁的儿童，功能固着组显著慢于控制组。

关于演绎推理，最简单的形式莫过于三段论问题。在三段论中，研究者通常向推理者呈现两个假设，并得出一个符合逻辑的结论。如：所有的A都是B，所有的B都是C，因此所有的A都是C。此外，演绎推理还涉及条件三段论、物理推理、科学推理和因果推理等。传统的观点认为，演绎推理在儿童期发展非常缓慢，如皮亚杰认为特定的心理操作只适用于6～7岁以上的儿童，也就是处于具体运算阶段的儿童；而更复杂的心理操作甚至在青少年身上才会出现，如科学推理和假设检验。但也有研究者认为如果演绎推理问题的解决所需的知识内容，在儿童已有概念系统中能被找到和提取，那么年幼的儿童也能在演绎推理任务中表现很好。霍金斯等人（Hawkins，1984）发现4岁和5岁的学前儿童能就熟悉的知识进行三段论推理，其他的研究者也发现，如果基于不熟悉知识的三段论推理问题能采用一种“想象”（fantasy）模式来呈现，则4～5岁的儿童也能基于不熟悉知识进行三段论推理（Dias & Harris，1990）。如告诉儿童假设实验者生活在另一个星球，而另一个星球上的事物与地球截然不同，儿童能够得出实验者与地球人截然不同的结论。

总之，无论是儿童还是成人，在解决问题时，能回忆的知识数量、抑制无关干扰信息的能力以及工作记忆的容量共同影响着归纳与演绎推理能力的发展。只是相比于年长儿童或成人，年幼的儿童有着较差的抑制过程和较小的工作记忆容量，并在背景知识方面也相对贫乏。

原理应用

皮亚杰的理论对教育有着重要的影响，尤其是儿童早期教育。依据他的理论提出的三种教育原则如下：

(1) 发现学习。

在一个皮亚杰式的教室里，儿童被鼓励通过与自然环境的互动，自己去探索。教师不要给儿童灌输已有的知识，而是给儿童提供丰富多样的活动，促进儿童的探索与发现——艺术、猜谜、游戏、服饰、积木、书本、测量工具、音乐器材和其他材料。

(2) 对儿童学习准备的敏感性。

一个皮亚杰式的课堂不会尝试加速发展。皮亚杰认为适宜的学习经历是建立在儿童当前思维水平之上的。教师观察并倾听他们的学生，给儿童提供那些可以让他们练习新获得图式的活动，以及那些可能会挑战他们对世界错误看法的活动。但是在儿童没有表现出兴趣或者没有准备好的情况下，教师不应强迫儿童学习新技能，因为这么做会导致对成人规则的表面接受，而不是真正理解。

(3) 接受个体差异。

皮亚杰认为，所有儿童发展的顺序都是一样的，但是速度不同。因此，教师必须为个体以及小群体儿童安排活动，而不是仅仅为整个班级安排。另外，教师在对儿童进行教育评价时，应当把每个儿童的现在和过去进行比较。而不是用标准水平——也就是说，和同龄群体的平均成绩——对儿童进行衡量。

参考文献：劳拉.E.贝克.（2014）.*婴儿、儿童和青少年*.上海：上海人民出版社.

第三节　儿童语言的发展

一、儿童语言发展的理论概述

语言（某些意义和情况下称为言语）作为一种有意义的符号系统，为人类的信息交流提供了基础。它不仅与我们认识世界、理解世界密切相关，而且帮助我们对人和物进行思考，并将自己的想法传递给他人。因此在人类的认知发展中，语言的获得和发展是一项伟大的成就。那么人类的语言是如何产生和发展的呢？要回答这样一个问题，首先让我们来了解以下几个著名的语言理论。

（一）学习理论

学习理论的主要代表人物是行为主义者斯金纳（B. F. Skinner）。斯金纳指出，语言与其他行为一样，是通过强化和操作性条件作用获得的。例如，婴儿发出“baba”的声音时，爸爸马上会兴高采烈，通过抚摸、微笑、拥抱来强化他，按照R-S-R的公式，婴儿接下来更可能会重复这种声音，并在日后的生活中通过发出这种类似的声音来获得父母的奖赏。除了这种强化之外，有些行为主义学者还认为，儿童也会通过观察学习与模仿成人来获得复杂的表达方式（图4-1）。总之，学习理论关于语言发展的观点表明，儿童通过发出类似语言的声音以期待获得父母的奖赏，或在父母有意无意的影响下，模仿成人的表达方式来获得与成人相类似的语言。但是学习理论似乎不能解释儿童超乎成人的创造性言语（例如，第一次见到电脑鼠标时，把它称为“按按”而不是“鼠标”），也无法解释儿童在短时间内快速地获得词汇量与语言规则。

图4-1 儿童之间的语言

（二）先天论观点

与行为主义学习理论过分强调环境和教育的观点不同，以语言学家诺姆·乔姆斯基（Noam Chomsky）为代表的先天论观点认为，语言的产生和发展是由遗传所决定的，受某种先天的机制所引导。根据乔姆斯基的观点，所有儿童生来就具有一种语言获得机制（language acquisition device，LAD），这种机制包含了所有语言共同的一套规则，随着身体的发育成熟、单词量的增多，儿童就能以规则导向的方式将单词组合起来，从而进行语言的表达。先天论的观点也得到了一些证据的支持，例如：有科学家确定了一个与语言产生相关的特殊基因（Wade，2001）；儿童在2～3岁的时候会经历一个语言发展的关键期，这期间词汇量会呈现出爆炸式增长的态势。这些证据都在一定程度上支持了乔姆斯基的观点。不容忽视的是，尽管人类在基因和遗传上预先做好了使用语言的准备，但是语言的有效使用和发展程度离不开社会经验和训练的参与，“狼孩”就是一个典型的案例。

在语言的发展理论中，学习理论强调环境的作用，而先天论侧重遗传的作用。但这两种观点都无法完全地解释语言的发展。在上述两种观点的基础上，有关语言发展的最新观点强调将基因决定的可能性和学习环境的现实性相结合，提出了交互作用观点。一个具有语言天赋的儿童，通过对外界环境的观察、学习以及与社会的互动，逐渐发现语言的功能和规则。因此，根据交互作用的观点，天生的语言天赋、与他人的互动以及丰富的语言和社会环境将有利于儿童符号系统的建立。并且由于先天和后天环境的不同，个体在语言发展方面呈现出一定的个体差异。至于上述三种观点哪种能完全地解释语言的发展，还有待研究，可能的解释是不同的因素在儿童语言发展的不同时期或者不同方面所发挥的作用有所不同。

二、儿童语言发展的过程

（一）婴儿期——语言发展的起步阶段

当你和一个两个月左右大的婴儿相处时，你会听到各种声音，如咕咕的叫声、咯咯的笑声和嘟哝声等，你是否会惊讶或者好奇婴儿的发声是否具有意义？其实这种现象非常常见，大约两个月时，婴儿开始发出类似于元音的声音，它们被称为咕咕声（cooing）；随后会增加部分的辅音，出现类似于语言但无实际意义的咿呀学语（babbling）的声音。尽管这些声音本身并无具体的含义，但是它们在语言发展的过程中起着非常重要的作用。这些声音属于前语言交流的一部分。前语言交流是通过声音、面部表情、手势和其他非语言的方式进行的交流。亲子之间经常进行这种前语言交流，它有利于婴儿了解到交流是双方参与、轮流进行的知识（Reddy，1999）。此外，成人除了对婴儿的咕咕声和咿呀学语做出反应外，还可以关注婴儿的视线，评论婴儿看到的东西，并给予语言信息，这对婴儿的早期语言发展起着非常重要的作用。

通常而言，婴儿对语言的理解会先于语言的产生。在 6 个月时，婴儿开始理解单词的意义，但第一批真正理解的口语单词大约出现在 1 岁左右。一个 18 个月大的婴儿可能理解一长串复杂的句子，但说话时还无法将几个词串联起来。一旦婴儿能发出第一个口语单词后，婴儿的词汇量将快速地增长。婴儿最早说出的单词通常是简单的发音，如“啊”；4～8 个月期间能够说出连续音节，如“爸爸”“妈妈”；9 个月以后出现模仿发音，如“帽帽”“袜袜”等。在 18～24 个月之间，词汇量通常还会出现一个爆发式的增长。

在 18 个月左右，随着词汇量的增长，婴儿开始将单词组成句子来表达一种想法（如“球球”）。双词句的产生代表着语言的进步，婴儿开始运用双词句为外界事物建立标签，并表达两者之间的关系，例如“爸爸拿”。此外，随着年龄的增长，2 岁大的儿童在进行单词组合时，倾向于特定的顺序，且这种顺序与成人的方式相似。但是，虽然双词句的出现是婴儿语言发展的一个极大进步，但 2 岁左右的学步儿倾向于省略信息中不太重要的词，因而呈现一种电报式言语，如“我卡车”“球球掉”等。

婴儿的语言发展除了上述特点外，还有一些其他的特点。当年幼的儿童刚学会单词时，有时会狭窄地使用它们，这种现象叫“泛化不足”，即用词过于局限，一般发生在刚刚掌握口头语言的儿童身上。与之相反的，还有另一种现象“过度泛化”，即用一个单词指代比正确范围更广的客体和事件。如婴儿可能将公共汽车、卡车、拖拉机都称为“小汽车”。虽然儿童在语言发展的过程中，会犯“过度泛化”的错误，但这也意味着儿童的语言有着极大的进步，他们试图用类别对客体进行归类，从而逐渐发展出一般的心理范畴和概念。此外，婴儿具有独特的语言使用风格，例如有些儿童会采用指示型风格（referential style），他们使用语言主要是为了对客体进行标记，如“这是车”。而有些儿童倾向于使用表达型风格（expressive style），他们使用语言是为了表达自己和他人的情感，如“我想要”，这类儿童会产生更多的社交惯词。不同的语言使用风格既具有个体的差异，同时也受文化因素的影响。比如，相比于美国母亲，日本母亲更多地表达有关社会交往的内容，因而更容易催生出语言的表达型风格（Fernald & Morikawa，1993）。

（二）儿童早期——初步建构读写能力

在2～6岁期间，儿童的语言能力飞速发展。2岁时，儿童掌握的词汇在200个单词左右，3岁时，他们出现了自言自语的现象，词汇量达到了约1 000个；6岁时，儿童的平均词汇量甚至能达到1万个以上。要达到这种水平，儿童主要是通过一种被称作“快速映射”（fast mapping）的方式来实现的。一旦儿童学习了一个新单词后，他们能快速地将新词与一个潜在的概念相联系，从而学习到更多词汇。除词汇量大大增加外，儿童所表达句子的长度也快速增长，2岁末到3岁半的儿童将单词、短语组成句子的方式每月增长一倍，3岁时，句子的组合达到几千种（Wheeldon，1999）。

儿童早期开始初步地掌握母语的语法规则。3岁的以英语为母语的儿童能常规地使用名词的复数形式、所有格以及时态，他们从最简单的意义和结构标志开始。到3岁半时，儿童已经掌握了大量的语法规则，而且他们会始终如一地运用这些语法。3～6岁的儿童，能掌握更为复杂的语法结构，比如简单的被动语句，复合句、连贯句不断增加。但对被动形式的完全掌握则要到儿童中期末才能获得（Horgan，1978）。

除了词汇和语法的发展，儿童还必须学会与他人进行有效、合适的交流，这种语言的实用方面被称为“语用”。儿童逐渐掌握交流的基础，即轮流讲话、探讨话题，根据社会文化的习俗了解哪些该说哪些不该说。在整个儿童早期，语用能力得到了相当大的发展。你可能经常会看到儿童跟自己说话，一些发展心理学家将之称为“自言自语”。这种自言自语能促进儿童与自身进行交流，也是儿童进行思维的一个方式。例如我们在思考时进行自我推理通常会使用内部对话，而自言自语则是成人开展内部对话的前兆（Winsler，Deleon，& Wallace，2003）。除自言自语外，在儿童早期，社会性语言也得到了发展。虽然这一时期的儿童还在皮亚杰所说的前运算阶段，语言的自我中心化相对较多，但近些年的研究表明儿童在某些时候也会考虑别人。

拓展阅读

儿童的自言自语

自言自语也叫独白，它是“儿童对自己而非某个特定的听者大声说出的言语”，它对儿童的活动起着指导和调节作用。一般来讲，幼儿的自言自语可以分为自我中心交流型、想象自扮型、情感释放型、自我引导型、高声诵读型、悄声言语型六种。

心理学家越来越认可自言自语在儿童心理发展特别是儿童认知发展上具有重要的价值，认为它是“所有儿童认知发展过程中一个必不可少的组成部分”。总的来看，从对幼儿自言自语已有的研究中，我们可以得到如下的启示：首先，自言自语是一种解决问题的有效手段，幼儿在游戏过程中喜欢边玩边说，即我们常说的游戏言语，其实这正是他们补充丰富自己的行为，用想象来弥补动作难以表达的内容的有效手段。其次，儿童特别是学前儿童在设法解决难题的过程中，需要同成年人进行思想交流，需要成年人根据儿童技能现有水平，给予适当的帮助。学前儿童自言自语的时期，正是他们的语言逐渐内化的前期，是成年人对学前儿童心理过程进行细致了解和进行更加深入的心理帮助的重要时机。最后，自言自语对儿童心理发展具有积极价值。

参考文献：杨宁，王玉．(2004)．论幼儿自言自语的自我调节作用．*华南师范大学学报（社会科学版）*，2，102-108.

（三）儿童中期——语言和读写能力的发展

在儿童中期，词汇量、语法和语用技能得到进一步发展。例如，在词汇量方面，6岁儿童大概拥有8 000～14 000个单词的词汇量，而9～11岁儿童的词汇量又增加了5 000个（罗伯特·费尔德曼，2007）。在儿童中期，由于书面语言中所包含的词汇远比口头语言复杂以及多样，因而阅读对儿童词汇量的增加起着至关重要的作用。除了词汇量的快速增长外，处于儿童中期的孩子能积极地运用语言与同伴进行交流，并能给某些常见词汇下定义。比如将“鸟”定义为有羽毛、能飞的动物。在语法结构的掌握方面，儿童中期的孩子掌握更多的表达方式，如以英语为母语的儿童更加频繁地运用不定式，以及对不定式短语有着高度的理解等。在语用技能方面，学龄儿童会努力使自己去适应听话者的需要，将事情描述得更加精确。在与他人交流时，往往会表现出更多的意见交换以及会话策略的提高。

儿童中期最显著的发展之一是儿童增强了对自己如何运用语言的理解，形成了元语言知觉。这种对语言态度的根本性转变，对于语言的发展是非常重要的。处于儿童中期的孩子能够理解语言是一个系统，受一套规则所支配。例如，8岁的儿童能辨别出一个词语的发音，能判断一个句子语法的正确性，即使它的意思是错误或无意义的（Bialystok，1986）。此外，学龄期儿童的元语言知觉在他们理解模糊信息、给词语下定义以及鉴别多重含义中有着非常重要的作用。

三、儿童言语障碍

（一）言语障碍的界定

一般情况下，拥有正常的言语功能需要满足以下几个条件：（1）正常的听觉和视觉；（2）正常的语言器官；（3）健全的大脑半球语言中枢，神经核间的联络通路畅通及正常的小脑；（4）健康的精神心理状态（张清丽，1996）。那么如何判定儿童是否具有言语障碍呢？回顾以往研究，对于言语障碍的界定并没有一个统一的意见，不同的研究团体通常采用不同的界定标准（Broomfield & Dodd，2004）。概括来说，言语障碍患者包含许多人群，如口齿不清但语言还可被理解的个体、身体有缺陷从而导致话语可被理解但不连贯的个体、早期听力受损的个体、遭受情感创伤而导致言语障碍的个体以及来自语言贫瘠环境中的个体等。

（二）儿童言语障碍的类别

在对言语障碍儿童进行分类时，多数研究者考虑以下几个方面：言语获得的年龄、言语障碍的程度、病因学、语言症候学、心理语言不足等。

在言语获得的年龄方面，有些儿童由于受到诸如唐氏综合征等智力障碍的影响，从一出生就可能伴有严重的言语障碍前兆，这类儿童被称为具有先天性语言障碍患者；有些儿童的言语障碍发生在儿童早期，他们在语言发展的适当期不能进行言语交流，可能语言有错误或者语言发展的速度明显慢于同伴群体；而大部分具有言语障碍的儿童，通常在3～4岁时被评估为言语障碍患者，他们有着正常的言语获得机制，但可能由于受到意外事故或疾病的影响而导致其言语能力受损，这类儿童具有发展性和获得性言语障碍。

在言语障碍的程度方面，研究者将言语障碍程度分为三种：轻度、中度和重度。施里伯格等人（Shriberg et al.，1997a）采用辅音正确性百分比（percentage consonants correct，PCC）的测量方式对其进行分类。他们以儿童在5～10分钟的交谈中辅音正确的百分比作为指标，将PCC大于90%的个体称为轻度言语障碍，处于65%～85%的个体称为中度言语障碍，而小于50%的个体称为重度言语障碍。

在病因学的研究中，对言语障碍的分类主要基于其发生的原因，即言语障碍由机体因素还是非机体因素所引起。前者被称为“障碍性言语”，后者被称为具有“功能性言语障碍”。障碍性言语可能由听力缺失、解剖学上的异常、智力障碍以及神经病变等引起。而引起功能性言语障碍的因素包括以下三类：言语机制因素（包括所有与听力、运动性言语相关的因素）、认知-言语因素（包括与一般智力、接受性和表达性语言能力有关的因素）、心理社会因素（包括看护者和学校环境的刺激，以及与儿童有关的特定因素，如侵略和成熟）（Shriberg，1982）。

在语言症候学方面，有些研究者对言语障碍的类型进行了细分。多德（Dodd，1995）将功能性言语障碍分为发音障碍、语言延迟、一致的音位障碍、非一致的音位障碍。其中发音障碍指的是儿童在对特定音位（音位是能区别词的语音和意义的最小单位）进行发音时存在障碍，如无法发出“un”音；语言延迟指的是语言发展低于正常发展速度；一致的音位障碍指的是儿童一致性地使用一些非发展性的错误模式，如将“n”发成“l”；而非一致的音位障碍指儿童对同一形式的词汇项目有多重错误的模式，如将“lun”发成“nun”和“long”。

在心理语言不足方面的研究主要体现在对言语加工系统的研究。言语障碍的发生可以体现为言语加工系统的障碍和迟滞。威尼茨（Winitz，1975）曾提出了五种水平的言语系统障碍，它们分别是：听觉输入、音韵、系统的语音学、发音计划、动作执行。听觉输入包括听觉受损、对言语的区分能力受损或贫瘠的语言学习环境；音韵包括注意、推理或记忆的受损等；系统的语音学指音韵系统和发音系统之间存在障碍；发音计划指的是说出系列句子的能力受损，从而无法发出声音；动作执行指的是由于外围的神经系统障碍而导致发音执行受到破坏。

（三）儿童言语障碍的诊断和治疗

有关言语障碍的诊断与治疗通常可以分为两个部分。一是探索治疗的潜在一般原则，并提出一些适合交流障碍儿童的问题。另一个是考察临床技术或治疗方案的细节性描述。在治疗技术方面，有些研究者关注知觉的训练，如训练听力区分能力（Winitz，1975）；

有些研究者关注音位系统的干预，如区分性特征、音位意识等（Stackhouse，Wells，Pascoe，& Rees，2002）；有些研究者关注运动，如语音定位（Bauman-Waengler，2004）；还有些研究者关注功能性单元的干预以及听知觉的训练。通常情况下，不同类型的言语障碍可能需要不同的治疗方案。

原理应用

如何促进言语不流利的学生的语言发展？教师可参考以下指导原则：

（1）用较慢但流畅的语言与学生对话，降低对学生言语流畅的谈话要求。

（2）积极回应学生的语言表达，进行适当的眼神交流，并表现出耐心，让学生感到老师愿意与其交谈。

（3）不要试图指出或纠正语言错误，因为这意味着他们所说的话没有得到认可，可能会增加其焦虑情绪。

（4）确保其他同学不会取笑言语不流利的学生，创设支持性的班级环境。

（5）在课堂中增加和声朗读、合唱或共同回答等教学方式；鼓励所有学生轮流发言。

参考文献：Weir，E.，& Bianchet，S.（2004）. Public health：developmental dysfluency：early intervention is key. *Canadian Medical Association Journal*，*170*（12），1790.

第四节　儿童智力的发展

提到儿童智力的发展，我们首先可能会问：到底什么是智力？回顾以往的研究，给智力下一个完整的定义并不容易，一方面是因为智力涉及的方面太多，另一方面是因为研究智力的取向繁多。由于不同领域的研究者对智力的含义和测量方式有不同的看法，因而在智力研究中，出现过几大重要的理论。在智力研究的前期，曾出现“因素说”，如桑代克的特殊因素理论，认为智力是由许多特殊能力构成的。吉尔福特（1959）认为智力由操作（即认知、记忆、发散思维、辐和思维、评价）、内容（即图形、符号、语义、行动）、结果（即单元、种类、关系、系统、转换、含义）所构成的三维空间组成。而认知心理学派主要关注人的智力性质以及人们是如何进行思维的。例如斯滕伯格的智力三元理论以及戴斯所提出的“PASS”模型等。此外，随着智力研究的多层面发展，现代研究涌现出了众多的智力理论，它们从不同的角度丰富了智力的界定和测量，接下来我们具体介绍几种现代的智力理论。

一、智力理论的研究进展

（一）加德纳的多元智力理论

1983 年，加德纳（Howard Gardner）提出了多元智力（multiple intelligence）的概

念，并进而提出了多元智力理论（林崇德，白学军，李庆安，2004）。他认为智力包含了九种不同的智力成分，并且每个个体都或多或少具有这九种智力，但不同个体在每个智力成分上的水平有所不同（见表 4-1）。

表 4-1　加德纳的多元智力理论

智力成分	功能
语言智力	有效运用语词的能力
逻辑-数学智力	进行数学学习，处理复杂逻辑问题的能力
人际交往智力	快速领会并评价他人的心境、意图、动机和情感的能力
自知能力	认识自己从而作出适应性行为的能力
音乐智力	音乐知觉、辨别和音乐表达的能力
身体-运动智力	运用自己身体的能力，如跳舞、运动等
空间智力	准确地感知视觉空间世界的能力
自然主义者智力	对自然世界进行理解、联系、分类和解释的能力
存在智力	陈述、思考有关生与死、身体与心理世界的最终命运的倾向性

（二）斯滕伯格的成功智力理论

斯滕伯格长期从事智力的研究，早期提出了智力的三元理论（见图 4-2），认为智力是复杂而多层次的，一个完整的智力理论必须说明智力的三个方面，即智力的内在成分、智力成分与经验的关系、智力成分的作用。因此他提出了智力成分亚理论、智力情境亚理论和智力经验亚理论。

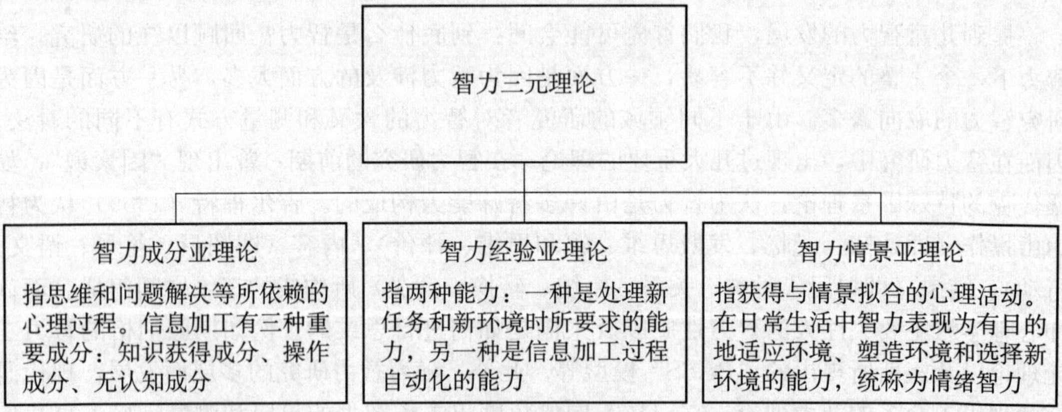

图 4-2　智力三元理论

此后，斯滕伯格（1988，1997）又提出了成功智力理论（见图 4-3）。这一理论认为成功智力由三个主要部分构成，它们分别是：实践思维能力、分析思维智力和创造性思维能力。

斯滕伯格对智力的研究，不仅关注理论的研究，而且还重视对智力实践的探索。例如，他将很多理论与教学实践相结合，并提出了许多培养成功智力的方案。

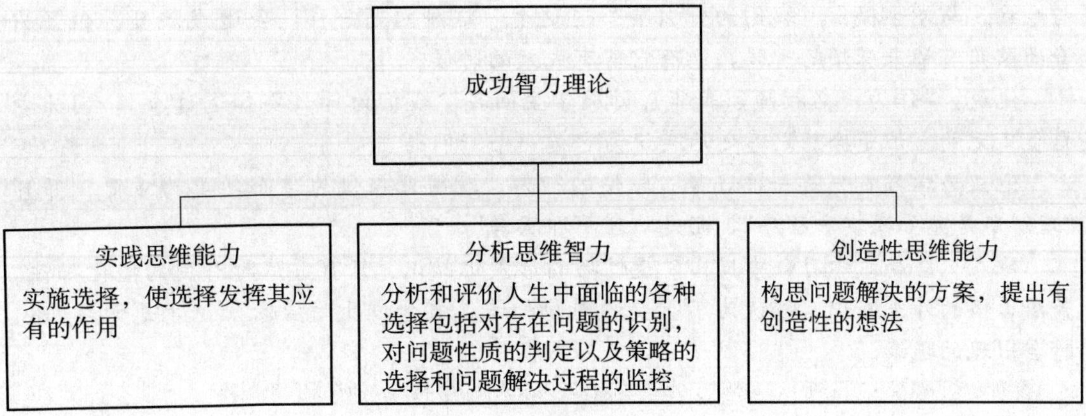

图 4-3　成功智力理论

（三）珀金斯的真智力理论

在分析了众多的教育理论以及促进智力的教育实践后，珀金斯（1996）提出了“真智力”理论，他认为智力由以下三个部分组成：神经智力、经验智力以及反省智力。神经智力体现的是神经系统的有效性和准确性。通常来说，神经智力是可以运用先天因素进行训练和保持的。经验智力指的是个体积累的不同领域、不同学科的知识和经验。它可以被看作个人专长的积累，可以从正式和非正式的学习环境中获得。通常来说，相比于生活在贫瘠环境中的个体，生活在具有丰富刺激环境中的个体在经验智力方面更具有优势。反省智力指的是为解决问题、学习以及完成具有挑战性智力任务而具有的广泛性策略。它包括支持毅力、系统化、想象力的态度以及自我监控和自我管理。反省智力可以被认为是促进神经智力和经验智力有效使用的控制系统。

（四）梅耶尔与戈尔曼的情绪智力理论

“情绪智力”一词最早由巴布娜·柳纳（Barbara Leuner）于 1966 年提出，随后得到了许多研究者的发展，其中梅耶尔和戈尔曼的情绪智力理论在现今影响较大。梅耶尔与戈尔曼的情绪智力理论都认为情绪智力应该包含多个因素，但他们在对情绪智力的定义上有所不同，梅耶尔反对用能力、性格等多种因素的混合来界定情绪智力，他认为情绪智力是用来说明人们如何知觉和理解情绪的。具体来说，即知觉和表达情绪，在思维的过程中同化、理解和分析情绪，从而调控自己和他人情绪的能力。而戈尔曼是将能力与性格结合起来定义情绪智力。戈尔曼指出情绪智力包括自我控制、热情、坚持性和自我激励能力。具体来说，他将情绪智力分为五个方面：了解自我、管理自我、自我激励、识别他人的情绪以及处理人际关系。

心理学家的故事

戴维·珀金斯的知识观

戴维·珀金斯认为弄清楚“什么是真正值得学习的知识”是一个很重要的问题。他举了“潘多拉的盒子”为例子，认为潘多拉打开本不应该打开的魔盒，释放出灾难与疾病，与学生提出“我们为什么要知道这个”这种问题一样，会造成混乱，但是好奇的探究有带来麻烦的时候，也有它富有成效的时候。

他说：“作为一名教师，我非常讨厌学生问我‘我们为什么要知道这个’，因为它自负又无礼。但是冷静思考之后我认为它是一个好问题。”

他认为学习首先是一种好奇心驱使的行为，理解比仅仅为学而学更为重要，并且“理解不是熟知事实和程序”，而是“理解即思考”。

他在《全局式学习》中提出，走过场的形式化知识、只有考试时有用的僵化知识、荒唐古怪的外来知识、被认为不重要的内隐知识、概念过于晦涩的知识才是学习知识时会出现的挑战。

参考文献：戴维·珀金斯．（2015）．*为未知而教，为未来而学*．杭州：浙江人民出版社．

二、超常儿童

（一）超常儿童的界定

超常儿童通常会被人们称为“天才儿童”，但多数研究者并不同意将他们进行单一的界定。在整个20世纪，天才儿童被认为是智力测验上获得高分的儿童，例如加德纳认为如果儿童在智力测验上的得分超过130，则被认定为“智力超常儿童”。但是由于智力测验本身具有一些缺陷，例如它只能评估分析技能和语词技能，而不能衡量个体的问题解决能力以及未来成功的可能性，所以单单依靠智力测验的结果来界定超常儿童并不全面。随后在20世纪70年代早期，美国联邦政府认为“天才”这一术语应包括：智力、创造力、艺术性、领导能力或在特定的学科领域有着非凡的成绩。在20世纪八九十年代，出现了对天才界定的不同理论，如加德纳（1983）提出的多元智力理论、斯滕伯格的智力三元理论以及兰祖利（Joseph Renzulli，2005）提出的三环理论等。其中兰祖利的三环理论认为天才儿童应由三方面的心理成分构成：中等以上的能力、强烈的动机、高水平的创造性。该理论还区分了两种类型的天才表现：“学校天才”和产出性的创造天才。而我国学者认为超常儿童指的是在任何一个心理品质（如智力、学习能力或个性特征等）上，其表现超出该群体平均水平的2个标准差以上的儿童（施建农，徐凡，2004）。总的来说，超常儿童可能出现在任何一个领域，是许多因素共同交互的结果。

（二）影响超常儿童发展的因素

提到影响儿童发展的因素时，我们很容易想到遗传和环境两方面的因素，对于超常儿童的发展也是如此。从遗传方面来看，父母的智商水平会影响儿童的智商水平，并且当前的研究表明基因因素或遗传因素对智商的影响比环境因素大。但同时我们不能忽视环境的重要作用。环境因素主要包括家庭环境和学校环境。家庭环境是由父母所组织起来，并且会影响儿童发展的物质环境和社会环境。其中物质环境包括日常智力发展需要的书籍和其他的学习材料等，而社会环境包括亲子的交流、父母对孩子活动的参与和互动等。通常来说，家境条件较好、父母受教育程度较高的儿童更容易成为超常儿童；家庭学习氛围较好，父母自强不息、好学上进的品格，充沛的精力和强烈的进取精神对儿童的智力发展有积极影响；愉悦的、充满爱的、互相尊重和信任的家庭氛围有利于儿童智力的发展；此外父母的养育风格以及早期教育也将影响儿童的智力发展。研究发现，超常儿童之所以优于其他普通儿童，有一个重要的原因就是他们中有不少人接受过良好的家庭早期教育，他们的家长不仅重视早期教育，而且具有正确的教育态度和方法，能够因材施教，因势利导地培养孩子（查子秀，1993）。适当的早期教育体现在：重视亲子交流，善于激发和诱导儿童的求知欲，采用游戏的方式进行教育，重视良好个性和品质的培养以及培养儿童良好的自学能力和时间管理意识。

学校环境主要体现在学校教育方面，学校是否能提供适合超常儿童的特殊教育、是否善于诱导儿童的发展是非常关键的。通常来说，超常儿童在一般的课堂上并不能得到满足，这可能导致他们不听讲、提出与课堂无关的问题，或者扰乱课堂纪律从而唤起教师对自己的关注。此外，由于一般的教育满足不了超常儿童，他们可能会轻易地认为自己不努力也能获得良好的成绩，从而对其性格的培养不利，最终出现“小时了了，大未必佳”的结果，因此对于学校和国家教育部门而言，提出适合超常儿童智力发展要求的政策是非常重要的。

（三）超常儿童的培养与教育

要正确地鉴别出超常儿童。对于超常儿童的评估，可以从以下几个方面进行：（1）一般智力能力。可以通过智力测验衡量，通常采用高于平均值两个标准差的标准。（2）采用特定的学术能力倾向测验，考查学生在特殊领域中的才能。（3）创造性思维，可以采用适合超常儿童的创造性测验，如“超常学生行为特征评估量表”（简称“SRBCSS”）。（4）心理运动能力，如实践能力、机械能力、空间-身体技能等。（5）其他领域的突出表现，如在视觉艺术、舞蹈、音乐等方面的表现。

此外还要创建良好的学习环境，为超常儿童提供一种灵活、安全、适宜的学习氛围。例如：（1）鼓励超常儿童确立自己的学习目标，并帮助、引导学生解决当下的问题；（2）以学生为中心，重视并接受儿童的学习兴趣和风格的差异，因材施教，提供有针对性的指导；（3）鼓励学生的独立自主性，激发儿童的好奇心和求知欲；（4）不被学科的界限或其他传统课程所束缚，寻找适合超常儿童兴趣的教学方式；（5）在超常儿童的“最近发展区”内，鼓励儿童学习更高深的知识。

三、智力落后儿童

（一）智力落后儿童的界定

从20世纪60年代开始，智力落后被认为包含三个因素：智力功能缺损、伴有适应行为功能受损、功能受损始于儿童期。就“智力功能缺损”这一因素而言，以往的研究存在一定的争议，有些研究者认为智商的临界值为85，也就是智商在85以下的儿童被视为智力落后儿童；但后期大部分的研究者同意将智商的临界值设定为平均值以下两个标准差，即低于70。近几年来，这种界定的方法仍然还适用于智力落后儿童的分类，然而智力测验能否测量到真正的智力还未有定论，故这一界定方法值得研究者们进一步商讨。对于第二个因素“伴有适应行为功能受损”，AAMR（美国智力障碍协会）手册 1992 年版提出了十个适应领域：沟通、自我照料、家庭生活、社交技能、社区运用、自我引导、健康与安全、功能性学业、休闲娱乐以及职业。而 2002 版对上述分类做了进一步的探讨，提出了以下领域：智力功能，适应性行为，概念的、社会的和实践的适应技能。总的来说，智力落后儿童表现出智力功能缺损和适应行为缺损。

（二）智力落后儿童的分类

回顾以往的研究，对智力落后儿童进行分类，主要采用以下三种分类方法：缺损程度、两群组法和病原学法。

按缺损程度分类。主要按照智力缺损的程度将智力落后儿童进行分类。如将智商在 55 到 70 之间的儿童称为“轻度智力落后”，在智力落后群体中有大约 90%的个体患有轻度智力落后。他们类似于常人，能融入同龄的正常儿童，成年后能自己工作、结婚并供养家庭。智商在 40 到 54 之间的儿童称为“中度智力落后儿童”，他们不仅在智力方面有缺损，在社会适应行为上也体现出异常。通常来说，中度智力落后的儿童具有一个或多个明显的器质性原因。这导致在生活上，他们也需要一些帮助。有研究表明，60%的中度智力落后儿童在相当程度上依赖于他人，而有 20%完全依赖于他人生活（Ross，Begab，Dondis，Giampiccolo，& Meyers，1985）。智商在 25～39 的儿童称为“重度智力落后”，这类儿童伴有严重智力和适应行为缺损，同时许多个体伴有生理的或活动方面的问题，还有些儿童会有呼吸、心脏以及其他的并发症状。大多数的重度智力落后儿童需要终生看护。智商低于 25 的儿童称为“极重度智力落后”，他们具有极为严重的智力和适应行为缺损。他们只学会初步的沟通技能，学习清洁等行为时需要大量的练习，这类儿童需要终生的照料和帮助。

按两群组法可以将智力落后儿童划分为两类，一类是无法了解其原因的智力落后儿童，即“非器质性智力落后”，另一类则是“器质性智力落后”。前者可能是由不同的多基因遗传或环境引起，也可能是遗传和环境的交互所导致的。后者则由一种或多种器质性原因所导致，如胎儿酒精接触、风疹以及各种意外感染。通常来说，后者所带来的智力落后会更为严重，受损的比例也较高。

病原学法的分类是基于两群组法进行的，不同之处在于它不单考察单一的某种器质性群体，而是考察了许多不同群组的行为发展。这种方法主要得益于生物医学的发展。

（三）影响因素和干预

病原学的多因素取向研究发现，影响智力落后儿童的因素可能有以下几个方面：(1) 生物医学因素，例如与生物过程相关的基因障碍或营养不良，胎儿期的酒精综合征所伴随的先天性心脏病等；(2) 社会因素，主要指与社会和家庭互动的因素，如环境刺激和成人的反馈，家庭贫穷、无家可归和养育技能的缺失等；(3) 行为因素，指的是与潜在结果行为相关联的因素，如危险活动、母亲的物质滥用、对儿童的忽视等；(4) 教育因素，体现在与促进心理发展和适应性行为发展的教育支持相关的因素上，如缺乏合理的早期教育干预等。此外，这些因素还可能存在交互影响，如母亲的贫穷和物质滥用可能导致孕期看护的缺失以及胎儿酒精综合征的发生。因此，对于智力落后儿童的干预需要从多方面的因素出发，综合地来应对。

下面我们列举几个干预的例子供大家学习。(1) 采用阅读教育的方法对唐氏综合征儿童进行干预。这一方法主要利用多数唐氏综合征儿童在视觉短时记忆上的相对优势而进行的，有研究者（Laws，Buckley，Bird，MacDonald，& Broadley，1995）发现，相比于唐氏综合征的非阅读者，阅读者在接受性词汇、接受性语法、痛觉记忆和视觉记忆的测验中得分较高，这表明阅读干预对唐氏综合征儿童是有效的。(2) 采用行为分析的方法对不适应行为-心理病理进行干预。这一方法主要借鉴自“行为矫正”的方法，在教导有智力落后的儿童青少年适应技能方面卓有成效，例如采用任务分析和代币技术等方法对年龄较大的智力落后儿童进行干预，从而使得智力落后的个体能在支持性的社会环境中顺利工作（Damon & Lerner，2009）。同时，行为分析的方法通过向父母提供干预方案和有关儿童行为的环境先兆流程图，帮助父母学习如何树立目标、榜样，并将目标分解成多个小目标，从而循序渐进，达到最终目标。

心理实验

婴儿的“数学直觉”实验

研究者们一直在争论数学技能是哪来的？

美国国家科学院的网站上发表的一项新研究指出，如果一个6个月大的婴儿可以区分20个小圆点和0个小圆点，他更可能在学前班的数学课上取得好成绩。他们证实了孩子接近数字的能力可能是以后发展数学技能的基础。

为了避免早期研究中的一些问题，这次他们选择了还未学习说话或者操作数字的婴儿，他们认为，婴儿提供了“相对干净的石板”来观察“数学直觉”和数学能力之间的相关（见图4-4）。他们给婴儿在屏幕上展示两套圆点图案，一套图案总是由10个圆点构成，排列成各种图案，另一套由10个和20个圆点交替组成各种图案，然后追踪婴儿的视线，观察哪一套图案更加受到婴儿们的喜爱。由于婴儿会更加喜欢观看新的图案，所以当一个婴儿更加倾向于在不同圆点数的图案间转换时，研究者们就认为这是他的“数学直觉”在起作用。3年后，研究人员邀请孩子们回来参加一套标准化的数学能力的测试，包括直观数感、对数字的理解以及一般智力。

图4-4　婴儿的“数学直觉”实验

研究发现，数学成绩前50%的孩子在幼儿期的“数学直觉”显著高于另外50%的孩子，当控制一般智力时，这个结果也成立。

参考文献：http：//www.sciencemag.org/news/2013/10/babies-are-born-some-math-skills.

原理应用

教师不仅要向学生传授知识，更应该关注学生整体素质的提高和人格的完善，情绪智力就是其中重要的一个方面，教师可参考以下方法促进学生情绪智力的发展：

1. 情绪理解

（1）创造机会谈论积极和消极的情感（如班会、日记、原创写作）。

（2）指导学生识别复杂的情绪（如角色扮演、讲故事、案例研究、讨论小说中的情绪性主题）。

（3）示范使用表达情感的语言（如使用“当……时我感到很失意”这类关于“我”的陈述，而不是抱怨性的陈述）。

2. 对他人情绪的反应

（1）帮助学生识别他人正在经历的情绪。

（2）培养观点采择能力，使学生更好地理解他人可能需要什么样的支持。

（3）认可和鼓励共情反应。

（4）示范照顾他人情感的方法。

（5）建立有效的交流技能（准确、清楚的倾听与沟通）。

3. 情绪调节

（1）帮助学生对消极情绪进行自我疏导（如运用情绪的 ABC 理论）或合理发泄（如倾诉、运动等），而非压抑、排斥。

（2）提供冲突解决和问题解决技能的训练。

（3）帮助学生将情绪崩溃看成是一次学习的经历，帮助他们识别更有效控制情绪的方法。

4. 自我激励

（1）给学生提供特定、具体的反馈，帮助学生从自己的错误中学习经验。

（2）认识学生自己具有的力量；鼓励学生尽最大的努力。

（3）和学生分享自己关于某一事物的热情；示范面临挑战时的坚持不懈。

（4）为学生提供成功完成某事的机会。

5. 调节关系中的情绪

（1）通过恰当的课堂活动给学生提供彼此了解以及练习上述技能的机会。

（2）选择需要合作而不是竞争的活动。

（3）组织需要班级所有成员参加的活动，如班会、春游。

参考文献：莉萨·博林，谢里尔·西塞罗·德温，马拉·里斯-韦伯.（2012）.*教育心理学*.北京：机械工业出版社.

术语解释

1. 自传体记忆（autobiographical memory）是个体对过去特定情境中有关自我信息的记忆，是个体在特定时刻经历的重现。

2. 记忆策略（memory strategies）是指在个体有意控制下的，可以用来提高记忆效率的心理或行为活动。记忆策略相对地可以分为储存策略和提取策略。储存主要包括识记和保持，如复述策略；提取主要包括再认与回忆，如线索策略。

3. 多元智力（multiple intelligence）：加德纳认为智力包含了九种不同成分，并且每个个体都或多或少具有这九种智力，但不同个体在每个智力成分上的水平有所不同。这九种智力分别是：语言智力、逻辑-数学智力、人际交往智力、自知能力、音乐智力、身体-运动智力、空间智力、自然主义者智力、存在智力。

4. 情绪智力（emotional intelligence）即知觉和表达情绪，在思维的过程中同化、理解和分析情绪，从而调控自己和他人情绪的能力。

本章小结

记忆：

1. 婴儿具有一定的记忆能力。同时，婴儿期出现记忆缺失的现象是客观存在的。

2. 随着儿童的发展，其记忆在保持时间、稳健性、特异性、自我相关性等方面都会发生变化。

3. 儿童记忆策略的发展可分为无策略阶段、策略产生缺失阶段、成熟运用阶段。

推理：

1. 皮亚杰把儿童的认知发展分为四个阶段，分别是感知运动阶段、前运算阶段、具体运算阶段和形式运算阶段。

2. 年幼的婴儿具有认识客体知识的能力。

3. 在解决问题时，能回忆的知识数量、抑制无关干扰信息的能力以及工作记忆的容量共同影响着儿童归纳与演绎推理能力的发展。

语言：

1. 语言发展的理论主要有学习理论、先天论、交互作用观点等。

2. 婴儿期是语言发展的起步阶段；在儿童早期，初步建构了读写能力；儿童中期时，词汇量、语法和语用技能得到进一步发展。

3. 儿童言语障碍有多种分类角度；不同类型的言语障碍可能需要不同的治疗方案。

智力：

1. 现代智力理论主要包括加德纳的多元智力理论、斯滕伯格的成功智力理论、珀金斯的真智力理论、梅耶尔和戈尔曼的情绪智力理论等。

2. 超常儿童可能出现在任何一个领域，是遗传和环境因素共同作用的结果。

3. 导致儿童智力落后的因素包括生物医学因素、社会因素、行为因素、教育因素。

拓展学习与活动

相关网站：

http：//www. understood. org/ 美国儿童学习、注意力问题支持网站

推荐阅读：

1. 约翰·W. 桑特洛克.（2014）. *儿童发展*. 上海：上海人民出版社.

2. 戴蒙，勒纳.（2015）. *儿童心理学手册（第六版）第二卷：认知、知觉和语言*. 上海：华东师范大学出版社.

3. 玛利亚·鲁宾逊.（2013）. *0～8 岁儿童的脑、认知发展与教育（第一版）*. 上海：上海教育出版社.

小论文：

仔细思考现代智力理论，对比现代智力理论之间的差异与联系，并从某一个智力理论的角度出发，结合儿童记忆（或者推理、语言）的发展，分析你自己或者身边的人在实际生活、学习中遇到的困难或者问题。

第五章 儿童学业成就

问题思考

阅读本章内容后，你将找到以下问题的答案

什么是学业成就？哪些因素会影响学业成就？

阅读理解与学业成就的关系如何？

数学思维与学业成就的关系如何？

艺术发展与学业成就的关系如何？

什么是学习困难？什么是阅读障碍？什么是数学学习障碍？作为教师，如何发现，如何干预？

学校如何满足特殊儿童的需要？

据说，贝多芬学习拉小提琴时，老师说他绝不是当作曲家的料；爱迪生小时候反应奇慢，他的老师认为他没有学习能力；爱因斯坦，4岁才会说话，7岁才会认字。他们表现出同样的特征——学习过程中存在困难，但这并不妨碍他们最终成为伟人。然而，纵观大多数学习困难的儿童的一生，他们的发展状况都不容乐观。儿童时期是学习的关键期，早期的学校教育为儿童的学业和生活奠定了基础，具有十分关键的意义。如何引导儿童迈向成功，机会掌握在父母、教育者和教育机构手中。本章节将讨论学业成就及其相关问题，包括阅读能力、数学能力、艺术发展，以及它们与学业成就的关系。我们还将讨论学习障碍的相关问题。

第一节 儿童学业成就概述

学业成就是学生在学校教育中的主要成果，也是学生发展的重要目标。作为智育的一个指标，学业成就是个人身心健康和社会繁荣的首要前提。因此，无论是政治领域、教育领域还是心理学研究领域，学业成就都成为一个重要问题。接下来我们将着重关注学业成就的重要性及主要影响因素。

一、学业成就的含义

成就，是指通过学习和训练所获得的知识和技能。学业成就（academic achievement），也称学业成绩（学绩），是指经过一定的学习或训练，达到一定的学习效果。

通常来说，学业成就、学业成绩、学习表现、学习成就等词汇具有相同的含义。张春兴指出，学业成就等同于成就，是指学生在学业成就测验上获得的分数，即“学生在校的学业成绩”。他认为，学业成就与学习表现的概念有时也是相同的。学习是指“个体通过练习或经验获得知识，使行为得到相对持久的变化”。而表现是指“能力测验时受试者所得的分数”（张春兴，2006，2010）。因此，学习表现可以说是借由外显的测验分数反映出内在的知识见解，也就是学习成果的展现。在教育评估的领域，则常使用学习成就一词代替。

学业成就通常是通过考试或持续评估——即成就测验获得的。就其内容和功能而言，成就测验通常分为两大类，一类是普通成就测验或综合成就测验，是对知识和技能的“学习程度”的测量，如Stanford成就测验、Metropolitan成就测验、Peabody个人成就测验、Wechsler个人成就测验等。另一类是特殊成就测验，也叫单科成就测验，我们通常所说的学科考试、期末考试或入学考试就属于这一类测验。这类测验常常是教师自编的。

心理学家的故事

大卫·韦克斯勒

大卫·韦克斯勒（David Wechsler，1896—1981），美国医学心理学家，韦氏智力测验的编制者。韦克斯勒是继法国比奈（Binet）之后对智力测验研究贡献最大的人，其所编的多种智力量表，是当今世界最具权威的智力测验。

1896年韦克斯勒出生于罗马尼亚，1916年毕业于纽约市立大学。后入哥伦比亚大学，成为当时著名心理学家R. 伍德沃斯的学生。韦克斯勒在研究及应用中发现斯坦福-比奈智力测验虽然适合于儿童，但不足以预测成人能力、军人素质的优劣，这是韦克斯勒决心编制成人智力测验的主要原因。1919年他被派往英国伦敦大学，师从斯皮尔曼和K. 皮尔逊，深受他们有关一般智力概念和相关方法的影响。1920年入法国巴黎大学学习，并在索博尼心理实验室工作。在此期间，结识了T. 西蒙和精神病学家让内。1922年回美国再进哥伦比亚大学深造，再次接受伍德沃斯的指导。1925年获博士学位。他在完成博士论文的同时兼任纽约市新创立的儿童指导所的心理学工作。1925年任美国心理学协会代理干事。1932年成为贝尔维精神病院首席心理学家，翌年起又兼任纽约大学医学院教授，其间，一直致力于智力测验的创造与发展。

二、学业成就的重要性

学业成就的重要性体现在不同方面，主要包括个人层面和社会层面。对其重要性也可以从心理学和教育学研究层面来加以理解。

就个人层面而言，学业成就对个人未来职业生涯发展极为重要，因此，也与个人未来的社会经济地位息息相关。许多高校、研究院和单位在招生或面试时，都是以学生在校的学习成绩和学业成就测验（如各种入学测验）为标准的。相关研究显示，学业成就与个人成功间的相关程度中等（相关系数 $r = 0.40 \sim 0.50$）。更高的学业成就意味着更多的选择权，有更多机会选择在哪所大学学习、选择什么样的工作、选择在哪里和谁一起工作。更多的选择权也有利于个人更好地选择适合自己个人能力、符合自己个人需求的工作，进而有利于个人发展、个人成功。而低学业成就者的高等教育和职业选择广度将受到较大限制。

就社会层面而言，学业成就是社会繁荣的首要前提。一个社会拥有越多的教育投入，越重视教育，其经济繁荣发展的可能性就越大。近年来，关注教育质量、科学测评学生学业成就已成为世界教育发展的一大趋势。目前国际上比较有影响的学生学业成就调查主要是 IEA（国际教育成就评价协会）和 OECD（经济合作与发展组织）开展的国际比较研究。此外，一些发达国家会定期组织本国学生学业成就调查。我国目前已开始重视和加快推进这方面的工作，并组织了一些较大范围的学生学业成就调查。这些大规模的调查，有利于职能机构全面、客观、真实地了解和把握国家教育体系的优势和劣势，对于推动基础教育课程改革的深化、改进和提高教育教学水平、提高教育质量、促进教育公平和教育均衡发展具有非常重要的意义。

鉴于学业成就对于个人和社会的重要性，心理学和教育学都把它作为一个重要的研究课题。为了找到促进学业成就的有效途径，相关研究试图找寻影响学习最核心的先决条件。从学习者个体的角度，研究集中探讨了个人特质与学习的关系，如智力、动机、人格等。从环境角度，研究者主要调查学习者的学习环境，如教学实践、媒介使用等，以及整个教育体系的特征。除了促进学习和学习成绩，学业成就的相关研究还关注另一个更深入的问题，即如何消除学习者群体间差异，以利于教育机会的平等性和教育体系的公平性。这方面的研究主要着眼于不同性别和不同社会经济地位之间的差异。

总的来说，学业成就是个人和社会发展的重要前提。教育使人们能够参与并塑造他们的文化和社会。因此，心理学和教育学研究的重要课题就是寻找教育的先决条件以及提高学业成就的有效办法。教育总的目标就是根据学生的潜力，最大限度提高学生的学业成就。学习干预不仅要针对个体的特点，还需要针对学习环境和教育系统的特点。

三、儿童学业成就的影响因素

如何帮助学生提高学业成就，是教育者十分关心的问题。要解决这个问题，首先要清楚学生学业成就的影响因素。家庭、学校和社会是儿童渐渐融入的三个环境，三者同时影响着儿童的学业成就。正如布朗芬布伦纳的生物生态理论所指出的，除了儿童自身的特征之外，儿童生活环境的各个方面——从与儿童密切相关的家庭，到教室中发生的事件，再到儿童在同伴乃至更大的文化环境中接收的信息（例如：聪明的人一点也不酷），都会影响其在学校中的表现。具体而言，影响学业成就的因素包括儿童自身的特征（如：动机和自我效能感）、同伴关系、家庭和学校的教育环境、教育系统乃至社会经济地位（Winne，& Nesbit，2010）。

（一）儿童个体特征

儿童个体特征，主要包括智商、动机、人格和自我效能感等，对学业成就有十分重要的影响（Winne，& Nesbit，2010）。

1. 动机

学习是一种复杂而艰苦的脑力劳动。西方国家强调教育实践是在假定学生有或者可能有学习动机的基础上进行的。有效的学习需要适当的动机，若动机不存在或没有适当的学习动机作为推动力量，学业对于儿童来说，就会变成很困难的事情，也就很难取得较好的学业成就。

学习动机主要分内部动机和外部动机。内部动机是由个体的内在心理因素转化而来的动机，主要基于内部因素，比如好奇心、兴趣、上进心、个人努力等。外部动机是指由外部条件（即诱因）诱发而来的动机，如父母老师的奖惩和表扬、荣誉称号等。一般来说，内部学习动机的推动力量较大，维持的时间也较长。因此，教育家一再强调内部动机的重要性，认为营造一个能够激发学生内部学习动机的班级氛围非常重要。研究表明，内部动机与年级标准化测验得分存在正相关，而外部动机和所获得的成就存在负相关。因此，如果要提高学习的乐趣，取得较好的学业成就，要引导儿童试着不要把长辈的表扬或物质奖励作为学习动机，而是把动机转变为想要学得比人多、知道更多别人不懂的事。

心理实验

阿特金森的成就动机实验

阿特金森在实验中把80名大学生分成四组，每组20人，给他们一项同样的任务。对第一组学生说，只有成绩最好者能得到奖励（PS=1/20）；对第二组学生说，成绩前5名将会得到奖励（PS=1/4）；对第三组学生说，成绩前10名者可以得到奖励（PS=1/2）；对第四组学生说，成绩前15名者都能得到奖励（PS=3/4）。

结果显示，成功可能性适中的两个组成绩最好；成功概率太高或太低时成绩下降。第一组学生大多都认为，即便自己尽最大努力也极少有可能成为第一名；而第四组学生一般都认为自己肯定在前15名之列，于是，这两组学生都认为不需努力了。研究表明，最佳的成功概率是二分之一左右。因为大多数学生认为，如果尽自己努力，很有希望获得成功；如果不努力的话，也有可能会失败。

2. 自我效能感

自我效能感（self-efficacy）是指个体对自己能否成功地从事某一行为进行的主观判

断。社会学习理论的创始人班杜拉最早提出了这个概念。班杜拉认为，自我效能感是影响儿童能否取得成就的关键因素。

当一个人相信自己有能力完成某一活动任务时，他就会产生高度的自我效能感，并会积极投入到这一活动中。自我效能感对儿童行为的影响主要包括：儿童对活动的选择、儿童在困难面前的态度以及儿童活动时的情绪。具有较高自我效能感的儿童强调"我能"的信念，相信自己可以控制情境并且能够产生积极的结果，会踊跃地完成各种学习任务。他们坚信"我知道我能够掌握这一堂课所学的内容"，并且"我认为自己能够在活动中做得很好"，认为自己可以掌握学习技巧并且能够管理、完成学习任务。自我管理的学习者会设置具有挑战性的目标，并运用恰当的策略实现目标。他们很努力，即使遇到困难也能坚持，会在必要的时候寻求帮助。相反，学习自我效能感低的儿童的信念则是"我不行"。他们不相信自己能成功，他们往往回避某些特定的学习任务，特别是那些具有挑战性的任务。他们容易变得失落和沮丧，这种感觉使成功变得更加渺茫。

（二）家庭特征

家庭对于儿童学业成就的影响主要来自教养方式和父母期望。另外，家庭环境特别是父母创设的学习环境也影响着儿童的学业成就。

1. 教养方式

教养方式可能会影响动机从而影响儿童的学业成就。学业成就高的儿童，其父母以权威型居多，而学业成就低的儿童，其父母以独裁型和放任型居多。

权威型的教养方式会对孩子在学校的表现有积极作用。权威型父母鼓励儿童参与家庭决策，承认有时孩子比父母懂得多，能够平衡"对孩子提要求"和"响应孩子的要求"之间的关系：当孩子取得好成绩时会给予孩子奖励，当孩子取得不好的成绩时会鼓励和帮助孩子。来自权威型教养方式家庭的儿童往往对学习充满好奇心和兴趣，喜欢有挑战的任务，享受解决问题的过程，表现为高学业成就。

相反，独裁型父母不允许儿童提出质疑，当孩子取得好成绩时给予"应该做得更好"的告诫，成绩差时则给予惩罚。独裁型父母会密切监督孩子学习，反复提醒孩子做作业，这些孩子的学习往往依赖于外部动机，孩子通常表现出低学业成就。放任型父母似乎不太关心孩子在学校的表现，认为学习成绩与自己无关，不尽教育职责，他们的孩子很容易成为低学业成就者。

2. 父母期望

父母对儿童的成就期望会影响到儿童的动机，从而影响他们的行为表现。研究表明，儿童的学业成就与父母的期望有关，如果父母对儿童寄予较高的期望，并且在他们实现这些期望的过程中给予足够的支持，那么儿童将从中受益，他们成年后更有可能获得较高水平的教育。

（三）学校特征

学校教育的质量对儿童学业成绩影响很大，影响学业成就的学校特征主要是班级特征和教育系统特征两个方面。前者的影响主要体现在班级中的同伴关系，后者的影响体现在学校教育系统中的学校环境、课程设置、学校教育质量等方面。

1. 同伴影响

班集体中自然形成的同伴群体，在儿童发展中扮演着越来越重要的角色。通过与同龄儿童比较，儿童可以更加实际地估计自己的能力，并对自我效能感产生更清晰的认识。那些被同伴接纳和喜欢的儿童在学校中的表现往往会更好。研究表明，不受同伴欢迎的儿童往往表现出更差的学业自我概念、更多的焦虑或抑郁症状，其后期的阅读和数学成绩相对较低。教师如果能尽早识别出出现社会问题的儿童，给予他们积极关注，并提供相应的帮助和干预措施，那么这些儿童在学业、情绪和社会方面的表现将得以改善。

2. 学校环境

学校环境影响着儿童的学习。舒适、健康、安全的校园环境，充足的学习资源（如合理的班级容量），稳定的师资队伍和积极的团体意识，均有利于学生取得较高的学习成就。如果学校提供的课程和指导有意义、有适当挑战性并且符合儿童的兴趣和技能水平的发展需要，那么儿童往往对学校更加满意。

很多研究者认为，小班级是影响学业成就的一个关键因素，尤其对于低年级儿童而言。班额在 25 人甚至更少的班级的学生往往更加社会化，与同伴和老师有更多互动。小班教学更有利于教师提供高质量的指导和情感支持。这些班级的儿童往往在标准化学业成就测验和最初的阅读技能方面获得更高的分数。

（四）其他

关于学业成就影响因素的研究，还关注了公平机会和学业成绩的关系。其中性别公平和社会经济地位公平与学业成就的关系显得尤为重要。

1. 性别

相对来说，女孩在学校的表现往往比男孩更好。她们留级的可能性更少，学校问题更少，在阅读和写作的评估中表现得比男孩好。研究表明女孩往往在学科成绩上高于男生，但成就测验中的表现与男生并无差异，这可能是由于男女对待功课的方式不同——女孩的目标一般是掌握学科内容，而男孩更感兴趣的是自己在班级中表现得多聪明。女孩的课堂行为更好，能采取更有效的学习策略。教师往往对男生管得更严，但在成绩好的学生中，教师往往会更喜欢男生。男生比女生更有可能受到鼓励去进修、申请顶尖大学，以从事挑战性强的职业为目标。

由于传统性别文化的影响，相对于男性而言，女性依然是处于“劣势”的弱势群体，在教育的起点、过程以及结果上依然存在因为性别差异而导致的机会向男性倾斜的状况。在教育过程中，教师应该转变观念，积极倡导一种趋向公正的无性别差异的全民教育，给予每一个儿童同等的发展的机会，鼓励儿童尽量多地做不同的尝试，在教育过程中充分挖掘他们各自的特长，让他们自由、全面、充分地发展，让他们能最大限度地获得丰富多彩的经验体验。

2. 社会经济地位

社会经济地位是影响教育成就的另一个重要因素。这种影响主要通过对家庭环境、邻里选择和教养方式等因素的影响来发挥作用。社会经济地位影响教养理念和教养实践活动，进而影响儿童的成就。贫苦家庭的儿童更可能经历消极的家庭和学校氛围、压力事件，家庭相对不稳定和混乱。要求社会经济地位低的父母为儿童提供一个促进学习的环境有一定困难。

研究表明，在所有国家和地区中，如果儿童的父母中至少有一位的学历达到中学以上或职业地位较高，那么儿童的学业表现往往相对那些父母教育程度较低、职业地位较低的学生表现更好。对于贫困家庭的儿童而言，社会资本（social capital）即儿童及其家庭能够利用的社区资源影响很大。在学校中表现良好的儿童往往比表现不好的儿童拥有更多社会资源。

第二节　儿童阅读理解的发展

理解和使用语言是人类特有的功能，是人类意识和意志表达的基本途径。而阅读则是现代社会人类获取知识、传递信息的重要手段之一。阅读能力的掌握、丧失对个体及社会都具有重大的影响。如何培养和提高儿童的语言能力和阅读能力，是心理学家和教育学家关心的问题。本节将讨论儿童语言发展、双语学习、阅读发展和阅读困难的相关问题。

一、语言能力、阅读理解与学业成就

语言作为与人沟通的重要手段，在个体发展的各个领域占着重要的地位。儿童早期的语言技能是儿童神经与心理发展的敏感指标，与儿童的认知能力、语用能力、社会理解能力以及后期的学业成就有着密切的关系。学龄期的儿童语言发展的主要方面是语用学——将语言运用到实际交流中的能力。语言的使用让儿童能更好地理解口头和书面交流，能更好地表达自己，同时让别人更好地理解自己。

同样，在儿童发展过程中，阅读能力是儿童必须习得的一项非常重要的基本能力。良好的阅读能力是获取其他领域知识的基础，儿童获得大量的词汇和其他语言技能均离不开阅读。阅读困难的儿童往往会存在行为、社会、学业和心理上的困难，这几乎会影响其在学校所有任务的表现。随着阅读能力的发展，儿童的书写能力迅速发展，与阅读能力密切相关的写作技能也随之获得并迅速发展。阅读和书写技能的获得使得儿童摆脱了面对面交流的束缚，他们能迅速发展出一些熟练的策略以理解所读的内容。同时，他们也能利用书面语言表达自己的观点和感受。

二、阅读能力的发展

很多阅读发展理论把熟练地阅读看作是多种加工成分的组合，包括各种知识和技能。这些技能往往在儿童阶段便发展成为熟练的阅读技能。

（一）阅读的成分

关于阅读，有研究者认为以下成分可以预测阅读能力：语音加工、字母快速命名、字形加工、口语、印刷物意识、单词概念、字母知识、单词阅读、文章诵读、阅读理解与书面语言。

全美阅读研究小组的阅读研究则指出，早期阅读最主要的五大基本成分为：字母顺序规则、语音意识、口头阅读流畅性、词汇和理解。不同研究表明五大阅读成分的发展轨迹和范围差异很大。字母知识和语音意识十分重要，是熟练阅读的必要前提。个体通常在其他阅读技能达到熟练前就能对字母知识和语音意识达到较高的掌握水平，即大约在个体4～8岁时，也就是当儿童获得阅读指导及技能实践时，就可以掌握字母知识和语音意识。自动解码能力从低年级起不断提高，口头阅读流畅性也随之提高，但两者的关系随着个体发展，其轨迹有所不同：在阅读学习早期和晚期，两者相关程度明显较低。

（二）儿童阅读发展的理论

儿童阅读发展的理论主要包括弗里思（Frith）的阅读四阶段论。该理论指出，阅读发展主要包括：（1）符号阶段，即涂鸦和画线阶段，儿童将乱涂乱画作为他们知道单词的象征；（2）图画阶段，此时儿童将单词视为一幅图画或者是字母图案，随着词汇量的增加，相似词也会增加，字符策略会逐渐变得无效；（3）字母顺序/拼音阶段，儿童能意识到每个字母的具体读音，并逐渐掌握字形-音素的对应规则；（4）正字法阶段，儿童可以不借助或较少借助语音知识，直接将词分析为基本的字形单元，从而识别单词。

三、儿童阅读困难

（一）阅读困难的含义

童年期最常出现的发展障碍是儿童表现出的特定的学习障碍。根据欧美的医学统计，五个正常儿童中就有一个存在某种学习障碍，而特殊教育机构中大约50%的儿童存在学习障碍。

美国《2004残疾人教育促进法》（IDEA 2004）将学习困难界定为“个体在语言理解和表达的基本心理过程中，存在一个或多个困难。他们常会在听、说、读、写、拼写或数学计算能力等方面出现困难”。学习困难包括：知觉障碍、脑损伤、轻微脑功能失调、诵读困难和发展性失语症，但不包括那些由视觉、听觉、运动障碍、智力障碍、情绪障碍或环境、文化、社会经济地位不利等因素所造成的学业问题。目前学习困难主要包括阅读困难、数学学习困难、文字书写表达障碍以及其他未提及的学习困难。其中，阅读困难和数学学习困难是最常见的两种类型。

拓展阅读

学习困难的不同界定

1. 美国国立卫生研究院（NIH）的定义

学习困难是神经系统造成的，特征是认字的正确性及流畅度有困难、无法拼写、语言的拼音组成有困难。

2. 全美学习困难联合委员会（National Joint Committee on Learning Disabilities，NJCLD）的定义

学习困难群体是指听、说、读、写、推理或数学能力的习得和运用方面有明显困难的异质性群体。学习困难源于个体内部，可能是中枢神经系统功能失调所致。学习困难往往伴随存在自我调节、社会认知、社会交往方面的问题，但是这些问题本身并不导致学习困难。同时存在其他障碍（如感觉损伤、智力障碍、严重的情绪障碍），或同时受到其他外在因素的影响（如文化差异、教育的不充分或不适当）所导致的学业失败，也不称为学习困难。

3. 国际疾病分类（International Classification of Diseases，ICD）第 10 版（ICD-10）的定义

ICD-10 中将特殊学习困难称为“学习技能发育障碍”，定义为：从发育的早期阶段起，儿童获得学习技能的正常方式受到损害。这种损害并非因为缺乏学习机会、智力障碍，也不是后天的脑外伤或疾病所致。这种困难源于认知过程的异常，表现在阅读、拼写、计算或运动功能等方面存在特殊和明显的损伤。

阅读困难（reading disabilities，RD），也称为读写困难，是一种常见的特殊学习困难。根据国际读写障碍协会（International Dyslexia Association，2004）的定义，读写障碍是一种学习困难。这是一种特定的语言障碍，源于对文字解码能力的不足，通常在声韵处理能力上反映出来。这种解码能力和年龄、其他认知能力及学业能力并无一定关系，也不是由一般发展的障碍或感官障碍所导致。读写困难源于神经系统，是家族性学习或是处理语言的困难，会根据个体的不同在严重程度上造成差异，除了阅读能力之外，读写障碍还会影响其他和语言有关的能力，如书写及拼字的能力。不同的国家和地区，阅读困难的检出率有所不同。英语国家的阅读困难检出率约为 5%，中国内地与之相当，而中国香港、澳门和台湾地区的阅读困难检出率为 10%，比英语国家和中国内地要高。

一般而言，阅读困难分为获得性阅读困难与发展性阅读困难两大类：获得性阅读困难是指后天脑损伤造成的阅读困难；发展性阅读困难是指在发展过程中没有明显的神经或器质性损伤、智力正常的儿童，其阅读水平显著落后于同龄或相应智力水平的儿童的情况。

（二）阅读困难的表现、评估与诊断

近年研究表明，儿童阅读困难是一组异质性的障碍，可划分出不同的亚型，其临床特点为：阅读困难儿童智力发展正常，但到了应学会阅读的年龄不会阅读，主要是认读、拼读准确性差，或同时存在理解困难。阅读困难临床表现为字母和单词的辨识、

读音准确性差，再认困难，拼读、拼写错误，朗读不流畅，读后不能理解，不能回忆所读内容，短语、音节划分不准确，阅读速度慢，重读同一行或跳行等。同时，其他如拼写、计算技能等障碍，亦大多与阅读困难相伴发生。阅读困难的具体表现包括：

1. 阅读方面

跳字、漏行、增字、替换字、倒反念、猜测文意，或无法理解阅读内容，混淆相似字（如棒和捧），无法从文字推想画面，较爱看有图片的书籍，排斥文字很多的书，看不懂数学应用题，断句困难、阅读缓慢，用手指辅助阅读仍跳漏字。

2. 书写方面

同音异字，抄写黑板时，感到困难；镜反字，例如：写字左右颠倒、部首错置（如“部”和“陪”）；字体歪斜，大小不一，超出网格线或过小，字迹潦草，容易写错字，或是别人看不懂；字迹工整但握笔吃力、写字缓慢，连字没有空格，两个单字间无间隔，拼字语法错误。

3. 数学方面

很难心算、“九九表”记不住；无法以数字思考；对顺序或数量的概念理解不佳；不懂题意，逻辑推算有困难。

（三）阅读困难的成因

阅读困难是先天遗传因素与环境刺激相互作用的产物。Frith 认为阅读困难在生物学、认知和行为三个层次上均有表现，由此引发阅读困难研究的两种理论倾向：语言学层次的加工缺陷，包括语音加工障碍和字形加工障碍；非语言层次的加工缺陷，包括听觉和视觉能力加工障碍。

拓展阅读

阅读困难的诊断标准

（1）在个别标准化测验中，阅读的正确性或理解的准确性等阅读成就显著低于其实际年龄、智力或教育程度应有的预期表现。

（2）标准（1）所出现的情形显著影响个案的学习成就或日常生活中需要用到阅读技巧的活动。

（3）假如个体有其他感官上的缺陷，其阅读困难会远超过其感官缺陷所造成的程度。

附注：假如有神经性或其他医学上、感官上的问题出现，应属于 AxisⅢ（轴Ⅲ诊断）。

阅读困难的“语音加工缺陷假说”提出后，很快成为西方阅读障碍研究的主流观点。大量的研究从不同方面揭示了语音缺陷对阅读造成的影响。但随着神经科学的发展，强调阅读障碍非语言特性的理论发展非常迅速，成为近期阅读障碍研究中不可忽视的潮流，而这方面的研究对发展性阅读障碍的基本理论问题乃至人类认知的一般理论问题都具有潜在的价值。

阅读障碍非语言特性理论的经典代表学说是“视觉大细胞缺陷假说”（visual magnocellular deficit）。国外研究者发现，阅读障碍者除有语音缺陷外，还存在视觉缺陷，如视像不稳定和高的运动知觉阈限。研究者根据已有科学对视觉神经系统结构和功能的认识提出了“视觉大细胞缺陷假说”（见图 5-1）。该理论认为，由于大细胞与高时间分辨、低对比和低空间分辨有关，大细胞障碍会引起视觉对比敏感度降低和视运动知觉缺陷，导致眼动控制不稳，进而产生视像模糊，从而不能在阅读网络中形成明确可靠的视觉形式的记忆表征，影响正字法技能，导致阅读障碍。相关证据来自行为学实验、心理物理学实验、生理解剖研究以及神经生理学研究。对阅读障碍者进行检查，发现其脑部大细胞相对于正常者较为凌乱；斯坦（Stein）等人发现有阅读障碍的儿童表现出对一致性整体运动不敏感。一些研究者使用脑成像技术发现阅读障碍者觉察运动的视皮层脑区（V5/MT 区）活动明显少于正常情况（Eden，1996）。这些研究提示阅读障碍者的阅读困难不仅仅局限于语言学层次，也表现在非语言的视觉、听觉和运动知觉过程。由于“视觉大细胞缺陷假说”直接把阅读障碍的行为表现与神经机制联系起来，其影响迅速扩展开来。

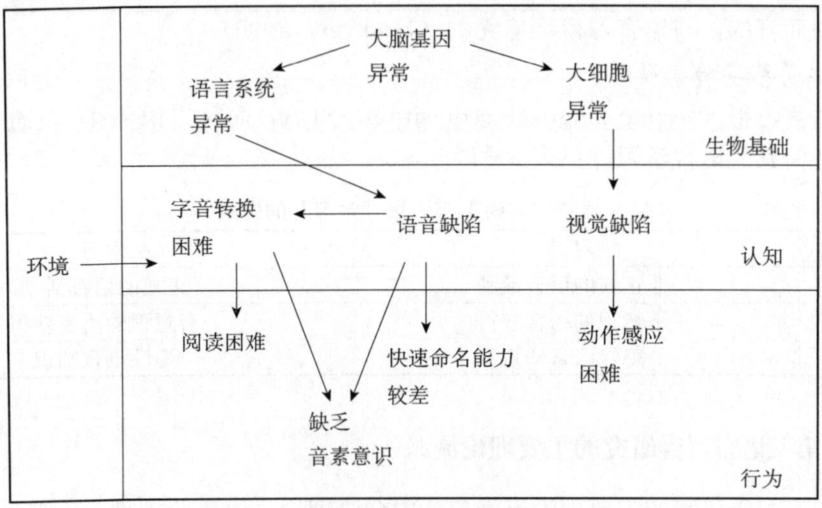

图 5-1　阅读障碍语音和视觉缺陷模型

（四）阅读困难的干预

存在阅读困难的学童需要接受长期耐心的教导，进行重复的练习。可使用多观感、多媒体的方法，透过生动的游戏和图像，帮助学童了解文字的结构，加强他们对文字的记忆。在英文学习方面，可通过拼音法，帮助学童掌握字母及声音的关系，从而改善读字能力。

四、儿童双语学习

现代语言科学的一个重大发现是，在社会条件允许并且人们有意愿的情况下，人类具备了解更多的语言的能力。原则上，任何人都能学会两种或多种语言。事实也是如此，世界上的大多数人都会两种或两种以上的语言。不过，也有很多例子说明了一些人在与他人交流的过程中并没有成功习得语言，或者是仅仅知道另一种语言的简单功能或单字。那么有利于多种语言学习和使用的条件是什么？就个人而言，双语学习或多语学习意味着什么？

（一）什么是双语学习

1. 什么是双语

双语是指在一个国家或地区使用两种语言。这两种语言一种是个体的本族语/母语，另一种是个体所在地区的通用语言（第二语言）或个体所学习的目的语（外语）。双语教育是通过双语教学实现的。

理解双语，需要进一步了解一些相关概念。母语，是指学习者所属种族或社团使用的语言，也称"本族语"，通常又称为"第一语言"。第一语言也可以说是出生之后最先接触和习得的语言，这是就语言习得的时间而言的。而目的语，又称"目标语"，通常又称为"第二语言"，一般指学习者正在学习的语言。第二语言可以指第一语言之后的任何一种其他语言，包含第二语言、第三语言、第四语言或其他更多语言，这是就语言习得的先后顺序而言的，与语言习得环境无关（Houwer，2006）。

2. 什么是第二语言习得

第二语言习得（second language acquisition，SLA，简称二语习得），通常指母语习得之后的任何其他语言学习（见表 5-1）。

表 5-1　语言"习得"与语言"学习"的区别

	习得	学习
获得方式	非正式的语言活动	正式的语言活动
心理过程	下意识的语言获得	有意识的语言获得
知识类型	隐性语言知识	隐性语言知识

（二）第二语言习得研究的主要理论流派

第二语言习得研究的主要理论流派包括中介语理论、语言监控理论、普通语法理论、皮钦语化理论（文化适应模型）、话语分析理论。

1. 中介语理论

中介语理论（interlanguage theory）是由美国语言学家塞林格（L. Selinker）等人于20世纪60年代末70年代初提出的，是较早用认知观点解释第二语言学习的理论模型。所谓"中介语"，也称"过渡语"，是指二语学习者建构的介于母语和目的语之间的过渡性语言。在第二语言的学习过程中，学习者在未完全掌握目的语以前，会采取一定的学习策略——使用一种既与自己本族语不同，又与所学目的语无任何联系的过渡性语言（陈宝国，2001）。随着学习时间的推移，中介语会演变，演变的速度有时快，有时慢，有时还会"僵化"（fossilization），是一种动态的语言系统。

塞林格（1972）将中介语划分为独立的语言系统，认为学习者中介语的构建是通过五种主要的认知过程产生的：语言的歉意、训练的转换、第二语言学习策略、第二语言交际策略、目的语语言材料的过度概括。塞林格认为，学习者形成的中介语知识系统实际上是一系列心理语法，学习者利用这些语法来解释和产生言语（陈宝国，2001）。

2. 语言监控理论

美国语言学家克拉申（Krashen）提出的语言监控理论（the monitor model），是比较系统地阐述第二语言学习的理论，是20世纪70年代至80年代最有影响的理论，也是第二语言习得理论中最广为人知的、目前争议最大的理论（陈宝国，2001）。语言监控理论认为，二语习得有两种不同途径：一是学习者把注意力有意识地集中在目的语的形式特征上，这是“有意识地学习”。二是学习者运用下意识的过程，在这种情况下，学习者运用目的语进行真正的交际，正如儿童习得第一语言一样，注重的是意义、内容和效果，而不是语言结构形式，即“潜意识的习得”。习得是主要过程，学习只是以“监控”者的身份运用自己学到的语言对所说的话起一种监控和修正作用。

3. 普遍语法理论

普遍语法（语言普遍性）理论源于乔姆斯基（Chomsky）的第一语言习得理论。其主要观点认为：人类头脑中具有一种“天生”的专门语言知识，即“普遍语法”，这包括两个方面的内容：若干固定的抽象的“原则”、与这些“原则”有关的若干“参项”。没有那些“原则”，人们就不可能习得任何语言，而没有那些“参项”，人们就无法区别和习得各种不同的语言（V. J. Cook，& 吴才海，1985）。

以乔姆斯基为代表的语言学家认为孩子从开始学习语言时就掌握了所有普遍性语法具有的规则，儿童习得语言是通过人类习得语言的特殊能力（Language Acquisition Device）而发生作用的。他们认为语言习得能力是人类先天的语言智力组织，它赋予孩子们在某种具体的语言环境中处理语言的能力，使他们能组织语言的内部系统。不论多么复杂的语言，儿童都能凭借天生的语言习得能力轻易地掌握，使母语的语言系统内在化。

心理学家的故事

乔姆斯基

艾弗拉姆·诺姆·乔姆斯基博士（Avram Noam Chomsky，1928—　）是麻省理工学院语言学的荣誉退休教授。乔姆斯基的《生成语法》被认为是20世纪理论语言学研究上最伟大的贡献。他还通过对伯尔赫斯·弗雷德里克·斯金纳的《口头行为》的评论，发动了心理学的认知革命，挑战在1950年代占主导地位的行为主义者学习精神和语言的方式。他关于学习语言的方法的观点也对语言和精神的哲学起了很大的影响。他的另一大成就是建立了乔姆斯基层级：根据文法生成力不同而对正则语言做分类。乔姆斯基还因他对政治的热忱，尤其是他对美国和其他国家政府的批评而著名。乔姆斯基把自己归为自由社会主义者，并且是无政府工团主义的同情者。据艺术和人文引文索引统计，在1980—1992年，乔姆斯基是“文献被引用数”最多的健在学者，“文献被引用数”排名第八。

4. 皮钦语化理论（文化适应模型）

美国应用语言学家苏曼（Schumann）在20世纪70年代后期提出了皮钦语化理论。皮钦语是指在输入语言有限或不足，而且吸收的语言也受到严重局限的情况下的语言习得过程。皮钦语化是由社会感情因素、时间局限或语言的复杂性导致的（蒋德红，2003）。

皮钦语适应实际是一种对新的文化背景的文化适应过程。苏曼认为文化适应有两种模式，学习者不但在社会活动方面与新的文化产生众多接触，而且在心理上对新的语言充分开放。另外，学习者还有意识地自愿接受新的文化生活方式和价值观念。

文化适应理论主要解释了自然状态下第二语言习得的过程。该理论认为第二语言习得是一个文化适应的过程。语言掌握的程度取决于学习者适应目的语群体的程度。这种文化适应过程受本国与目的语国文化的社会与心理距离的影响，如果这种社会与心理的距离很大，则学习者对目的语及使用目的语的人持消极否定的态度，同时又缺乏相应的学习动机时，学习者就很难超越语言发展的早期阶段，此时所学的语言将一直是皮钦语化的。因此，第二语言习得早期过程与皮钦语化过程很相似。如果学习者不能做到文化适应，他们的习得就会僵化在皮钦语化的阶段。文化适应理论强调了情感因素及心理距离在第二语言习得过程中的作用，这些因素对学习者的态度、动机等有影响，对于外语学习起着十分重要的作用。

5. *话语分析理论*

话语分析理论适用于自然环境中的第二语言习得。这种理论认为在学习第二语言时，学习者不仅吸收输入语言，而且还积极地参与到交际活动中。根据话语分析理论，埃利斯（R. Ellis）总结了外语学习原则：本族语使用者调节自身的语言以便能与非本族语使用者交流思想；二语习得的比例和途径受到表达意思的会话策略及由此而做出调整的语言输入的影响。

（三）儿童第二语言习得过程

学习者习得第二语言具有一定的习得顺序，学习者习得某个特定的语言规则也遵循一个固定的顺序（见图 5－2）。第二语言习得顺序的研究结果显示，以英语作为第二语言的学习者习得英语语素，无论是儿童还是成人，都遵循固定的习得顺序；不管学习者的母语背景是否相同，第二语言习得顺序相同；不同的实验任务对习得顺序有一定的影响，但不同监控条件对习得顺序没有影响；所有研究都表明，第二语言习得顺序与母语习得顺序不同。

心理语言学运用认知理论对人的语言运用和学习的过程进行分析，研究者利用这种方法对第二语言习得过程进行了认知心理分析。二语习得的认知心理分析重点集中于工作记忆和长期记忆之间的互动过程。该分析认为工作记忆会调用长期记忆中的语言模块和一般知识，对输入的语言进行匹配、类推、重组和转换，以理解其意义并进一步形成对第二语言系统的了解和掌握。在这一互动过程中，语言的迁移或母语的影响是一个不可忽视的因素。学习者通过对语言材料的处理，产生中介语（即过渡语），并在最后形成第二语言输出。在输入到输出的过程中，大脑主要进行注意、记忆、思维和信息处理等过程（吴潜龙，2000）。

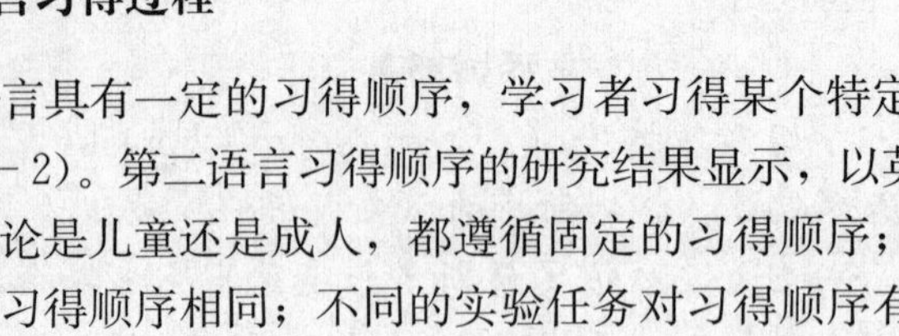

图 5－2　第二语言习得的认知过程（吴潜龙，2000）

第三节　儿童数学理解的发展

数学是人们对客观世界定性把握和定量刻画、逐渐抽象概括、形成方法和理论并进行广泛应用的过程。数学学习这种认知历程十分复杂，从掌握基本数学概念到解决数学问题，任何一个环节出了问题，都有可能造成数学困难。儿童对数、算术和数学理解的本质和机制受到众多研究者的关注。儿童数学理解是当前非常活跃的研究领域，研究者争论的焦点主要集中在：儿童数学理解所包含的各种能力和相关数学知识的本质是什么？这些知识是否随着个体的成长和经验产生变化？具体是如何变化的？这些理论争论和相应的实验研究为数学教学实践和教学政策的制定提供了科学依据。本节将围绕数学理解的发展和数学学习困难两大主题展开。

一、数学思维与学业成就

数学是学校教育阶段的基础学科，数学学习成功与否将直接关系到其他学科的成绩，数学技能的掌握对儿童在校学习和校外生活至关重要。学习数学是获得能力的重要组成部分，有效的数学学习是一种自我调节、合作的活动。

（一）数学学习是知识和能力的积累和建构

教育心理学家和数学教育工作者都认为，有成效的数学学习是学习者基于现实情境对意义进行理解、积累和建构的过程。建构主义观点认为，学习最重要的是在已有知识基础上获得知识和技能，并与环境相互作用。建构的对象是学习数学的过程，而不是数学内容。

（二）数学学习需要不断的自我调节

有效的数学学习是自我调节的、相互作用的、情境性的和合作的活动。自我调节是指个体在学习过程中，有恰当的学习动机，能使用元认知策略，积极地投入学习。研究表明，数学学习中，个体自我调节的水平与学习成绩密切相关。自我调节的学习者能够管理和监控获得知识和能力的过程，熟练的自我调节能够促进个体适应新的学习任务并追求成功。

二、数学能力的组成

儿童数学发展一直是研究者关注的领域，心理学家和教育学家对算术和数学能力及其发展的研究由来已久。关于数学能力的组成元素，主要有数学能力观和数学熟练观这两种观点，两者都认为儿童是否有数学能力可以作为一种数学倾向的指标。但是，前者认为数学能力主要包括五大要素：数学知识库、解题策略、元认知策略、自我调节能力和自我效能感；而后者则强调“熟练”，并把“熟练”定义为五个不可分割的部分：概念的理解、计算流畅性、策略能力、灵活推理和有效倾向。综合两种观点，目前对儿童数学思维的发展聚焦于数字认知、个位数计算、多位数计算、词语问题解决和数学相关信念。

（一）数字认知

各个国家在其数学教育的文件中，都强调了数字概念和数学能力的发展在基础数学课程中的重要性。数字认知是指个体对数字和运算的总体理解，以及在此理解基础上的数学判断能力、数字运用、运算策略的能力和倾向。麦金托什（McIntosh）指出，数字认知最关键的领域为：数字概念、数字运算及数字和运算的应用。

数字概念是指“数字的知识和技能”，包括对数字排序的认知能力、数字的多种表示方式（如1/2=0.5）、数字的相对值和绝对值等等；数学运算指“运算的知识和技能”，包括对运算结果的理解、对数学特性的了解、对运算关系的了解；而数字和运算的应用则指“把数字和运算的知识和技能运用到计算情境中”，包括理解问题情境、理解多种策略的存在等。

（二）个位数计算

个位数计算是数学认知和学校数学教学中最常见的部分，这部分的很多工作是基于信息加工的观点展开的。研究表明，个位数计算经历的发展顺序大致可分为从最初使用具体的实体查数策略、利用某种算术原理来缩短和简化计算的查数策略，到“了解事实”。在这一发展过程中，相同年龄段在相同题目上，个体的计算策略会有所不同。

（三）多位数计算

多位数计算的相关概念和策略的区分及发展性研究均较少。研究发现，个体多位数加减法的计算策略与其概念知识的发展密切相关。研究表明，概念理解水平高的学生在程序测量中得分较高。多位数计算的特点是产生一些心算步骤以及灵活使用不同的策略。

（四）词语问题解决

信息加工理论的应用，促进了对儿童词语问题解决过程的理解。虽然最初儿童对直接反映各种问题的问题情境有不同的解决方法，但在后期，儿童在“问题解决”中采取了分步骤的问题解决行为：表征问题情境、计划解决步骤、执行步骤。另外，也有研究者提出问题解决的说明性模型，指出问题解决的步骤包括理解问题、设计解决计划、执行计划和检查解决方案。

（五）数学相关的信念

研究者认为学生对数学的信念影响着他们的数学学习方式和行为，从而影响数学学业成就。为了获得数学思维倾向，个体对数学形成的积极的信念十分重要。

三、早期数学能力与学校中的算术

1. 早期教学能力

儿童在接受正式教育前的早期数学能力，主要包括婴儿对数和算术的理解、学前儿童对数和计数的理解以及相应的算术技能和算术定律等概念性知识。

（1）婴儿期的数和算术：婴儿数学能力的研究主要包括婴儿对于数量的理解、婴儿的序数意识以及婴儿对从一个集合中增加或减少物体的量而产生的效果的意识。

（2）学前期的数和计数：学前期儿童数理解和计数技能主要包括概念、数字和计数程序的获得，以及对数使用、基数、序数和度量所表征意义的理解。

（3）学前期的算术：学前期儿童算术技能的研究主要集中在儿童对加减法效应的理解、对算术属性的内在理解以及综合运用计数和算术知识生成问题解决程序上。

2. 学校中的算术

儿童接受正规学校教育后，他们所学数学知识在广度和复杂度上有了实质的增加。此阶段儿童需要掌握算术概念性知识，学会解决形式算术问题和数学应用题。

四、数学学习困难

当前关于学习困难的研究，主要集中于两种类型——阅读困难和数学学习困难。自从学习困难概念提出之后，西方研究者对阅读困难进行了大量研究并取得了重要的进展，但对数学学习困难的研究相对较少，研究历史较为短暂，尚处于起步阶段。近二十年来，随着对数学认知一般性发展研究的增多，数学学习困难越来越受到研究者的关注，逐渐成为教育学、心理学的研究热点，虽然其研究深度与广度尚不如阅读困难，但也取得了一定的进展，然而因其定义、鉴别方法的不一致，该领域的研究尚显零散，缺乏一致性和系统性。

（一）数学学习困难的含义

数学学习困难（mathematics learning disabilities，MLD）是指智力正常的儿童，在教育机会未被剥夺的情况下，由于数学学习能力缺损而导致在数学学习上明显落后于同年龄或同年级儿童的现象。然而，这种描述无法在实践中对数学学习困难进行鉴别和诊断。目前由于诊断模型和诊断标准不一，关于数学学习困难的操作性定义至今尚未统一。

（二）数学学习困难的诊断及表现

一般来说，不同国家数学学习困难的检出率基本一致，大约在6％～11％。数学学习困难的诊断模型主要源于学习困难的诊断模型，多针对儿童数学学业成就而言。目前在临床心理学和教育学中广泛运用的是“不一致模型”——数学学业成就与智力之间存在严重的不一致。这种不一致主要包括年级水平不一致和标准分数不一致。从年级水平不一致这个角度理解，如果一个儿童的实际年级与他的学业年级水平间的差异超过某个标准（如两个年级水平），这种不一致就被认为是严重的。标准分数不一致是指儿童智商水平和数学学业成就之间的不一致。除了不一致模型，还有标准取向模型，这种模型直接为数学学习困难确定一个低数学学业成就标准，比如数学学业成就低于同年龄组下端的10%～45%。

基于各种诊断模型，研究者总结出数学学习困难最明显的表现，即在标准化数学测验上的成绩显著与同年龄水平、同智力水平、所在年级相应水平和预期的标准不相符。其具体表现包括：计算错误、运算法则混乱、阅读和书写困难、空间组织困难以及问题解决能力较差。其中问题解决能力较差是数学学习困难儿童最为突出的问题，与一般儿童相比，数学学习困难儿童在解决问题的过程中，能回忆起的知识量相对较少，且难以有效利用，他们在解决数学问题时元认知策略较差，不知如何解决问题。

拓展阅读

数学学习困难诊断标准

(1) 个别标准化测验中所评估的数学能力，显著低于个体实际年龄、智力及教育程度应有的预期水准。

(2) 标准 (1) 所出现的情形严重影响个体的学习成就或日常生活中需要用到数学技巧的活动。

(3) 假如个体有其他感官上的缺陷，则其数学能力上的困难会超过其感官缺陷所造成的程度。

注：假如个体有神经性或其他医学上、感官上的问题情况出现，则应属于 AxisⅢ（轴Ⅲ诊断）。

（三）数学学习困难的亚型

数学学习困难者一般被认为是一个异质性很强的群体，研究者对数学学习困难亚型的分析尚不一致。

1. 语义记忆型、技能程序型和视觉空间型

基于认知心理学与神经心理学的相关研究，美国学者吉尔里（Geary）根据特定算术任务的作业成绩以及相应的神经心理学特点，把数学学习困难分为三种亚型：语义记忆型、技能程序型和视觉空间型（见表 5-2）。语义记忆型数学学习困难者数学事实提取能力较差，提取时的反应时间也不稳定；技能程序型数学学习困难者在获取数学概念上相对比较迟缓，在解决数学问题时往往因为使用不成熟的问题解决策略而出错；视觉空间型数学学习困难者往往在正确排列数字信息上有困难，易混淆符号，遗漏或翻转数字，并常错误地解译有关空间的数字信息。

表 5-2　不同类型数学学习困难的特征

	语义记忆型	技能程序型	视觉空间型
认知和作业特征	数学事实提取的频率低，提取错误率高；正确提取的速度不稳定	频繁使用不成熟的计算程序；程序执行的错误率高；在程序使用背后的概念理解上有潜在的发展迟滞	空间表征数字信息有困难，如解决多列算术问题时对不准；对数字信息空间表征的错误解释，如位置理解出错
神经心理学特征	与左脑功能失调有关，尤其是左脑后部区域	不清楚，虽然某种研究数据表明与左脑功能失调有关	与右脑功能失调有关，尤其是右脑后部区域
与阅读困难的关系	常与阅读困难并存，尤其是语音缺陷型阅读困难	不清楚	至少与语音缺陷型阅读困难无关

资料来源：曾盼盼，俞国良，2002.

2. 单纯型和混合型

在实际的数学学习困难的研究中，语义记忆型数学困难这一类型得到了较为一致的支持，但另外两种亚类型的明确鉴别依然存在困难。因此，不少研究者仅仅将数学学习困难分为两类：单纯型（不区分技能程序型和视觉空间型）数学学习困难和混合型（即数学与阅读困难共存的语义记忆型）数学学习困难。

无论如何，吉尔里对数学学习困难三种亚型的区分的构想促进了数学学习困难领域对亚型的精细探索，有助于对数学学习困难本质的把握，同时为数学学习困难的鉴别和干预策略的制定提供了借鉴。

(四) 数学学习困难的成因

早期研究者试图从生物、神经因素以及心理加工过程缺陷等方面对数学学习困难的成因进行探索。随着认知心理学的兴起，从信息加工角度研究数学学习困难逐渐成为一种主导范式。相关研究主要涉及注意、感觉输入、工作记忆、长时记忆、执行控制等信息加工过程的诸多方面。另外，数学学习困难的突出表现是数学问题解决困难，因此亦有研究者围绕数学问题解决的进程和阶段分析数学学习困难的心理原因。

1. 工作记忆与数学学习困难

工作记忆被认为是影响数学成就的最重要的一般性认知支持系统。工作记忆（working memory，WM）是指对信息进行暂时加工和贮存的、能量有限的记忆系统。巴德利（Baddeley）和希契（Hitch）的记忆信息加工模型认为工作记忆由三个部分组成，即视空间模板、语音回路和中央执行系统。工作记忆与数学学习困难的关系研究多从这三个方面展开。数学学习是一种复杂的认知活动，工作记忆存在缺陷可能是造成数学学习困难的主要原因。

(1) 工作记忆广度与数学学习困难。工作记忆广度又称为工作记忆容量。许多研究发现，数学学习困难与工作记忆广度缺陷有关。相对正常儿童，数学学习困难儿童的数字记忆广度较低，且这种较低的特征与其使用较初级的解题策略之间存在特定联系。

（2）语音回路、视空间模板与数学学习困难。语音回路负责听觉言语信息的暂时储存与控制，包括语音储存和发音控制 4 两个成分。视空间模板主要负责视觉空间信息的暂时储存和加工，又可以分成视觉和空间两个子系统。国内外的研究表明言语工作记忆和视空工作记忆能力均是数学学习困难儿童数学成绩的重要预测因子。

（3）中央执行系统与数学学习困难。中央执行功能在工作记忆中主要起监控和协调作用，它在工作记忆模型中占据核心地位，主要负责认知协调、资源分配、策略选择、选择性注意等。国内外研究显示，数学学习困难儿童在抑制控制、注意分配和基本数学事实的提取等方面较差。数学学习困难的儿童面临复杂任务，不能有效地使用协调策略、合理分配注意资源，不能很好抑制无关信息的干扰。

2. 问题解决与数学学习困难

数学学习困难集中表现为数学问题解决能力差。数学问题本身是数学的核心，衡量儿童数学水平的评价标准之一就是数学问题的解决能力。研究者根据数学问题解决的思维进程和阶段性，分析、探讨产生数学学习困难的心理原因。

（1）学习动机不足。学习动机是学习的直接动力和有效保证，也是影响学生数学学习效果的重要因素。研究发现，数学学习困难者在学习动机上表现为动机不足、不稳定、持续时间短，且多为外部动机。而且当学生由于缺少学习动机而产生数学学习困难后，数学学习困难又会影响学生的学习成就感和自我效能感，从而形成了数学学习困难的恶性循环。因此，动机不足是儿童数学学习困难的一个重要原因。

（2）数学问题表征能力较差。正确的表征是解决问题的必要前提，同样，数学问题解决的关键环节是建构一个恰当的问题表征。研究表明，学生的数学表征能力，尤其是空间表象能力与数学成绩之间呈正相关。数学学习困难学生的内部表征能力往往比较差且比较单一，无法将问题的具体内容和数学成分相联系。

（3）解题策略缺乏。数学学习困难的学生在学习数学时，往往不使用策略或采用相对无效的策略。缺乏解题策略是学生不能正确解决较复杂应用题的重要原因。另外，较低的学习迁移能力也会导致学生数学学习困难。

（4）元认知技能缺乏。在数学认知活动中，需要各种认知因素的参与，此过程需要学习者对认知活动进行监管和调整。元认知水平的高低在一定程度上决定了数学学习成绩。研究发现，数学学习困难者在解决数学问题时元认知技能较差。对学生进行元认知能力训练后，学生的数学成绩有所提高。

（五）数学学习困难的干预

研究者针对数学学习困难儿童的认知特点，提出了不同的干预策略，包括感知觉-动作统合能力训练、记忆策略训练、表征技术训练、元认知策略训练、工作记忆干预训练等。

感知觉-动作统合能力低下的儿童无法将“所见”“所闻”和“所做”进行统一协调。针对这种儿童，应鼓励他们多参加一些手眼协调的活动来提升其知觉统合能力，如跳绳、轮滑和乒乓球等等，通过手眼协调的训练活动帮助儿童提升平衡能力、控制能力和协调能力，从而缓解或消除数学学习困难对儿童的不良影响。

儿童数学学习困难的成因主要包括工作记忆缺陷和问题解决困难，基于此，还可以针对性地给数学学习困难儿童进行记忆策略、表征技术、元认知策略和工作记忆的干预训练等学习策略方面的训练。

第四节 儿童艺术的发展

艺术是人类感受美、表现美和创造美的重要形式，也是个体表达自己对周围世界的认识和情绪态度的独特方式。参与艺术是人类行为的重要组成部分。艺术对儿童的认知、社会和情感能力的发展极其重要。艺术学业成就是学业成就测评中的重要组成部分。艺术发展与学业成就的关系到底是怎样的？艺术课程的学习对学业成就有促进作用吗？绘画和音乐的发展轨迹如何呢？本节将就这些问题展开讨论。

一、艺术发展与学业成就

艺术发展与学业成就的关系到底是怎样的？不同的研究结果不一。美国相关调查发现，参加艺术课程的学生无论是数学成绩还是语言成绩（SAT 得分），都明显高于未参加过艺术课程的学生。基于此，1995 年的美国总统艺术与人文委员会的报告指出“艺术教学对学校的整体成功有显著影响”。理查德·迪斯基于 60 项有关教育实验项目的总结分析显示，各种艺术学习能够增强学生基本的读、写、算能力，能够促进学生注意力、表现力、想象力、创造力及问题解决能力的提高。而在美国，越来越多的中小学通过艺术进行学科教学，以提升学生的学业成绩。

哈佛大学教育学院发起并主持的“零计划”（Project Zero），致力于艺术与教育研究。1950 年以来，该计划有 188 个发表和未发表的研究都围绕着“艺术学习是否能促进非艺术学业成就的提高”这个问题展开。相关研究显示，开设专门艺术课程或将艺术与学科课程有机整合，都不会直接促进更高的学业成就，无论是标准化的语言、数学测验得分还是学生的整体绩点。研究也没有发现任何证据能支持“教授视觉艺术、音乐、舞蹈可以增强孩子的阅读能力”这样一个假说。但是研究确实发现特定的艺术形式的技巧可以转化到一些特定的非艺术技巧。比如，听音乐提高了大学生的某些空间推理能力，但这仅仅限于 10～15 分钟。研究也发现，音乐教学增强了幼儿的一些形式的空间推理，虽然这种影响并不是暂时的，但其持续时间不得而知。另外，有少数研究也发现音乐可能对数学学习有积极作用。关于音乐和空间推理之间的关系以及音乐和数学之间的联系，其原因何在，研究者尚不清楚。

二、儿童绘画的发展

绘画是一种很复杂的活动，它与肌肉运动、感知和概念能力相关，也与个体对特定绘画图式和规则的使用有关。儿童绘画具有独特的表现方式。绘画是儿童表达自我，表达情绪、情感和对事物理解的一种方式，它反映着儿童对周围世界的认识程度，是研究儿童认知发展的一个很好的工具。儿童绘画同未受过训练的成人相比所表现出来的奇特性长期以来一直吸引着心理学家的目光。一百多年来，众多学者从不同角度对儿童绘画进行了研究。特别是发展心理学家，把绘画看作儿童心理发展的一面镜子，通过绘画来研究儿童的心理发展。

（一）绘画发展的理论取向

对儿童绘画的研究随着儿童发展研究的兴起出现在19世纪末。绘画（像语言一样）被看作是心理发展阶段的结果。国内外心理学家以及教育学家都对儿童绘画发展阶段进行了研究和探讨。其中比较有影响力的主要包括以下几种。

1. 吕凯绘画阶段理论

法国艺术历史学家吕凯（Luquet）提出了内在智力模型假说，以现实主义发展的三个阶段对儿童绘画发展阶段进行描述。吕凯认为，3～4岁儿童处于非现实主义阶段，这一阶段儿童无法抓住客体空间关系，尚缺乏合成能力。5～8岁儿童处于心智现实主义阶段，这一阶段儿童对客体的描述多基于刻板位置，而不是从儿童绘画的特定观察位置出发。这个阶段儿童所画的是他们知道的而不是眼睛所看到的，此时的绘画主要基于儿童内在的心理模型，比如，儿童会把桌面画成矩形是因为他们知道桌子是矩形的；因为知道某个物体后面有东西，所以儿童会把一个物体清楚地表现在另一个物体后面，就好比前面的物体是透明的。9岁以后，儿童进入了视觉现实主义阶段。这个阶段儿童所画的内容就是他们所见的内容，这种绘画方式会导致客体的真实形状被扭曲或某些部件被排除，比如，矩形的桌子被画成了平行四边形。吕凯对绘画发展阶段的划分，虽然存在很多争议，但仍保持着其影响力。

2. 皮亚杰绘画阶段理论

皮亚杰（Piaget）和英海尔德（Inhelder）在吕凯理论的影响下对儿童绘画进行了研究，并有发展地继承了吕凯的理论。他们发现吕凯所示的发展阶段中儿童的典型绘画能正确反映其空间几何学概念，儿童绘画的发展主要受儿童空间理解能力的影响，可以利用儿童的绘画来说明儿童空间表象的发展。皮亚杰等人认为儿童绘画的发展过程中存在一个从“心智现实主义阶段”到“视觉现实主义阶段”的过渡。3～4岁的儿童能画边界明确的客体，但是没有大小和形状的区分，因而这个阶段的儿童会把人体画成“蝌蚪”（见图5-3a）。这反映了儿童空间表征缺陷而不是认知缺陷。5～8岁，儿童处在心智现实阶段，他们画自己知道的而不是看到的内容，儿童只描绘原形的理性属性，而不考虑视觉透视问题（见图5-3b）。大约到八九岁时儿童进入视觉现实主义阶段，这个阶段的儿童逐渐摆脱心智现实主义的束缚，表现从特定观察视角看到的情境，反映了儿童对欧氏几何学的理解和去自我中心化，这符合具体运算阶段儿童的认知特点。依据皮亚杰的这种划分，心智现实主义阶段的儿童是“画所知而不是画所见”，他们所画的是事物在其头脑中的心理表象，而不是他们当时所看到的模型的具体形象。皮亚杰在绘画的发展阶段与特征上的观点与他的认知发展理论是一致的。

基于皮亚杰的绘画理论框架，古迪纳夫（Goodnough）设想儿童的绘画能直接表达出他们所掌握的概念，为此制成了标准画人测验，用以测定儿童智力的发展。

（a）蝌蚪人

（b）透明

图 5-3 儿童绘画的奇特性

心理学家的故事

皮亚杰

让·皮亚杰（Jean Piaget，1896-1980），瑞士心理学家，发生认识论创始人，是 20 世纪最负盛名的学者之一。起初，对于皮亚杰来说，比奈实验室的工作是枯燥乏味的。但是在随后的测验中，不同阶段的儿童回答问题时表现出的一些有趣的模式开始引起他的注意，即同一个年龄段的儿童出现的错误是相同的，也就是说，他们用同样的推理得到同样的答案。深深吸引他的不是正确答案，而是导致这些错误答案的思维。基于这种观察结果，他提出的理论假设是，年龄大的儿童不仅在学到的东西上比年龄小的儿童多，而且他们对于问题的思考也与后者有很大的不同。他通过研究自己的孩子吕西安娜（Lucienne）、杰奎林（Jacqueline）和洛朗（Laurent）得出了许多结论。

3. 其他理论

关于儿童绘画还有一些其他理论观点。弗里曼（Freeman）提出了“产生缺陷”假说，他认为儿童绘画反映的是“产生缺陷”而不是概念掌握的局限。比如，他认为“蝌蚪人”看起来没有身体是因为儿童的绘画策略是从头到脚的线性方式，而忘记了躯干。维拉特斯（Willats）提出了“信息加工理论”，突出强调了视觉现实主义出现所需要的具体绘画规则的获得。维拉特斯和弗里曼都对客体中心描绘（客体形状不会被扭曲）和观察中心描绘（客体形状扭曲）进行了区分。这个观点与皮亚杰等人关于儿童绘画从心智到视觉现实主义的观点相似。

（二）儿童绘画发展过程

儿童绘画发展有其独特的规律，具有阶段性特征。绘画发展过程中有两大主要里程碑：图画理解的发展和正式绘画的发展。

1. 图画理解

理解图画的能力主要包括图画表征的识别能力、图画中深度的感知力和图画美学特质的感知力。

（1）图画表征的识别能力。对图画所承载的表征信息进行识别，需要个体认识到四个部分：图画与所表征客体间的相似性；图画与所表征客体间的差异性；图画表征的双重特性，既是平面客体又是三维世界的表征；图画的产生有意图。儿童对前两部分的理解较好，后面部分发展较晚。

（2）图画中深度的感知力。婴儿不能感知图画深度。但是，2～3 岁的儿童能够利用遮挡线索或相对高度线索判断客体的远近（相对深度判断），但是无法准确辨别相对距离。3～5 岁儿童主要依赖遮挡线索和相对高度线索来感知深度。对图画表征的识别能力和对图画中深度的感知力可能随着个体对真实世界的体验而发展。

（3）图画美学特质的感知力。研究表明，3～4 岁儿童具备了一定的感知图画的表达、风格和构成等方面的能力。但是当儿童注意力有限时，儿童往往会先注意表征性内容，而忽略图画的美学特征。

2. 正式绘画

相对儿童图画理解能力的发展，儿童正式绘画的发展更引人关注。儿童绘画的古怪特点被认为是不成熟的标志，但也有些人把这看作是儿童在某种意义上等同于艺术家的标志。儿童绘画活动和造型表现能力有自己独特的发展规律，随儿童年龄的增长呈现出明显的阶段性特征。每个儿童都要经历这些阶段，不能跨越。由于教育和环境的影响以及儿童自身的成熟程度（包括儿童身体的发育情况、神经系统的成熟程度以及认知发展水平），有的儿童发展快一点，有的儿童发展慢一点，在时间上并不完全一致，但在次序上不会颠倒。儿童绘画发展的阶段可以分为涂鸦期、象征期、图式期三个分期。

（1）涂鸦期。涂鸦是儿童绘画的第一个里程碑，大概出现在儿童 1～2 岁的某个时候。涂鸦指儿童的乱涂乱画（见图 5 - 4）。涂鸦期的突出特点是儿童没有绘画构思和目的，以游戏的形式随意进行画线活动，画出的线条轻淡、凌乱、不成形，不代表任何事物，只是出于对绘画动作和画出线条的兴趣；在涂鸦过程中，儿童对手部动作的控制程度和线条的分化程度以及与实物的相似程度是渐进发展的。儿童的涂鸦可以分为：1）无意识涂鸦，儿童自然而然地在纸上、墙上、地上随意涂抹，画出一些凌乱的线条。这些线条是无目的、无控制的，只是动作在纸上留下的痕迹。这是涂鸦的开始。2）有控制涂鸦，随着儿童自身的发展成熟，儿童涂鸦由刚开始的无目的杂乱线到有意识地画出纵横线，即开始有控制地涂鸦。3）圆圈涂鸦，随着儿童在涂画中对动作和结果的了解逐渐加深，他们尝试画出图形，圆形线的意义在于线条开始封闭形成图形，虽然很简单，但却是儿童首次画出的图形。4）命名涂鸦，儿童在不断地涂画过程中逐渐将图形与线条结合起来，他们给自己画的线条和图形起名字，自言自语地进行注释和说明，也有人称这种

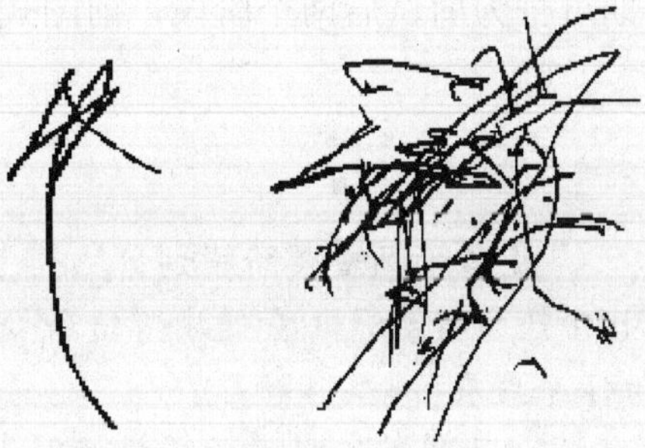

图 5-4　涂鸦

线条为“注释线”。命名涂鸦是无意识地先画线，后发现其与物体的联系；儿童画出的线条呈现的形状离开其语言的解释就失去了表现意义，无法确定其代表什么。

(2) 象征期。象征期是一个过渡时期，在 3 岁左右。随着儿童中枢神经系统的进一步发展、肌肉的发展和语言思维能力的增强，儿童开始产生表现的意图，试图用一些简单的图形、小点、线条象征性地表现某种具体事物。儿童在象征期所画的图画是用一种简单化、符号化的代表事物的图形，而不是客观反映外界事物形象（见图 5-5）。这一时期大部分儿童都对圆脸感兴趣，他们可以在圆形里再添上小圆。这个时期的儿童在涂画中最典型的是画一种叫“蝌蚪人”的形象，只有头和单线条竖线的“脚”。儿童所画的“脚”其实并不是“脚”，而是整个身躯的代表，儿童在象征期的图画除了与智力、认知有关系外，在生理上也与手的发育尚不完全有关。

图 5-5　各种“蝌蚪人”

(3) 图式期。4～9 岁儿童开始把视觉经验的对象变成视觉表象（心像）并把其再现于图画，这个阶段称为图式期。这一时期儿童的图画已经有了明确的形象，不用解释就能让人看懂。虽然他们能运用掌握的概念化的图形表达自己的愿望、想象和感受，但绘画带有强烈的主观性。图式期可分为前、后两个阶段，前图式期一般在 4～7 岁，后图式期一般在 7～9 岁。

拓展阅读

儿童绘画发展阶段划分

罗恩菲尔德（Lowenfeld）认为绘画是儿童健康情绪和心智成长不可缺少的自我表现活动，他将儿童绘画分为 6 个发展阶段：

准备阶段（0～2 岁），绘画始于感觉与环境的首次接触；

涂鸦阶段（2～4 岁），显示初步的手、脑、眼等的协调；

前图示阶段（4～7 岁），以自我为中心观察现实生活；

图示阶段（7～9 岁），画面出现明确的空间秩序；

写实萌芽阶段（9～11 岁），绘画出现透视；

拟写实阶段（11～15 岁），开始能精确地表现实物。

三、儿童音乐的发展

音乐在我们生活中无所不在，是人类交流情感和思想的另一套符号系统。音乐对儿童个性的形成具有独特作用。

（一）音乐发展的理论取向

早期音乐心理学家的研究主要集中在音乐智力的测量上，包括个体差异及其发展的测量。西肖尔（Seashore）主要从音乐的声学特征和感觉能力两个角度测量音乐智力，默塞尔（Mursell）认为西肖尔忽略了重要的音乐概念，他认为音乐智力的测量不仅应该评估节奏和音调关系的判断，还要评估对音乐的情感反应。

当认知心理学兴起后，音乐心理学家开始把注意力从个体差异的策略转到寻找音乐知觉上来，同时开始把他们的工作与音乐理论家的工作联系起来，把音乐心理学的目标定位在确定对音乐的知觉和解释时的心理结构上。早期关于音乐的发展研究主要是描述性研究，多为个案研究。例如，描述音乐反应的年龄发展模型。相关研究指出儿童在 6 周左右表现出对音乐的喜欢，12～32 周能够通过音乐平静下来。

关于音乐发展，最早的理论取向是基于皮亚杰发展理论框架构建的。早在 20 世纪 60 年代，弗勒德瑞（M. Pflederer）就将皮亚杰的认知发展研究运用到音乐领域，进行“音乐守恒”的实验研究，对儿童音乐知觉进行了分析。在过去几十年里，音乐发展的理论取向逐渐被认知心理学所推动，开始把音乐语法和语言语法做类比，开展相关的研究。

（二）儿童音乐发展过程

个体在婴儿早期就能表现出对音乐的某些敏感性，究竟什么时候开始能辨别不同的音高、音色、音长和音强？什么时候能感受音乐的节奏感和旋律感？用歌曲表达音乐的发展历程又是怎样的？这些问题都引起了发展心理学家、音乐心理学家、教育家的重视。

音乐发展过程中的两大主要里程碑包括：对音乐的认识和理解、用歌曲表达音乐。

1. 音乐认知和理解

婴儿在很早的时候就对音乐表现出某种敏感性。包括对简单音乐结构、更复杂更高级音乐结构的认知和理解以及对音乐美感特质的感知。

（1）对简单音乐的敏感性。婴儿早期就展现出类似于成人的对简单音乐结构的惊人反应。婴儿所听的音乐主要是摇篮曲和嬉戏类歌曲。针对婴儿的歌曲柔和而平静，具有重复性和简单性的特点。婴儿在很早的时候就能被这些音乐的一般特性所吸引，表现出对简单音乐的敏感性。婴儿也能把节奏和旋律当成连贯的模式去感知。9 个月的婴儿能很好地辨别自然大音阶和非自然大音阶，辨别出不平等半音。另外，婴儿也表现出对谐和音的偏爱。

（2）对更高级别音乐结构的敏感性。从婴儿后期开始，随着年龄的变化，个体对音乐结构的敏感性的发展变化仍在不断进行，个体开始对更高级别的音乐结构表现出敏感性。高级别的音乐结构主要包括：自然音阶结构、曲调变化、曲调音符等级和“音乐守恒”。5～8 岁的儿童能成功地完成音乐“守恒”的任务——从表面变化状态（如不同调子、不同速度或不同演奏乐器）下识别音乐不变的结构——这种忽略表面变化而对音乐根本结构的识别类似于皮亚杰的守恒任务。

（3）对音乐美感特质的感知。音乐被形容为一种情绪语言，它能表达情绪情感。一般来说，大调式音乐带来积极的影响，小调式音乐带来消极的影响，不谐和和弦表达焦虑兴奋或悲伤的情绪，谐和和弦则表达快乐和平静的情绪。研究发现，3 岁儿童可以区分大/小调式传达的快乐/悲伤情绪，但研究解释这种感知力只能是伴随经验而产生的。研究显示，6～19 岁的儿童都具备了对音乐风格的认知力，这种判断力会随年龄的增长而有所提高。

拓展阅读

儿童音乐能力发展的一般年龄特征

0～1 岁：对声音作出各种反应。

1～2 岁：自发地、本能地“创作”并唱歌。

2～3 岁：开始能把听到的歌曲片段模仿地唱出。

3～4 岁：能感知旋律轮廓。如果此时开始学习某种乐器演奏，可以培养绝对音高感。

4～5 岁：能辨别音高、音区，能重复简单的节奏。

5～6 岁：能理解、分辨响亮/柔和之声；能从简单旋律或节奏模式中辨认出相同部分。

6～7 岁：在唱歌的音高方面已较为准确；明白有调性的音乐比不成调音的堆砌好听。

7～8 岁：有鉴赏谐和音和不谐和音的能力。

8～9 岁：在唱歌和演奏乐器时，节奏感比以前有明显的提高。

9～ 10 岁：节奏、旋律的记忆改善了，逐步具有韵律感；能感知两声部旋律。

10～11 岁：和声概念建立，对音乐的优美特征已有一定程度的感知和判断能力。

11～17 岁：欣赏、认识和情感反应能力均逐步提高。

2. 用歌曲表达音乐

歌唱是一项复杂的任务，婴儿早期具备最原始的创造音乐的能力——发声、模仿音高。但儿童必须到 6 岁左右才能开始真正意义上的歌唱（包括自创歌曲和标准歌曲），因为这个年龄段的孩子开始掌握构成歌曲的相关规则——如相邻音程间的准确距离、连贯的旋律等。

（1）婴儿期歌曲。婴儿早期的“歌唱”类似于涂鸦和学说话时的牙牙学语。婴儿最原始的“歌唱”体现在：不断地发声、不断练习发声，改变并模仿乐音的音高。9～12 个月的婴儿能模仿不连续的高音，通常一口气唱完几组连续的高音（有时也称作咿呀歌）。

（2）后婴儿期——自创歌曲。无须任何训练，儿童在 6 岁时就能达到成人的歌唱水平。但在这之前，儿童音乐的发展历程主要经历音高的不连续、音程逐渐扩大以及音乐节奏和调性组织的获得。婴儿 18 个月时，个体音高变得不连续，时而与旋律一致，时而走调，音程大小也不准确，这个时期的儿童主要自创歌曲而不尝试模仿他们听到的音乐。随着儿童年龄的增加，特别是在 1.5～2.5 岁之间，儿童的音程呈逐渐扩大的发展趋势。伴随音程的产生，早期的婴儿歌曲旋律升降呈波浪状曲线，但缺乏节奏组织或调性组织。直到 3 岁，儿童慢慢开始用单一的调子歌唱，尽管还不够熟练。

（3）儿童期——标准歌曲。大约在 2 岁时，儿童开始尝试唱他们所听到的歌曲。早期对标准歌曲的模仿，往往缺乏节奏组织和调性组织，就像无意识状态下歌唱一样。相对节奏和调性组织的缺乏，儿童对歌词的模仿能力极为成功。到 28 个月，儿童开始能较准确地模仿字母歌曲中的节奏。到 29 个月时，儿童自发创作的旋律变得成熟。总的来说，2～3 岁时，儿童能模仿音高。3～4 岁时，儿童歌唱标准歌曲时能显示出清晰准确的节奏感，能维持音程不变但无法使用固定的调子；而到 5～6 岁才能获得稳定的调性中心，保持调子不变。

术语解释

1. 学业成就（academic achievement）：也称学业成绩（学绩），是指经过一定的教学或训练，达到一定的学习效果。

2. 自我效能感（self-efficacy）：是指个体对自己能否成功地从事某一行为进行的主观判断。

3. 阅读困难（reading disabilities）：是一种特定的语言障碍，源于对文字解码能力的不足，通常在声韵处理能力上反映出来。这种解码能力和年龄、其他认知能力及学业能力并无一定关系，也不是由一般发展的障碍或感官障碍导致。

4. 数学学习困难（mathematics learning disabilities）：是指智力正常的儿童，在教育机会未被剥夺的情况下，由于数学学习能力缺损而导致在数学学习上明显落后于同年龄或同年级儿童的现象。

本章小结

1. 学业成就是指经过一定的学习或训练，在一个比较明确的、相对限定的范围内的学习效果，是学生在学校教育中的主要成果，也是学生发展的重要目标。学业成就的主要影响因素包括动机和自我效能感等儿童自身的特征、同伴关系、家庭和学校的教育环境、教育系统乃至社会经济地位。

2. 发展性阅读困难是指在发展过程中没有明显的神经或器质性损伤、智力正常儿童的阅读水平显著落后于相应的智力水平或年龄的情况。数学学习困难是指儿童智力正常，教育机会未被剥夺的情况下，由于数学学习能力缺损而导致在数学学习上明显落后于同年龄或同年级儿童水平的现象。儿童阅读理解的发展、数学理解的发展和艺术的发展是心理学家关注的重点，三者为儿童的学业和生活奠定了基础，对儿童学业成就具有十分重要的意义。

拓展学习与活动

相关网站：

http：//www. ncld. org/ 美国国家学习困难中心

推荐阅读：

1. 吴汉荣．(2006)．*开启智慧之门——儿童学习困难预防与矫治*．上海：华东师范大学出版社．

2. 达斯．(2007)．*阅读障碍与阅读困难——给教师的解释*．北京：人民邮电出版社．

3. 张奇．(2000)．*儿童审美心理发展与教育*．北京：北京师范大学出版社．

小论文：

观察班级中的一名学习困难学生（可以是阅读困难或数学学习困难或混合型），根据本章所学内容，联系教育实践写一篇关于“学习困难”的个案研究论文。重点思考如何帮助这名学生。

第六章

儿童的个体化过程

问题思考

阅读本章内容后，你将找到以下问题的答案

自我是何时产生的？

什么时候我们第一次用“我”来指代自己？

性别是如何形成和发展的？

有哪些因素影响性别的形成和发展？

气质理论是如何解释气质差异的？

研究者是如何把复杂的人格简化为人格因素的？

这个世界上没有两个完全一模一样的人。我们每一个人一来到这个世界上就带着与众不同的特点，随着时间的推移这些特点会进一步凸显出来。世界正因我们的不同而异彩纷呈。

自我是怎么发展起来的？我们的性别是怎么发展的？我们的气质和人格呢？下面通过一个有趣的对话开始我们的“个体化过程”研究：

当被问起“你长大了想干什么”时，一个 4 岁的小男孩很认真地回答：“我长大了，是个男的，就当医生，是个女的，就当护士。”

他为什么会这样回答？

第一节　自我的发展

“我是谁？我从哪里来？我要往哪里去？”这三个关于自我的追问从古至今一直在吸引着人们的关注，哲学家、文学家、艺术家等以各自的方式探寻解读这些问题的意义。中国古代留下庄周梦蝶的故事。在梦里，庄子变成了蝴蝶，翩翩起舞，“得意忘形”，忘却了自己的存在。庄子突然梦醒：是我庄周变成蝴蝶，还是蝴蝶变成了庄周？在希腊德尔菲神庙的门楣上也镌刻着“认识你自己”的名言圣语。作为 19 世纪末新生的一门科学，心理学也在不断努力做出回答，许多发展心理学家试图通过研究来探索自我的真正含义。

一、什么是自我？

在心理学领域，对自我做出开创性研究的心理学家当属美国心理学的创始人之一威廉·詹姆斯（William James）。1890 年，詹姆斯就把我分为主我（I-self）和宾我（me-self），主我主要是指自我中积极地知觉、思考的主体，而宾我是自我中被注意、知觉和思考的客体。社会学家库利（Charles Cooley）提出“镜像自我”（looking-glass self）的概念，认为自我是在社会互动中产生的，一个人对自己的看法是通过社会这面镜子里所看到的自己的影像。米德（George Herbert Mead）认为，自我的发展是与社会的发展融合在一起的。埃里克森（E. H. Erikson）的心理社会发展理论之中，充满了与自我有关的心理学术语，如自主、自我同一性等等，他的理论对自我的发展作了很好的诠释。

不同的心理学家从不同的角度对自我做出了许多不同的解释，因此，我们很难给自我下一个简单的定义，我们可以从自我所包含的内容及其发展中去寻求理解。一般而言，自我包括自我意识、自我概念、自我同一性、自尊等等。

心理学家的故事

威廉·詹姆斯

威廉·詹姆斯（1842—1910）被认为是 19 世纪末和 20 世纪初美国最主要的心理学家，美国心理学的创始人之一，晚年的詹姆斯宣称自己认识每一位重要的欧洲心理学家和哲学家。

詹姆斯走上心理学的道路是很曲折的。1842 年，詹姆斯出生于一个富裕而有教养的家庭。年轻的詹姆斯在欧洲游历，见过他那个时代的许多大人物。早期的詹姆斯表现出过人的绘画天赋，并开始学习艺术，但几个月后就放弃了。1861 年，詹姆斯进入哈佛大学，他最初的专业是化学，但詹姆斯很快就讨厌这门课，转而学习自然历史方面的课程。1865 年，詹姆斯前往亚马逊进行生物学研究，但是生病以及单调的工作让他对生物学研究失去了兴趣，回到哈佛大学后的詹姆斯开始学习医学，但不到两年，他就丧失了对医学的兴趣，即使获得了医学学士学位，他也下定决心永远不行医。在此期间，詹姆斯开始学习心理学和哲学。

1873 年，詹姆斯接受了哈佛大学提供的生理学和解剖学的讲师职位，在此期间自学了许多心理学的内容，才算正式走上了心理学的道路。1882 年，詹姆斯休假离开哈佛前往欧洲旅行，重新联系许多欧洲心理学家。1889 年，詹姆斯受邀去巴黎主持首届国际心理学大会。

1878 年到 1890 年，詹姆斯花了 12 年的时间完成了 1 393 页的《心理学原理》，该书取得了巨大成功，并成为国际上标准的心理学教材，并让詹姆斯成为美国最重要的心理学家之一。

参考文献：戴维·霍瑟萨尔．(2015)．*心理学家的故事*．北京：商务印书馆．

二、儿童自我的发展过程

刚刚呱呱坠地的新生儿能够意识到自己的存在吗？如果新生儿不能，那么什么时候个体才能产生自我意识？自我是否如何随着年龄的增长而不断发展？自我在不同年龄阶段各有什么样不同的发展表现？

（一）婴幼儿时期的自我——自我的诞生

米德认为，自我是个体与社会互动的产物，因此，新出生的婴儿是没有自我意识的，因为他还没有把自己与外在的环境区分开来。许多发展心理学家认同这种看法，另外有一些心理学家则认为，新生儿一出生就有能力区分自己与周围的环境。为此，心理学家们不断地进行研究，以探寻自我是何时诞生的。

有研究显示，当新生儿听到另一个婴儿哭声的录音时他也会哭，而听到他们自己哭声的录音时却不哭，这种区别说明新生儿时个体就能区分出自己与他人的不同（Dondi, Simon, & Caltran, 1999）。另外一项研究表明，新生儿对外界刺激（如他人触碰其面部）的反应要大大强于自我刺激（自己触碰面部）的反应，这说明新生儿时期个体就以某种形式意识到自己的身体与外部环境是分离的（Rochat & Hespos, 1997）。还有研究者（Meltzoff & Moore, 1977）对出生12～21天的婴儿的模仿能力进行了研究。实验情境是这样的：一个婴儿和一个成年人待在一起，当婴儿注视成年人时，成年人对婴儿做出各种鬼脸。用录像记录婴儿的脸部行为，并由第三者对婴儿的表情进行编码，结果表明：婴儿在模仿他们所看到的表情。研究者据此认为自我意识是婴儿正常的生理功能的一部分，在出生时就已具备。

关于婴儿的自我意识，研究者设计了一个精巧的实验来予以探讨。研究者在婴儿面前呈现他们自己在镜子、录像带和照片中的图像，结果发现3个月大的孩子看他人的录像时间更长，这意味着3个月的孩子已经能够区分出自己和他人（劳拉，2002）。

以上的发展可以看作主我的发展，即个体对自己是一个独立于其他人与物的存在体的认识。大多数研究者认为最早出现的自我是“主我”，在与社会互动的过程中，婴儿意识到自己的动作能够引起物体的运动及引发他人的反应，意识到自己的动作与外界的反应之间有一种对应关系，自己是施动者，自我意识就出现了。

在主我发展的同时，宾我也在不断地发展。宾我把自我当作一个客体对象进行知觉、注意等，宾我主要指向个体的一些独特特征，如性别、身高等身体特征。一般认为，到出生后的第二年时，个体开始出现宾我，他们逐渐发现自己不同于他人。心理学家们往往用“点红实验”（rouge test，也叫胭脂测验）对婴儿的宾我发展进行研究。在“点红实验”中（Lewis & Brooks-Gunn, 1979），9～24个月大的婴儿分别坐在镜子前，然后母亲借口说要给孩子擦脸，顺手在孩子鼻子上涂上红色颜料，较小的孩子会触摸镜像中的小红点，而大多数15～17个月大的孩子会摸自己的鼻子，这意味着他们已经清楚地知道镜子中的那个孩子是自己。到2岁时，几乎所有的孩子都知道镜子中的影像是他自己。

到2岁时，绝大多数儿童都会使用“我”这个人称代词来指代自己了，这标志着经过个体最初两年的社会互动，自我已经初步发展起来了。

在婴儿时期，自我控制也逐渐显现并日趋发展。自我控制是个体对自己的生理和心理活动、思想观念和行为的调节和控制。12～18 个月时，自我控制的萌芽——遵从出现了。这一时期的个体初步具备了根据照料者的要求进行反应的能力，即服从简单的命令和要求，按照成人的要求去行为。大约 18 个月时，自我控制才真正出现。研究者用三个任务对学步儿童的自我控制进行了研究。在任务一中，要求他们不要触摸一个好玩的电话玩具；在任务二中，葡萄干被藏在茶杯下面，告诉他们要等到实验者说可以拿起茶杯吃葡萄干时，才可以这样做；在任务三中，学步儿童被告知在成人完成工作前不要打开礼物。在以上三个任务中，儿童的等待能力在 18～30 个月之间都有所提高（劳拉，2008）。

（二）幼儿时期的自我

大多数发展学家认为，幼儿时期个体的自我概念是具体的，自我概念是个体对作为一个整体的自己的意识和体验相对稳定的观念系统。幼儿的自我描述主要集中于自己的身体特征、年龄、性别、喜爱的活动和自己的情绪状态等等，几乎没有任何心理方面的自我描述。当然，对此也存在不同意见。有研究者（Eder，1990）发现：如果让 3.5～5 岁的孩子用迫选陈述（如描述自己的社交性，提供两个选项："我喜欢自己玩"和"我喜欢跟朋友一起"）做出选择时，因为完成此任务所需的言语技能较少，幼儿可以迅速地做出选择，而且这种选择较为稳定，研究者据此推论认为幼儿已经能够用类似抽象的心理特质来描述自己。

在幼儿时期，自我评价也得到了初步的发展。自我评价是个体对自己的生理、心理和社会特征及行为的某一方面或整体的评价过程。研究表明（韩进之，1986），自我评价开始发生的转折年龄为 3.5～4 岁，绝大多数 5 岁儿童已具备自我评价的能力。国外研究者发现，与其他所有年龄阶段相比，3～8 岁的幼儿的自我评价水平最高。总体而言，幼儿的自我评价能力还处于较低水平，大致表现出以下 3 个特点（刘金花，1996）：依从性和被动性；表面性和局部性；情绪性和不稳定性。

在幼儿时期，自我控制得到了进一步的发展。我国心理学家韩进之对中国幼儿自我控制能力的研究表明：3～4 岁时，自我控制能力还不明显；4～5 岁时自我控制能力发生了明显的转折性变化；5～6 岁的儿童绝大多数都有一定的自控能力（韩进之，1986）。

自我延迟满足（self-imposed delay of gratification）可以看作自我控制的一种表现形式。自我延迟满足是个体为了更有价值的长远结果而主动放弃即时满足的选择取向，以及在等待过程中展示的自我控制能力（杨丽珠，王江洋，刘文，2005）。

中国孩子的延迟满足怎么样呢？辽宁师范大学的杨丽珠教授等人以中国和澳大利亚 3～5 岁的幼儿为被试进行了延迟满足能力的比较研究（杨丽珠等，2005）。在正式实验时，主试给被试拿来一辆玩具大救火车和一辆玩具小卡车，在地上演示玩法，之后将玩具放在桌子上，询问被试喜欢哪辆车，被试选择大救火车，主试便说"一会儿我必须到隔壁房间工作，等我工作完自己从房间里出来后你就可以玩这辆大救火车。如果你不想等，你可在任何时候按铃把我叫出来，如果你按铃把我叫出来，你就只能玩这辆小卡车。

我不在时你不能玩车，如果你玩了，我回来后你也不能玩这辆大救火车。实验人员还通过录像编码手段对幼儿所使用的延迟策略进行了统计分析。结果显示：（1）澳大利亚幼儿平均延迟时间为 649.33 秒，显著长于我国同龄幼儿的 359.53 秒；在 86 名中国幼儿中只有 26 名完成等待任务，而 36 名澳大利亚幼儿中就有 23 名完成等待任务，澳大利亚幼儿自我延迟满足发展水平高于我国同龄幼儿；（2）3～5 岁幼儿自我延迟满足发展水平随着年龄的增长而发展，3 岁幼儿延迟策略使用少，平均延迟时间短暂；4 岁幼儿以使用寻求策略为主，平均延迟时间显著延长；5 岁幼儿完成选择等待任务的人数明显增多，以使用寻求策略和自我分心、问题解决策略为主。

心理实验

棉花糖实验

20 世纪 60 年代，在斯坦福大学幼儿园里一间名为“惊喜屋”的房间内，沃尔特·米歇尔（Walter Mischel）博士进行了堪称经典的“棉花糖实验”。

初始研究

一个 4 岁的小孩坐在桌子前面，桌上放着他自己选择的最喜欢的零食：棉花糖（也可能是奥利奥饼干或巧克力棒）。一个研究人员对他说：“看到这块零食了吗？我现在要离开这个房间，如果你在我离开房间的时候吃，可以吃一块；但如果你等我回来再吃，可以吃两块。记得哦，如果你在我离开的时候吃了一块，就没有第二块了。你明白我的意思了吗？”孩子点点头，研究人员就离开了。

20 分钟后，研究人员回来了。大约只有 30%的孩子等到了那个时候，拿到了第二块零食奖励。

追踪研究 1：被试高中时

当这些孩子进入高中时，米歇尔教授的研究小组对当时的幼儿被试进行了追踪研究，给所有参加过棉花糖实验的孩子的父母和老师发去了调查问卷，了解他们的许多情况：包括制订计划、做长期打算的能力，解决问题的能力，和同学相处的情况，以及他们的 SAT（美国大学标准入学考试）分数。结果发现：那些幼时在棉花糖实验中坚持更久的孩子有更高的 SAT 成绩，其中坚持时间最短的三个孩子比起那些坚持时间最长的孩子的 SAT 部分整整差了 210 分。

追踪研究 2：被试成人时

在被试 25～30 岁时，在棉花糖实验中等待时间更长的被试自我报告说：（1）更有能力去追逐并达到长期目标；（2）更少地使用有风险的药物；（3）达到了更高的受教育水平；（4）体重指数明显低很多；（5）更好的人际关系。

追踪研究 3：被试中年时

在被试差不多 45 岁时，那些在棉花糖实验中对诱惑坚持更久以及在日后不断地将自控力保持在一个较高水平的人，他们的脑前区回路有着非常显著的激活。那些延迟能力低下的被试，他们中脑的皮层更加活跃。

参考文献：沃尔特·米切尔．2016．*棉花糖实验*．北京：北京联合出版公司．

（三）小学时期的自我

在小学时期，个体的自我在不断发展，日趋稳定。儿童对自我的描述发生了重大的改变，从学前期注重生理自我的回答转向对心理自我的追寻，他们的自我概念也在不断分化，由幼儿期一个较为笼统的自我分化为包含多个方面的自我。儿童可能会发现自己在某些方面可以做得很好，但在其他方面做得不好，如一个9岁的小男孩知道自己在数学方面很出色，但在作文上他比大多数同学都差。在小学时期，儿童自我评价的正确性也日趋稳定，自我评价与他人评价越来越接近（David R. Shaffer，2005）。8岁左右的时候，儿童的社会自我逐渐发展起来，他们往往将自己跟某个团体结合起来，并逐渐形成社会身份。

在小学阶段，个体通过更多的社会比较，尤其是与同伴的比较来评价自己的表现，因此，小学阶段的儿童的自尊出现了明显的分化。到七八岁时，西方儿童至少已经形成了四种自尊：学业、社会、体育/运动和身体相貌。随着年龄的增长，自尊会更进一步分化，形成更加精细的类别（Marsh & Ayotte，2003），如学业自尊进一步分化为不同的学科表现（如数学表现、语文表现等等），社会自尊分化为同伴关系和父母关系。

在小学生自我发展的过程中，社会比较（social comparisons）发挥着非常重要的作用，通过与他人在外貌、能力、品质等方面的比较，小学儿童的自我评价日趋稳定，日趋接近现实，因此，与幼儿相比，小学儿童的自我评价出现了一定程度的下降，而且这种下降趋势会一直持续到青春期。

（四）青少年时期的自我——“我是谁?”

青少年时期是自我发展的一个关键时期，被称作为“自我的第二次诞生”。自我在青少年的发展过程中居于一个关键地位，青少年的许多发展都是围绕自我召开的。

按照埃里克森的心理社会发展理论，青少年期的发展任务是同一性（identity）的确立。埃里克森（Erikson，1950）认为同一性是“一个人对个人的含义的内在一致性和连续性方面的内在自信”，即个体在过去、现在和将来这一时空中对“自己是谁”，对自我存在的不变性和连续性的主观感觉和意识。埃里克森认为同一性由3个重要因素构成：连续性（continuity）、一致性（sameness）和一贯性（consistency）。与同一性相关最密切的三个问题是：“我是谁”“我从哪里来”“我要到哪里去”。

埃里克森对同一性的论述主要集中于理论层面，同一性地位的实证研究起始于玛西亚。1966年，玛西亚提出了同一性地位理论（identity status model），对同一性进行了操作化的定义，他根据探索和承诺两个维度把个体的同一性划分为四种类型，如表6-1所示。

表6-1 同一性地位的维度及分类

	低承诺	高承诺
低危机/探索	混乱型同一性（diffused）	早闭型同一性（foreclosed）
高危机/探索	延缓型同一性（moratorium）	达成型同一性（achieved）

对于同一性的发展，玛西亚（Marcia，1967）认为同一性是一个连续体：混乱型同一性—早闭型同一性—延缓型同一性—达成型同一性。在个体发展过程中，个体可以从一种同一性地位发展到另外一种地位。同一性地位类型之间的区别在于它们的成熟度不同。混乱型同一性、达成型同一性在两端，早闭型同一性、延缓型同一性在中间。有研究者对此提出不同看法，Van Hoff（1999）分析了迄今为止发表的有关同一性的实证研究，结果显示在同一性地位的变化中，不变（稳定的）占支配地位，50%的被试为混乱型同一性或早闭型同一性，进步的数量仅稍高于退步的数量，但没有达到显著水平。

同一性发展何时最为迅速？研究者调查了11～17岁男女同一性地位的变化，她发现17岁个体中，19%属于达成型同一性或延缓型同一性（Archer，1989）。另有研究者比较了高中阶段和大学阶段同一性发展变化的情况，发现同一性在高中阶段变化很小，而大学阶段变化较大，因而研究者认为同一性冲突一般在大学阶段（18～22岁）得到解决（Waterman，1999）。基于以上的研究，研究者基本上达成了共识，即18～22岁是同一性发展的关键时期。

对于同一性的发展趋势，研究者已经达成共识，那就是随着年龄的增长，同一性意识逐步增强，同一性地位逐步提升。一项对1966—1993年有关同一性地位研究的元分析发现：在大多数研究中，同一性地位处于发展之中，77%的研究发现，达成型同一性或延缓型同一性增加，早闭型同一性、混乱型同一性减少（Meeus，1996）。

关于同一性发展的模式，研究发现同一性地位的发展呈现进步、稳定和退化3种模式。研究表明总体而言，同一性的发展呈增强趋势，达成型同一性和延缓型同一性随年龄增长而上升，早闭型同一性和混乱型同一性随年龄增长而下降，这两种发展被称为进步，反之被称为退步。还有一种是“稳定”。研究发现同一性总的发展趋势是进步，只在少数研究中发现了退步现象。不同年龄段同一性发展的模式是不一样的，中学时期总体上是从混乱型同一性中解脱出来，而大学时期则是从早闭型同一性中解脱出来，达到达成型同一性。

在自我概念方面，青少年呈现出比较有趣的发展。随着青春期的到来，外表和受欢迎程度对青少年的自我概念的影响越来越大，这导致他们的自我概念出现一定程度的下降，尤其是女生的下降更明显一些（Sadker & Sadker，1994）。与幼儿和小学儿童相比，青少年的自我概念发展日趋抽象化，研究发现，与小学儿童用相对简单、具体的词语描述自己相比，青少年往往用更复杂和抽象的词汇描述自己，而且往往更多地从心理层面进行自我描述。青少年的自我概念发展也呈现出一定的矛盾性。一方面，其自我概念的结构在不断分化，青少年的自我由一个较为笼统的自我逐渐分化为多层次多角度多情境的自我，青少年往往会从不同人际关系角度来描述自我，而且他们在不同的社会关系中对自己的描述也是有变化的。另外一方面，在青少年自我概念不断分化的同时，一个相反的过程——整合也在不断进行之中，如有研究显示，14～15岁的青少年往往对自己在不同角色中的自我概念的不一致而感到困惑，而17～18岁的青少年则更容易接受这一点（张文新，2002），到青少年末期时，自我概念逐渐达到一个比较统整一致的状态。

三、影响自我发展的因素

像许多其他发展心理学现象一样，自我的发生发展也是在多种因素的共同作用下逐渐发生的。自我的发生是在一定的认知条件下进行的，自我的发展是在社会互动过程中进行的。个体生活中的重要他人、各种重要社会关系对自我的发展起到非常关键的作用，其中，父母在个体的自我发展中起到至关重要的作用，在早期，依恋居于最为重要的地位，紧接着是父母的教养方式发挥着关键的作用。除了父母，同伴对自我的发展，特别是青少年自我的发展的作用不容小觑。

(一) 认知因素

研究者发现，18～24 个月的婴儿往往能够再认出自己在镜子中的映像。即使是那些从未照过镜子的游牧部落的婴儿，甚至是有严重智力障碍的儿童，2 岁时都知道镜子中的影像是自己。对于这种现象的发生，谢弗（Shaffer，2005）认为这与婴儿将自己的感觉运动图式内化为心理表象有关，一定的认知能力对自我的发生发展是必需的。

(二) 依恋

依恋是婴儿与主要照看者形成的一种亲密情感联结。作为个体最重要的互动来源之一，照看者与婴儿之间的互动促进了自我的产生和发展。研究用一套复杂的测试来考察婴儿的自我再认，并同时测查了婴儿的依恋类型，结果发现：安全型依恋的儿童的自我再认成绩显著高于非安全型依恋的儿童。鲍比的依恋理论可以解释这种联系。鲍比认为婴儿在与外界特别是主要照看者的互动过程中，形成了一个“内部工作模式”（inner working model），安全型依恋的婴儿构建了一个积极的内部工作模式，非安全型依恋的婴儿则构建了一个消极的内部工作模式。

(三) 父母教养方式

父母教养方式对个体的自我评价和自尊具有重要影响。魏运华以我国小学 4～6 年级和初中 1～2 年级的少年儿童为被试的研究显示（魏运华，1999）：父母的教养方式不仅影响儿童自尊发展的水平，而且影响儿童自尊发展的速度。在权威型的教养方式之下成长的儿童，其自我感觉特别良好（Carolson，Uppal，& Prosser，2000），温暖而积极的养育使儿童感到他们的能力和价值被接受，严格而适当的期望能帮助儿童做出明确的选择并且根据合理的标准评估他们的自身行为，专制型的父母经常将对孩子的负面评价传递给孩子，教养过程往往缺少温情，而父母评价又是个体自我评价的重要来源，因此往往导致孩子的低自尊。溺爱型的父母教养方式往往导致孩子不现实的高自尊，在与外界互动的过程中，因其不现实的高自尊而与外界发生冲突。

(四) 同伴关系

库利曾用“镜像我”这种社会互动来解释自我的产生发展，除了父母之外，同伴是儿童青少年的重要“镜像我”。魏运华（1999）的研究也显示：满意的同伴关系会促进个体自尊的发展，在同伴中有权威和地位的个体其自尊水平较高，而在同伴中地位较低的个体其自尊水平较低。

第二节 性别发展

性别是我们人类的基本类别。我们三四个月大的时候，就可以进行一定程度的性别区分。在学会走路和学会说话之前，我们就已经可以区分“男性”和“女性”。接着，我们知道了自己的性别，逐渐知道自己的性别是稳定的，长大以后也不会改变。在幼儿的时候，我们还学会了以性别的角度规范自己的行为，以及哪些是男孩的行为、哪些是女孩的行为。小学时期，我们更喜欢与同性别的同学同伴玩耍，我们会划“三八线”，毫不留情地惩罚那些越过“三八线”的异性同学。青少年的时候，我们已经不再“敌视”异性了，相反，我们对异性开始萌发朦胧的好感，希望得到来自异性关注的目光，开始了“暗恋”甚至“早恋”。

我们所处的环境也以性别的视角看待我们。很多准妈妈在怀孕时，最好奇的问题就是肚子里的小生命是男孩还是女孩。当孩子出生时，医生或护士传递给妈妈的第一个信息往往就包括这个孩子的性别——男孩或者女孩。亲戚朋友们听到孩子出生消息后的第一个问题是“男孩还是女孩”，他们会根据孩子的性别准备不同的礼物。在孩子很小的时候，爸爸或妈妈就告诉孩子他们是男孩还是女孩，他们还告诉男孩应该玩什么样的玩具，女孩应该玩什么样的玩具。

以上这些都与性别发展有关。那么，什么是性别呢？性别是如何发生发展的？在不同的发展阶段，性别有何不同的特点与表现？

一、性别概述

性别在中文中的含义相对宽泛，它既可以指生理性别，也可以指心理性别，分别对应英文中的 sex 和 gender。生理性别（sex）主要指生物意义上的特征，如性激素、生殖器官以及解剖学上的差异及特征，主要受先天的、生理性因素的影响（如基因、染色体等等）。如果一个受精卵从父母双方那里获得的都是 X 染色体，那么她在生理性别上就属于女性，在正常情况下她将发育成一位女性。如果一个受精卵从父亲那里获得 Y 染色体，那么他的生理性别就属于男性，在正常情况下他将发育成一位男性。心理性别（gender）主要指心理社会意义上与性别紧密相关的行为和态度等等，它主要受到后天的、社会性因素（如家庭教养、文化、社会环境）的影响。在心理学研究领域，研究者主要关注的是心理性别，在本章中，如无特别说明，性别指的是心理性别。

性别的发展，主要包括性别区分、性别角色、性别角色标准、性别认同及性别刻板印象等的发展。性别区分指个体对自己和他人属于男性还是女性的辨别与认识。性别角色指一个特定社会中被看作是恰当的男性和女性的行为模式。在大多数文化中，女性往往扮演生育者和抚育者的性别角色，男性往往扮演劳动者、养家糊口的性别角色。性别角色标准指为某一社会所认可的、更适宜于某一性别的价值观、动机、行为方式等等（Shaffer，2005）。每一个社会都会根据一定的性别角色标准来区分哪些行为是适合男性的，哪些行为是适合女性的。大多数文化的性别角色标准，要求女性温柔、慈爱、敏感、细心等，认为这些特质及其行为表现是适宜于女性的，而往往要求男性表现出独立性、果断性、支配性、竞争性等特质，认为这是一个男性立身处世所必需的。性别认同指个体对自身男性化和女性化程度的认识，具体包括对自身性别的认识以及接受程度。在正常情况下，男性会接受自己的男性身份，以男性为自豪，女性会接受自己的女性身份，满意于自己的性别，但在某些情况下，个体可能并不认同自己的性别，并寻求改变自身的性别。性别刻板印象指对男性或女性在行为、人格特征等方面的期望、要求和一般看法的固定印象（林崇德等，2003）。

二、性别的形成与发展

（一）婴儿

婴儿何时可以区分性别呢？费格特等人（Fagot，Leinbach，& Kronsberg，1993）的研究发现，在1岁末时，婴儿已经能够区分照片上的男人和女人，并且当男性或者女性的声音与相应的男性或者女性的脸匹配的时候，婴儿注视他们的时间要比注视那些不匹配的时间长一些。一项综述性研究显示（William Damon，2009），9～11个月的婴儿已经具有区分男性和女性的能力。18～30个月之间，婴儿会根据性别来对自己和他人进行归类（Stipek & Kipp，1990）。

婴儿的性别角色行为正在萌芽和发展。研究发现（Eichstedt & Sen，2002），12个月大的男孩和女孩还未对玩具（车辆和洋娃娃）表现出视觉偏好，18个月时这种性别偏好便开始出现了，男孩更喜欢车辆，而女孩更喜欢洋娃娃。早在1.5岁时，儿童就已经开始选择与性别相适宜的游戏和玩具了（Caldera，Huston，& Brein，1989）。研究发现，14～22个月时男孩就更喜欢卡车和小轿车，女孩更喜欢玩布娃娃和其他柔软的玩具（Smith & Daglish，1977）。

初步的性别刻板印象在这一时期逐渐萌发。研究表明，在即使没有玩具可以玩的情况下，许多18～24个月婴儿也会拒绝玩一些看起来是异性玩的玩具（Caldera，et al.，1989）。

在婴儿时期就已出现性别分离（gender segregation）现象，即儿童喜欢与同性伙伴交往，而将异性伙伴看作是圈外人的倾向，如有研究发现2岁的女孩就喜欢与其他女孩玩耍（Shaffer，2005）。

（二）幼儿

幼儿时期是性别认同初步确立的时期，幼儿的性别刻板印象在加深，性别隔离现象也开始出现。

幼儿的性别区分能力进一步增强。汤普森（Thompson，1975）研究发现，当向儿童呈现印有典型的男性形象和女性形象的图片时，24 个月大的婴儿中有 76%可以正确辨别性别图片，30 个月时正确比例上升至 83%，36 个月时为 90%，大部分婴儿可以准确地识别自己和他人的性别，即获得了基本的性别认同。研究显示，27～30 个月时，幼儿可以精确地分辨自己的性别，并将自己的照片放到与自己性别相同的儿童中间（William Damon，2009）。

性别认同在幼儿阶段得到了很大的发展。柯尔伯格认为要形成较为稳固的性别认同，真正理解成为一个男性和一个女性的内涵，个体往往要经历以下三个阶段。

第一阶段：基本性别认同。基本性别认同指个体对自己及他人性别的标识。柯尔伯格认为，一般到 3 岁时，个体才能获得稳定的性别认同，确定自己的性别是男孩还是女孩，在此之前，个体对自己的性别及他人的性别，还缺乏基本的了解。

第二阶段：性别稳定性。大约 4 岁时，个体对性别的永恒性有了一个大概的把握，认识到性别不会随年龄的改变而改变的事实，即男孩长大后必定是男人，女孩长大后必定为女人。个体将获得对性别稳定性的认识，但是这种稳定性还不够牢固，个体仍然会认为：改变发型、衣服等行为将会导致一个人转换性别。

第三阶段：性别恒常性。在幼儿后期和小学早期（5～7 岁），个体对性别的认识更趋成熟。他们了解到这样一个事实：外貌可以改变，但性别是不能改变的，一个人的性别不会因为所穿的衣服以及所玩的玩具的改变而改变。如果问一个男孩“如果你穿上一个女孩的裙子，你还是一个男孩吗?”，男孩的回答一般是否定的，他不会再被表面现象所愚弄。

幼儿的性别刻板印象进一步加深。研究人员曾做过这样一个实验（Kuhn，1978），给 2.5～3.5 岁的学前儿童呈现一个男性洋娃娃和一个女性洋娃娃，然后询问这些儿童哪一个洋娃娃会从事下列活动：烹饪、缝补、玩卡车、说很多的话、打架、爬树等典型的性别刻板活动。结果发现：即使是 2.5 岁的儿童都已具有了一定的性别刻板印象，认为女孩说话比较多、从不打人等等，而男孩往往喜欢玩卡车、打架等等。一项以英国、冰岛和美国的 5 岁和 8 岁儿童为研究对象的跨文化研究发现（Best，1977）：在上述三个国家中，5 岁和 8 岁的儿童，无论是男孩还是女孩，大多数都认为男性比较强壮、更富攻击性，而女性则比较温柔。研究人员还用 4 个信念故事测验了 4～9 岁儿童的性别刻板印象的强度（Sigelman，2009）。在故事中，主角或者对性别刻板印象活动感兴趣（例如，一个叫汤姆的男孩是另外一个男孩的好朋友，他喜欢玩飞机）或者对相反性别活动感兴趣（例如，一个叫约翰的男孩是一个女孩最好的朋友，并且喜欢玩娃娃），研究人员问被试儿童是否喜欢玩娃娃、踢足球、跳绳、玩枪等。结果发现 4～6 岁的年幼儿童比6～9岁的年长儿童的性别刻板印象更强烈，他们更不能接受男孩玩娃娃、跳绳或者女孩踢足球、玩枪等行为。一些学者认为：年幼儿童比年长儿童更刻板，往往将性别角色标准看作不容侵犯和不可改变的，对不适宜的性别角色行为的容忍度更低。

幼儿时期，性别分离现象进一步发展，3 岁时，男孩会稳定地选择男孩而不是女孩作为自己的玩伴（Shaffer，2005）。4 岁半时，美国儿童与同性别同伴玩耍的时间是与异性别同伴玩耍时间的 3 倍；6 岁半时，儿童与同性别同伴相处的时间是与异性同伴相处的时间的 10 倍以上（Maccoby，1998）。

（三）小学儿童

在小学早期，幼儿的性别认识已经发展到相当高的程度，他们的性别稳定性和恒常性已经完全建立起来。小学时期的性别发展主要表现为性别刻板印象和性别隔离的发展。

到了小学阶段，儿童的性别刻板印象将比幼儿阶段稍微缓和一些，不再那么绝对，不再那么难以容忍，儿童的性别刻板印象变得灵活一些了。在10～11岁时，儿童的性别刻板印象已经接近成人了。在小学阶段，男孩往往聚在一起从事那些属于典型的男孩子的活动，女孩子们聚在一起从事典型的女孩活动。

小学时期是性别隔离最为明显的时期。从小学阶段一直到青春期开始，儿童更喜欢与同性同伴玩耍，形成男孩团体和女孩团体，研究发现这种现象具有跨文化的一致性，并随年龄的增长而加深（Leaper，1994）。研究还进一步证实：那些坚守性别界限并回避与“敌人（异性）”接触与交往的个体更受同性同伴的欢迎，而那些与异性交往的个体更受同性同伴的拒绝（Kovacs，Parker，& Hoffman，1996）。

（四）青少年

青少年时期是性别基本确立的时期，青少年的性别发展主要表现为性别角色、性别刻板印象等方面的发展。

性别角色发展在青少年时期由生物取向转向社会取向。按照厄利安的认知发展理论，个体的性别角色发展可以分为生物取向、社会取向和心理取向三个阶段（张文新，2002）：第一阶段为生物取向阶段，在童年期（6～8岁），个体的性别角色取向以生物取向为主要依据，个体对性别角色的认识往往是依据男女两性在生理方面的差异做出的；第二阶段（8～14岁）属于社会取向阶段，个体主要根据社会文化的要求和规范来调整自身的性别角色行为；第三阶段（14～18岁）属于心理取向阶段，这一阶段的个体不再以社会要求和规范为自身性别角色行为的唯一标准，而把男女两性内在的心理品质作为性别角色行为的主要标准。

在青少年早期，个体出现了性别强化现象，即与性别有关的态度和行为变得日益刻板化，并且朝传统的性别同一性方向进一步发展（劳拉，2008）。在社会压力的影响下，青少年变得更有可能以与他们自身性别相称的行为方式去行事。以约会为例，当青少年开始约会的时候，他们可能以更符合性别角色预期的方式行事，而没有充分表现出性别特征的个体往往会不受欢迎（Laurence Steinberg，2007）。

三、性别发展与性别差异的影响因素

性别的发生发展是一个多因素交互作用的结果，先天的生物学因素与后天的社会因素相互融合、相互渗透，共同促进了儿童的性别发展。

（一）生物学因素：进化、染色体及性激素

生物学因素主要指进化、染色体和性激素等先天因素。生物学因素在个体的生命初

期独自发挥作用，塑造了个体的性别。在出生以后，生物学因素与社会因素相互作用，其影响力仍不容小觑。

进化心理学认为，人类的许多行为是进化的产物，人类的性别也不例外，性别的发展是具有进化意义的，它提高了人类个体及种族的生存可能性。进化心理学家发现，在养育孩子上，女性承担更重要的角色，对婴儿更感兴趣，这跟早期的人类社会分工是紧密相关的，早期的社会分工——女性负责采摘和育儿，男性负责狩猎和护卫，这种分工提高了种族延续的可能性。进化论还认为后天的社会力量（如家庭和学校）影响进化因素的程序和范围，如让性别类型表现得更为明显和突出，但无法根除先天进化因素的影响（Maccoby，2002）。

染色体决定了我们每个人的性别。我们每个人之所成为男性或女性，是由我们的性染色体决定的。在正常的男性身上，性染色体组合为XY，在正常的女性身上，性染色体组合为XX。染色体异常是性别发展异常的最重要的原因，在一些异常情况下，染色体数量缺少或多余都会导致性别发展异常。特纳综合征患者就是由于第二条染色体整体或部分缺失，患者为女性，其言语智力正常，但是常常在空间能力测试中表现低于正常水平。克兰费尔特综合征患者多遗传了一个或两个X染色体，其染色体呈现为XXY或XXXY，患者为男性，大约20%～30%的克兰费尔特综合征患者在言语智力上有缺陷，并且遗传的额外X染色体的数量越多，缺陷就越明显。

性激素在性别发展的过程中扮演着一个非常重要的角色。性激素的作用在出生前影响着性别的形成，在出后以后，性激素种类的不同及水平的高低影响着男女两性沿不同的轨道发展。受精卵发育成胚胎时，它们是无性别的，它的性器官只是一个尚未发育的性腺，在外形上看它是中性的。大约在第八周的时候，男性胚胎将分泌大量睾酮和缪勒式抑制物质，睾酮的作用是促进男性内部生殖器官的发育，而缪勒式抑制特质的作用则是抑制女性内部生殖器官的发育。正是在这两种激素的作用之下，中性的性腺最终发育为男性生殖系统。如果在胚胎发育的过程中，没有这两类激素的分泌，发育中的胚胎将自然发育成女性，因此，从生物学意义上，女性往往被看作“默认的性别”。

在青少年初期，个体体内的性激素水平有了较大的提高。在雄性激素的作用之下，男青少年的骨骼加速生长，体毛、胡须等第二性征迅速出现，生殖器官迅速发育成熟，身体呈现“倒三角形”。在雌性激素的作用之下，女性的乳房、子宫、阴道等迅速发育成熟，其身体也呈现“S”形。

（二）家庭

在胎儿阶段，性别完全受生物因素的控制。出生以后，社会环境与生理因素共同影响个体的性别发展。在社会环境因素当中，家庭、学校和社会文化对个体的性别发展具有十分重要的影响。

关于家庭的影响，从孩子一出生就开始了。父母的言语及行为对个体的性别发展的影响是全面而深刻的，而且这种影响，在未出生时就开始了。在孩子尚在胎儿时期，父母及其他家人就会猜测孩子的性别，并根据孩子的性别对孩子的未来进行美好的设想。随着孩子的降生，父母就会以性别化的视角去解读孩子的行为。在一项研究中（劳拉，

2002)，研究人员对第一个孩子出生后 24 小时的父母亲进行了访问，尽管新出生的男孩和女孩在体长、体重或阿普伽新生儿评价方面没有什么显著差异，但父母们仍然认为儿子更坚实、身材更高大、更容易合作、更警觉、强壮并且能吃苦，而女儿则更温柔、容貌姣好、情感更细腻等。

父母和家人还会有意识地引导孩子展现出与他们自身性别相符合的行为。研究表明，在儿童尚未获得基本的性别认同，也没有表现出明显的性别角色偏好时，父母就会鼓励与儿童的性别相适宜的行为，并阻止那些与儿童的性别不一致的行为（Fagot & Leinbach，1989）。在日常教养行为方面，父母对男孩女孩也表现出不同的态度。父母往往给男孩更大的自主权，而对女孩进行更多的直接控制（Leaper，Anderson，& Sanders，1998）。遇到困难时，父母总是倾向于很快地为女儿提供帮助，而更多地鼓励男孩自己解决问题（Fagot，et al.，1985）。

在孩子的性别发展上，父亲往往发挥着独特的作用。弗洛伊德认为：男孩在发展过程中会有意识无意识地模仿父亲的角色和行为，从而形成具有鲜明性别特征的行为。社会学习理论则强调榜样的作用，认为父亲为孩子提供了一种男性的榜样和行为模式，男孩往往把父亲看作为未来发展的模型而去模仿父亲，女孩则往往从父亲身上的男性品质上找到未来生活的参照，青春期的女孩甚至会把父亲看作为未来丈夫的模板。美国父亲角色研究的专家罗斯·派克（Parke，2000）认为：由于父亲往往以更加鲜明的、更加差异化的方式与儿子和女儿互动，父亲在孩子的性别角色发展中比母亲起着更为关键的作用。相关研究证实（李泽志，袁妮，2006）：如果父亲在家中是果断的、具有支配性的，男孩往往表现出高度的男性化；如果父亲在家里软弱而母亲具有支配性，男孩会表现出更多的女性化特征。学者赫塞林顿（Hetherington）比较了两组女孩，一组是与父母生活在一起的女孩，另外一组是只与母亲生活在一起的女孩，结果发现，在与男性打交道方面，那些只与母亲生活在一起的女孩，面对男性时表现出更高的焦虑感，来自离婚家庭的女孩更早、更频繁地与男孩约会。心理学家罗斯·派克认为（Parke，2000）：父亲对女儿的影响并不在童年时期就宣告结束，甚至到了青少年时期和成年时期，女儿与男性的关系也较多地受到她与父亲早期关系的影响。父亲对女孩的智力成就也有重要影响，甚至可以改变其智力发展前景。道格拉斯·杜内等人通过研究发现（Downey，Powell，1993），与父亲生活在一起的女孩具有较高的教育期望，并且在自然科学、数学、语文和历史等标准化成就测验中比那些与母亲生活在一起的女孩获得更高的分数。

（三）学校

在个体的性别发展方面，学校是仅次于家庭的影响因素。在学校里，教师和教科书对性别的发展都有一定的影响。

关于教师的影响，研究结论并非一致。有研究指出，教师对男孩的关注比女孩更多（C. K. Sigelman，2009），如在科学课堂上，男孩被提问的频率比女孩多 80%（D. Baker，1986）。

除了通过教师以外，学校还通过教科书对学生的性别形成与发展产生影响。美国的一个研究小组曾分析了 16 家出版社的 134 本小学教科书中的 2 760 个故事，结果发现关于男性的故事比关于女性的故事多出 4 倍。而且，故事中的女性多出现在家里，她们的行为多表现为被动、害怕和退缩等，男性则往往表现为富有支配性和冒险倾向。我国研究者（佐斌，1998）对人民教育出版社出版的小学语文课文的研究分析发现：小学语文分配给男女两性扮演主角的数量，男性是女性的 4.3 倍；而在男女能力方面，语文教材中描述女性的是无知低能的多，男性则是知识渊博、能力高强的多；在男女性格方面，描述女性更多的是不良性格特征（如小气、狠毒、不信任、迷信等），而男性则多是坚强、勇敢、正直、友爱等优良的性格品质。史静寰等（2002）对人教社版（1994—1996）的六年制小学语文教材（共 12 本）的数据统计发现：女性形象出现比例仅为 20.4%，而且呈现年级越高，课本中女性出现的比例越低的趋势。

拓展阅读

《男孩危机》与《雄性衰落》

2016 年，孙云晓和李文道合作出版了《男孩危机》一书，作者描述了当代中国男孩的四大危机：学业危机、体质危机、心理危机和社会危机。

学业危机：从小学、中学到大学，中国男孩的学业成绩全面落后于女孩。

体质危机：中国男孩的体质呈下降趋势。

心理危机：与女孩相比，中国男孩心理疾病的发病率更高，更容易出现各种成瘾行为。

社会危机：中国男孩的问题行为发生率、犯罪发生率远远高于女孩，男孩的社会形象不佳，社会责任感不够。

该书还提出了男孩危机的三大成因：应试教育对男孩更不利、父教缺失和母亲溺爱对男孩伤害更大、流行文化危及男孩性别形成。

当然，该书还提出了具体的应对之策。

无独有偶，2016 年，著名心理学家菲利普·津巴多与尼基塔·库隆布合作出版了《雄性衰落》一书，作者描述了当代美国男性的危机现状：

（1）校园里的阴盛阳衰：学业不佳。

（2）不劳而获的“绝品”男人：过分依赖。

（3）“纯爷们儿”是种病：高强度社交综合征。

（4）虚拟世界逞英雄：游戏成瘾。

（5）像肉虫子一样：肥胖。

（6）把爱情交给色情网站：性欲滥用。

（7）随时飘飘欲仙：药物成瘾。

作者同样也分析了美国男性衰落的成因：

（1）父亲的缺失。

（2）失败的学校教育。

（3）日益糟糕的环境。

（4）奇幻科技助力兴奋成瘾。

（5）应得感和现实的冲突。

(6) 女性的崛起。

(7) 父系社会的神话。

(8) 经济衰退，生活成本增加。

最后，作者同样对政府、学校、父母、男人、女人、媒体应如何应对雄性衰落提出了建议。

《男孩危机》与《雄性衰落》异曲同工，在现象描述、原因分析和应对之策上都有诸多相似之处，读者不妨阅读比较，发现不同之处。

第三节　气质与人格的发展

一、什么是气质与人格?

什么是气质（temperament）呢？著名人格心理学家奥尔波特把其定义为“个体的情绪特质，包括对情绪刺激的易感性、反应的强度和速度以及情绪状态的特征”（Allport，1961）。在影响非常广泛的《儿童心理学手册（第六版）》一书中（William Damon，2009），气质被定义为“在情绪、活动和注意领域，反应性和自我控制方面的个体差异”。气质主要是个体差异，使一个人区别于另一个人。气质主要受遗传等生理因素的制约，但气质并非一成不变，后天环境在一定程度上也可以改变一个人的气质表现方式。

什么是人格（personality）呢？Jerry M. Burger 把人格定义为稳定的行为方式和发生在个体身上的人际过程（Burger，2000），并指出人格的两个特点：一是人格的稳定性，即人格跨时间和跨情境的相对稳定性；二是人格的人际性，即人格是一种个体性的人际过程，对我们的行动、感受具有影响的情绪过程、动机过程和认知过程。

在心理学上，气质与人格的定义有时是不容易区分的。对气质的研究以儿童心理学家为主，主要研究婴幼儿时期的气质差异。对人格的研究，以人格心理学家为主，主要研究成人的人格类型划分。对于一般学习者来讲，不需要过于精细地了解气质和人格的区别，可以把气质和人格理解成某些重要的“个体差异”。

二、气质理论与研究

（一）气质的维度

1. 托马斯和切斯的研究

在气质研究方面，托马斯和切斯做出了非常重大的贡献。1956 年，他们开始了纽约纵向研究项目（New York longitudinal study），对 141 名儿童从婴儿期就开始一直持续追踪到其成年时期。托马斯和切斯最后提出了气质的 9 维度模型，并根据这 9 个维度把气质划分为三种类型：

(1) 容易型（easy child)：这种类型的儿童在婴儿期能很快地建立起生活节奏，心情一般处于积极状态，容易适应陌生的环境，表现出很强的适应性。大约有 40%的婴儿属于此种类型。

(2) 困难型（difficult child)：这种类型的儿童的日常生活往往缺乏规律，没有明显的节奏，情绪反应往往比较消极而强烈，面临新环境时，往往表现出退缩，适应新环境比较慢。大约有 10%的婴儿属于此种类型。

(3) 慢热型（slow-to-warm-up child)：这种类型的儿童往往表现得不太活跃，对外界刺激的反应水平较低，情绪较为消极，对新环境适应较为缓慢。大约有 15%的婴儿属于此类型。

除了这三种类型之外，剩余的 35%属于以上三种类型的混合。

Rothbar（1981）对托马斯和切斯以及其他研究者的气质维度进行了进一步的整合，认为气质由 6 个维度构成，并进一步组成气质的三个基本成分：情绪、注意和活动水平。

2. 凯根的气质研究

20 世纪 80 年代以后，在气质研究上做出重大进展的是哈佛大学教授凯根（Jerome Kagan）的行为抑制性-非抑制性理论。受巴甫洛夫“兴奋性与抑制”术语的启发，凯根采用“行为抑制”（behavior inhibition）这一术语来描述个体气质的两极性，一极为抑制性，另一极为非抑制性。

凯根认为在面临陌生情境的最初 10～15 分钟内，儿童所表现出的敏感、退缩、胆怯的行为，即抑制行为，在类似情况下稳定地表现出这种特征的儿童即行为抑制性儿童；反之，在这段时间内儿童所表现出的不怕生、善于交往、主动接近陌生情境的行为，即非抑制行为，而稳定地表现出这种行为的儿童即行为非抑制性儿童（陈会昌，2004）。

凯根经过长期的追踪研究后发现，在诸多气质维度中，只有抑制性与非抑制性从婴儿期开始一直到青春期后保持稳定，因而把抑制性-非抑制性看作划分气质的可靠标准。

（二）气质相关研究

1. 气质是稳定性的还是可变的?

气质是稳定的吗？一个小时候害羞的孩子长大以后是否仍然会害羞呢？有些研究者认为气质是较为稳定的。

在托马斯和切斯的纵向研究中，3～5 岁时有着轻松气质的儿童，在成人早期时更可能有更好的社会适应性（Thomas & Chess，1977)。

凯根曾对 117 名智力水平相当的中产阶级白人儿童进行一项追踪研究，追踪儿童在 14、20、32、48、66、89 个月时面对陌生情景、陌生人和陌生物体时的行为反应，结果发现，14 个月时处在极端抑制和极端非抑制的儿童（大约占总样本的 15%～20%），他们各自的行为特征一直稳定地保持到 7.5 岁（陈会昌，2004）。但另外一些研究显示，气质的稳定性并不强，处于中间状态气质类型的个体的气质很容易随年龄的增长和环境的改变而有所改变。大多数研究者都同意，极端类型的儿童，比如极端害羞或极端好交际的儿童其气质往往是长期稳定的，气质类型也难以从一个极端类型发展为另一个极端类型，比如一个害羞的孩子再怎么变化也难以成为一个特别擅长人际交往的人。

2. 气质发展的影响因素：是遗传还是环境？

有哪些因素在气质的形成过程中扮演着重要的角色？是遗传，还是环境？凯根曾这样比喻遗传和环境对行为抑制性-非抑制性的影响："每一个人的心理都像一块由黑线和白线织成的浅灰色布，黑线象征生物因素，白线象征经验，它们紧密交织，难以分辨。"（陈会昌，2004）。

凯根认为，抑制和非抑制特征是可遗传的。在儿童期，同卵双生子比异卵双生子在害羞、腼腆等行为上的表现更相似。科罗拉多大学行为遗传研究所的研究人员曾进行过一项同性别双生子的追踪研究。第一次观察在 14 和 21 个月，以后一直追踪到儿童晚期。以在实验室和在家的直接观察为基础，抑制和非抑制行为的遗传率在 0.5 和 0.6 之间（王争艳，2000）。

凯根还认为中枢神经系统环路（包括下丘脑、脑垂体、肾上腺和网状激活系统）和负责情绪控制的自主神经系统（交感、副交感神经）是行为抑制性-非抑制性的生理基础（陈会昌，2002）。还有研究指出气质与大脑左右半球的调节有关。一项追踪研究表明，4 个月大时高运动水平、情感消极的儿童在 9 个月大时表现为右额叶脑电活跃，频率高，并发展为抑制性儿童；4 个月大时高运动水平、情感积极的婴儿 9 个月大时表现为左额叶脑电活跃，发展为非抑制性儿童（陈会昌，2004）。

在气质的发展中环境当然也扮演着重要角色。婴儿期遭受严重营养不良的儿童更容易分心和害怕，在环境条件匮乏的孤儿院中抚养长大的婴儿，更容易被压力体验所击垮（劳拉，2002）。

在各种环境因素中，家庭环境，特别是父母对孩子气质的影响显得尤为重要。有研究者比较了正常儿童母亲和社会退缩儿童母亲的认知特点（陈会昌，2004），发现正常儿童的母亲认为在孩子的社会技能获得中，最重要的条件是孩子的社会经验，其次是观察学习，她们很少使用支配式的教育，也往往把孩子所表现出的社会退缩归因于暂时因素（如态度和疲劳），因此在矫正孩子的社会退缩行为时可能表现得更积极、更关心且更有信心。而退缩型儿童的母亲多用支配性方法教给儿童社会技能，把儿童的退缩行为归因于儿童的天性，对孩子的退缩行为常常表现出消极情绪反应（如生气、失望、难堪、内疚等情感），缺乏自控能力。

文化因素也会影响到气质的发展过程。研究者对中国和加拿大儿童行为抑制性与父母教养态度的跨文化比较研究发现（王争艳，2002）：中国儿童显著地比加拿大同龄儿童更抑制。中国和加拿大母亲在她们的社会化目标、养育习惯上是不同的。在中国，儿童的行为抑制性与母亲对孩子的积极态度有关，如接纳、不惩罚、鼓励儿童获得成就，而在加拿大，儿童的抑制性与母亲的惩罚及过分保护有关。

三、人格理论

心理学有关人格的理论有很多也很繁杂，在本书中主要介绍目前应用较为广泛的“大五人格理论”和从发展角度论述人格发展的精神分析理论。

（一）人格发展理论

1. 弗洛伊德的人格发展阶段理论

弗洛伊德认为成人人格的根基在五六岁时就已基本形成。弗洛伊德根据力必多（人的性欲本能）作用的部位（主要性敏感区）不同，把心理发展划分为 5 个阶段：口唇期（0～1.5 岁左右）、肛门期（1.5～3 岁）、前生殖器期（3～6 岁）、潜伏期（6～11 岁）和青春期（11～13 岁开始）。

（1）口唇期。

力必多（性本能）作用的主要区域集中于口唇舌等部位。婴儿从吮吸、咀嚼、撕咬等口唇活动中可以获得快乐，减少焦虑。在这一时期，喂食是特别重要的。这一阶段的主要冲突是成人断奶的要求和儿童吸吮之间的矛盾。这一阶段发展不良或冲突未能很好解决，个体可能形成咬手指甲、咬嚼铅笔头、暴饮暴食、抽烟等不良行为习惯。

（2）肛门期。

这一阶段力必多作用的部位转变为肛门、直肠和膀胱。大小便的排泄给儿童带来快感，降低焦虑。儿童第一次遇到生物冲动与社会要求之间的冲突。上厕所排便成为父母训练的主要内容。大小便训练可能引起父母与儿童之间的冲突。例如儿童如果因上厕所时发生的意外而受到不当惩罚，长大后就可能表现为过分地爱整洁、固执等等。

（3）前生殖器期。

这是最重要的发展阶段。这一阶段（3～6 岁）力必多作用的部位转变为生殖器，愉快来自性器官的刺激，因为儿童发现抚摸性器官会带来快感。冲突起源于儿童对异性父母的欲望——男孩的“恋母情结”和女孩的“恋父情结”。大约 5～6 岁时，儿童意识到同性父母可能会因为他们的欲望而惩罚他们。为了减少恐惧与欲望之间的冲突，儿童通过“自居作用”转而认同并努力模仿同性父母，因此男孩开始具有男性特征，女孩开始具有女性特征。这一时期所建立起来的本我、自我和超我的关系模式往往奠定了个体人格的基本发展方向。

（4）潜伏期。

这一阶段儿童的力必多处于潜伏状态，儿童压抑对性的兴趣，表现为男女之间界线分明，对异性缺乏兴趣，性的发展呈现出一种停滞或退化的状态。例如，在小学阶段，男女相互排斥，男孩只愿与男孩玩，女孩只愿与女孩玩，这些都是潜伏期的表现。弗洛伊德认为，潜伏的性冲动在此阶段被转移到学习和充满活力的游戏活动中。

（5）青春期。

弗洛伊德认为潜伏期被压抑的恋父恋母情结到了这一时期转移到同龄的异性身上，表现为寻求与异性建立长期的亲密关系。青少年必须学会以社会可接受的方式表达这种性冲动。

2. 埃里克森的心理社会发展理论

埃里克森师承于弗洛伊德的女儿安娜·弗洛伊德，是新精神分析的代表性人物。弗洛伊德认为自我是本我与超我之间的平衡者，而埃里克森强调自我的作用。埃里克森认为，自我是人格中一个相当有力的、独立的部分，其作用就是建立自我认同感和满足人控制外部环境的需要（Burger，2000）。埃里克森认为，自我的基本功能是建立并保持自我认同感。如果自我认同感不能顺利建立，则个体会陷入自我认同危机，不知道自己是谁，不能确定自己的价值或自己的生活方向。

埃里克森并不认为一个人的基本人格是由生命前五年决定的，相反，他认为人格的发展是贯穿一生的，他把人格的发展从生到死划分为 8 个阶段，每一阶段都有其特殊的目标、任务和冲突。每个阶段相互依存，后一阶段发展任务的完成依赖于前一阶段冲突解决的情况。他认为在每一阶段的发展中，个体均面临一定的发展危机，每一个危机都涉及一个积极的选择与一个潜在的消极选择之间的冲突。如果冲突解决得好，儿童相应地发展积极的方面，冲突解决得不好，就有可能影响儿童以后的发展。

（1）信任对怀疑（0～1 岁）。

婴儿这一时期的主要任务是满足生理上的需要，发展信任感，克服不信任感。这是生命发展中的第一个转折点，婴儿是否得到了充满关爱的照看，他们的各种需要是否得到了满足，他们的各种信号是否及时得到照看者的回应，这对儿童将来的发展都有重要影响。如果儿童的各种需要得到了较好的满足，并与父母建立起良好的亲子关系，儿童将对周围世界产生基本信任感，这种信任感既指对他人的信任感，也指对自己的信任感。这样的孩子会认为世界是美好的，他人是值得依赖的、可以接近的。如果婴儿没有得到他们足够的关爱和照顾，他们的各种需求没有得到适当的满足，他们的信号经常被忽视，他们就会产生一种基本的不信任感，认为周围的人是不可靠的，这个世界是危险的，这些儿童有可能在一生当中对他人都会是疏远的、退缩的，不相信自己，也不相信他人。在这一阶段，对个体发展影响最大的是婴儿的主要照看者。

（2）自主对羞怯（1～3 岁）。

一周岁以后的婴儿，逐渐体会到与世界之间的联系，他们会开始发现自己的行为是由自己支配的，从而出现自我控制的需要和倾向，渴望自主。除了养成适宜的大小便习惯、自我照料外，他已不满足于停留在狭窄的空间之内，他渴望探索新世界。幼儿能够更好地控制肌肉，凡事都喜欢自己动手而不喜欢他人的干预。在这个时期，他们常常要尝试自己能力的范围和大小，儿童必须学会“自主”——自己吃饭、穿衣、讲究卫生等等。如果实现了这种自主，儿童就会觉得自己是独立的，会富于自信心。如果不能实现这种自主自立，儿童可能就会怀疑自己的能力，并感到羞耻。在这一阶段，如果父母过度保护，不允许孩子自由地探索，孩子往往就难以形成个人掌控感和对周围世界的支配感，觉得自己在世界面前无能为力，他就会发展出羞怯的品质。这一阶段，对个体自主发展最具影响力的仍然是父母。

（3）主动感对内疚（3～6、7 岁）。

这一阶段大概相当于学龄前期，儿童的活动范围逐渐超出家庭以外，他们也遇到更多的挑战，他们开始希望通过主动的、有目的的行动来应对这些挑战，试图像成人一样去做事，试图承担更多的责任。埃里克森认为，个人未来在社会中所能取得的工作上、经济上的成就，都与儿童在本阶段主动性的发展程度有关。成功地发展主动性是将来产生雄心壮志和目标感的关键。该阶段对儿童发展最具影响的因素是家庭。

（4）勤奋感对自卑感（6、7～12 岁）。

这一阶段相当于学龄期，儿童开始进入学校，儿童生活的重心也由家庭转向外部世界。埃里克森认为许多人对学习和工作的态度可以溯源于本阶段的勤奋感。这一阶段的儿童希望通过自己勤奋的活动来获得成功。这一阶段，儿童开始与别的同龄人展开竞争，会不可避免体验到成功或失败。如果儿童很勤奋，并获得重要的社会和学习技能，体验到成功感，他就会很自信，为了成功他愿意付出努力。如果失败了，不能顺利获得这些技能，缺乏成就感和能力感，儿童就会体验到一种无能感、失败感，会感到自卑，过多的失败体验往往会使儿童产生无能感、无助感，这会降低他们对未来生活的期望和目标设定。对儿童勤奋感最具影响力的因素已由父母转变为教师和同伴。

（5）角色同一性对角色混乱（12～18 岁）。

这一阶段大体相当于青少年时期。青少年时期是一个迅速变化的时期，是进入成年期的准备阶段，也可能是人一生当中相对困难的时期。个体开始考虑“我是谁”“我从哪里来”“我要到哪里去”这样的重要问题。如果青少年把自己的信念、性格、性别角色、未来的职业选择等方面进行很好的整合，个体将会获得较好的同一性，他们的自我认同感就建立了，理解自己是怎么样的人，接受并欣赏自己。反之，则出现角色混乱，不知道自己想干什么，也不知道自己能干什么，陷入迷茫和困惑，从而影响到人格的健康发展。这一阶段，对个体同一性最具影响力的因素是同伴。

（6）友爱亲密对孤独（18～25 岁）。

这一阶段相当于青年早期。个体最重要的发展任务是在人际交往中建立正常的亲密关系，尤其是与异性建立恋爱或伴侣关系，形成一种亲密感。如果发展得较顺利，找到比较满意的恋人或配偶，那么将会体会到亲密感。如果由于某些原因暂时还未找到合适的恋人或配偶，或者回避亲密关系的建立，那么个体将会体验到一种孤独。这一阶段，对个体亲密感发展最具影响力的因素是恋人、配偶或亲密朋友。

（7）繁殖对停滞（25～60 岁）。

这一阶段相当于壮年期和中年期。在这一阶段个体面对的主要任务是繁殖，即生育子女和养育子女，并在此过程中感受到满足感。这一阶段的个体已经建立家庭，兴趣已扩展到下一代。个体在承担工作和照顾家庭、抚养孩子的责任时，会获得一种基本的繁殖感，体验到因生育和养育子女而带来的满足感。那些不能或不愿意承担这种责任的个体会变得自我中心，对他们来说，生命已经停滞不前了。这一阶段，对个体繁殖感最具影响力的因素是配偶、孩子和社会文化规范。

（8）完美无憾对悲观绝望（60 岁以后）。

这一阶段相当于老年期，即个体结束自己的职业生涯，走向退休生活的阶段。这一阶段的个体会回顾自己的生活。如果认为自己的一生是有意义的、成功的、幸福的，将会产生一种完善感，认为自己的生命周期与新一代的生命周期融合为一体。如果达不到这种感觉，觉得人生苦短，就会对人生感到厌倦和失望，恐惧死亡。在这一时期，个体的生活经验，决定着危机的解决。

（二）大五人格理论

在 20 世纪 30 年代，人格心理学的开创始者奥尔波特进行了一项极具创新但也极具挑战的研究，他从词典里搜集了大约 18 000 个与人格有关的词汇，并试图通过进一步的分类研究来确定人格的维度。心理学家卡特尔沿用了奥尔波特所开创的研究路径，通过大量的研究，把 4 500 多个人格特质缩减为 35 个变量，并通过因素分析确定了 12 种人格因素，并据此编制成著名的 16PF 量表，用以测量一个人的人格特性。

用 12 个人格因素来描述人格还是有些多，在卡特尔之后，许多人格研究者致力于用更少的因素来反映人格特质。这些研究者逐渐取得了惊人的一致，并逐渐达成了共识，那就是人格可以分为五个维度，这些人格维度最终被命名为“大五人格”。这五个人格维度的意义如下（William Damon，2009）：

（1）外倾性（extraversion）：又被翻译为外向性，反映个体参与外界环境的个体差异。这个维度的一端是外倾性，另外一端则为内倾性。外倾性高的个体好交际、善于表达、兴致勃勃、活跃、有社会影响力，身体活动性强以及精力充沛，内向的个体则安静、克制和无精打采。

（2）神经质（neuroticism）：反映个体情绪的基本状况，在神经质维度上得分高的个体往往被描述为焦虑的、脆弱的、紧张的、易受惊吓的，在压力之下易崩溃、容易内疚、情绪化、低挫折耐受力以及在与他人交往时感到不安全。

（3）尽责性（conscientiousness）：也被翻译为责任感，主要反映个体自我控制方面的个体差异。高尽责性的个体往往被描述为有责任感的、专注的、坚持不懈的、整齐有序的、有计划的、有高标准的、事前思考的。低尽责性的个体被描述为不负责任的、不可信的、粗心的、分心的和容易放弃的。

（4）宜人性（agreeableness）：宜人性主要反映个体与同伴、成人建立适宜关系时的个体差异。高宜人性的个体往往被描述为热情的、考虑周全的、善于移情的、慷慨的、文雅的、保护他人以及友好的。低宜人性的个体往往被描述为有攻击性、粗鲁、恶意、顽固、专横、讽刺、操纵等。

（5）开放性（openness）：开放性主要反映个体在经验和智力方面的个体差异。高开放性的个体热衷于学习并学得很快，他们聪明、知识渊博、理解力强、富于想象、有好奇心和创造性。

在测量方面，以大五人格理论为基础的问卷主要有 Goldberg 的 TDA（trait descriptive adjectives）、John 和 Donahue 等人编制的 BFI（big five inventory）以及 Casta 和 McCrae 编制的 NEO-PI-R（NEO 人格量表修订版）。其中，NEO-PI-R 在国内应用较多，它包括 240 个项目，5 个大五维度，每个大五维度下各包括 6 个子维度。除此之外，Casta 和 McCrae 于 1985 年在 NEO-PI-R 基础上编制了一套简版的量表，即 NEO-FFI。

原理应用

教育中的性别差异：中国男生的学业成绩落后于女生

2016 年，孙云晓、李文道合作出版了《男孩危机》一书，指出当代中国男孩面临的四大危机——学业危机、体质危机、心理危机和社会危机，其中，学业危机尤为值得关注，因为从小学到大学，男孩学业成绩全线落后于女孩。

在中小学，男生学习成绩落后于女生。

对广东省 301 名中小学教师作了调查，结果发现：在这些教师所带的班级中，最近一次本学科考试成绩排在前 10 名的学生中，女生显著多于男生，后 10 名的学生中，男生显著多于女生；语文、数学、英语三科总成绩在班级中位于前 25%的学生人数，女生也显著多于男生，后 25%的学生人数，男生显著多于女生；班干部中，女生的人数显著多于男生；三好学生的人数，女生显著多于男生。

对上海市部分初中和小学的 600 名学生的抽样调查表明，在语文、数学两门主课上，无论是平均分还是及格率，女生均保持绝对优势，其中 2001、2002 年两年中，男女生的及格率差距均超过 20 个百分点。另外一项研究抽取了上海市某区四至七年级语、数、英学科共计 960 份期末统考卷，统计发现，男生在语数英三门主科上的劣势都非常明显。

大城市如此，县城和乡村也差不多。对湖南省邵阳市、邵阳郊区、邵阳县等地的多所中小学的抽样调查发现，小学至初中阶段，女生各科的总成绩显著优于男生。

在高中，男生学习成绩也呈现落后状态。

对 1999—2008 年高考状元的统计分析表明：高考状元中男生的比例由 66.2%下降至 39.7%，女生的比例则相应由 33.8%上升至 60.3%。文科高考状元中，男生的比例由 1999 年的 47.1%降至 2008 年的 17.9%，女生则由 52.9%增长到 82.1%。高考理科状元中，男生的比例也在逐年下降，1999 年男生占到 86.1%，到 2008 年这一比例已经下降到 60.0%，而女生理科状元则相应地由 13.9%增长到 40.0%。

2002 年，对重庆市 26 所中学 6 539 名高中生会考成绩的统计分析发现：(1) 女生的学习成绩总分显著高于男生；(2) 学习最好的女生多，学习最差的男生多；(3) 女生的优势科目是男生的两倍。

在大学，男生的学业成绩也呈全面落后态势。

对 2006—2007、2007—2008 年度国家奖学金获奖者名单的性别分析表明：2006—2007 年度，在 50 000 名获奖者中，男生只有 17 458 人，男女生比例为 1∶1.86。2007—2008年度的情况也差不多，男女生获奖的比例为 1∶1.88。统计分析还显示：不管是部属大学，还是省属大学，不管是重点大学，还是一般大学，男女在获国家奖学金方面全面落后于女生。

在学习成绩各项指标的直接比较上，男生也远远落后于女生。对重庆市多所大学的调查表明：女生的学习成绩极其显著地高于男生。成绩排名靠前的女生多，排名靠后的男生多。对全国 34 所大学 2003 级毕业生的调查表明：学习成绩前 25%的男生比例为 31.2%，女生为 44.9%，学习成绩后 25%的男生比例为 7.7%，女生为 2.5%。男生的不及格率远远高于女生。济宁医学院临床学院 2005 级的男生：第一学期男生不及格人次占所有不及格人次的71.3%，第二学期占78.4%，第三学期占79.1%。对浙江大学某校区某一学期21个班的成绩统计表明：男女生不及格的比例存在显著性别差异，男生中有不及格者占30.6%，而女生中只有12.0%。

如何解释这种“阴盛阳衰”的现象？

资料来源：孙云晓，李文道．(2016)．*男孩危机*．广州：广东经济出版社．

术语解释

1. 主我：个体对自己是一个独立于其他人与物的存在体的认识。

2. 宾我：把自我当作为一个客体对象进行知觉、注意等，宾我主要指向个体的一些独特特征，如性别、身高等身体特征。

3. 自我概念：个体对作为一个整体的自己的意识和体验相对稳定的观念系统。

4. 自我评价：个体对自己的生理、心理和社会特征及行为的某一方面或整体的评价过程。

5. 自我控制：个体对自己的生理和心理活动、思想观念和行为的调节和控制。

6. 自我延迟满足：个体为了更有价值的长远结果而主动放弃即时满足的选择取向，以及在等待过程中展示的自我控制能力。

7. 性别：一般可以分为两种，一种是生理性别，一种是心理性别。生理性别（sex）主要指生物意义上的特征。心理性别（gender）主要指心理社会意义上与性别紧密相关的行为和态度等等。

8. 性别角色：一个特定社会中被看作恰当的男性和女性的行为模式。

9. 性别角色标准：为某一社会所认可的、更适宜于某一性别的价值观、动机、行为方式等等。

10. 性别认同：个体对自身男性化和女性化程度的认识，具体包括对自身性别的认识以及接受程度。

11. 性别刻板印象：对男性或女性在行为、人格特征等方面的期望、要求和一般看法的固定印象。

12. 气质：个体的情绪特质，包括对情绪刺激的易感性、反应的强度和速度以及情绪状态的特征。

13. 人格：稳定的行为方式和发生在个体身上的人际过程。人格的稳定性，即人格跨时间和跨情境的相对稳定性；人格的人际性，即人格是一种个体性的人际过程，对我们的行动、感受具有影响的情绪过程、动机过程和认知过程。

本章小结

1. 自我的产生是一个复杂的过程。2岁时第一次使用“我”这个词来指代自己标志着自我的第一次诞生。在婴儿时期、幼儿时期、小学时期和青少年时期，自我不断发展并逐步走向成熟。自我的发展受认知、依恋、父母教养方式和同伴关系等因素的影响。

2. 性别的形成与发展也经历了婴儿时期、幼儿时期、小学时期和青少年时期，不同时期的个体在性别认同、性别角色和性别刻板印象方面有着不同的发展特点。性别的发展受到了生物学因素、社会环境因素（家庭和学校）的影响。

3. 气质被定义为在情绪、活动和注意领域，反应性和自我控制方面的个体差异。关于气质的理论主要有托马斯与切斯的气质理论和凯根的行为抑制性-非抑制性理论。

4. 人格被定义为稳定的行为方式和发生在个体身上的人际过程，具有稳定性和人际性两大重要特点。当前关于人格的理论主要包括大五人格理论、弗洛伊德的人格发展理论和埃里克森的人格发展理论等。

拓展学习与活动

相关网站：

http：//pda. mitindia. edu 人格发展学会

推荐阅读：

1. 哈里·T. 赖斯，查尔斯·M. 贾德.（2011）. *社会与人格心理学研究方法手册*. 北京：中国人民大学出版社.

2. 方刚.（2010）. *性别心理学*. 合肥：安徽教育出版社.

3. 孙云晓，李文道.（2012）. *好好做父亲*. 北京：中信出版社.

小论文：

请尝试分析社会环境和幼儿的认知局限如何导致了幼儿期刻板的性别成见。

第七章

儿童的社会化过程

问题思考

阅读本章内容后，你将找到以下问题的答案

文化人类学家如何理解文化对发展的影响？
以发展的小生境理论来看，个人的成长过程受到哪些方面的影响？
哪些家庭结构因素会影响儿童的社会化发展？
学校在儿童社会化过程中担负的责任主要有哪些？
社区文化对儿童的社会化影响主要体现在哪些方面？

个体一旦开始自己的心理发展，就进入了一个不断社会化的过程。目前，在世界范围内形成了对儿童青少年社会化进行研究的热潮。例如，来自美国、印度、墨西哥等地的十几位专家组成了“21 世纪青少年研究小组”。儿童时期是个体社会化发展的关键阶段，许多基本的生活技能、行为规范等都是在这一阶段习得的。由此可知，儿童的社会化过程尤为重要，它是儿童从自然人发展为社会人的必经之路。儿童社会化的完成离不开他们所接触的社会化环境，如家庭、学校、同伴群体和大众传媒，自然也不可避免地受其影响。因此，尽管所有的儿童都会经历一个社会化的过程，但他们的社会化结果千差万别。日趋明显的社会化偏差问题的存在，提示我们要重视儿童的社会化发展，尽可能地消除那些对儿童社会化的发展产生不良影响的环境因素，从而保证儿童社会化的健康发展。那么，哪些环境因素会影响儿童的社会化发展呢？本章将从社会化的概念和类型入手，结合儿童社会化的相关研究，对此进行一一介绍。

第一节　儿童社会化概述

一、社会化的概念和类型

首先，需要对“社会化”这一概念做出简单界定，因为这一概念并非是不言而喻的，甚至对此存在诸多争议。有专家认为，个体的社会化是指在特定的社会与文化环境中，个体形成适应于该社会和文化的人格，掌握该社会所公认的行为方式（时蓉华，1989）。国外有研究者认为，社会化是儿童青少年获得为其他社会成员认可的信仰、价值和行为的过程；而且社会化有三种功能：一是规范个体行为，二是促进个体成长，三是维系社会秩序（Shafer，1994）。然而，上述的定义中忽略了两点：第一，社会化不应只是获得共性，即获得为社会认可的心理与行为方式，还应包括个性的获得；第二，社会化的过程是双向的，社会化虽然主要是社会影响个体的过程，然而，与之相反的过程同样不可忽视，即个体对社会的影响过程（辛自强，池丽萍，2008）。因此，社会化的过程涉及人类进化的敏感性体质与社会文化因素的复杂的交互作用，人的一生都在进行着不同类型的社会化：

（1）早期社会化。这是生命早期基本的社会化，主要指儿童掌握语言、学习本领、内化社会规范、形成社会联系等。

（2）预期社会化。它指引导人们学习今后将要扮演的角色。这主要由学校教育完成，企业培训和军训也包括在内。

（3）发展社会化。它指在早期社会化基础上承担新角色、完成新任务，把新学习的内容与已有的整合起来，并体现出“创造性”的成分。

（4）反向社会化。这是一种由下而上的社会化，即由年轻人影响成年人、老年人。

（5）再社会化。它指舍弃原有社会规范、价值标准等，重新学习新的。移民到新的社会文化中的人，就面临再社会化的任务。

如果简单地说社会性是社会化的结果，那么这个“结果”既应该有个性的成分，也应有共性的成分。社会化的过程，也就是社会化发展的过程，它既是个体获得其独特性的过程，也是个体获得共性的过程。个性是每个人有别于他人的独特性，体现着作为社会成员的独特价值；而社会性是社会成员应该具有的一般的特征，是维系社会关系的基础。总之，在社会化过程中，个体“成为”社会成员，也逐渐“成为”自己；他们既接受社会的影响，也影响着社会（辛自强，池丽萍，2008）。

二、社会环境中的社会化

社会对个体社会化的影响往往是通过某种社会环境实现的，一直以来，心理学家都非常关注遗传与环境对发展的影响，试图确定这两类变量对个体社会化的影响程度及其方式。琼斯等人（Jones，Hendrick，& Epstein，1979）曾经描述了一个很有趣的“思想实验”，这个假想实验的题目是“通用抚养机器”（universal parenting machine，UPM）。

假设六个婴儿在出生后就直接被放入通用抚养机器（UPM）。为了使情节生动，我们假定有三个男婴和三个女婴。UPM 被构想成拥有高级科学和技术的装置，能够满足这些新生婴儿的生理需要，直到他们成熟。UPM 最重要的特征是被构想成在生命的前 18 年里，这些孩子除了彼此接触外，不与其他人接触。事实上，他们甚至不知道有其他人类存在。

假设这种通用抚养机器确实存在，我们就要思考以下问题（Shafer，1994）：

（1）最基本的问题可能是，这些儿童会相互交往并且变成社会性的动物吗？

如果是这样，就要进一步问其他几个问题：

（2）这些儿童会彼此相爱，彼此依靠，形成稳定的友谊吗？

（3）在这种环境下，他们能形成思维和语言吗？需要表达并能够交流自己的思想吗？

（4）他们能够形成性别角色和性别意识吗？

（5）假定做出对他们有意义的事情时，会有成就感和自豪感吗？

（6）他们在交往中是友善的还是好战的？

（7）他们能够形成指导他们日常交往的是非和善恶标准吗？

琼斯等人的思想实验可以让我们提出很多问题，却不能回答这些问题，我们可以根据已有的关于社会化的知识对各种可能的结果做出猜测。社会化过程的重要一点是儿童接受社会文化的塑造，形成作为社会成员必需的、为其他成员认可的行为方式和价值观念等等。由于在上述通用抚养机器的环境中，缺乏已经形成的、支配性的社会结构，儿童很难习得通常意义上的社会性；当然，可以强调儿童也是社会文化的创造者，假设这六个儿童有充分的创造性，建立他们自己的社会规范和文化，但至少对于人类高度发达的文明而言，他们的社会必然是很单调乏味的（Shafer，1994）。

总之，没有正常的社会文化背景的互动，儿童青少年社会化或社会性的发展是困难的。个体出生以后，就逐渐建立起各种各样的社会关系，最初是与母亲，然后与其他抚养者建立起了亲密的依恋关系，进入幼儿园、学校后又与同伴和教师建立起了交往关系，工作后又建立起同事关系和工作关系等。人际关系本身是社会性的重要表现，也为儿童接受社会文化的影响提供了可能。从更宏观的视角来看，每个儿童从出生后，还从周围的媒体、书本等多种渠道获得了间接的社会经验，每个儿童被所在的社会阶层、民族、宗教等文化背景涂上了社会的色彩。

虽然，社会文化背景的影响对于社会性的发展至关重要，然而并不能否认遗传因素的作用。如今，学者们大都承认遗传和环境对人的社会性发展的影响是相互作用的。对于通用抚养机器中的那六个儿童而言，虽然都处于同样的“通用抚养机器”这样的环境，然而，可以设想他们的社会性发展的结果可能并不相同。儿童的秉性不同，会影响他们人际关系的质量和社会化的机会。假设这六个孩子中有一个生性孤僻，不喜欢与人交往，那么在每次社会活动或交往中，他都可能倾向于不参与，从而一再丧失练习社会交往技能的机会，反过来又加强了他对自己社会交往能力的自卑感，一旦进入这种“正反馈”，这个孩子会离社会认可的发展方向越来越远。由此可见，遗传提供了社会性发展的起点，它的影响会与环境的影响发生相互作用，而被“放大”。当然，反过来的可能性也存在（俞国良，辛自强，2004）。例如，儿童的性别角色的发展，要以生物性别的遗传为基础，女孩具有女子气，男孩具有男子气。事实上，在特定的文化环境和养育方式下男孩可以被培养出十足的女子气，女孩可以被培养出十足的男子气。然而，遗传和环境相互作用的形式非常复杂，需要根据具体问题进行研究。关于遗传和环境的关系问题，依然是社会化研究的基本理论问题之一。

三、儿童社会化与环境关系的相关理论

心理学一直关注环境与个体发展的关系问题，下面将介绍文化人类学的视角、多层次生态系统理论和发展的小生境理论，以使我们更为深刻地理解社会环境中的儿童社会化问题。

（一）文化人类学的视角

美国人类学家博厄斯（F. Boas，1858—1942）创立了“文化与人格学派”，该学派坚信，基本的心理过程深刻地反映了对文化环境的适应。这个观点后来又被博厄斯的学生，也是两位最有影响的文化人类学家玛格丽特·米德（Margaret Mead，1901—1978）和鲁思·本尼迪克特（Ruth Benedict，1887—1948）所推进，这二者都试图寻找文化模式和人格特征的关系，也都写过关于个体社会化方面的著作。

米德著述的要点是，为了理解人类行为的发生和展开，必须认真注意文化在其行为形成中的作用。例如，她的观察发现，南太平洋的萨摩亚群岛的社会中没有什么不良儿童，因为萨摩亚人不要求儿童服从任何清规戒律，儿童不必以反抗成规来证明自己的存在。而在美国和很多现代文明中，儿童青少年都有一种强烈的逆反心理，反抗成人制定的各种要求和规定。由此可见，儿童社会化特点的差异与文化背景的不同有关。

1934 年，本尼迪克特出版的《文化的模式》一书成为文化人类学的经典著作，她的观点基本属于文化决定论，认为个体的心理经验是由一个特定的文化群体提供的期望、资源和挑战塑造的，社会性发展是否有相互区别的阶段取决于在一个文化中的社会化是连续的还是间断的。本尼迪克特提出了文化影响人类行为展开的几种方式。她认为，文化对发展的影响是由不同文化中儿童期与成人期角色之间存在的差异和相似性来调节的。在有些文化中儿童和成人所扮演的角色是很相似的，然而，在其他文化如西方文化中就存在很大的角色差异（Benedict，1934）。

总之，在文化人类学家的早期著述中，社会因素被看作是行为的主要决定因素；更晚近的著述同时注意到了遗传因素对发展的重要性。尽管文化人类学家的确承认生理变化，但是这种变化的作用仍被认为主要是其文化背景来决定的，文化在发展中是不可企及的因素。

（二）多层次生态系统理论

布朗芬布伦纳（U. Bronfenbrenner，1917—2005）是美国康奈尔大学教授，他提出的生态系统理论，通常被认为是关于环境对个体发展影响的最深入的分析框架。这一理论深受“维列鲁”学派的社会历史文化观的影响，强调环境是影响儿童发展的重要参数，环境有很多相互关联的层次。具体而言，环境是由四个由近及远的子系统组成的一个有层次序列的系统，这四个子系统依次是微观系统、中观系统、外层系统、宏观系统。

微观系统是一个身处特定环境的发展中的个体亲身经历的一些活动、角色及人际关系模式。这个系统必须是个体直接面对和接触的，并且它具有某种物质和物理特

性，同时，它还包括具有鲜明气质、人格特征及信仰的其他人。例如，家庭、学校、同伴、工作场所等都是个体经历的微观环境系统。很显然，这些微观系统影响个体的社会化。

中观系统指包括发展中个体在内的两个或多个环境之间的作用过程与联系，如家庭和学校的联系、学校与工作单位的联系，等等。简言之，中观系统是微观系统的系统。例如，有的学校领导有这样的教育观念：如果学生的品行出现严重问题，则一般推定家庭教育有问题，于是就找家长谈话或开家长会。家长会就是学校和家庭联系的方式，从中可以反映家校关系的协同程度。

外层系统指发生在两个或多个环境之间的作用过程与联系，这些环境当中，至少有一个不包括发展中的个体在内，但是其中发生的事件都会对微观系统之间的作用过程产生影响。例如，父母的工作环境会影响他们在家中的行为，并因此影响到父母的抚养质量。尽管儿童并不直接参与父母的工作环境，但却受到它的间接影响。

宏观系统包括特定的文化、亚文化或其他更广泛的社会背景模式。例如，社会阶层、种族或地区、特定历史进程中的群体、时代或生活风格等。再如一个社会的意识形态，就是一种宏观系统，它通过对其子系统的影响逐层影响儿童的发展，包括通过学校来传递这种影响。

总之，这些系统之间是层层嵌套并纠缠在一起的，它们对儿童的学习和发展起着直接的或者间接的作用，构成了儿童成长的生态背景。

心理学家的故事

布朗芬布伦纳

尤瑞·布朗芬布伦纳于1917年出生在莫斯科，6岁时到了美国。1938年，获得康奈尔大学心理学和音乐双学士学位。大学毕业后，布朗芬布伦纳进入哈佛大学攻读发展心理学研究生课程，之后又在密歇根大学攻读博士学位。当时正逢二战，他在获得博士学位的第二天便应征入伍。战后回到大学任教。

布朗芬布伦纳是美国Head Start项目的创建人之一，在心理学界具有杰出的贡献。1996年，美国心理学会以他的名字命名了一个奖项——布朗芬布伦纳奖，主要授予那些在发展心理学领域做出杰出贡献的人。

参考文献：高秀苹．(2005)．生态系统理论的创始人——布朗芬布伦纳．*大众心理学*，(5)，46－47.

（三）发展的小生境理论

上面所论述的生态系统理论中划分的多层次的环境系统中，对个体发展产生的最直接的影响往往来自微观环境。关于微观环境，还有一种类似的提法——“小生境”（ecological niche），这个术语主要来自生态学。“小生境”概念是由J. Grinnell于1917年首次提出的，它也被称为生态位，或称为小栖息地，是生物生活或居住的微小范围的环境，它通常决定一种生物的存在与否（Grinnell，1917）。

美国心理学家叙佩和哈克尼斯（Super & Harkness，2002）采用人类学的方法，提出了“发展的小生境”理论，该理论强调儿童所有的发展都发生在特定的文化背景中，儿童发展的“小生境”是一个系统，包括影响个体发展的三个子系统，这三大子系统之间相互作用，它们包围着、促进着、滋养着和限制着儿童的身心发展和成熟（见图7－1）。

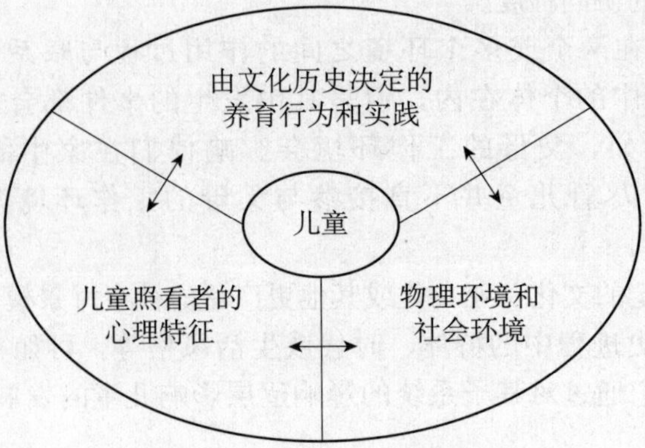

图7－1 发展的小生境理论

具体来说，这三个子系统是：

1. 儿童生活的物理环境和社会环境

这里的物理环境特指个体生活于其中的具体、实在的自然生态环境。例如，家庭环境作为一种重要的微观社会环境，对儿童具有至关重要的影响。欧美发达国家以及我国城市的婴幼儿大多生活于“单元房”内，而不是传统的农村的院落里，这不仅意味着物理环境的不同，也相应带来了社会交流方式的差异。现代化程度极高的单元房在设计上注重个人隐私的保护，只能供较少的家庭成员（主要是核心家庭的成员）使用，因而就在一定程度上阻碍儿童与其他成年人（如家族其他人以及邻居）和同龄人（如传统的同一村落的儿童或现代社区的儿童）的交流。

2. 由文化历史决定的养育行为和实践

关于如何抚养和教育下一代的问题，父母的信念和做法往往不是专门学习的，而是在文化中习得的。对这个问题，心理学家关注颇多，称其为“教养方式”问题。父母抚养教育儿童的方式具有典型的文化传承性，是由文化历史传统决定的，并影响着儿童的社会化。

3. 儿童照看者，特别是父母的心理特征

“父母的心理特征”主要包括父母的受教育水平、信念和价值观等心理因素，它们在亲子互动活动中发挥作用，从而影响儿童的心理发展和社会化过程。从上述的论述中我们不难发现，叙佩和哈克尼斯强调了环境尤其是家庭环境对儿童发展和社会化的影响。

本章内容侧重于论述社会背景或环境对儿童社会化的具体影响，儿童的社会化过程总是与他们直接接触并生活于其中的环境紧密相关，每个儿童自出生后，就被他们所在的家庭、学校、社会等文化背景涂上了社会的色彩。因此，在接下来的三节中，我们将分别从家庭、学校和社会（主要是媒体和社区）三个方面来论述儿童的社会化过程。

第二节 家庭中的儿童社会化

宋庆龄先生曾说过："孩子们的性格和才能，归根结底是受到家庭、父母，特别是母亲的影响最深。孩子长大成人以后，社会成了锻炼他们的环境。学校对年轻人的发展也起着重要作用。但是，在一个人的身上留下不可磨灭印记的却是家庭。"

家庭是儿童最主要的生活场所，它对儿童心理发展的影响是最深远的。人生最初几年的生活经历对儿童的认知、情绪和人格的发展极为重要。在对儿童进行社会化教育方面，家庭要远早于其他社会结构。因此，家庭是人生的第一所学校，是儿童进行社会化的首要场所。通过家庭成员特别是父母的抚育，儿童逐渐获得了知识和技能，掌握了各种行为准则和社会规范，逐渐被其所在的社会环境所认可和接纳。

一、家庭中的社会化过程

（一）作为教师的父母

对孩子来说，家庭是人生的第一站，是人生的第一所学校，而家庭的主体——父母也就理所当然地担负起了孩子教育中最重要的一部分（见图 7－2）。从一个人接受教育的过程来看，家庭教育是一个人接受最早、时间最长、影响最深的教育。父母通过讲故事、唱儿歌等方式教孩子辨好坏，明善恶；教孩子如何做人、如何学习、如何生活、如何正确对待并解决问题。孩子在父母的关怀抚爱中逐渐认识世界，在父母的言谈举止中逐渐学会了为人处世。父母以自己的道德标准和观念来评判孩子的行为，给予奖励或惩罚，使孩子懂得什么是对、什么是错，什么该做、什么不该做。在潜移默化中，父母将自己的价值观、道德评价标准、行为方式、态度等传递给儿童。

父母是孩子的第一任老师，父母若放任孩子不管，孩子恶习一旦养成，学校不知要花多少时间和精力来对他进行"再教育"，这对孩子、家庭和学校都是巨大的损失。——苏霍姆林斯基

图 7－2 教育名言

（二）作为榜样的父母

苏联著名教育家马卡连柯曾经说过："一个家长对自己的要求，对自己的每一行为举止的注重，就是对子女最首要，也是最重要的教育方法。"孩子对父母是信赖和尊敬的，父母平时的言行举止就成了他们最初、最常见的模仿对象。"父之美德，儿之遗产"，"父母德高，子女良教"。家庭成员特别是父母是孩子的第一参照群体，这个群体的价值观、道德观以及他们的实践经历为孩子评价自己或他人的行为提供参考（Elkin & Handel, 1989）。有新的证据表明，婚姻的冲突与孩子的同伴关系不良存在着相关（Rubin &

Thompson，2003）。家庭成员也会向孩子们传递特定的与他人交往的行为模式，这些行为模式会因文化和种族的不同而存在差异（Greenfield，Keller，Fuligni，& Maynard，2003）。

总之，父母是孩子的老师，是孩子的榜样。孩子最初是通过眼神交流等方式与父母进行互动，并观察父母的言行举止以认识进而适应社会的。父母对孩子的认知、道德和人格发展等方面起着非常重要的作用，他们在儿童社会化过程中扮演着不可替代的角色。

二、不同的家庭因素与儿童社会化

（一）家庭结构

家庭结构是指家庭人员的构成类型，从不同的角度可以划分为不同的家庭结构类型。例如，从代际关系的角度，可以划分为核心家庭、主干家庭和联合家庭；从夫妻关系的角度，可以划分为完整家庭、单亲家庭和再婚家庭等。在儿童5岁之前，家庭结构变动对儿童的不利影响较小。家庭结构与儿童身心发展之间关系的实质不在于人员构成及规模，而在于家庭中人际互动特点（林崇德，杨治良，黄希庭，2003）。而家庭中人际互动的频率和复杂程度，取决于家庭类型和规模（丁淑琴，2008）。在这里，我们将着重分析核心家庭和主干家庭的教育对儿童社会化发展的影响。

1. 核心家庭

核心家庭是指由父母和未婚子女所组成的家庭。核心家庭主要特点是成员少，人际关系简单，家庭成员之间的互动频率相对较高，父母可以把更多的时间和精力放在子女的成长和教育上，家庭生活方式和作息习惯也更为规律。在核心家庭中成长的儿童，一般兴趣和爱好广泛、认知发展较好、思维敏捷、自信，表现出活泼开朗、乐观向上等优点。但由于现在很多“80后”“90后”是独生子女，家长在抚养子女方面存在着过分爱护、过分照顾、过分期望等现象，这无形中使孩子容易形成任性、刁蛮、自私、缺乏同情心、生活自理能力差、依赖性强、意志薄弱等不良的性格特征。

目前，我国的核心家庭大部分是双职工家庭，这对孩子的社会化发展既可能产生积极的影响，也可能产生消极的影响。一方面，由于父母双方外出工作，需要重新分配家务和在照料孩子方面承担的责任，这显示出女性社会地位的改变以及社会中性别歧视的减少。孩子会因此对性别角色有新的认识。如有研究表明，生活在母亲外出工作的家庭中的孩子，他们在年龄较小时就表现出了较少的性别偏见，成年以后亦如此（Gottfried，Gottfried，& Bathurst，2002；Parke & Buriel，1998）。另一方面，由于父母双方外出工作，没有充分的时间来全面地了解孩子的身心状况，也难以控制孩子的活动和交往的范围，这难免会使孩子受到一些不良风气的侵蚀，不利于孩子的个性和社会性的发展。

2. 主干家庭

主干家庭是指父母和一对已婚子女，比如由父、母、子、媳所组成的家庭。主干家庭的教育对儿童的社会化过程也会产生或积极或消极的作用。

主干家庭对儿童社会化过程的积极作用主要有以下几点：（1）主干家庭可以解决核心家庭特别是双职工家庭中，父母在教育孩子方面的时间精力不足的问题；（2）在主干家庭教育中，两代教育者可以发挥各自的优势，取长补短，形成对第三代儿童社会化教育的合力；（3）家庭规模大，人际关系相对复杂，儿童在这样的家庭中生活，要扮演多重角色，有利于培养孩子的角色意识和人际交往能力等（丁淑琴，2008）。

主干家庭对儿童社会化过程的消极作用主要表现在：（1）两代教育者在年龄和思想观念等方面存在较大的差异，使得两代教育者容易在教育方式上出现矛盾。而且，在管教孩子时，老年人一般比较容易溺爱孩子，年轻父母却比较严厉，这往往使得对孩子的教育作用相互抵消，极大地削弱了家庭教育的积极效果。（2）如果家庭中经常发生婆媳冲突、父子冲突，孩子处于紧张的人际关系环境中，对孩子的社会化发展更为不利（丁淑琴，2008）。

（二）教养方式

在诸多的家庭因素中，父母的教养方式是影响儿童社会化发展的最重要因素，通过教养行为，父母把社会的价值观念、行为方式、态度体系及社会道德规范传授给儿童，并由此构成了儿童社会化的具体内容和目标。

埃里克森等心理学家们概括了父母教养方式的两个维度：接受性-反应性、宽容-限制，前一维度反映了父母对孩子关心或支持的程度，后一维度则反映了父母对子女限制、管束或监督的程度。20 世纪 60 年代以来，鲍姆林德等人系统地研究了教养方式对儿童心理发展的影响，他们从上述两个维度把父母教养方式分为四类：专制型、权威型、冷漠型和放任型。研究表明，不同的教养方式导致了不同的发展结果。

1. 专制型教养方式

专制型的父母设定很多规则，要求孩子严格遵守，他们期望孩子把自己的话奉为金科玉律，尊重自己的权威。父母与子女的关系是一种“管”与“被管”的不平等关系，亲子之间的沟通十分有限。专制型的教养方式在一定程度上限制了孩子自我意识和自我教育能力的发展，他们往往情绪不稳定，缺乏同情心等。

2. 权威型教养方式

权威型的父母既有控制又有变通，他们通常会对孩子提许多合理的要求。与专制型的父母相比，权威型的父母对孩子的观点更为接纳、反应更为敏感，而且在家庭决策中还常常寻求孩子的参与。研究发现，权威型父母的孩子成长得非常好，他们快乐，有社会责任感，有成就导向，乐于与他人合作。

3. 冷漠型教养方式

冷漠型教养方式是一种极端宽松、不闻不问的教养方式，采用此种教养方式的父母很少有时间或精力来照顾自己的孩子。有研究发现，其父母属于冷漠型的儿童，3 岁时就已经表现出较多的外显问题行为，如发脾气（Miller，Cowan，Cowan，Hetherington，& Clingempeel，1993），进入儿童后期时，他们喜欢恶作剧，课堂表现也比较差（Kilgore，Snyder，& Lentz，2000）。

4. 放任型教养方式

这是一种接纳但过于宽松的教养方式。放任型的教育方式主要表现为父母与孩子各有自己的活动范围及方向，父母任孩子自由地、不受约束地发展，他们虽然也与孩子进行交流和沟通，但对孩子的行为没有具体的规定和要求，很少奖励或惩罚。在儿童社会性发展的最初阶段，采用这一教养方式，会导致子女社会性发展的不成熟，具体表现在儿童的情绪、社会认知、对道德规则的遵守、同伴关系和自我意识等方面。这种教养方式培养下的儿童性格内向、孤僻、对人冷淡、情绪消沉、兴趣狭窄、缺乏理想和追求。

（三）父母的社会经济地位

社会经济地位可以分两大类。一类是先赋地位，即与生俱来的，通常不能改变的，如家族血统、性别、出生顺序、肤色等；另一类是成就地位，即后天获得的，如学业成就、受教育的程度、收入水平、职业、居住条件等。根据国外的相关研究，处于不同社会经济地位的家庭，由于拥有不同的财富、权力和声望，他们会有不同的生活方式、教育背景、文化程度、人际关系网络等，所以在抚育孩子方面也会有不同的教育目标、教育理念和教育方法。此外，家庭的经济状况也决定着家庭教育的物质环境，诸如家具的购置、摆设、室内颜色的搭配、室内的宽敞明亮程度等。整洁的环境和规律的生活可以更好地促进儿童的社会化；优美、整齐、清洁的环境能时时处处熏陶、启迪着孩子。不同的社会经济地位的家庭会对儿童的社会化发展会产生不同的影响。

三、家庭结构变化与儿童社会化

（一）离异家庭

父母离婚前的那段日子通常会伴有频繁的家庭冲突，越来越多的实证研究表明，家中持续不断的冲突会使得儿童与同辈群体交往时更可能出现敌意和攻击行为。此外，长期的父母冲突会导致儿童、青少年出现各种适应问题，如焦虑、抑郁和外显品行障碍（Cummings & Davies，1994）。大多数离异家庭都会经历一年或更长时间的危险期，在此期间，所有家庭成员的生活都将受到严重的破坏（Amato，2000）。

离婚后，只有父母一方来担负照顾孩子、赚钱养家和收拾家务的重任。在最初几年，这种角色的替换和责任的转移，往往会使监护孩子的一方不堪重负，对孩子也可能会因此而疏于管教。离异家庭的儿童可能因家庭破裂而焦虑、愤怒或抑郁，表现为爱发牢骚、喜欢争吵、不服管教、不讲礼貌。处于这一危机期内的亲子关系会出现恶性循环：孩子的痛苦情绪、问题行为与成人无效的教养方式相互激化，令所有人的生活都不愉快（Baldwin & Skinner，1989）。

然而，大多数父母离异的儿童和青少年最终都能适应家庭的这一变故，并表现出健康的心理适应模式（Hetherington & Kelly，2002）。所以，离异家庭的父母要给予孩子充足的关爱和照顾，帮助孩子尽快适应这一变故。

（二）单亲家庭

各种因素都可能造成单亲家庭，如离婚、死亡、遗弃、未婚先孕等。心理卫生学家克雷洛夫指出："在不完整家庭中，由于双亲中的一个人要同时担当起两个角色，这就难免使孩子的心理（情绪、意志、智力等）发展出现种种障碍。单亲家庭孩子常常表现出不成熟和情绪的不稳定性。”生活在单亲家庭的儿童可能面临学业、情感及社会的诸多困难与障碍。家庭破裂对儿童造成的心理创伤是明显的、多角度的、长期存在的。单亲家庭可以分为两类：一类是儿童与母亲生活在一起，另一类是儿童与父亲生活在一起。

1. 儿童与母亲生活在一起的单亲家庭

在这种家庭中，母亲要外出打工，赚钱养家，照料子女。母亲会辛苦地赚钱以维持生计，特别是当母亲没有工作经验时，她们会很难找到好的工作，所赚的薪水也不多，生活比较贫困。因此，单亲妈妈会经受经济、情感和身体负担（Peterson，1996）。

2. 儿童与父亲生活在一起的单亲家庭

一般地，父亲会在照料孩子方面感到束手无策，在处理家务上也会感到很棘手。单亲父亲往往对孩子的教育缺少耐心，可能会用打骂的方式来教育孩子。长期处于这种环境中，孩子容易变得暴躁、自卑、冲动等。

实证研究发现，单亲家庭青少年心理健康问题明显高于双亲家庭，女性较男性更容易出现心理问题，监护人性别和文化程度对单亲家庭青少年心理健康状况有显著影响。单亲家庭中缺乏父爱的男孩多半孤僻、胆怯，女孩则冷漠、拘谨、沉默寡言。在缺失母亲的单亲家庭中，男孩容易产生懦弱或逆反心理倾向，女生由于缺少母亲的关心和体贴，没有模仿对象，也会造成人格发育不健全。低文化单亲父亲家庭青少年冲动性高于其他单亲青少年，而高文化水平单亲家庭青少年更容易自责。受教育程度低的父母，多凭自身经验，或家长制作风，或无原则一味溺爱。但文化程度较高的单亲父母往往对孩子有着更严格的要求和期望，容易使孩子因为错误而过分自责（杨乐，胡雯洁，2011）。

（三）共同监护家庭

共同监护是指离婚或分居的父母双方共同抚育其未成年子女的一种抚养形式。通常情况下，共同监护可以指的是共同法定监护和或共同生活监护。共同法律监护，即父母双方共同享有对有关子女问题（如教育、医疗、宗教信仰等）的决策权。共同生活监护，即子女与父母双方分别共同居住大致相同时间。换句话说，父母虽然离婚或分居了，但他们仍要共同承担抚养孩子的责任和义务，享有平等的决策权。

随着离婚率的升高，共同监护在一些国家得到法律的认可。共同监护家庭对孩子的影响有利有弊，当然这依赖于个体及所涉及的情境（Maccoby & Mnookin，1992）。共同监护家庭的主要优点是它要求父母的首要任务是孩子，父母要搁置他们的分歧，基于孩子的而不是自己的幸福来做决策。研究发现，生活在共同法定监护或者共同生活监护家庭中的孩子，会比生活在单亲监护家庭中的孩子适应得更好，并且与完整家庭中的孩子在适应方面没有什么不同（Bauserman，2002）。尽管共同监护可以让孩子得到父母双方的关爱（在父母离异或分居后），从而避免了被没有监护权的父母一方抛弃的感觉，但一些孩子，特别是年龄较小的孩子，实际上仍会被这种不可避免的持续分离与重聚所伤害，他们无时无刻不为此感到焦虑和困惑，以致影响了他们在学校的表现以及与同伴间的关系（Francke，1983）。

（四）亲戚监护家庭

很多孩子被亲戚养育，最常见的是隔代监护（如祖父母来照看孩子），之所以由祖父母来做孩子的监护人，是因为父母双亡或者是父母因生理疾病、心理疾病、物质滥用等而不适合养育孩子。祖父母在养育孩子时会面对一些挑战：与自己配偶和其他家庭成员的关系变化、财政压力、不确定感、孤独感以及对健康和死亡的愤怒、恐惧、悲哀、忧虑（Smith & Drew，2002）。

离开了父母的照顾，孩子会感到不适应，他们需要在祖父母的家中找到归属感并安定下来，这需要一个过渡期。在这期间，孩子普遍会产生消极的情绪，如悲伤、恐惧、愤怒、负罪感和尴尬。这些消极的情绪有时会通过冲动的行为方式表现出来，如身体和言语攻击；有时又会以不成熟的行为方式表现出来（如哭泣、抱怨、尿床）等（Minkler & Roe，1993）。

（五）继亲家庭

再婚通常可以改善监护人的经济状况和生活状况，但重组家庭却给儿童带来了许多新的挑战，他们不但要适应一个不熟悉的成人的教养方式，有监护权和没有监护权的双亲也可能会减少对自己的关注（Hetherington & Stanley-Hagan，2002）。在继亲家庭中，家庭成员可能曾经历过离婚、死亡等创伤，重组为一个新的家庭时，新的问题会接踵而来，再婚给家庭所造成的影响仅次于离婚（Hetherington & Kelly，2002）。

再婚后的最初几个月，家庭成员间可能会有较少的沟通与交流，成员间的关系可能不是很和谐，很多问题可能得不到有效的解决，成员间的情感回应会很少，等等。与作为监护人的父母相比，继父母在教养孩子上所起的作用可能不是很积极。所以，对孩子来说，要接受外来人员做自己的父亲或母亲，要接受他或她的教养方式，要忍受他或她分担自己与作为监护人的父亲或母亲的爱，还要纠结于接受他或她是否意味着对不作为监护人的亲生父亲或母亲的背叛，这是一个缓慢而艰难的适应过程。在这期间，孩子会思虑很多，想方设法地逼走继父母，与作为监护人的父母亲的关系可能也会很紧张，家庭可能会经常处于冲突中，这对孩子的学业、身心健康成长是无益的（Bray，1988）。

一般而言，孩子在生父-继母家庭中会比在生母-继父家庭中经历更多的抵抗和不适应，且女孩比男孩适应更困难，因为女孩通常与生母的关系非常紧密，无论是继父和她竞争母亲，还是继母扮演替代母亲的角色，都让女孩感到烦恼（Hetherington & Stanley-Hagen，2002）。

总之，再婚对于孩子发展的影响视以下几个因素而定：（1）额外压力源的呈现；（2）孩子的年龄、发展状况和性别；（3）孩子与亲生父母的关系质量；（4）孩子与继父母以及继同胞的关系质量；（5）孩子与父母的气质类型、人格特征和情绪稳定性；（6）孩子获得的父母支持及其他社会支持；（7）亲生父母与继父母的教养方式；（8）父母获得的社会支持（Hetherington & Stanley-Hagan，2002）。虽然，在继亲家庭的最初几年，孩子会不适应，经常与家人发生冲突，但如果继父母非常宽容并能够坚定不移地给予孩子温暖，孩子会比在单亲家庭或冲突不断的原始家庭中表现得更好（Hetherington，1989）。

（六）未婚父母家庭

未婚父母的家庭是指没有得到法律认可的异性成年人生活在一起组成的家庭，未婚父母家庭的关系一般不被社会认可，不受法律的保护。

大多数研究表明，生活在未婚父母家庭中的孩子，有很高的比例会表现出贫困、学业成就较低、情感或行为问题以及物质滥用。生活在未婚父母家庭中的孩子，他们的社会化发展过程会受到很多因素的影响，比如家庭的社会经济地位，父母间的关系及父母与孩子间的关系，孩子自身的特征（如年龄、气质类型、认知发展等），父母亲自身的特征（如年龄、气质类型、教育背景、物质滥用史、家庭暴力等），邻里特征（安全、支持、服务）等等（Vosler & Robertson，1998）。

（七）收养儿童的家庭

养父母和养子女间没有血缘关系，在抚育孩子时，可能会因不了解孩子的身心状况而用错方式，养父母为养子女提供的成长环境，并不能像亲生父母对子女那样与其遗传倾向非常吻合。环境方面的不相容性，加上许多儿童在被收养之前曾受过忽视或虐待，这些因素均有助于解释为什么在儿童晚期和青少年期，收养儿童会表现出较多的学习困难、情绪问题和较高的犯罪率（Miller，Fan，Christensen，Grotevant，& Van Dulmen，2000；Sharma，McGue，& Benson，1998）。

研究发现，绝大多数养父母和养子女间可以建立安全的情感联系，养子女在收养家庭中的成长远远好于看护中心，看护中心的看护者并不特别在意他们的现在和未来（Miller et al.，2000）。养父母能为养子女提供诸多的保护因素，减缓早期的风险刺激，为儿童提供正常发展的机会；同时，在这种保护机制下，养子女可能发展出良好的心理复原力，帮助他们应对压力和不良事件的消极影响（马艺丹，薛威峰，2009）。

一旦养子女发现自己是收养的，或者一开始就知道自己是收养的，就会常常想自己的身世、自己被遗弃的原因。他们可能会有负罪感，可能会对亲生父母产生仇恨，有自己的存在是没有价值的等消极情绪。若养父母能与养子女不时地进行真诚的沟通交流，并适时向他们提供亲生父母的信息，则对养子女的身心健康发展能起非常重要的作用。

综上所述，家庭是儿童社会化的最初场所，父母是孩子的第一任老师。父母对孩子社会化过程的影响会因孩子自身的特征（如性别、出生顺序、年龄、气质类型、认知发展等）、孩子对父母教养行为的反应、孩子与父母互动的质量而有所不同。孩子与父母之间是相互影响的，孩子在与父母相互影响中不断地发展与进步。

第三节 学校中的儿童社会化

一、学校与儿童社会化

学校不仅是一个有目的、有计划、有组织地向儿童系统传授科学知识和生活技能的制度化机构，更是一个包容了人际交往、角色定位、制度规范等社会现象，传授社会规范、价值观念，养成社会情感态度，实践社会交往技能的儿童社会化的重要场所。正是在学校，儿童开始减少对父母和其他家庭成员的情感依赖，开始获得许多前所未有的经验，并扩展对权威、规则和自我意志的领会（范翠英，1990）。

作为儿童学习、生活的重要场所，学校因此成为儿童接受社会化影响最集中、最丰富的生活环境，成为个体通往现代社会的重要途径。

（一）学校在儿童社会化过程中所担负的责任

1. 社会生活知识的个人社会化

社会生活知识的个人社会化过程绝大部分是在学校通过系统、科学的正规教育完成的。

2. 行为规范的社会化

行为规范包括：特定社会的基本共同规范，即道德法律；社会组织与集体的章程、守则和纪律；社会的一般公共活动规则，包括团体内部和社会之间的礼仪等若干共同规定；特定范围内的习俗。学校在个体行为规范社会化的过程中，就是要教育和帮助学生学习这些行为规范以及现在和将来如何扮演好不同的社会角色。

3. 价值观念的社会化

学校教育的责任就是在个体的价值观社会化过程中，将能为社会接受并符合社会要求的价值观传授给学生并使其接受。

4. 理想目标的社会化

理想目标的社会化就是通过学校的教育，使学生能够把那种与整个社会的目标和发展相一致的，又符合自身客观条件和需要的理想视为自己的奋斗目标，并让学生通过在学校的学习，学会实现这一目标的策略和方法（肖计划，1996）。

（二）与儿童社会化有关的学校环境

学校环境包括物质环境和精神环境。物质环境包括校园布局设计、绿化美观、教学设施、娱乐场所等。美观、和谐、设计合理的环境有利于陶冶儿童的性情，培养儿童的品格。

精神环境表现为学校的人际关系、校风、校训、学风、纪律、道德情操、习俗等。研究表明，良好的教学气氛有利于儿童的相互合作，主动参与的教学氛围，自主的学习和探索，有利于他们知识和能力的提高。遵守纪律则是一种社会义务。在遵守纪律的过程中，儿童会逐渐形成对集体、纪律和社会义务的意识，学会自我控制和调节，自我控制能力和集体生活能力提高了，社会化程度也会进一步提高。此外，宽松、温情的精神环境可以使儿童产生安全感和归属感，同时也给儿童提供了耳濡目染的学习机会（陈世联，2008）。

二、教师与儿童社会化

教师是学校教育的主体，是青少年社会化的推动者（肖计划，1996）。教师是学校教育的具体实施者，可以说学校对社会成员的培养在很大程度上是通过教师来实现的。教师不仅帮助学生掌握一定的知识体系和操作技能，而且要教会学生掌握一定的社会规范。在一定程度上，教师是规范的代言人，因此教师在学生的社会化发展中起着重要的作用

（王晓燕，张海燕，2004）。教师在儿童社会化中的作用主要体现在教师对学生学习的影响和师生关系上，其影响因素包括教师的特征和师生交往。

（一）教师的特征

教师的一些自身特征，如教师的性别、个性、观念、期望乃至知识、经验等会直接或间接地影响到教师对儿童的教育行为，从而对儿童社会性的发展产生很大影响（叶子，姜勇，1997）。这里重点介绍教师的性别、权威、管理能力、期待和个性对儿童社会化发展的影响。

1. 教师的性别

不同性别的教师会对儿童的行为有不同的要求，甚至要求的方面也不同。女性教师倾向于更多地注意和要求儿童友善、谦让、同情、细心、体贴，而男性教师则倾向于更多地要求儿童大胆、勇敢、竞争、进取、克服困难。而且，男女教师处理儿童行为问题、冲突的态度和方式也有很大不同，这影响着孩子在处理问题时的态度和方式。同时也有研究表明，年幼儿童更易用同性别的教师作为角色范例（叶子，姜勇，1997）。

2. 教师的权威

入学后，教师逐渐取代父母充当儿童权威的角色，教师的权威表现在教师所拥有的对儿童的评价、奖惩、支配等强制性影响力，以及教师的人格力量、才学水平、师生关系等自然性影响力两个大的方面上。一个威信较高的教师，对学生社会化的进程有很大的影响。教师的言行举止可以把抽象的价值观念、行为规范具体化，使学生从具体形象的实例中受到深刻影响，从而促进其良性社会化。

3. 教师的管理能力

目前，学校主要采取的是以班级为单位的课堂教学，教师无疑成为课堂的管理者。教师的管理能力在一定程度上会影响教学任务的完成、课堂上的师生互动等，进而影响学生的学习。有研究发现，成功管理的关键在于要事先采用方法来预防问题的发生，而不是问题发生了，再想办法补救，即要未雨绸缪而不是亡羊补牢（Kounin，1970）。那么，教师如何才能做一个有效的课堂管理者呢？

（1）要认真备课，组织教学。教师要做好课程安排，要向学生提供能激发他们学习动机的材料，培养他们的好奇心，并鼓励他们探索周围的环境以满足他们的好奇心，同时要保证教学的流畅性。

（2）全面关注。教师对教室里发生的每件事都能留心观察和思考，拥有这种品质的教师似乎不用看就知道学生在做什么，并对潜在的问题快速做出反应。当学生们意识到老师知道什么，他们就不太可能参与一些徒劳的活动，自然而然地把注意力放在学习上。

（3）让学生学会自律。管理良好的课堂通常靠学生自己来维持，教师的大部分时间应该用于教学上，而不是处理学生的行为不端问题。所以，教师要鼓励学生自己约束自己，自己管理自己（Emmer & Stough，2001）。

（4）要有重叠的能力。教师可以同时处理不止一个活动，且从一项活动到另一项活动的衔接是自然的，而不是分裂的（Good & Brophy，2003）。

教师是有效的课堂管理者，这样可以在很大程度上减少学生的分心行为，学生可以将更多的时间和精力用于接受知识经验，从而促进自身的社会化发展。

4. 教师的期待

积极的教师期待对改变儿童的行为确实具有很大的作用。1966年，罗森塔尔通过实验证实了这种积极的期待和鼓励产生的效应，将其称为“皮格马利翁效应”，后人也称之为“罗森塔尔效应”。关于皮格马利翁效应的实验研究，曾给教育界以很大的震动。然而有调查显示，基础教育中存在着两种错误倾向，严重阻碍着儿童的社会化：

其一，教师对待“好孩子”和“差孩子”存在错误的看法和做法，这对孩子们是极其有害的，挫伤“差孩子”的自尊心、自信心和上进心，减少幼儿竭尽全力做好工作的机会，应避免使“差孩子”永远处于失败和困境之中，应阻止“习得性无助”的产生。其二，教师对待男孩、女孩的态度与要求，也存在着偏见。可见，正是教师在强化幼儿性别角色的社会化。

5. 教师的个性

个性作为人的一种综合心理品质，带有一定的倾向性，影响着个体对事物的看法和处理问题的方法。受欢迎的教师其个性往往是平易近人的、热情的、公平的、有责任心的、经常鼓励儿童的，而不受欢迎的教师往往是疏远的、古板的、经常批评惩罚儿童的。教师的个性不同，那么对同一问题的看法也会不同，他们会从不同的角度来看待问题，进而采取不同的方法来解决问题。“人性如素丝，染于苍则苍，染于黄则黄”，教师会对儿童的个性发展和认知发展产生潜移默化的影响。为此，教师要利用自身的榜样作用影响儿童；同时，教师要注意克服自身性格中的消极因素，力求发挥自我个性的积极影响（叶子，姜勇，1997）。

（二）师生交往

入学后，儿童要面对一种特殊的人际关系——师生关系，这种关系是基于教育者与受教育者的社会义务建立起来的，教师与儿童之间的情感交流和行为交往会对儿童自我意识、人际交往技能、情感体验能力等社会性方面的发展产生重大影响。在和谐的师生关系中，通过师生之间的积极交往，儿童能够拓展社会认识，学习一定社会的行为规范和价值标准；在教师的示范指导下和对教师的观察模仿中，儿童可以习得分享、合作、同情等社会行为。研究表明，教师与幼儿相互作用的质量很大程度上决定着幼儿的社会性发展，教师如果缺乏和孩子进行有效互动的能力，促进儿童社会性发展的目标将成为空谈（冯夏婷，胡金娇，吴冬梅，2006）。

心理实验

所想即所得

“皮格马利翁效应”源于古希腊神话。塞浦路斯国王皮格马利翁性格孤僻，善于雕刻。一天，他用象牙雕刻心中女神的形象。雕刻出来的女神栩栩如生，美丽动人，连他自己也情不自禁地爱上了这个雕像。于是，他每天都会对着雕像倾诉爱慕之情，并向神乞求让她成为自己的妻子。爱神阿佛洛狄忒被他的真情感动，赐予雕像生命。最后，皮格马利翁与这个活过来的雕像结为夫妻，从此过上了幸福的生活。此后，心理学家将这种基于某种情境的知觉而形成的期望或预言，会使该情境产生适应这一期望或预言的效应称为皮格马利翁效应（陈琦，刘儒德，2007）。

这种期望效应的作用模式如图 7－3 所示：(1) 我们对他人是什么样或会怎么做产生了一个预期；(2) 这种预期会影响我们对待他人的方式；(3) 这种对待方式又会导致那个人的行为与我们最初预期的一致；(4) 这使我们的预期成为现实。

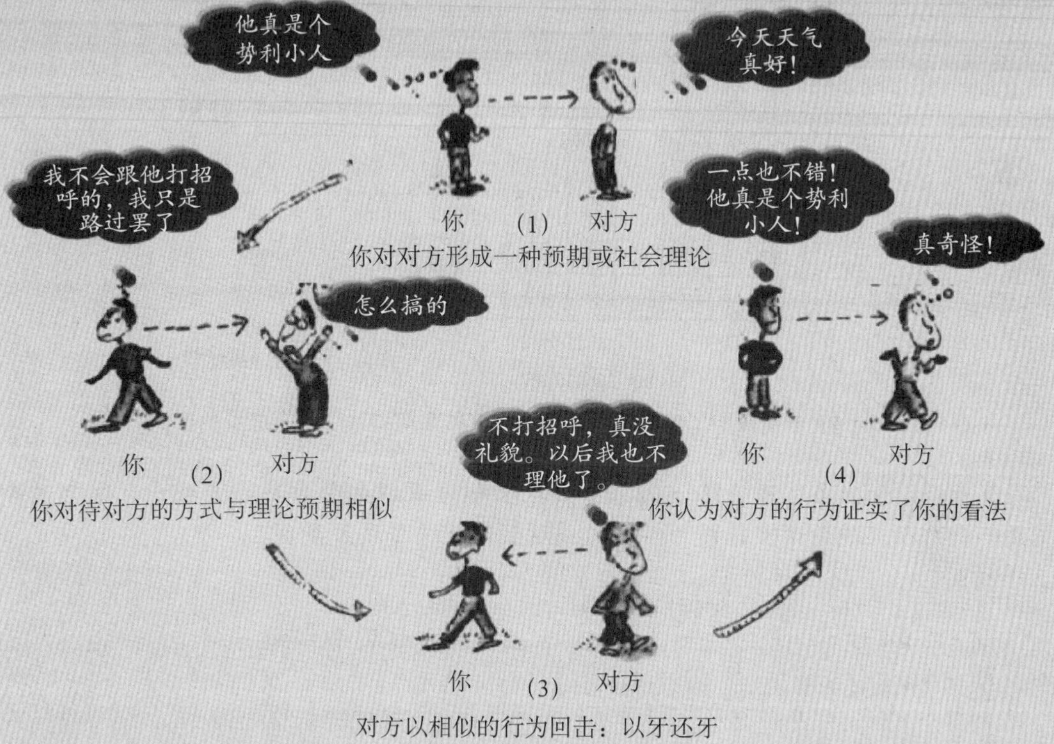

图 7－3　期望效应的作用模式

罗伯特·罗森塔尔（Robert Rosenthal）是研究这种期望效应的先驱。他在正在学习条件反射课程的心理系学生中进行了一项实验研究（Rosenthal & Fode，1963），在此期间学生并不知道自己已经成为被试。一部分学生被告知他们将使用的是智商水平较高的"聪明鼠"，它们的学习能力很强；另外一些学生则被告知他们将使用反应比较迟钝的"愚笨鼠"。事实上，分配给两组学生的老鼠都是标准的实验用鼠，并且这些老鼠都是随机分配的。然后，学生们开始训练老鼠走迷津。与得到"愚笨鼠"的被试相比，得到"聪明鼠"的被试所报告的老鼠所需的学习时间明显较短。

除此之外，罗森塔尔还在实验室之外进行了类似的研究。罗森塔尔和雅各布森找了一所小学，随机选取了 300 名小学生进行智力测试，接着从中随机选取 20%的学生，然后将这部分学生名单告诉老师，并称这些学生是有发展潜力的。之后让教师进行正常教学，并在一学期后、一年后和两年后分别对学生进行重测。在前两次测试中，学生所在班级的教师有研究者提供的学生名单；而在后一次测试中，学生被安排到教师没有名单的新班级中。一年后，被指定为有发展潜力者和没有被指定为有发展潜力者之间出现了智力上的显著差异，这种差异在一年级和二年级的学生身上表现得最为明显（见图 7－4）。在随后的一年中，这些年幼学生之间的差异逐渐缩小，但是高年级学生之间的差异增加，被指定为有发展潜力者表现得最为优秀，并且这种差异在成绩中等的学生之间表现得比较明显。在各年级的阅读教学中也发现了相似的结果（Rosenthal，& Jacobson，1966）。

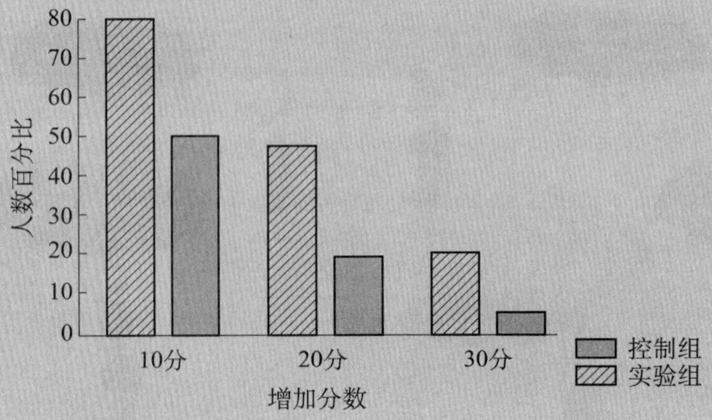

图7-4　一年级和二年级学生在学年结束的智商测验中取得进步的比例

罗森塔尔和雅各布森将这一实验中的现象称为教师期望效应，并指出，教师的期望是一种自我实现的预言，因为学生的成绩最终反映了这种期望。

参考文献：

罗杰·霍克．（2010）．*改变心理学的40项研究*．北京：人民邮电出版社．

Rosenthal，R.，& Fode，K. L.（1963）. The effect of experimenter bias on the performance of the albino rat. *Systems Research and Behavioral Science*，*8*（3），183-189.

Rosenthal，R.，& Jacobson，L.（1966）. Teachers' Expectancies：Determinants of Pupils' IQ Gains. *Psychological Reports*，*19*（1），115-118.

Elliot Aronson，Timothy D. Wilson，Robin M. Akert（Eds.）.（2014）. *社会心理学*．北京：中国轻工业出版社．

三、同伴群体与儿童社会化

同伴群体是指由年龄、身份、社会地位等极为接近的人所组成的群体，如中学生群体、离退休老人群体等。其主要特点是：人际关系平等，彼此因年龄、身份、社会地位相似，需要与兴趣一致，交往一般都是非角色性、无拘束的，有着不成文但起着重要调节作用的社会规范，对成员的行为以其特有的方式给予奖励或惩罚。

（一）儿童同伴关系和群体的相关理论

1. 人格理论

（1）精神分析学观点。精神分析学派理论家彼得·布隆斯（Peter Blos）认为，青少年阶段最主要的事件是个性化，通过个性化的过程，青少年重新建构儿童期的亲子关系，努力建立各种不同的同伴关系。亲子关系重构的结果之一是，青少年开始骚动、焦虑，并且伴随着失望、无价值感、泄气和无助。布隆斯认为，青少年对这些情绪和经历的处理能力取决于他们建立各种同伴支持关系的能力。在与父母分离的过程中，在实现个体自主之前，青少年会向同伴寻求“刺激、归属感、忠诚、投入、移情和共鸣”（Blos，1967）。

（2）沙利文（Sullivan）的人际关系发展理论。沙利文的人际关系发展理论认为，儿童在童年早期和学龄初期的同伴关系大都建立于游戏和共同活动中。在童年阶段（约从7岁到9岁），儿童开始逐渐关心自己在同伴群体中的地位，且群体归属感也日渐重要。

沙利文认为，在青春早期阶段，儿童开始与同性同伴形成密友，建立亲密关系。成员间相互平等，这与亲子关系中的等级关系不同，这种亲密关系是儿童最初的、真实的、基于同辈间互惠和交流的人际关系。在密友关系中，儿童开始体验自我认同，主要因为他们体验到了好友的尊重和关心。这种积极体验会帮助青少年克服早期家庭经验中的创伤。沙利文认为，如果儿童不能在同伴群体中确立自己的地位，那么他就可能产生自卑感，从而导致心理上的不健康。支持性密友关系的缺乏可能导致孤独，这种极度不愉快的体验也往往与人际亲密需要的不充分表露有关（Sullivan，1953）。

2. 符号互动论

威廉·詹姆斯（William James，1890）曾经提出，人类有一种“天生的希望被别人注意，且被他人善意关注的倾向”。后来，米德（Mead，1934）又提出，人类界定自己的依据是他们所感知到的其他人看待自己的方式。不论是合作还是竞争，是冲突还是友好，同伴互动都会使儿童理解客体自我和本体自我。根据符号互动论，个体间的交流和同伴群体间的交流对于两个彼此依赖的自我概念和他人概念的形成十分重要。

3. 认知发展观点

（1）皮亚杰的观点。皮亚杰认为，同伴关系在其形成和功能上均不同于儿童和成人间的关系，儿童与成人间的关系是不平等的，具有垂直的控制等级和权力等级（Piaget，1932）。因此，与同伴间在认知、思想和信念上的交流相比较，儿童与成人间的交往往往更谨慎、不坦率、更被动，同伴间的交流允许儿童积极探索思想，而不用担心被权威的成人批评。

新皮亚杰主义的研究表明，当儿童共同解决一个问题时，通过讨论比其独立工作更能增长知识。当不同观点引发认知的不平衡，而且这种不平衡足以令人不安，并使人尝试寻求解决办法的时候，发展变化就发生了。为了重新恢复认知平衡，每一次顺应都必须建构或者反复建构原来的思想观点。

（2）维果斯基的观点。根据维果斯基的观点，认知成长和发展在很大程度上是人际交流和互动的结果，并用最近发展区解释社交的意义（Vygotsky，1978）。最近发展区是指儿童在独立工作的情况下能够独立完成的任务，与儿童在与他人合作或有人帮助的情况下所能完成任务之间有距离。维果斯基认为，这种帮助一般来源于父母或教师。然而，有研究者认为，同伴也可扮演联合建构者的角色。所以，与一个能干的专家同伴一起更有助于儿童通过最近发展区（Duran & Gauvain，1993）。

4. 学习和社会学习理论

传统的学习理论认为，儿童对彼此的行为有控制作用，且互相影响，同伴会惩罚或忽视不规范的行为，奖励或强化那些在文化上被认为是适宜和称职的行为。在一定程度上，当儿童在社交中表现出适宜的行为，他们就会与同伴建立起积极的关系；然而如果儿童的行为在社交中看来是不适宜或不规范的，那么就会导致同伴拒绝。

社会学习理论中最具影响力的要数班杜拉和沃尔特斯提出的理论（Bandura & Walters，1963）。他们在专著《社会学习和人格发展》一书中提出，儿童能够通过观察学习新的社会行为，且儿童能够通过观察获知某个特定社会行为的结果，并以此决定自己是否表现这个行为。观察学习能促进儿童对新环境和新关系的适应性。凯恩斯（Cairns，1979）认为，社会行为一旦习得，就可以继续保持或改变，所以社会习得行为的保持或者抑制会受到实际或期望结果的影响。

5. 人类行为学

目前还没有一个专门论述同伴关系进化意义的行为学理论，鲍比（Bowlby，1973）的行为学导向的母婴依恋关系理论一定程度上对同伴关系的研究产生了影响，人类行为学理论的一些观点得到了证实。行为学理论的重要宗旨是，社会行为、关系和组织结构受到与适应、进化功能有关的生物约束的限制（Hinde & Stevenson-Hinde，1976）。例如，攻击行为是物种成员生存、保护自我和重要他人以及后代，确保物种延续的手段（Lorenz，1966）。利他主义是人类本性最基本的一面，保证了物种的生存。在亲子依恋中，个体依恋关系的质量会产生一系列内化的关系期望，这种期望还会影响到家庭外关系，如同伴关系的开始和维持。

心理学家的故事

约翰·鲍比（John Bowlby）和依恋理论

约翰·鲍比（1907—1990）是英国著名的心理学家、精神病学家和精神分析学家。他出生在伦敦中上阶层社会，家中共有六个孩子，鲍比排行第四。他的父亲是王室外科医生，在父亲的建议下，鲍比进入剑桥大学攻读医学，但是他对自然科学并不感兴趣，于是在大三的时候放弃了医学，转向了精神分析。

1944 年，鲍比进行了一项关于少年小偷的研究。他发现在 44 名小偷中，有 17 名孩子在 5 岁时便与主要养育者长期分开；而在 44 名普通孩子中，仅有 2 名孩子在 5 岁前与主要养育者长期分开。这一结果激发了他研究母子关系的兴趣。随后，他与同事持续的观察分离和丧失造成的精神创伤对年幼儿童的影响，其理论在现代精神分析理论中占有重要的地位。

6. 群体社会化理论

哈里斯（Harris，1995）指出，父母对子女的养育对发展的影响充其量也是很小的；基因对发展的影响很大；同伴关系，尤其是同伴群体的影响也很大。哈里斯关于同伴群体影响作用的重视，一定程度上是因为她看到青少年有一种要成为某个群体中一员的返祖性欲望。根据哈里斯的观点，这种返祖性动机的重要后果之一就是年轻人努力要成为某个群体中的一员，并根据群体的规则和期望改变自己的行为。

（二）同伴群体对社会化的作用

同伴群体是个体成长发展的一个重要的环境因素，尤其是在青少年时期，同伴群体的影响日趋重要，甚至有可能超过父母和教师的影响。同伴群体的社会化影响大都是在自然状态中无意识进行的，事先并没有有计划、有目的的安排。青少年参加同伴团体活动时，并未意识到它对自己会发生什么作用，而完全是在不知不觉中接受其影响。

儿童心理学家皮亚杰说："社会交流引起一个逐渐结构化或社会化的过程，它从儿童自己的观点与其他儿童的观点较少协调或合作的状态，过渡到儿童间的观点彼此协调以及儿童间的动作和交往相互协作的状态。"米德认为，在现代社会，同伴群体的影响甚至大到改变了传统的文化传递方式的地步。庞丽娟（1991）研究发现，同伴交往对于儿童心理发展起着成人无法替代的特殊作用，对儿童的社会化、良好个性、品德、情绪情感的形成，积极自我意识的发展，以及心理健康、能力、学习的提高等都有着十分重要的影响。秦彧（1995）认为，儿童与他人之间的活动与交往是儿童社会化发展的核心。同伴群体对儿童社会化的影响具体表现：

（1）同伴群体往往可以满足个体的一些需要，如社交需要、归属与爱的需要、安全需要、自尊需要等。

（2）同伴群体促进了自我意识的发展。同伴群体提供了个体间交流社会信息、看法的机会，这扩大了个体社会经验及思考能力。儿童正是通过与同伴的交往学会认识自己，并在这个基础上，获得有关他人的态度及有关冲突的各个方面的自然而真实的反馈，从而校正、改进各种行为，顺利促进自己社会化的发展（秦彧，1995）。

（3）同伴群体有自己的亚文化，这种亚文化提供了新的道德准则、价值标准和行为方式，对个体社会化有重要影响。

（4）同伴群体中的关系基本上是平等关系，是在自愿基础上结合而成的。同伴群体能使个体练习平等交往的技能，使个体学会适合的社会角色，为成为正式的社会成员做好准备。

（5）同伴群体促进了个体的个体化。

项葵（1989）分析了群体对个体社会化的作用。他认为，个体在社会化过程中参与的群体有很多，这些个体参与的群体都或多或少地影响了个体的社会化，但是真正起到重要作用的群体只有少数。群体对个体的影响大小从根本上取决于群体和个体之间本质上的对应程度，而且也依赖于个体社会化阶段的心身发展水平。同伴群体对个体的社会化过程能够发生重要作用，所以父母与教师必须对同伴群体多加关心与引导，使之健康发展。

（三）同伴群体的社会化机制

同伴群体的典型社会化机制包括强化（支持或接纳）、榜样（模仿）、惩罚（拒绝或排斥）以及学徒。

1. 强化（支持或接纳）

儿童之间相互影响的重要途径之一是强化或给予对方关注。赞同（以微笑、大笑、轻拍、拥抱、口头表扬等方式）某种行为会增加这种行为再次发生的可能性（Kindermann，1998）。

有时强化是没有目的的，但它仍然有效。比如，当儿童被欺负时，如果他采取消极的方式（如哭泣、忍着）来做出回应，那么他下次还会被欺负。反之，采取积极主动的方式（如向老师告状、自卫反击、索要赔偿等）来应对，那么攻击者可能就会对他采取不同的行为（而不是之前的欺负行为）。在这里，受害者的应对方式充当了攻击者行为的强化物，虽然这种强化是没有目的的，但它确实起作用。

学前期及以后年龄阶段的儿童，渴望得到同伴群体的认可，受到他们的尊重并在群体中享有一定的地位。同伴的认可对他们来说是十分重要的，所以当他们的某种行为（可能是利他行为，也可能是攻击行为）得到群体的赞同时，他们倾向于重复这种行为，以期被群体接纳。因此，父母和老师需要警惕同伴群体对儿童行为的强化，以便有效地利用同伴群体帮助儿童改正消极的或破坏性行为。

2. 榜样（模仿）

儿童天生就有模仿能力，比如模仿大人的发音、动作等，学前期及入学之后，儿童的模仿对象便由父母转向教师和同伴。许多心理学家认为，儿童的模仿行为虽然很简单且很初级，但同样是一种典型的社交性行为，这种行为影响儿童的社会化发展（秦彧，1995）。

儿童一般通过观察他人的行为、行为的结果及榜样的行为来学习新的行为（Bandura，1989）。模仿影响行为主要依赖于三方面因素：情境（比起消极被动的行为，儿童更易于模仿积极主动的行为）、榜样（榜样的特征，如是否与观察者相似、有无吸引力等）和观察者（观察者的认知水平、体力、行为是否易于被观察者理解和记忆等）。

对学前班儿童的研究发现，在他们的日常互动中，存在大量的模仿，模仿的内容包括积极或消极的言语表达和动作行为（Abramovitch & Grusec，1978）。从学前期到10岁这一阶段，儿童的模仿似乎减少了，这可能是因为儿童已会延迟模仿而不是立即模仿。在群体中占据主导地位的儿童，经常会被其他儿童模仿，但他们也会模仿其他儿童（Grusec & Lytton，1988）。儿童之间往往会相互模仿，他们会在穿着、言谈、举止上相近或相同。

3. 惩罚（拒绝或排斥）

群体内会有不成文的规则，一旦某个成员没有遵守规则，他就会受到惩罚，直到他改正为止，如果他不改正，就会被逐出该群体。所以，惩罚也是同伴群体的社会化机制。但群体的规则与社会规则并不总是一致的，有时二者会相悖。因此儿童可能会因为受到惩罚而觉得自己是不受欢迎的，从而感到自卑；也可能会接受错误的规则，对自己的社会化过程产生不良的影响。有时儿童会因身体特征（如长相）或行为特征（如吹嘘、胆小、批评等）而被群体拒绝或惩罚，这种惩罚对儿童自我概念的发展产生很大的影响。

4. 学徒

有研究提出了认知学徒模型，用以描述知识的情境性实质（Brown，Collins，& Duguid，1989）。认知学徒制是指知识经验较少的学习者在专家指导下参与某种真实性的活动，从而获得与该活动有关的知识技能（陈琦，刘儒德，2007）。维果斯基提出（Vygotsky，1978），一个更有学问的人，比如一个教师或一个专家型的同伴，开始指导求学者或新手的活动；渐渐地这两个人开始分担问题解决的责任；新手主动进行时，同伴负责改正并在新手踌躇不前时给予新手指导；最后，专家同伴停止控制并充当他的支持者。上述的阶段就是学徒的过程，通过参加学徒性活动，儿童可以提高发展水平。

心理实验

孩子是如何学会打人的？

阿尔伯特·班杜拉（Albert Bandura）和他的助手于 1961 年在斯坦福大学完成了心理学史上一个非常著名、非常有影响力的实验。这个实验阐述了儿童是怎样习得攻击行为的。班杜拉是社会学习理论学派的奠基人之一。社会学习理论认为，学习是人格发展的主要因素，并且这种学习发生在与他人的相互作用之中。强化或惩罚是塑造行为的方式，除此之外，简单地观察、模仿其他人的行为也是学习的一种方式。

研究人员选取了 72 名 3～6 岁的学前儿童作为被试，实验组儿童将看到成人榜样暴力击打波比娃娃（类似不倒翁的玩具，击倒后会弹起来）。这个人会用手掌打，脚踢，棒子打，并使用攻击性语言辱骂。而对照组的儿童将看到成人认真地玩 10 分钟拼图玩具，完全不理波比娃娃。

接下来，所有被试儿童被带到另一个房间，里面放满了吸引人的玩具。但是告诉孩子们这些玩具是给其他孩子准备的。他们可以到另一个房间里去玩别的玩具（目的是要引发儿童的愤怒或挫折感，使他们更容易产生攻击性行为）。最后孩子被带到实验房间，这里有各种攻击性玩具（例如，波比娃娃、木棒、镖枪等）和无攻击性玩具（例如各种蜡笔和纸、球、小汽车等）。允许每个孩子在这个房间里玩 20 分钟。

结果发现，那些看到成人榜样攻击娃娃的儿童，会倾向于模仿这种行为，对波比娃娃进行身体攻击和言语攻击。而没有看到成人攻击行为的儿童，则几乎没有出现什么攻击行为。这说明，特定的行为是可以通过观察和模仿而习得的。成人的行为向儿童传递了这样的信息：这种形式的暴力行为是被允许的。这样便削弱了儿童对攻击行为的抑制。

参考文献：

罗杰·霍克.（2010）. *改变心理学的 40 项研究*. 北京：人民邮电出版社.

Bandura, A., Ross, D. M., & Ross, S. A. (1961). Transmission of Aggression Through Imitation of Aggressive Models. *The Journal of Abnormal and Social Psychology*, *63* (3), 575－582.

（四）游戏与儿童社会化

游戏是人类活动的一种形式，是儿童认识世界的道路，是通过实际行动探索周围世界的一种积极活动。陈鹤琴先生说："小孩子是生来好动的，以游戏为生命的。"并且提出："游戏就是工作，工作就是游戏的原则。"（陈鹤琴，1984）

1. 精神分析理论

弗洛伊德认为游戏也有潜意识成分，游戏是补偿现实生活中不能满足的愿望和克服创伤性事件的手段。埃里克森从新精神分析的角度解释游戏，认为游戏是情感和思想的一种健康的发泄方式。在游戏中，儿童可以"复活"他们的快乐经验，也能修复自己的精神创伤。这一理论观点已被应用于投射技术和心理治疗中。

2. 认知动力说

皮亚杰认为游戏是儿童认识新的复杂客体和事件的方法，是巩固和扩大概念、技能的方法，是使思维和行动结合起来的方法。在游戏时，儿童并不发展新的认知结构，而是努力使自己的经验适合于先前存在的结构，即同化。皮亚杰认为儿童认知发展的阶段决定了儿童特定时期的游戏方式。在感知运动阶段，儿童通过身体动作和摆弄、操作具体物体来进行游戏，称为练习游戏。前运算阶段，儿童发展了象征性功能（语词和表象），就可以进行象征性游戏。以后，可以进行简单的规则游戏，而真正的规则游戏则出现在具体运算阶段。

3. 学习理论

桑代克认为游戏也是一种学习行为，遵循效果律和练习律，受到社会文化和教育要求的影响。各种文化和亚文化对不同类型行为的重视和奖励，其差别将反映在不同社会的儿童游戏中。

我国儿童心理学家认为，游戏是适合幼儿特点的一种独特的活动方法，也是促进幼儿心理发展的一种最好的活动方式（朱智贤，1980）。

首先，游戏具有社会性，它是人的社会活动的一种初级模拟形式，反映了儿童周围的社会生活。

其次，游戏是想象与现实生活的一种独特结合，它不是社会生活简单的翻版。

最后，游戏是儿童主动参与、与兴趣相联系、伴有愉快体验的活动。

总之，儿童在游戏中学习，在游戏中成长。通过各种游戏活动，儿童不但可以练习各种基本动作，使运动器官得到很好的发展，而且认知和社会交往能力也能够更快、更好地发展起来，游戏还帮助儿童学会表达和控制情绪，学会处理焦虑和内心冲突，对培养儿童良好的个性品质同样有着重要的作用。

拓展阅读

假装游戏与儿童的社会化发展

假装游戏，就是传统意义上的象征性游戏，是学前儿童生活中至关重要和富有意义的部分。因此大量实证研究开始关注假装游戏与儿童发展之间的关系，以期发现假装游戏对儿童发展的促进作用。2010 年，Smith 回顾了以往的实证研究，发现假装游戏与儿童发展之间存在着三种可能的理论模型：关键作用说、等效作用说和副产品说。

关键作用说认为假装游戏与儿童发展之间存在明确的因果关系，如果没有假装游戏，那么儿童的发展结果将不会发生。假装游戏能够促进儿童抽象思维以及抑制控制能力的发展。例如，有研究以 36 名 7～12 岁的儿童为研究对象，在控制了儿童的年龄、社会经济地位和语言能力之后，儿童的假装游戏依然可以显著地正向预测儿童的心理理论（Goldstein & Winner，2011）。假装游戏之所以能够促进儿童的发展，是因为儿童在假装游戏中需要扮演不同的角色，并根据角色采取相应的观点，并按照它们的规范行事。

等效作用说认为，假装游戏确实能促进儿童发展，但二者之间并非绝对的因果关系，其他因素也能起到同样的效果。史密斯总结了过去的研究结果，发现有近 2/3 的研究表明假装游戏与儿童发展之间的相关并未达到统计学的显著水平（Smith，2010）。例如：泰勒和卡尔森（Taylor & Carlson，1997）研究了152名3～4岁儿童的假装游戏、派生幻想成分和心理理论任务之间的关系，结果发现假装游戏、派生幻想成分与心理理论之间在4岁儿童之间存在中等程度相关，但在控制了语言智力之后，相关性变化不大，解释了2.6%的变异量。该观点并不贬低假装游戏的教育作用，它仍然是促进儿童学习知识和促进自身发展的重要途径之一。

副产品说认为，儿童的假装游戏是其他影响因素的副产品，假装游戏本身并不能促进儿童的发展。假装游戏仅仅是儿童想象能力的一种准备条件，它的功能是自我中心的，这是因为儿童只有在不能适应现实的时候才会用假装来达到或满足他们的欲望和需要。比如，儿童想要获得更多的权力，他们就会假装成国王或王后。当儿童发展了适应现实的能力之后，他们也就不会再假装了（Piaget，1962）。假装游戏可以被看作是儿童使用符号思维的一种途径，从这个意义上讲，假装游戏是儿童已经学会分离指示物的标志，而不是学习分离指示物的工具。

2013年，有研究回顾了过去150项假装游戏的研究，结果发现迄今为止并没有确凿证据直接表明假装游戏可以提升儿童的创造力、智力、问题解决以及情绪管理等能力的发展（Lillard，2013）。该研究提出，这一研究领域已经让研究者们陷入一种游戏风气，在这种风气下，研究者坚信假装游戏与儿童发展之间必然存在关系，每次研究结果中总有一些闪光点，研究者会抓住这些闪光点将其放大，以致误用相关数据得出因果结论。

参考文献：

Goldstein，T. R.，& Winner，E.（2011）. Engagement in Role Play，Pretense，and Acting Classes Predict Advanced Theory of Mind Skill in Middle Childhood. *Imagination，Cognition and Personality*，*30*（3），249-258.

Lillard，A. S.，Lerner，M. D.，Hopkins，E. J.，Dore，R. A.，Smith，E. D.，& Palmquist，C. M.（2013）. The impact of pretend play on children's development：A review of the evidence. *Psychological Bulletin*，*139*（1），1-34.

Piaget，J.（1962）. *Play，dreams，and imitation in childhood*（G. Gattegno & F. M. Hodgson，Trans.）. New York，NY：Norton.

Taylor，M.，& Carlson，S. M.（1997）. The Relation between Individual Differences in Fantasy and Theory of Mind. *Child Development*，*68*（3），436-455.

Smith，P. K.（2010）. *Children and play*. West Sussex，England：Wiley Blackwell.

第四节　媒体和社区中的儿童社会化

一、媒体与儿童社会化

很久以前，人类通过面对面的口语故事来共享群体的传统和价值观，并将它们由一代传给下一代，这是人类最早的媒体形式，这种沟通的重要特质是它适应听者的兴趣和理解力。当印刷媒体出现之后，这些故事是被写出来的，读者不得不适应自己对故事作者所提供的信息的理解。当电子媒体革新发生之后，电视成为讲述故事的媒体，它使事件与视听体验联系在一起，因此现在故事已不单单是被长辈和老师讲述出来，而是通过不同的电子设备呈现出来。各种各样的媒体形式不断地演化和发展，影响了儿童的态度、价值观和行为，从而促进了儿童社会化的进程。

媒体指的是一种沟通方式，同时它也是一种中介手段，强有力的行为或者效果只有通过它才能产生。这些媒体包括报纸、杂志、书籍、广播、电视、电影、视频、流行音乐和各种各样的多媒体。

新的媒体创造了环境，同时也创造了审视已经存在的环境的新方法。但是，大众媒体仍然是文化的塑造者和传播者（Berns，2007）。大众媒体作为文化的塑造者，它们以自己的形式和内容通过一定的方式影响着我们，扩展了人类处理信息的能力，并且通过这样做在某种程度上也在改变着我们。

一般来说，各种各样的媒体对不同年龄、不同背景和不同认知水平的儿童来说有什么不同的影响？儿童暴露于媒体之中有哪些短期和长期的影响？大众媒体对儿童的影响很难被说清楚，因为这里囊括了很多变量，这些变量不断变化且可能会存在交互作用（Anderson et al.，2001）。其中儿童变量包括年龄、认知能力、社会经验和心理需求等，家庭变量包括经济状况（它影响购买媒体的种类）、时间（包括休闲活动的时间）或者是成人监督媒体接触的程度等等。

下面分别来介绍下电视、书籍和杂志、音乐及电脑和网络对于儿童社会化的影响。

（一）电视

在 40 多年前，《电视导报》就已经准确地描述了电视在社会化中的作用，并且至今它仍然适用。电视不只是现代社会的一股强大的力量，而事实上它就是现代社会。有人也许会问，有它做不到的事情吗？无论我们是富有的、贫穷的、被雪困住、卧床不起或是迟钝的，它都给我们呈现时间、天气、小新闻、体育新闻、头条新闻、图片叙述、犯罪或者加冕现场的画面。它为我们表演、唱歌、吹口哨和跳舞，带我们到电影院和戏剧院、演唱会和歌剧院，给我们呈现职业拳击比赛和球类比赛、滑雪跳台和网球比赛……它教会我们法语、绳舞、鸟叫和急救；提供了辩论会、研讨会和专题讨论会，测验和竞赛；它和我们说笑话，插科打诨说俏皮话（Krononberger，1966）。

凯撒家庭基金会（Kaiser Family Foundation，1999；2003；2004）进行的全国性调查显示，即使除了电视还有其他媒体可以使用，美国家庭使用电视的频率仍然很高。电视有很明确的属性使它不同于其他媒体，包括其语句的简短性、呈现材料的快速链接和它的视觉定位（Singer，Singer，& Zuckerman，1990）。电视，特别是它的内容引起了人们关于它对于儿童社会化过程的影响的思考。

儿童是电视媒体特殊的观众。与成年人相比，儿童的认知发展还没有成熟，例如，他们通常更容易相信他们看到的内容是真的，认为暴力是解决问题的方法，一个人应该购买广告上的产品，认同电视中所描绘的行为等等。因此，对儿童来说电视有很重要的社会化潜能（Straburger & Wilson，2002）。那么，电视如何影响儿童的生活？下面将从

6个方面进行阐述。

1. 电视影响儿童潜在的社会和体育活动

儿童平均每天花3到5个小时坐在电视机旁看电视，且几乎没有父母的监管，那些经济和教育处于劣势的儿童会花更多的时间看电视（Kaiser Family Foundation，2004；Roberts & Foehr，2004）。我们可以想象如果孩子们每天都花很多时间看电视，那么他们必然忽视一些其他活动，例如阅读、爱好、游戏、体育活动及同家人和朋友的交流等等。

（1）家庭成员的交流互动。尽管电视可能已经取代餐桌上、游戏中以及其他家庭活动中可能发生的对话，但它已经成为家庭生活中的一部分，被看作是经常发生在家庭成员中特别是孩子们中的一种活动。在看电视时，虽然父母和孩子身体上很接近，有时候有抚摸和拥抱，但与其他活动相比，他们和对方交谈的时间比较少。而且现在，大部分家庭都可能有几台电视机，那么他们分享各自经历的机会就更少了。因此，电视影响了家庭成员间的互动，这其中包括亲密关系的发展、人际沟通和问题解决等（Berns，2007）。

（2）体育活动。儿童看电视的时间就可能是他们用于体育活动的时间，有研究发现，每天看电视的时间超过4个小时的儿童，其肥胖的概率要高于每天只看1个小时或者更少时间的儿童（Crespo et al.，2001）。另有研究显示，每天看一个小时电视会有6%的超重危险，如果孩子的卧室有电视，那么超重的概率就会另外增加31%。卧室里有电视的学龄儿童比没有电视的学龄儿童每周多看4.8小时（Dennison，Erb，& Jenkins，2002）。

2. 电视影响儿童对现实的知觉

儿童和成人的想法是不同的。学龄前儿童相信卡通人物和他们在电视上看到的真正的人都是真实的，这些人都是在电视里面的，这种观念的出现是因为他们很难从概念上区分绘画作品和真实呈现的事物，他们也很难理解假装，且对于学龄前儿童来说，事实和幻想经常会发生互换（Flavell，Miller，& Miller，2001）。

小孩子常常困惑于现实和幻想，他们很多关于世界的想法超出了家庭和邻里的范围，大多来自电视节目和电影；生活经验和经济条件越有限的儿童，越容易相信他们在电视上看到的（Roberts & Foehr，2004）。尽管很多人相信，电视上的幻想可以引发想象力和创造力的表达，但是它也允许儿童远离真实生活情境，并且鼓励他们立刻寻求冲动的满足或即时解决问题（Comstock & Paik，1991）。

3. 电视中暴力行为对社会化的影响

目前，电视上播放的很多节目、电影和电视剧等充斥着很多的暴力镜头，虽然很难证明过度观看电视暴力激发了某些个体的暴力犯罪，但观看很多电视暴力的儿童的确比不观看电视暴力的儿童更容易表现得富有攻击性。下面，我们进行简要解释。

（1）观察学习。

观察学习是基于班杜拉（Bandura，1974，1989）的社会学习理论，这个理论强调榜样的作用，特别是那些有吸引力的榜样，认为我们会通过观察和模仿榜样行为来学习。那么，儿童是不是更有可能通过观看电视而习得攻击行为的新模式呢？研究表明，儿童会学会和记住电视中新奇的攻击行为模式。如果他们发现在解决问题的过程中这些攻击行为是有效的，那么他们就可能会重复这一行为。比如，如果有儿童看到警察用拳猛击一名罪犯，重新找回一袋钱，并且避免了无辜的人被枪杀的话，那么他可能去尝试这种攻击行为，出于保护的正当理由从另一个儿童手中抢走玩具。如果这个攻击行为成功了，那么他就可能重复这一行为。因此，儿童可能从电视中学到攻击行为，但是是否表现出来要取决于儿童的一些内部因素，比如愤怒和情境（Huston & Wright，1998；Perse，2001）。

（2）态度。

看电视会影响人们的态度吗？经常看电视的儿童倾向于对他人更怀疑和不信任，他们比不怎么看电视的儿童更相信这个世界上有更多的暴力（Perse，2001）。在心理学理论中，态度包括归因、规则和解释，人们通常通过对行为的观察来学习。因此，态度是建立在人们所看到的事物基础上的，且态度反过来也会影响行为。显而易见的是，年龄小的儿童与其他儿童相比在看到暴力场景后更容易接受攻击行为（Paik & Comstock，1994）。

（3）唤醒。

唤醒理论检验了当观看暴力片段时身体和情绪的生理变化。观看电视暴力会降低一个人在现实生活中对于暴力的敏感性吗？研究发现，媒体暴力的重复会导致脱敏。脱敏是行为治疗中克服恐惧的一种方法，它指的是在反复暴露之后对于刺激的反应逐渐减少的现象。比如说，一个总接近狗的人，就不会害怕狗。观看电视暴力会增加攻击行为也有可能是由于增加了一般性的唤醒，这是因为观看电视暴力释放了对行为的社会约束。因此，儿童观看电视暴力，使随后的攻击行为在一些特定的情景中变得更有可能（Perse，2001）。

4. 电视广告的影响

我们每天能在电视上看到很多广告，一般来说，2 岁到 11 岁的儿童平均会看到 2 万到 4 万个电视广告，产品广告的数量还在显著增长。相对于他们的父母来说，现代的儿童较早地成为消费者，因为现在孩子手里都有零花钱，他们也可以说服父母买给他们。儿童有很强的超过他们能力的购买力，而且不像成年人，他们没有预想的产品偏好，很容易接受建议而且很冲动（Kunkel，2001）。根据美国心理学会关于广告和儿童的报告，8 岁以下的儿童容易成为广告引诱的对象，且食品广告会导致儿童对广告产品的更大偏好和购买（IOM，2006；Story，& French，2004）。

为什么儿童容易成为广告的目标人群呢？这是因为，儿童看事情是从字面上的而不是象征性的意义的，这使得他们更容易接受广告信息（Stabiner，1993）。虽然大多数儿童在 3 岁时能区分出节目内容和广告，但是低于 8 岁的儿童是不知道广告的目的是卖东西的。研究表明，反复暴露于广告的环境中使儿童成为一个迷你商人，他们会向父母提出购买他们在电视上看到的东西（Kunkel，2001）。青少年也会被电视广告所影响，研究表明吸烟和烟草广告的增长增加了青少年尝试吸烟的可能性，这同样也适用于喝酒（Strasburger，2001）。另外，男生比女生更容易受电视广告和家长建议的影响。总之，广告商迎合儿童的发展阶段和他们关于同伴认同、地位和独立的需要，因此影响了儿童的许多态度和行为。

5. 电视影响价值观的延续

价值观是指值得拥有的或重要的品质和信仰，影响着人们的态度、动机和行为。儿童不仅仅观看儿童电视节目，他们也观看成人电视节目。成人知道生活的方方面面，包括生活的悲剧、矛盾、不公平、神秘和快乐，但是儿童没有能力也没有生活经验来理解这些。电视向每一个人传递同样的信息，不论他们的年龄、教育水平和经验。为了吸引观众，电视也可能向观众呈现一些之前被禁止的生活经验，比如性、贪污、色情和恐怖等等内容。因此，在这些电视内容的影响下，什么样的价值观被延续下来了很值得我们思考。这里，主要关注儿童如何理解电视所描绘的有关行为、性和原型的价值观。

(1) 行为。

电视已经呈现给儿童关于行为的一系列反价值观，比如，反人际关系价值观（一个女人杀死了她的丈夫，为了获得他的保险）、反合作价值观（电视中所呈现的生活充满了斗争、冲突和战争）。电视节目通常包括更刺激、更冒险、更有力量和暴力的经验，相反日常生活就看起来非常单调（Huston & Wright，1998）。并不是所有的节目都呈现负性价值观，一些节目也展现出利他行为，如果儿童在电视上看利他主义行为，会变得更加利他（Perse，2001）。虽然很多儿童电视节目都被设计用来说明利他行为，但是如果成人不和儿童一起看，讨论积极的行为并鼓励儿童模仿的话，节目几乎没有什么持续的效果（Dorr & Rabin，1995）。

(2) 性。

以前性被认为是一种禁忌，但是现在电视可以公开讨论性相关内容，这引起了家长们的广泛关注。青少年的性教育很多来自电视节目，观看描述婚前、婚外和非婚性行为的节目影响了年轻人关于这些性行为是否可以接受的道德价值观（Malamuth & Impettm，2001）。但是家庭内部的讨论可以对儿童接受不良的价值观进行干预（Bryant & Rockwell，1994）。

(3) 原型。

原型是指关于某个特定团体成员的过于简单化的描述，一般原型并不是很真实，可能过于完美或者不完美。由于节目的形式，电视中出现心理定式是不可避免的，毕竟有限的节目时间不能完整地描述人格的发展。因此，一些少数群体，比如老人、妇女等等，容易在电视或电影中被忽略和扭曲。比如，电视中典型的女人都是很年轻的，而男人一般都比较老，年老的男人则被描绘为成功的和有力量的。这些原型的影响使儿童假定电视是现实世界的镜子，直到能够真实体验这些之后，他们才能改变这种认知（Signorielli，2001）。

6. 电视影响儿童的认知发展

(1) 阅读和沟通技巧。

儿童花在看电视上的时间多了，自然会影响阅读和沟通的时间。毫无疑问如果儿童可以看电视的话，那么他们阅读书籍的数量就很少。这很可能是因为人类的天性使我们选择需要较少努力的活动而不是较多努力的活动。进行有意义的休闲活动的家庭价值观会影响儿童的选择（Kaiser Family Foundation，2003）。

（2）信息加工。

阅读是一个积极的过程，它包括通过符号在读者的脑中创造图像；而看电视不包括编码和转换符号。研究发现，看电视也使儿童习惯被娱乐，他们会觉得作业很枯燥。与看电视相比，阅读需要复杂的心理操纵，需要读者更加集中注意力。读者在阅读中可以控制速度，碰到不懂的内容可以反复阅读，而熟悉的内容则可以快速略过。然而看电视不能控制速度，观众是十分受限制的，很多不理解的地方也只能保留（Huston & Wright，1998）。

（3）学业成就。

一项纵向研究以500名儿童（从学前儿童到青少年）为研究对象，发现电视内容对学业成就有显著影响（Anderson，et al.，2001）。特别是，看教育节目的学前儿童在学校会取得更好的成绩、看更多的书籍、更看重成就、有较高的创造力并且攻击性较低。电视对儿童的经验领域、词汇和沟通能力有很重大的贡献。

（二）书籍和杂志

首先，书籍可以帮助儿童处理和掌控他们生活中出现的重要问题。例如，神话和民间故事很吸引儿童，因为很多内容是与儿童有关的，一些神话和民间传说涉及人类的一些攻击性和负性特质，且描述了解决方法，这可以给儿童提供解决问题的行为模型；同时，书籍也使儿童有机会探索和理解自己和他人的感受，帮助儿童理解现实生活（Rovernger，1983）。

杂志也是书面语言，但杂志充满了图片和广告，杂志对儿童青少年社会化的影响是消费主义的。杂志通常迎合人们某些特定的兴趣，例如时尚、运动、名人、音乐、电脑、科学或宠物等等，因此青少年看杂志是为了获得良好的人际关系、外表以及拥有很酷的东西（Kaiser Family Foundation，2004）。

阅读对儿童的知识构造是非常重要的，大声阅读可以提高儿童的听力理解，这一技能必须在阅读理解之前掌握。大声阅读使儿童成为成功的阅读者，强化了人与人之间的联结，而社会化是从人际联结开始的。

（三）音乐

音乐体现着我们的社会文化，各种音乐无论是否仍在流行，都具有社会化的影响。音乐媒体的社会化影响表现在，它通过声音吸引人们的注意并引发不同的情绪体验，并使人们赞同歌词所表达的特定价值观（Jaffe，1998）。但是有很多因素都影响着歌词的理解，比如经验、动机、知识和自我概念等。例如，有研究发现，青少年或者更小的儿童并没有理解歌词所蕴含的主题，儿童观看音乐录像和音乐电视节目只是为了发现什么是酷的，而不是学会任何社会价值观（Christenson & Roberts，1998）。

听关于感官喜悦或者鲁莽行为的音乐会不会影响青少年的行为呢？有研究发现，听孤独的音乐允许青少年探索他们可能的自我，流行音乐让青少年可以认同某一特定团体，特别是当青少年生活中确实存在真实积极的角色榜样时（Berns，2007）。参加演唱会、收集摇滚明星的音乐作品、穿特定的服装以及接受特定的发型等都是青少年寻找认同的方式。

（四）电脑和网络

电脑网络对于现代人来说已经不是新鲜事，网络不受限制，更加自由，包含了很多不同的文化。那么，电脑对儿童的社会化有怎样的影响？让人担忧的是，电脑和网络让儿童表现得与社会隔离，且选择独立的活动而不是有人际互动的活动。一项追踪研究发现，一旦网络的使用增加了，那么参加社会活动和社会支持的经验就会减少（Sleek，1998）。

另一个让人担忧的问题是，儿童从电脑网络中所获得的信息会否定他们家庭的价值观，例如色情内容经常会在窗口跳出的广告和垃圾邮件中出现，这时则需要家长培养儿童一种批判性的思考技能来评价网络中的信息和服务。

对于儿童来说，玩电脑游戏是看电视外的另一个选择，有些游戏具有教育意义，它们会强化一些技能，例如计算、拼写、阅读以及策略的使用等；而有些电脑游戏则充满暴力、色情和恐怖的内容，增加了儿童的攻击思维和感受。一篇关于视频游戏的研究综述，总结了它们对于儿童的积极和消极影响（Walsh，& Gentile，2001）。

1. 积极的影响

游戏提供了以下几个方面的练习：有些游戏提供了问题解决、驾驶和空间技能的练习，也提供了成人和儿童一起玩的机会。

2. 消极的影响

游戏经常是基于攻击、竞争和定式的情节；游戏没有频繁向儿童呈现独立思考和创造力的机会；游戏使儿童困惑于现实与幻想；学业成绩与玩电脑游戏的时间呈负相关。

目前在国内外，社交网站和视频网站充斥着青少年的生活。有研究发现，青少年吸收了他们所在的媒体环境所传递的信息，将出名作为自己的一种未来目标（Uhls，Espinoza，Greenfield，Subrahmanyam，& Smahel，2011）。社交网站和视频网站（如 Facebook 等）迎合了个体想要展示自己的愿望，儿童可以通过这些网站发帖子、照片和视频来分享自己的生活，这种方式吸引了众多的潜在关注者。因此，儿童可能为了表现成名的价值观，而通过在社交网站和视频网站分享信息来寻找他们当前团体之外的追随者。

二、社区与儿童社会化发展

（一）社区对儿童社会化的影响因素

1. 物理因素

（1）人口密度和特征。

人口密度是指某些区域空间的人口数量。高人口密度对人们的社会关系有积极影响，它给人们提供了交往的机会。高人口密度也存在消极影响，比如过度的社会关系、降低的行为自由、资源的缺失、个人空间的侵犯和不能保持个人隐私等等（Bell，2001）。环境的密度会影响人们控制环境的认知。密度越高，人们的控制感就越低，当人们持续地感到没有控制感，那么就容易失去行动的动机，就会变得无助。另外，高密度地区的暴力和犯罪率也要高于低密度地区（Limber & Nation，1998）。

（2）噪声。

噪声是人们所不需要的声音，高等级的噪声会导致人们的听力受损，提高我们的觉醒水平和压力，也会干扰我们的注意力。有研究发现，居住在机场附近三四年级的儿童比居住在安静区域的儿童，在参加认知测验时会表现出更高的压力水平（Hygges, Evans, & Bullinger, 1993）。

（3）房屋和街道的布置和类型。

房屋和街道的布置影响同一个居住区人们之间的交往（Bell，2001）。如果房屋面对着街道或者院子，那么人们有共同的地方来联系，儿童可以直接在院子或者街道玩，因为这样的地方通常车比较少，这种直接对外的设置将父母的监督最大化。相反，居住在公寓这样没有共同区域的地方，会降低父母监督的可能性。

2. 经济因素

社区的经济因素对塑造家庭的日常生活有着非常重要的作用。社区的经济影响着房屋的花销、交通、教育和卫生保健。儿童的经济福利直接与他的家庭相关。当家庭有很充足的收入时，能更好地满足儿童的物质、智力和情绪需要，帮助他们成长为更健康、更有成就的成年人。如果社区不能满足家庭的经济需要，特别是使家庭面临贫困的威胁时，将会导致更多的影响个人、家庭和整个社区的不良后果，如犯罪、物质滥用、儿童虐待和忽视等。

3. 社会和个人因素

（1）邻里环境。

邻里环境是儿童与其他儿童交往，观察成人生活以增加其各种经验的地方，邻里环境不仅仅指儿童可以利用的物理环境，也包括其可利用的社会环境。鉴于儿童的活动性较少，他们主要是在家附近玩要并且和住得近的人交往。不同的邻里环境影响儿童的灵活性、友谊的模式和游戏的类别（Berg & Medrich，1980）。

（2）社区互动的模式。

社区互动是影响儿童社会化发展的重要因素，生态系统理论认为社区环境加强了与其他儿童直接接触的微环境之间的联系，如家庭和学校（Brofenbrenner，1979，1989）。社区的互动模式随着社区的功能而变化。在小镇上，一个人几乎与其他人在一周或一个月内都能直接互动。相反，大城市的居民很可能并不认识他身边的邻居。

小镇上的互动包括与亲戚、朋友和熟人的亲密联系。因为小镇上的人更容易卷入到他人的生活中去；相反，居住在大城市中的人较少卷入到个人联系中，更多的是非个人联系，比如在特定场合中与同事、银行职员、公交车司机等之间的互动，在大城市中人际互动更多存在于亲密的家庭成员之间。小镇上的规范比大城市的规范更容易被理解和接纳。在小镇上，是非观念等倾向于由一代传给另一代并使其制度化，即一些不成文的习俗成为共同的规范。这时社区就成为社会基本价值观、规范和习俗等通过社区成员的不断互动得到解释和强化的中介。而大城市包括了来自不同种族、宗教、教育背景和职业的群体，他们都是各种社会化的产物，大多数人有相同的价值观，但是他们的规范和方式并没有制度化。因此大城市需要更多的正式规则来影响行为。

小镇和大城市的社会控制机制也是不同的，小镇的居民知道他们是在持续的监管下，任何不当的行为都会成为社区关注的问题，通过对社会拒绝和流言的恐惧而达到社会控制；而在大城市的居民更多的是依靠警察和法庭的制裁来达到社会控制（Berns，2007）。

（二）社区是如何有助于儿童学习经验？

社区是一个提供了很多学习可能性的环境，如图书馆、博物馆、动物园、农场、商业街，人们的经验和收藏品都是儿童需要的珍贵资源（Hatcher & Beck，1997）。在美国，为了顺利毕业，高中生要参加一些社区服务，国家和社区服务法案提供一些资金给学校来帮助学生参加一些项目，比如环境保护、法律实施等（Berns，2007）。总之，只有当公民致力于关注儿童积极的成长和发展的目标时，社区才会成为学习场所和资源。

（三）社区如何为家庭服务？

社区可以为家庭提供信息支持，邻居们可以分享各种各样的资源，社区也可以通过一些公共或私人赞助的社区服务来对家庭提供正式的支持。社区服务重要的原因有以下几点。

1. 增加的人口需要社区给予支持

当更多的人在竞争有限的资源时，就会有更多的人需要支持性的服务以维持生计。人们活得越久，就越可能需要社会保障和医疗保险来支持他们退休后的生活。随着科技的发展，人们的寿命都在延长，因为有疾病或者残疾而不能工作的人们将会需要经济救助和其他服务以维持生活。

2. 变化的家庭性质需要社区给予支持

更多的青少年出生，更多的人离婚，更多单亲家庭等等将会增加对如经济救助、社会服务和儿童保健等等服务的需求。家庭的流动性使人们与亲戚分离。当他们无法寻求亲戚的帮助时，就会转向寻求社区的支持。

3. 增长的社区城市化需要社区给予支持

工业在特定区域的集中，使很多人从农村迁移到城市，在较小的空间内居住了越来越多的人。在城市居住的人们必须向社区寻求各种各样的帮助，比如社区需要提供用于娱乐的开放空间。农村地区因为人口较少，公共服务要少于城市地区。

术语解释

1. 社会化：社会化的过程是个体获得社会性发展的过程，个体在此过程中既获得了有别于他人、体现独特价值的个性，也获得了维系社会关系基础的共性。

2. 微观系统：身处特定环境的发展中的个体亲身经历的一些活动、角色及人际关系模式。

3. 中观系统：包括发展中个体在内的两个或多个环境之间的作用过程与联系。

4. 外层系统：发生在两个或多个环境之间的作用过程与联系，至少有一个环境不包括发展中个体在内。

5. 宏观系统：特定的文化、亚文化或其他更广泛的社会背景模式。

6. 皮格马利翁效应：也被称为“罗森塔尔效应”，指的是积极的期待和鼓励产生的效应。

7. 同化：不发展新的认知结构，而是努力使自己的经验适合于先前存在的结构。

8. 原型：关于某个特定团体成员的过于简单化的描述，一般原型并不是很真实，可能过于完美或者不完美。

9. 邻里环境：儿童与其他儿童交往，观察成人生活以增加其各种经验的地方，它不仅仅指儿童可以利用的物理环境，也包括其可利用的社会环境。

本章小结

1. 社会化的过程涉及人类进化的敏感性体质与社会文化因素的复杂的交互作用，人的一生都在进行着不同类型的社会化，如早期社会化、预期社会化、发展社会化、反向社会化和再社会化。社会化有三种功能：（1）规范个体行为；（2）促进个体成长；（3）维系社会秩序。

2. 布朗芬布伦纳提出的生态系统理论认为，环境是由四个由近及远的子系统组成的一个有层次序列的系统，这四个子系统依次是微观系统、中观系统、外层系统、宏观系统。

3. 家庭是儿童进行社会化的首要场所。家庭的主体——父母担负着孩子教育中最重要的一部分。同时，他们也是孩子的第一参照群体，其价值观、道德观以及实践经历会为孩子评价自己或他人的行为提供参考。换言之，父母既是孩子的老师、也是孩子的榜样，他们在儿童社会化过程中扮演着不可替代的角色。

4. 学校在儿童社会化过程中所担负的责任主要有：（1）社会生活知识的个人社会化；（2）行为规范的社会化；（3）价值观念的社会化；（4）理想目标的社会化。

5. 同伴群体对个体社会化的影响体现在：（1）可以满足个体的一些需要；（2）能够促进个体自我意识的发展；（3）为个体提供新的道德准则、价值标准和行为方式；（4）使个体学会适合的社会角色；（5）促进个体的个体化。

6. 大众媒体对儿童的影响是复杂的，它们之间囊括了很多变量，其中儿童变量包括年龄、认知能力、社会经验和心理需求等，家庭变量包括经济状况、时间或者是成人监督媒体接触的程度等等，这些变量不断变化且可能会存在交互作用。

7. 社区对儿童社会化的影响因素包括：物理因素，如人口密度和特征、噪声、房屋和街道的布置和类型；经济因素；社会和个人因素，如邻里环境、社区互动的模式。

拓展学习与活动

推荐阅读：

帕克．(2014)．*社会性发展*．北京：中国人民大学出版社．

罗杰·霍克．（2010）．*改变心理学的 40 项研究*．北京：人民邮电出版社．

Weiner，Irving.（2012）. *Handbook of Psychology*，*Developmental Psychology*. Chichester：Wiley.

Whitebread，David.（2012）. *Developmental psychology and early childhood education*：*a guide for students and practitioners*. Los Angeles：SAGE.

心理实验室：

皮格马利翁效应，也被称为“罗森塔尔效应”，是指积极的期待和鼓励所产生的效应。请想一想如何利用皮格马利翁效应来帮助他人塑造良好的行为，如让不爱学习的孩子爱上写作业，让胆小的孩子上课勇敢回答问题。请设计一份实验计划，并付诸行动。

小论文：

请根据本章学习的内容，总结儿童社会化发展的影响因素，并查阅相关文献，思考各个因素对儿童社会性发展的影响在不同的发展阶段存在怎样的发展变化。

第八章

社会化成就

问题思考

阅读本章内容后，你将找到以下问题的答案

有关儿童道德认知发展的理论有哪些？
精神分析理论对道德情感的发展作了怎样的阐述？
关于道德行为发展的社会学习观点有哪些？
关于儿童亲社会行为发展的理论观点有哪些？
攻击行为的理论观点有哪些？
可以从哪些途径对儿童的攻击和反社会行为进行干预？
儿童社会技能包括哪些类别？
不同年龄儿童的社会技能发展特点如何？
如何培养和提高儿童的社会技能？

经过多种途径的社会化，儿童逐步成长为明晓社会规则礼仪、行为符合社会规范的“社会人”，产生了一定的社会适应能力，也可称之为社会化成就。本章将从四个方面阐述这种社会化成就：一是儿童道德发展，二是儿童亲社会行为的发展和培养，三是儿童攻击和反社会行为的干预，四是儿童社会技能的发展和培养。

第一节　道德的发展

一、什么是道德及道德发展

在身心逐步发展、渐趋成熟的过程中，大多数人总是希望自己能够承担一定的专业职责，同时被他人看作一个有道德的人。在现实生活中，人们也一直习惯用“德才兼备”“德艺双馨”等词汇来形容那些既有专业才能又品德高尚的人。可见，道德在人们心目中占有十分重要的位置。

到底什么是道德，学者们用哪些理论来阐述道德，这是我们即将要探讨的问题。

与智力、人格等概念相似，道德也是一个不容易给出统一定义的概念。

通常而言，道德属于一个社会上层建筑的范畴，是一种特殊的社会意识形态。在心理学上，有研究者认为，道德（morality）是一定社会调整人们之间以及个人与社会之间关系的行为规范的综合，把道德规范逐渐内化的过程当作是道德社会化（乐国安，钟元俊，1988）。也有研究者认为，道德是指帮助个体明辨是非并由此表现相应行为的一系列原则或观念。另有研究者虽然没有对道德进行严格的定义陈述，但是给出了道德的内涵。美国学者 R. 赫什等人（1980）提出人的道德性一般表现为三个方面：第一，关心他人，愿意帮助和保护别人；第二，对道德问题作出判断；第三，做出道德行为。

由于道德与人们的社会生活联系十分紧密，因此，研究者和普通人都可以依据自己的生活经验和价值判断给出自己的道德定义。虽然将这些定义归纳为大家普遍认可的陈述并不容易，不过，我们可以从不同的定义中试图找出道德的一些基本成分：

（1）情感或情绪成分，主要指人们用心中的是非善恶准则去衡量自己以及周围的人和事件时所产生的情感体验，包括对于正确或错误行为的感受（内疚感、自豪感、对别人感受的关心等等）；

（2）认知成分，指人们经过社会化所获得的一系列道德行为准则，其核心是我们获得是非概念及行为决策的方式；

（3）行为成分，主要指人们实施符合自身道德认识的举动，或者面对说谎、欺骗或违反其他道德规则的诱惑时实际采取的行为方式。

在探索道德的相关问题时，总是要与“道德发展”（moral development）这一概念联系在一起。道德是一套行为规范，其内涵不断丰富和发展，同时在一定历史阶段又具有相对稳定性；而道德发展则是一个动态的过程。

有学者认为，道德发展指在社会化过程中个体逐渐习得道德准则并以这些准则指导自己行为的过程（彭聃龄，2004）。也有学者认为，所有的个体都必须形成一整套符合社会道德规范要求的行为和价值系统，以帮助他们成长为合格的社会成员，这是个体心理发展的重要任务之一，这项任务就是道德发展（俞国良，辛自强，2004）。还有人指出，道德发展是指人们的公正感，对于正确与否做出判断的意识以及与道德问题相关的行为的变化（罗伯特·费尔德曼，苏彦捷，2013）。新生儿并不能天生知道如何与他人交往、如何符合社会规范要求，他们缺乏道德知识，没有道德感，而要成为社会的成员，必须遵从社会的道德规范、接受合理的价值系统，以指导生活中与他人及社会之间的相互关系。

换言之，获得道德认知、体验和培育道德情感并最终养成道德行为习惯的过程，是个体实现“道德社会化”的过程，因而也是一个人道德发展的过程。

二、道德发展的代表性理论

(一) 早期观点

从哲学家们关于道德发展领域的早期著述中，可以衍生出三种主要的道德学说，而且每种学说在现代心理学所建立的道德发展理论中都有表现。这三种学说分别是原罪说、先天纯洁论、白板说。

原罪说是基督教的基本教义，它假定整个人类因为第一个人的犯罪而腐化，从而成为罪恶的奴仆，在本性上带着原罪。当今这种观点的痕迹在弗洛伊德的个性结构及良心（或称超我）的发展理论中可以见到，即认为儿童内化了父母的是非标准，从而具有了道德感。

先天纯洁论认为儿童基本上是道德的（或纯洁的），是社会（尤其是成人）腐蚀了他们。这种观点反映在皮亚杰所建立的理论中，即认为道德从自律的获得中发展出来，而自律又产生于与同伴交往的需要。皮亚杰相信，父母是不允许这种自律的思维发展的，因为亲子关系基本上是他律的关系，即孩子受父母的约束。因此，父母阻碍了道德发展。

第三种观点是白板说，例如英国经验主义哲学家洛克（1632—1704）就持这种观点。这种观点认为儿童先天既非纯洁也非污浊的，是环境影响了其道德。这种观点当今的代表当然是学习理论家，他们相信发展是强化和模仿机制的结果。

(二) 当代的理论观点

目前，发展心理学从儿童道德认知发展、道德情感发展和道德行为发展三个方面研究道德发展的问题，已经发展出一些理论。

1. 道德认知的发展理论

道德认知主要是指儿童对是非、善恶行为准则和社会道德规范的认识（林崇德，2009）。认知发展心理学家通过考察道德推理的发展来研究道德，道德推理就是儿童在判断各种行为对错时的思维。认知发展理论家认为，认知发展与社会经验的积累有助于增进儿童对规则、法律和人际义务的理解。当儿童对这些概念的理解达到一个新水平时，他们也就在顺序不变的道德发展阶段上又前进了一步。道德发展的每个阶段都紧跟前一个阶段，并取代前一个阶段，形成比前一阶段更高级或更成熟的观点（谢弗，邹泓，2008）。一般认为，瑞士心理学家皮亚杰（Jean Piaget）是第一位系统地研究儿童道德认知发展的心理学家。继皮亚杰的道德发展理论之后，先后涌现出了美国心理学家柯尔伯格（Lawrence Kohlberg）的儿童道德认知发展理论、美国心理学家艾森伯格（Nancy Eisenberg）的亲社会道德理论和美国心理学家吉利根（Carol Gilligan）的关爱道德理论等理论。

（1）皮亚杰的道德认知发展阶段论。

瑞士心理学家皮亚杰在 20 世纪 30 年代采用对偶故事法对儿童的道德认知发展进行了系统研究。皮亚杰在 1932 年出版的《儿童的道德判断》，是发展心理学研究儿童道德发展的里程碑，为儿童道德发展的认知研究奠定了坚实的基础。其关于儿童道德判断的早期工作重在研究道德推理的两个方面：遵守规则和公正观。通过与儿童共同游戏并随机进行交谈，皮亚杰提出了自己的道德发展阶段理论。

前道德阶段：这个阶段主要包括了五六岁以前的学前儿童。皮亚杰认为，这个年龄段的儿童在玩耍时几乎不关注规则，对规则的了解也很少。从玩耍中获得乐趣似乎就是他们的主要目的。

他律道德阶段：在 5～10 岁之间，儿童进入他律道德阶段，形成了对规则的遵从。他律的意思是“受他人管束”。这一时期的儿童认为，规则是由警察、教师、父母等权威人物制定的，是神圣不可改变的，也就是人们常说的“规则绝对论”。他们认为，任何道德问题都有对错之分，而“对”的总是要遵守的。

这一阶段的儿童衡量对错的主要依据是事情本身的客观后果，而不是行为者的主观意图。因此，他们不容易原谅一个“好心办坏事”的人。如果一个人主观的意图和动机并不是好的，但是受限于各种主客观因素，其行为并没有造成特别严重的后果，他律道德的儿童会认为这个人不需要接受严厉的惩罚。

如何惩罚错误行为呢？他律阶段的儿童主张抵罪式惩罚，即只要犯错误的人受到了惩罚就可以，不管这个惩罚是否有助于弥补他所犯的错误。比如言辞激烈的责备、打屁股等，这个阶段的儿童都会认为是合理的惩罚方式。此外，他律阶段的儿童相信内在公正，不论谁，只要犯了错，就一定会遭到这样那样的惩罚，甚至一些没有直接联系的事件，也会被他们联系在一起。比如，一个 6 岁男孩在偷吃饼干时受伤，他可能会想，“受伤是对我错误行为的惩罚”。总之他们相信，生活是公正的，只要做了错事，就应该受到惩罚。

自律道德阶段：大约到了 10、11 岁以后，儿童已经认识到规则是可以挑战和改变的。他们甚至可以理解，有些时候为了满足某一方面更为迫切或紧急的需要，即使行为人破坏了另外一方面的规则甚至触犯了法律，也无法简单地用“道德”或者“不道德”来进行判断。

在惩罚错误行为的方式方面，自律阶段的儿童通常赞成互惠的惩罚。也就是说，惩罚措施应该与所犯错误或者罪行相符合、相匹配，以便帮助行为者理解自己行为的危害，避免今后再犯同类错误。比如，自己掏钱修理打碎的玻璃；把别人的玩具弄坏了，要么拿钱买一个新的，或者把自己的同类玩具赔给对方。这些实在的举措（或称惩罚）都有助于行为者理解对方的感受，承担自己应承担的责任。

自律阶段的儿童逐渐从生活经验中获得，只要违反规则没有被觉察就不会受到惩罚。因此，个别儿童一旦了解可以逃脱外界的监督，就有可能趁机做不好或不应该的事。

总之，皮亚杰的理论对于我们理解儿童道德的发展有很大的帮助，它描述了道德公平判断变化的普遍方向。来自不同文化中的证据也都支持了皮亚杰的主张。但是他的理论被批评低估了儿童获得道德能力的年龄。

现在有研究表明，学前儿童在 3 岁左右就已经理解了意图的概念，这使得他们基于意图做出判断的年龄早于皮亚杰假设的年龄。尤其是在提出强调意图的道德问题时，虽然无心犯错的儿童造成更大的损失，学前儿童也会判断有意使坏的儿童比无心犯错的儿童更加“淘气”。此外，到 4 岁的时候，儿童就可以判断有意撒谎是不对的。

（2）柯尔伯格的道德发展阶段论。

来自美国的儿童发展心理学家柯尔伯格继承并发展了皮亚杰的道德发展理论，采用

“道德两难问题”研究了儿童道德认知的发展，提出了“道德发展3水平6阶段”理论。

水平1：前约定俗成道德。

在这一水平，道德规则是真实地存在于自身以外的东西，而不是内化的。儿童之所以遵守权威人物制定的规则，是为了避免惩罚，或者得到个人报偿。在这一水平，道德是自我服务的：正确的行为就是能避免惩罚或者是令个人满意的行为。

阶段一：惩罚和服从定向。一种行为的好坏取决于它所导致的后果。儿童会遵从权威以避免惩罚，但是他们也可能认为，一种行为如果没有被觉察、没有受到惩罚，该行为就不是错误的。行为所造成的伤害越大、受到的惩罚越严厉，那么这种行为就越“坏”。

阶段二：天真的快乐主义。处于这一阶段的儿童遵从规则是为了获得奖赏，或者实现个人目的。他们开始在某种程度上考虑别人的观点，但其他人定向的行为最终是希望获得相应的回报，“一报还一报”是其主导哲学。

水平2：约定俗成的道德。

这一水平的个体为了获得别人的认可或维持社会秩序而努力遵守规则和社会规范。取得社会赞赏和避免谴责取代了具体的报偿和惩罚，成为道德行为的动机。这个水平的孩子能清楚地意识到别人的观点，并加以认真思考。

阶段三：“好孩子”定向。处于这一阶段的儿童认为，道德行为就是得到别人认可或让别人感到高兴的行为。通常根据行为者的意图评价其行为。

阶段四：维护社会秩序的道德。在这个阶段，个体能够考虑多数人的观点，即反映在法律中的社会意志。正确的行为就是遵守规则的行为。

水平3：后约定俗成的（或原则的）道德。

这一水平的个体能够用普适的公正原则判断是非，尽管某些原则可能与法律相冲突。

阶段五：社会契约定向。这一阶段的道德是在个体共识基础上形成的规范，个体把法律看作表达大多数人意愿、促进人性价值的工具。由于这是一种社会契约，如果其他规范能够有利于社会成员，那法律可以在理性的基础上进行修改。

阶段六：以良心为个人原则的道德。在这个道德发展的“最高”阶段，个体根据自己选择的符合良心的道德原则来判断对错，表现出道德行为的意图是避免自我谴责而非他人指责。道德的基础是尊重他人。进入第六阶段的个体具有很强的道德信念，有时这一信念可能会与普遍的规范发生冲突。

柯尔伯格的理论认为，人们的道德发展以固定的顺利经历上述3个水平，由于认知发展的局限，直到青春期他们才能发展到最高阶段。然而，并非所有人都会进入最高阶段，柯尔伯格发现到达后约定俗成水平（也叫后习俗水平）的人相当少。

柯尔伯格的理论进一步发展了皮亚杰关于儿童道德发展的理论。他根据自己和合作者在英国、土耳其等地进行的一系列跨文化研究指出，关于儿童道德判断的这3种水平6个阶段具有文化普适性，认为“尽管道德习俗和道德行为在不同文化和国家似乎很不相同，但在其背后，都似乎存在着一种普遍化了的道德判断形式”。但是一些心理学家对柯尔伯格的发展论也存在一些不同的声音。

首先，特里尔（Elliot Turiel）认为柯尔伯格没有很好地区分习俗规则（如“男孩不应该穿裙子”）和适用于公平、真理与是非原则的道德规则（如“攻击别人是错误的”）。

特里尔在研究儿童关于社会习俗判断的基础上，发现社会习俗判断有其独特的发展规律，与道德领域的发展不同。这可能说明，柯尔伯格的道德理论并不适合于儿童的习俗判断。

其次，柯尔伯格的研究方法主观性太强，在 10～17 岁儿童青少年的现实生活中不可能发生“海因茨偷药”这类的问题。

最后，柯尔伯格最早的研究是在 72 名 10～26 岁男性的身上做的，是从男性被试对具有男性特征的两难问题的判断中发展起来的，没有考虑到女性，所以不能充分代表女性的道德推理过程。例如，卡罗尔·吉利根（Carol Gilligan）认为与男性相比，女性更强调人际关系，避免伤害他人，对他人负责任，较易以“关怀他人”为导向。柯尔伯格仅仅以男孩为对象，忽略了女性群体，代表性受到一定的限制。

心理学家的故事

柯尔伯格与道德教育的渊源

1927 年 10 月 25 日，柯尔伯格出生于美国纽约州的布朗克斯维勒。他的父亲是一位犹太富商，才华横溢，善于言辞，坚持原则性和独立性；母亲是一位知识女性，聪慧、富于创造性。柯尔伯格身上充分体现了其父母的这些优秀品质，而他日后的成功也得益于这些优秀的品质。

1945 年柯尔伯格以优异的成绩从中学毕业，他本可以直接进入声望颇高且师资强大的预科学校，然后迈入名牌大学，但他并没有沿着这种“平坦”的道路走下去，而是选择了另一种不同的生活方式。他遵循父亲的建议加入了一个美国商船队当海员，在欧洲待了两年。这一期间柯尔伯格对一个问题产生了浓厚兴趣，即：人成长到什么时候，可以不拘泥于法律和法定权威的约束，而是从道德上去判断事情是否有道理。

在一定意义上，这一经历决定了柯尔伯格后来以道德问题作为他终身研究目标的基础，也使他终身保持对以色列和中东地区的浓厚研究兴趣。为了验证其道德认知发展阶段理论，柯尔伯格曾在以色列和土耳其做了多年的跨文化研究，他后期提出的道德教育的“公正团体策略”就吸收了以色列集体农庄中的许多管理原则和经营方法。也正是由于这段经历，柯尔伯格选择了带着从纳粹大屠杀中产生的对于道德问题的困惑重返学校学习。

他的博士论文题为《10～16 岁学童道德思维与判断方式之发展》，研究儿童在面对道德两难情况时所做的推理。他假设道德的困境会使他们经由一个固定的顺序发展出更多更具弹性的道德推理。1968 年任哈佛大学教育研究学院教授。柯尔伯格的学术生涯和皮亚杰颇为相似，终其一生专注于研究道德认知发展问题，因此他被誉为除皮亚杰之外对道德发展研究贡献最大的人。

参考文献：叶浩生，范其．(2013)．*世界著名心理学家*．北京：北京师范大学出版社．

(3) 吉利根的女性道德发展理论。

柯尔伯格的研究生及助手卡罗尔·吉利根（Carol Gilligan）利用柯尔伯格的海因茨

偷药故事进行研究时发现，被试存在以“公正”为道德取向和以“关怀”为道德取向两类反应。吉利根认为，社会对男孩和女孩养育方式的不同导致了男性和女性看待道德行为观点的基本差异，男性更重视诸如公平和尊重他人权利这样的抽象、理性的道德原则，而女性看待道德时，倾向于更加关注人类的幸福（Gilligan，Ward，& Taylor，1988）。

吉利根提出，女性道德的发展具有三个水平两个过渡时期。水平一是自我生存定向，此时的道德是自私的，仅局限于个人对自己的关心；水平一到水平二的过渡为第一个过渡时期，即自私向责任感转变，思考什么对他人是最好的，个体在“想要”和“应该”之间存在矛盾；水平二是善良即自我牺牲，此时的道德是社会契约式的，对他人的关心占主导地位，女性必须牺牲自己的愿望以满足他人所需；水平二到水平三的过渡为第二个过渡时期，即同时考虑自己的需要和他人的需要，道德并非意味着自我牺牲，而是既要关心自己又要关心别人；水平三是非暴力道德，此时的道德是后契约式或原则化的，关怀成为普遍的义务，在他人和自己之间建立起道德等价性，伤害任何人包括自己，都是不道德的（肖洒，张海兰，2010）。

吉利根提出的关怀道德取向理论开创了道德心理学研究的关爱取向，扭转了道德心理学中忽视道德情感的局面。同时，她发现个体的道德发展在一定意义上存在着性别差异，修正了以前关于个体道德发展无性别差异的观点。此外，她运用被试“真实生活”中的道德两难问题考察个体道德发展，不仅是研究方法上的进步，而且使研究结果更可信。但有些心理学家认为，吉利根对柯尔伯格研究的反对过于彻底，性别差异并不像最初所想的那样显著。一些学者的研究表明，用柯尔伯格的研究来判断两性的道德推理时并没有发现儿童期和青春期的男性比女性得分高；而且成年期的大多数比较也没有发现什么性别差异（Brown & Jennings，2003）。

（4）艾森伯格的亲社会道德理论。

20 世纪 80 年代，美国较有影响的儿童心理学家，亚利桑那州立大学的心理学教授艾森伯格（Nancy Eisenberg）在柯尔伯格的道德发展理论基础上，与合作者进行了一系列关于儿童亲社会道德判断发展的实验研究，创立了亲社会道德理论。艾森伯格（1989）注意到，柯尔伯格只是研究了儿童道德判断推理的一个方面——禁令取向的推理（prohibition oriented reasoning），研究所用的两难故事也主要涉及法律、权威或正规的责任等内容的问题，而未涉及与儿童生活有密切关系的其他推理方面。为了弥补这一不足，其及其合作者区分并设计出不同于柯尔伯格两难情境的另一种道德两难情境——亲社会道德两难情境（prosocial moral dilemmas），以此来研究儿童的亲社会道德判断发展。亲社会道德两难情境的特点是“一个人必须在满足自己的愿望、需要和（或）价值与满足他人的愿望、需要和（或）价值之间作出选择”，助人者的个人利益和接受帮助者的利益之间存在着不可调和的矛盾（王美芳，1996）。经过大量研究，艾森伯格总结出儿童亲社会道德判断发展的五个阶段（Eisenberg & Mussen，1989；程学超，王美芳，1992；王美芳，1996）。

阶段 1：享乐主义、自我关注的推理。助人与否的理由包括个人的利益得失、未来的需要，或者是否喜欢某人。

阶段 2：需要取向的推理。当他人的需要与自己的需要发生冲突时，儿童开始对他人的身体的、物质的和心理的需要表示关注。儿童仅仅是对他人的需要表示简单的关注，并没有表现出自我投射性的角色采择、同情的言语等。

阶段 3：赞许和人际取向、定型取向的推理。儿童在分析助人与否的理由时，涉及的是好人或坏人、善行或恶行的定型印象及他人的赞扬和许可等。

阶段 4：移情推理。儿童在做出亲社会行为时，开始产生与行为有关的内疚和羞愧等情绪体验，并初步对社会规范予以关注。进一步分为两个亚阶段：

阶段 4a：自我投射性的移情推理。儿童的判断中出现了自我投射性的同情反应或角色采择，他们关注他人的人权，注意到与一个人的行为后果相联的内疚等情感。

阶段 4b：过渡阶段。儿童选择助人或不助人的理由涉及内化了的价值观、规范、责任和义务、对社会状况的关心或者提到保护他人权利和尊严的必要性等。但是，儿童并没有很清晰地表述出这些思想来。

阶段 5：深度内化推理。儿童决定助人与否，主要依据内化的价值观、责任、道德规则。

艾森伯格从亲社会道德方面进行理论研究，弥补了先前研究的不足，特别是柯尔伯格从道德禁令方面研究的不足。随后的研究者利用艾森伯格的亲社会两难故事在德国、以色列、日本和西太平洋的巴布亚新几内亚等地所做的跨文化研究表明，尽管不同文化背景下儿童的亲社会道德判断存在着一定的差异，但他们的亲社会道德判断发展过程与艾森伯格所提出的儿童亲社会道德判断的发展阶段基本一致。艾森伯格的理论具有一定的文化普适性，但是其道德发展的结论多是基于儿童的口头报告得到，且研究多在亲社会情境下进行，所以可靠性和推广性受到了限制。

2. 道德情感发展理论

道德情感是人类所具有的一种高级情感，如内疚、悔恨或羞愧等，这种情感能够帮助我们协调愿望和规章制度之间的冲突。有关道德情感发展的理论主要是弗洛伊德的精神分析理论。该理论认为，儿童之所以遵照道德原则去行动，是为了体验自豪感等积极情感，避免内疚和羞愧等消极情感。

以弗洛伊德为早期代表的精神分析学家将成熟人格划分为三种成分：一是非理性的本我，它寻求本能需要的及时满足；二是理性的自我，负责制定满足这些需要并与现实相符的计划；三是道德意义上的超我（或良心），它对自我的思想和行为的可接受性进行监控。

弗洛伊德认为，婴儿和学步儿没有形成超我，如果父母不对他们的行为加以控制，他们就会根据本我的自私冲动去做事。但是，一旦超我出现，它就会成为内部的检察员，它能让儿童为其善行而自豪，为其道德越轨行为而羞耻或自责。因此，道德成熟的儿童为了维持自尊通常会努力遵守道德规则。弗洛伊德提出自豪、羞愧与自责这一类道德情感是决定道德行为的重要因素，道德原则的内化是通向道德成熟的重要一步。这一点得到了人们的广泛认同。但弗洛伊德的理论也受到了一些质疑，比如，经常使用威胁和惩罚的父母不仅培养不出道德上成熟的儿童，相反，他们的孩子常常品行不端，也很少为自己的行为感到内疚、羞愧或自我批评（Brody & Shaffer，1982；Kochanska，Gross，Lin，& Nichols，2002）。

3. 道德行为发展理论

社会学习理论流派主要是对道德的行为成分，即人面对诱惑时的实际行为比较感兴趣。其代表人物阿尔伯特・班杜拉（Bandura）从社会学习交互论原理出发，把人的道德行为的形成与发展看作是个人在与环境相互作用中的社会化过程。因此，他特别强调社会环境因素、社会学习以及个人内部因素这三者在儿童道德行为发展中所扮演的角色。

班杜拉认为，儿童的道德行为模式主要是从社会学习中获得的，儿童可以通过言语教导、榜样示范等方式来学习道德法则，进行道德判断。在这一过程中，父母的教育起了重要作用。此外，其他成人、同伴、榜样以及当前社会中的大众媒体均是影响儿童道德发展的重要组成成分。在这一学习过程中，班杜拉不仅强调直接强化，而且更重视替代性强化的作用。并且班杜拉还在一定程度上认识到了认知成分的重要性，特别强调言语符号和想象符号在人类学习中所起到的中介作用，且这一认知加工过程并非被动的，而是对榜样行为有所取舍，逐渐形成自我教育的能力。

同时，班杜拉还指出，道德的发展和道德行为的表现会受到儿童自我调节能力的影响。最初，成人给儿童设立一定的道德标准，儿童根据此标准以及外部的奖惩来决定自己的行为。随后儿童会逐渐将成人所设定的道德标准进行内化，并用自我肯定或否定的方式来增强或维持自己的行为。在这一基础上，儿童逐渐具备了自我评价的一套标准来评价、监督和调节自身行为，此时儿童的道德行为发展逐渐达到了稳定的水平。

三、儿童道德的发展

在道德发展过程中，不同年龄的个体其道德水平表现出不同的特点，这正是发展心理学家所关注的问题。前已述及，有代表性的道德发展理论试图勾勒出儿童道德发展的普遍水平和特征，同时，也有更多研究者从道德内涵构成成分的角度探讨了儿童道德的发展情况。这种面、点结合的视角，有利于帮助我们了解儿童道德发展的概貌和细节。下面从道德认知、道德情感以及道德行为三个方面介绍。

（一）儿童道德认知的发展

作为道德情感和道德行为的前提条件，道德认知是对是非、善恶行为准则及其执行意义的认识，其发展主要表现为道德判断的发展。

在生命早期，婴儿已能初步理解“好”和“坏”，并能做出一些合乎成人要求的道德行为。同时，已具有道德感的萌芽，如初步的同情心、责任感和害羞等。进入幼儿期，儿童的品德有了进一步发展。但幼儿的道德判断还带有很大的具体性、情绪性和受暗示性，只要成人说是好的，或自己觉得有兴趣，就认为是好的，反之就是坏的。

到了中小学阶段，儿童与青少年的道德认知水平随年龄的增长而逐步提高。刘振群（1983）研究发现，5～12 岁儿童道德判断发展的一般趋势为：从注重行为的效果过渡到注重行为的动机；从受外部条件的制约过渡到受内心道德认识的制约；对道德行为的评价，从片面过渡到比较全面；从注重行为的直接后果过渡到注重行为或后果的性质。李伯黍（1984）及其研究小组就儿童对行为责任的道德判断和公正观念的发展进行过深入的考察，发现儿童道德认知发展确有顺序性和阶段性，研究结果也基本支持皮亚杰的道德认知发展理论，但同时也发现，我国儿童的道德判断由不成熟走向成熟比皮亚杰所描述的要早些。两项早期研究均说明，我国儿童的道德判断确实如皮亚杰所说，经历着从客观判断（依据行为外在结果）过渡到主观判断（依据行为的动机意向）的发展过程。

公正推理是儿童道德认知中一个重要组成部分。在日常生活中，儿童经常会经历一些涉及公正公平的情境。威廉·戴蒙（William Damon）研究了儿童早期和中期对分配公正概念的变化发现，儿童在比皮亚杰和柯尔伯格所假设的更早的时期建构了有关公平的复杂概念。他把儿童的分配公正推理分为三个阶段。第一阶段（5～6 岁）：公平即公正，公平包括严格相等地分配物体，像功绩和需要这些特殊的因素没有被考虑在内；第二阶段（6～7 岁）：将功绩、功劳作为公正的基础，儿童认识到一些人应该得到更多，因为他们工作太努力了；第三阶段（8 岁）：将仁慈作为公正的基础，公平指向那些处于不利条件下的人的特殊考虑，应该给需要帮助的人更多一些。戴蒙还指出，在父母、同伴的影响下，儿童关于公正的推理能力进一步发展，这一能力的发展与更有效的问题解决以及更愿意帮助他人并与他人一起分享相联系。

在儿童道德认知发展过程中，有一种现象也引起了研究者的关注，班杜拉等人将其称为道德脱离（moral disengagement）。道德脱离是在社会认知理论基础上发展的一个概念，为了解释一种现象，即为什么有些人在做出不道德甚至残忍伤害的行为时却不会表现出痛苦和内疚。道德脱离包含道德理由、委婉标签、有利比较、责任转移、责任扩散、歪曲结果、过失归因和非人性化这八个认知机制，这些机制能够帮助做出非道德行为的个体避免发生认知上的冲突，这些机制在幼儿时期便开始出现，并在社会互动中发挥作用，同时也受到文化和社会化过程的影响而进一步发展。一项关于 14～20 岁青少年的纵向研究发现了道德脱离的四种发展轨迹：无道德脱离组，最初以低水平的道德脱离开始，接着就是道德脱离的重大下降；标准组，最初以中度的道德脱离开始，接着是道德脱离的下降；后期发展组，最初以中高等水平的道德脱离开始，接着是从 14～16 岁道德脱离上升，然后在 16～20 岁道德脱离陡然下降；慢性组，以中高等水平的道德脱离开始并维持在这个水平上（Paciello et al.，2008）。

心理实验

文化与对撒谎的道德判断

谎言被定义为欺骗另一个人的虚假陈述（Coleman & Kay，1981；Talwar & Crossman，2012）。对于孩子来说，撒谎的能力随着年龄的增长而发展变化。研究发现，谎言在儿童 3 岁左右时出现（Evans & Lee，2013），且述说可信谎言的能力一直发展到童年中期（Talwar & Crossman，2011，2012）。除了撒谎以及区分真理和谎言的能力之外，孩子们也开始区分不同类型的谎言并对不同的谎言进行一定的理解和道德判断，以礼貌的方式来保护他人谎言的能力随年龄增加而发展（Broomfield et al.，2002；Popliger et al.，2011）。因此，基本从学前期开始，孩子们开始撒谎并判断谎言的错误性。

自从1980年以来，发展心理学家对儿童对说谎和讲真话的道德判断产生了浓厚的兴趣。斯威策（Sweetser，1987）提出了一种民族撒谎模式。她认为，说谎的概念不是一个简单由真实性（不管陈述是否反映了真相）、意图（不管说话人是否有意欺骗）、信念（不管说话人是否相信自己的陈述）等组成的认知结构，而是一个社会文化的建构。她认为，对说谎的理解很大程度上受到个人社会化的文化规范和道德价值观的影响。Lee等研究者于1997年比较了中国和加拿大的7岁、9岁以及11岁儿童在亲社会和反社会行为情境中对说谎和讲真话的道德判断，发现了有意思的文化相似性和文化差异性。相似性主要表现在中国和加拿大的三个年龄段的儿童都对反社会情境中的谎言给予消极评价。这表明，虽然对撒谎的真正理解是在儿童晚期，但区分撒谎和错误行为以及进行适当道德评价的能力发展得更早一些。此外，研究结果发现，在中国，约有8%的7岁儿童、28%的9岁儿童、48%的11岁儿童认为说出自己做出的好事是错误的。约有25%的7岁儿童、43%的9岁儿童和70%的11岁儿童认为做完好事不应该说出来或者不承认是对的。这一比例显著高于加拿大儿童。这说明，在亲社会环境下，中国孩子比加拿大孩子更加认为撒谎是积极的且随着年龄的增加，中国孩子越来越认为在亲社会环境下撒谎是好的。这种趋势表明中国文化中强调的自我牺牲精神和谦虚对道德判断产生了影响。随着学校以及其他媒体对儿童的社会化，中国孩子的行为越来越符合中国的道德判断标准。

基于该研究，研究者指出，道德的发展是一种文化传播的过程，是一种儿童逐渐被社会化的过程，文化和社会因素在孩子的道德发展中起着决定作用。

参考文献：Lee，K.，Cameron，C. A.，Xu，F.，Fu，G. Y.，& Board，J.（1997）. Chinese and Canadian Children's Evaluations of Lying and Truth Telling：Similarities and Differences in the Context of Pro-and Antisocial Behaviors. *Child Development*，*68*（5），924－934.

（二）道德情感的发展

有关儿童道德情感发展的研究，当前部分研究者从整体对其进行考察，还有研究者关注了不同类型道德情感的发展。

从整体来看，我国心理学家对小学儿童的道德情感的发展趋势进行研究，主要涉及爱国主义、良心、荣誉、义务和幸福等五个道德情感范畴并将小学儿童道德情感的发展划分为五个水平：（1）自然的、直接的情感；（2）由对直接的个人得失的预测引起的情感；（3）不是个人意愿，而是按照社会反应行动的情感；（4）不管自愿与否，由必须遵守道德行为准则的外部作用力引起的情感；（5）以已被内化并结合成为自我的抽象道德观念为依据，不仅是自觉的，而且已成为一种激励的力量（儿童品德心理研究协作小组，1989）。

移情是日益受到重视和研究的一种重要的道德情感形式。移情是一个人（观察者）在观察到另一个人（被观察者）处于一种情绪状态时，产生与观察者相同的情绪体验。它是一种替代性的情绪情感反应，也就是一个人设身处地为他人着想，识别并体验他人情绪和情感的心理过程（朱智贤，1989）。霍夫曼（Hoffman，2000）指出，道德移情与个体移情性情感唤起的发展有关，还与个体对他人的认知能力的发展有关。由于个体最初的移情性情感唤起是自发的，所以无道德含义。随着年龄的增长，语言及设身处地思考认知活动能够唤起并激发个体移情性情感，这时的情感便具有了一定的道德意义。

霍夫曼在大量研究的基础上勾画了如下的道德移情发展的四个阶段模式。阶段 1：普遍性移情阶段（0～1 岁），在生命的第一年，在儿童获得个体永久性概念之前，个体不能意识到别人是完全不同于自己的一个人，但通过最简单的情绪唤起方式仍能体验到他人正在遭遇的不幸，并显得就像自己也在遭遇不幸一样。阶段 2：自我中心的移情阶段(1～2 岁)，在将近 1 岁末，儿童逐渐学会区分别人与自己的痛苦，但对别人的内部心理状态是不清楚的，并认为是与自己一样的。阶段 3：认知的移情阶段（2～3 岁开始），随着儿童采择能力的发展，他们不断提高区别自己和他人情感的能力，这使个体能更多地对涉及他人真实情感的诸多线索作出反应，用语言表达各种日益复杂的情绪。阶段 4：超越直接情境的移情阶段（童年晚期以后），尽管儿童的移情还是由他人的直接苦恼所唤醒，但他们被别人唤醒的苦恼不是暂时的，而是长期的，移情不再拘泥于具体的、直接的情境，而是扩展到更抽象、概括的情境。

内疚感也是道德情感的重要成分之一，它可能发生于某种道德情境中，也可能对个体的道德行为产生某种影响。它从一个新的角度指出了道德情感在个体道德发展中的自我调节和自我教育作用。霍夫曼等人将内疚分为虚拟内疚和违规内疚。虚拟内疚是指个体实际上并没有做出伤害他人或违反道德情感的事情，但仍然会内疚自责。通常，感到内疚的儿童可能会关心自己的错误造成的人际后果，并且尽力接近他人，弥补自己的伤害行为。违规内疚是指所作所为已经对他人造成伤害，当认为自己对此负有责任时而产生的一种自责和痛苦的情绪体验（Hoffman，2000）。研究者对自我意识情绪内疚、自豪和羞愧展开研究，发现个体的内疚发展遵循着“行为结果-与他人比较-自身特质-他人特质”的规律（Mascolo & Fischer，1995)。该研究提出内疚的发展可以分为 4 个阶段：(1) 0～3 岁，儿童在这个阶段会产生移情性反应，但还不能觉知他人的内部状态，还无法区分自己与他人。所以这个年龄的儿童还不能确定自己做了伤害他人的事情，不会产生内疚感。(2) 4～5 岁，这个阶段的儿童移情能力进一步得到发展，儿童对他人内部状态的觉知能力得到发展，他们能理解其他人的行为要求，并能根据某些道德标准来认识自己和他人的关系，因而初步产生内疚感，但这时的道德标准还没有内化成自己的行为准则，内疚发展尚处于初级阶段。(3) 6～8 岁，这个阶段的儿童开始产生真正的内疚感，他们会因为没有承担自己的责任而表现出内疚情绪，同时还会伴随补偿性行为的发生。(4) 9～12 岁，该阶段儿童的自我意识水平不断提高，道德水平也随之提高，他们具备了维护和坚持道德标准的内在动力，若他们觉察到自己的行为与道德标准不相符或是违反了自己的道德标准，就会产生内疚情绪，甚至有时会因为自己有了违反道德标准的念头和想法而感到内疚自责（张晓贤，2012）。

拓展阅读

为什么会出现“快乐侵害者”现象?

道德情绪领域的研究中一个新的研究取向是关于道德情绪归因的研究（Arsenio, Gold, & Adams, 2006）。道德情绪归因被定义为儿童或青少年将情绪归于行为者，以此作为道德相关行为的结果。从理论上来说，道德情绪归因因行为类型而变化，可以是积极的，也可以是消极的（例如对于道德违规的内疚或对于亲社会行为的自豪）。它有一个较强的认知成分，因为儿童需要在一个道德相关行为背景中来考虑自己和他人的观点（Malti，Gummerum，Keller，& Buchmann，2009）。这种归因能够帮助儿童预测道德相关事件的结果并依此调整他们的道德行为。因此，道德情绪归因对于道德或不道德行为的发展是很重要的。

有研究表明，4～5 岁的年幼儿童从认知的角度可以毫无困难地判断侵害者的行为是不道德的（Nunner-Winkler & Sodian，1988）。但是他们在根据道德违规情境来判断道德情绪是内疚还是悔恨时却经常失败。并且这个年龄的儿童倾向于关注道德违规的积极情绪结果，例如获得一个期望中的物体后会感到快乐（也称为“快乐侵害者”的反应模式）。这种现象在 7～8 岁之前的儿童群体中会经常出现。

为什么快乐侵害者的现象会发生？首先，从认知发展的观点来看，儿童期快乐侵害者的反应模式下降以及消极或矛盾情绪归因的上升是毫不奇怪的。已有研究指出，年幼儿童对混合情绪的理解是有限的（Harter & Buddin，1987）。理解一种道德违规行为能同时引起积极和消极情绪需要“认知制图”能力（cognitive mapping skills），而这种能力通常在 7 岁左右发展起来。同样，快乐侵害者反映了年幼儿童观点采择技能的局限性。因此，从认知观点看，儿童道德情绪归因的发展是认知发展的结果。另外，还有一些理论将自我评估情绪的表现（特别是内疚）看作是个体准备遵从标准和规则的一个重要指标（Hoffman，2000）。此类情绪表明一种道德标准已经内化（Kochanska & Thompson，1997）。从这种观点来看，快乐侵害者的反应模式表明了年幼儿童道德动机的缺失。与之对应，儿童期道德情绪归因的增加可能反映了作为自我约束力的道德判断逐渐发展的一个过程。然而，这一观点无法解释在道德动机缺失的儿童早期，年幼儿童能够自发地做出分享、助人等亲社会行为的现象，也很难解释在青少年期，快乐侵害者反应模式已消失很长时间，但道德情绪归因仍能够显著预测青少年做出的亲社会行为或反社会行为。有研究者指出，高外化问题的风险性儿童更可能做出快乐侵害者的反应。因此，在快乐侵害者研究中所评估的道德情绪归因可能反映的是道德相关行为倾向的个体差异性。

2013 年，研究者对 42 项研究共 8 009 名被试进行元分析时发现，在童年早期到童年中期这一时期内，儿童频繁地从积极情绪归因改变为消极情绪归因（Malti & Krettenauer，2013）。然而即使儿童已经发展了道德情绪归因所需的认知能力，从儿童期到青少年晚期，道德情绪归因的个体差异与道德行为间的联系仍较为稳定。这一结果说明道德情绪归因更可能反映的是道德相关行为倾向的个体差异性，而不仅仅是认知能力和观点采择能力的缺陷或道德动机的缺失。研究还指出，未来的研究需要去挖掘导致道德情绪归因发展出现个体差异的社会和心理因素（如认知、情绪、动机或行为因素）。

参考文献：Malti，T.，& Krettenauer，T.（2013）. The relation of moral emotion attributions to prosocial and antisocial behavior：A meta-analysis. *Child Development*，*84*（2），397－412.

（三）道德行为的发展

当前关于儿童道德行为发展的研究主要集中于儿童的亲社会行为及攻击和反社会行为，这部分内容将在下两节中进行详细阐述。

原理应用

“新苏格拉底法”与“新柏拉图法”：柯尔伯格德育方法的启示

20 世纪 60 年代至 80 年代，“现代道德认知发展理论之父”柯尔伯格从初期提倡教师引导学生讨论道德两难故事，激发学生思考，旨在提高道德判断水平的“新苏格拉底法”转向后期主张师生共建自治的民主社区生活，共同制定和执行集体决议，以此建立学生公民意识，提升个人道德的“新柏拉图法”。两种德育方法皆通过道德气氛的营造，反对自然主义与价值相对主义，调和自由主义与社群主义，体现了柯尔伯格对教育目标——公正的坚持，对教育方法——对话的贯彻，有助于解决社会转型期价值多样化带来的德育主体的道德处境问题。

（1）新苏格拉底法。

“新苏格拉底法”（the new Socrates's approach）又叫道德两难问题讨论法（the moral dilemma discussion approach），指由教师引导学生讨论道德两难故事，激发学生思考，由此提高道德判断水平的德育方法。柯尔伯格受古希腊哲学家苏格拉底的启发，认为道德训练产生于对话之中。具体操作上，首先根据道德判断测量结果进行分组；其次选择道德两难故事，对讨论做好准备；再次组织讨论，在讨论中教师给出引导；最后根据讨论过程记录进行总结。此种模式必须遵循两个原则。第一，引起青少年对真正的问题情境产生真正的道德冲突、不确定性和意见分歧；第二，向青少年提供高于自身发展一个阶段的思维方式。

（2）“新柏拉图法”。

1980 年柯尔伯格总结了“新苏格拉底法”的不足，提出“新柏拉图法”（the new Plato's approach），又称公正团体法（the just community approach）。公正团体一般由 60～100 名学生、5 名教师组成。团体内部有自己的组织架构，包括议事委员会、顾问小组、集体会议和纪律委员会。团体每周组织一次约一个半小时到二个小时的集体会议，商定规则纪律，处理违纪事件，比如如何解决内部偷窃问题。公正团体的评定方法具体分为集体规范和机构评价两个要素。集体规范包括集体商议的普适价值，即需各位成员践行的品行目标，如关怀、尊重、信任等。机构评价要素分两个维度：机构评价的水平和团体评价阶段。公正团体法是在认识到道德判断是界定道德行为的一个必要但不充分条件的前提下，主张给予每位成员民主参与的机会，一人一票，借助集体力量，在实践中提高个人素质。

参考文献：张少兰.（2013）“新苏格拉底法”与“新柏拉图法”：柯尔伯格德育方法的启示. *教育教学论坛*，*30*，85-87.

第二节　亲社会行为的发展

一、什么是亲社会行为

儿童亲社会行为是儿童社会性发展的重要标志之一，它对儿童的成长发展具有重要作用。亲社会行为最早由西方心理学家提出。美国学者威斯伯 1972 年在《社会行为的积极形式考察》一文中，首先创设“亲社会行为”（Prosocial Behavior）一词，用它来代表所有的与侵犯等否定性消极社会行为相对立的行为。现在，亲社会行为通常是指一切使他人获益或对社会有积极影响的行为，例如助人、分享、合作、安慰、捐赠等行为表现。

亲社会行为是一个连续体，助人动机从有利于他人和社会到完全满足自我需求和获得物质及社会性的奖励。利他和助人行为虽然从社会效果看是基本相同的，但从动机水平看，利他行为要比为了避免惩罚或获得物质与精神奖励而做出的亲社会行为更具有道德性，是更高层次的亲社会行为。儿童亲社会行为的产生和发展是与其道德行为的产生和发展相一致的。目前心理学研究者对儿童亲社会行为的探讨和研究主要集中于儿童亲社会行为发展的理论解释、发展趋势及亲社会行为的培养等几个方面。

二、儿童亲社会行为发展的理论观点

亲社会行为是先天的，还是后天的？在这个问题上，不同理论流派观点不同。肖凤秋等人（2014）对亲社会行为产生机制的理论进行了梳理，分别从进化理论、认知理论、生物基础理论三个方面对相关理论进行了总结和评论。在此，我们参考这一结构框架对亲社会行为的相关理论进行阐述。

（一）进化理论

进化心理学家从不同学科、不同角度进行解释并提出了亲缘选择理论（kin selection theory）、直接和间接互惠理论（direct and indirect reciprocal altruism）、惩罚理论（punishment theory）和群体选择理论（group selection theory）等许多有影响力的理论模型。

亲缘选择理论和群体选择理论分别从个体层面和群体层面解释亲属间和群体内的亲社会行为，他们指出，为了更好地使自己的基因得到繁衍，个体会首先帮助那些与自己有亲缘关系的人，亲缘关系越近，亲社会倾向越强。同样，如果两个群体存在直接的竞争，那么拥有大量亲社会个体的群体（愿意为了整个群体牺牲自己）要比拥有更多自私个体的群体更有优势。

互惠理论和惩罚理论主要用来解释陌生人间的亲社会行为。互惠理论认为，虽然亲社会行为会给个体带来损失，但也会带来利益，利益有时是即时的，有时是延迟的。而惩罚理论是在互惠理论的基础上指出，对欺骗者实施有效的“惩罚”（如一报还一报）或者给予合作者适当的“奖赏”（如好的名声），被认为对于亲社会行为的进化更具有解释力。因为“惩罚”能够降低欺骗者从背叛中得到的利益，而“奖赏”能够提高合作者的收益，从而让“背叛”变得不值得，让“合作”更加有成效。这不仅可以提高亲社会行为发生的频率，还可抑制不合作行为的发生，促进亲社会行为在一个群体中的发展。

（二）认知理论

认知发展理论认为，随着儿童的智力发展，他们也会获得重要的认知技能，如观点采择和心理理论等，这同时影响到他们对亲社会问题的推理和利他行为的动机。相关的认知理论包括社会信息加工模型（social information processing model，SIP；Crick & Dodge，1994）、损失-奖赏激励模型（cost-reward model；Dovidio，Piliavin，Gaertner，Schroeder，& Clark，1991）和捐赠决策的二阶模型（a two-stage model of donation decisions；Dickert，Sagara，& Slovic，2011）。与后两者相比，社会信息加工模型对亲社会行为产生的过程进行了更加完整的描述，所以在此我们主要对社会信息加工模型进行介绍。

与攻击行为的社会信息加工模型相类似，亲社会行为的社会信息加工模型将亲社会行为的产生过程分为五个阶段，这五个阶段依次是：（1）编码（encoding），注意到他人求助的社会信号，如注意到他人痛苦的表情，所以，此时共情是亲社会行为的基础；（2）解释和表征（interpretation and representation），对前一阶段注意到的信息加以解释，对个体所处的情境进行判断；（3）反应寻找（response search），个体在这一阶段基于当前的情境寻找各种可能的行为反应倾向，这些反应倾向因个体自身能力以及所拥有资源的不同而不同；（4）决定反应（response decision），对上一阶段找到的多种可能的行为反应倾向以及与之相联系的相应的可能结果进行评估，从而决定最佳的行为反应；（5）反应实施（enactment），即亲社会行为的实施阶段，个体真正地做出亲社会行为。

（三）生物基础理论

在生物基础理论方面，研究者致力于探索亲社会行为的生物学机制，如基因和神经生物基础等。在这一阶段出现的有代表性的理论主要是基因遗传理论、生物情感理论和脑机制模型。

基因遗传理论认为，亲社会行为的表现存在一定的基因基础。察恩-瓦克斯勒及其同事（Zahn-Waxler，Schiro，Robinson，Emde，& Schmitz，2001）检测了双生子对来自他人的忧伤刺激所作的行为反应。遗传评估表明，14 个月时移情关心、亲社会行为和母亲对亲社会行为的报告均呈现有意义的遗传成分。另外一项对携带异常基因的儿童所进行的研究中也发现了亲社会行为遗传作用的其他相关证据（Mervis & Klein-Tasman，2000）。生物情感理论认为，大脑与和亲社会行为有关的情绪情感之间关系的强度存在大脑两半球的差异，并且帮助亲属以及那些与自己有着共同利益的人是“神经系统组织高度适应性”的结果，是一种自发的反应（Preston & De Waal，2002）。同时，当前关于亲社会行为的脑机制的研究也进一步证实，个体做出合作等亲社会行为是由奖赏系统、认知控制系统、社会认知系统、情绪调节系统所对应的多个脑区共同作用的结果。

三、儿童亲社会行为的发展

有研究者认为，在婴儿期，儿童没有出现明显的帮助、合作、分享、安慰等亲社会行为，因为亲社会行为的产生是同婴儿的自我-他人认知紧密相连的。而这一时期，婴儿没有自我-他人的差异感（至少在情绪状态上），他们仅仅通过一种或多种简单的移情模式（反应性哭泣、条件反射、模仿）来体验移情的烦恼（Hoffman，2000）。但也有研究者持有不同观点，他们指出，儿童在很小的时候就能表现出与年长者类似的亲社会行为。例如，12～18 个月的孩子有时会把玩具送给他们的同伴，甚至能帮父母干一些擦、扫之类的家务。到了 2、3 岁时，儿童能意识到他人的情感，能理解他人的情感或观点与自己不同。儿童能对伤心的同伴表现出某种同情和怜悯，并且会通过拥抱、给予身体帮助或寻求他人需要来帮助痛苦者。所以，总体来说，婴儿期个体的亲社会行为主要表现在安慰和分享两个方面（Shaffer，2009）。

学前儿童的合作、助人等亲社会行为水平会随着年龄的增长而不断提高。我国学者王美芳（1999）对学前儿童进行的行为观察发现，学前儿童的亲社会行为水平呈不断上升的趋势，表现为大班儿童亲社会行为水平显著高于中、小班。但亲社会行为的各种类型的发展是不均衡的。其中大、中、小班儿童的助人、分享的行为发展呈现一种持平状态，而合作行为随年龄增长而不断增加。同时，他们的研究还发现，各种类型的亲社会行为发生频率分布不均匀。合作行为发生的频率最高，占亲社会行为的 53.2%；其次为分享行为和助人行为，分别占 19.8% 和 18.4%；公德行为和安慰行为很少，仅占 4.0% 和 4.6%。

小学儿童时期，亲社会行为呈整体上升趋势，但不同类型的亲社会行为的发展趋势也有所不同。从整体来看，我国学者李丹和李伯黍（1989）对 4～11 岁儿童的利他行为进行研究发现，各年龄阶段儿童做出利他选择的人数比例随着年龄的增长而增加，做出利己选择的人数比例随年龄增长而减少，且随着年龄的增长，利他观念和实际的利他行为之间的一致性增加。从不同类型的亲社会行为发展来看，研究发现，分享和安慰行为呈逐渐上升趋势，工具性帮助行为的上升趋势较分享和安慰更加明显。而助人行为的发展则呈现出与分享和安慰不同的特点：5 岁至 8 岁期间的助人行为是随着年龄的增加而增加的，而 9 岁至 12 岁期间的助人行为呈下降趋势（Staub，1979）。一项关于儿童分享行为的早期研究（Ugurel - Semin，1952）让 4～12 岁儿童与自己熟悉的一个同龄同伴分享奇数物品，结果发现 33%的 4～6 岁儿童，69%的 6～7 岁儿童，81%的 7～9 岁儿童，96%的 9～12 岁儿童更多地或均等地（多出的一个物品留着不分）把物品分给同伴。陈会昌、耿希峰等（2004）通过教师评价和自我评价对我国小学儿童的分享行为进行研究发现，儿童分享行为的发展趋势还与评价主体有关。当采用教师评价时，小学低年级儿童的行为得分无显著差别，三到五年级得分开始表现出下降趋势；当采用自我评价时，从一年级到三年级分享行为逐渐增加，之后开始逐渐下降。并且一年级儿童在游戏分享和物品分享上的得分最高，高年级儿童在心理分享和学习分享上得分最高。由此可见，随着年级升高，儿童更加注重心理上、情感上的分享，有同伴可与之分享欢乐和悲伤等情绪对儿童来说是非常幸福的。

早期关于青少年亲社会行为的发展趋势的横断研究较一致地认为，与学前及学龄儿童相比，青少年的亲社会行为更多。但是，近年来，一些纵向研究却发现，在青少年阶段，亲社会行为随着个体年龄的增长反而呈现下降的趋势（Carlo et al.，2007；Nanatel-Viver et al.，2009）。我国研究者采用同伴评定的方式考察其助人、合作、分享及谦让四种亲社会行为的发展情况，结果发现，在青少年群体中，四种亲社会行为表现水平的高低不同，从高到低依次为谦让、助人、分享、合作，且从个体角度来看，四种亲社会行为之间的相关较高。这说明，在某一种亲社会行为上表现出较高水平的青少年，同样也会在其他类型的亲社会行为上有较好的表现（王丽，王庭照，2005）。另有研究以 2 450 名中小学生为对象，从利他性、关系性、特质性及遵规公益性四个维度考察了其亲社会行为的发展趋势。结果表明，青少年亲社会行为的整体表现随着年级的升高而下降；其中，遵规公益性、关系性亲社会行为的下降趋势比较明显，而特质性亲社会行为保持稳定，利他性亲社会行为略有上升，同时研究还发现，女生在亲社会行为的整体表现及四种类型上的表现均优于男生（张梦圆，杨莹，寇彧，2015）。

四、儿童亲社会行为的培养

培养幼儿亲社会行为首先要制定目标。亲社会行为教育旨在培养幼儿具有真正的社会责任感和亲社会行为。由于年龄不同的幼儿对他人的需求及情感体验存在差异，故其做出亲社会行为的动机强度会不同。所以需根据幼儿的年龄特点和实际认知水平来制定亲社会行为培养的目标。确立目标后，我们应采取一些行之有效的方法。大致说来，可以采用行为强化、观察学习、移情训练、游戏体验等方法培养儿童的亲社会行为。

（一）行为强化法

基于斯金纳的强化理论，当某种行为出现后伴随着奖赏，那这种行为随后出现的可能性会增加。幼儿一旦产生亲社会行为，父母、老师等成人要适时加以强化（如表扬、鼓励等），使其获得正反馈信息，他以后很可能增强再度出现亲社会行为的概率。如果幼儿的亲社会行为未受到奖励表扬，已有的利他行为就可能消退。并且当儿童做出亲社会行为时，对其人格倾向的赞扬比一般性的赞扬更有效，例如“你真是个关心别人、乐于助人的孩子”与“你帮助了小朋友，真不错”两种表扬方式相比，前者更能促进亲社会行为。

（二）观察学习法

美国心理学家班杜拉在 20 世纪 60 年代提出的社会学习理论认为，儿童可以通过观察他人（榜样）所表现的行为及其结果而进行学习，即观察学习。因此，设置一定的社会情境，树立特定的榜样，使儿童对榜样进行模仿，可以有效地促进儿童亲社会行为的发展和良好品德的养成。国内进行的同伴榜样研究发现，与故事中的榜样相比，真实的同伴榜样对幼儿会产生更大的影响。同时，对榜样行为进行表扬可以进一步促进幼儿模仿亲社会行为，但不同年龄的幼儿要采用不同的榜样形式。这说明，儿童在日常生活中接触到的成人榜样，如父母、教师和同龄人对培养其真实生活中的助人行为才是真正有效的。并且研究表明，与言语上的教导相比，成人榜样的行为对儿童的示范作用更大。所以，教师和家长要特别注意自己的言行举止，提高自身的修养，规范自己的行为，注意与他人和睦相处，为儿童创设关怀友爱、助人分享的氛围，用自己的积极行为熏陶儿童。另外，家长还可以利用幼儿喜爱的绘本、故事书、玩具等媒介来为儿童提供分享、合作、助人等良好的行为榜样，发展他们的同情心、自豪感、内疚感等利他情感来帮助幼儿学习亲社会行为。

（三）移情训练法

移情是一种旨在提高儿童善于体察他人情绪、理解他人情感从而与之产生共鸣的能力，对儿童亲社会行为的产生和发展有着很强的驱动作用。利用移情对儿童进行亲社会行为的教育，就是要求首先从情感体验出发，让儿童设身处地地体会他人的态度和情绪，进而做出恰当的反应。在国内，有研究通过情境表演、体验情境中角色的情绪情感、角色扮演等方法来锻炼儿童的共情能力进而促进幼儿亲社会行为的发展。费什巴赫（Feshbach，1983）采用实验的方法考察移情训练对促进儿童亲社会行为的作用。实验将儿童被试分为实验组和控制组，实验组儿童接受移情训练，每周训练 3 次，每次大约 45 分钟，共持续 10 周。控制组儿童不接受任何实验训练。两组比较结果发现，实验组儿童的亲社会行为反应显著高于控制组儿童。我国学者王楠（2012）采用角色扮演、续编故事、听故事和看视频的方法对幼儿进行移情训练，发现 5～6 岁幼儿的移情能力和亲社会行为水平得到明显提高，其中最有效的移情训练方法是角色扮演。

（四）游戏体验法

游戏不仅可以帮助提高幼儿认知能力的发展，还可以促进幼儿的亲社会行为及同伴关系等方面社会性能力的发展。游戏中幼儿需要与同伴交往、与同伴配合、与同伴协商和分享，一切自我中心化的表现都会阻碍游戏的进行。所以，游戏活动是培养幼儿亲社会行为的重要方法。在游戏活动中，组织者通过制定游戏规则、加强游戏指导，提供游戏素材来帮助幼儿摆脱自我中心意识，练习亲社会行为。目前，角色游戏是一种常用的培养幼儿亲社会行为的游戏类型。在游戏中，幼儿通过模仿、想象及角色扮演来反映现实生活。斯托布（Staub，1971）在其研究中让幼儿园儿童分别扮演助人者和非助人者的角色，结果发现，这种活动可以增强儿童的亲社会行为。

第三节　攻击和反社会行为的干预

一、什么是攻击行为和反社会行为

攻击（aggression）是包括人类在内的许多物种普遍存在的一种现象，是儿童期一种主要的社会行为，儿童个性和社会性发展的一个重要方面，也是个体社会化成败的重要指标。其发展状况直接影响儿童人格、品德和良好行为的形成和发展。尽管攻击和反社会行为的定义通常有相当多的重叠部分，但两者还是存在重要的差别。

帕克（Parke）和斯拉比（Slaby）在 1983 年第四版的《儿童心理手册》中将攻击定义为“旨在伤害或损害他人（包括个体，也可是群体）的行为”。有研究者给出了一个更具体、更操作化的定义，认为攻击是一个由各种不同成分——伤害或毁坏性、有意性、唤醒性及厌恶性——构成的范畴，其核心特征为有意伤害性（纪林芹，张文新，2007）。目前比较广泛接受的攻击定义是指任何对生物体有意的伤害行为，且受攻击者会力图避免这种行为。

反社会行为（antisocial behavior）是与攻击行为有着很高相似性的概念，是指那些违背社会公认的行为规范，做出对他人和社会造成损害乃至严重破坏的行为。反社会行为的界定与帕克和斯拉比对攻击行为的界定有相似之处，即“反社会行为是对他人造成身体或精神伤害或财产损伤或损害的行为，而且这些行为可能有也可能没有触犯法律”。由定义可以看出，反社会行为的定义包括攻击行为但并不局限于此。攻击与反社会行为间的区别在于：攻击行为是有意伤害他人的行为，其界定涉及行为的意图、伤害性等方面；反社会行为可以被看作是包括过失和行为失调在内的所有行为，是一个成分更复杂、内容更宽泛的概念（纪林芹，2007）。

依据不同的划分标准，攻击行为可以分不同的类型：（1）工具性攻击（instrumental aggression）和敌意性攻击（hostile aggression）。工具性攻击是指通过伤害他人而得到自己所要求得到的东西的攻击，如争夺玩具等；敌意性攻击是指伤害他人的身体、感情和自尊，而非得到某种东西，如报复、支配等。（2）身体攻击（physical aggression）、言语攻击（verbal aggression）和关系攻击（relational aggression）。身体攻击是指通过直接的身体对抗给对方造成身体伤害，如击打、推搡、群殴暴力等方式；言语攻击是以言语方式实施的攻击行为，如辱骂他人或翻白眼、吐舌头等；关系攻击也叫间接攻击（indirect aggression），是指将他人排斥出社会群体、恶意操纵或破坏他们的社会关系或社会地位。（3）主动性攻击（proactive aggression）和反应性攻击（reactive aggression）。主动性攻击是指行为者在未受激惹的情况下主动发起的攻击行为，主要表现为物品的获取、欺负和控制同伴等；反应性攻击是指行为者在受到他人攻击或激惹之后所做出的攻击反应，主要表现为愤怒、发脾气或失去控制等。

关于反社会行为的划分，研究者多次试图通过因素分析或多维度的测量技术去建立反社会行为的维度。弗里克等人（Frick et al.，1993）对23 000多名青少年的对立违抗性障碍和品行障碍的因素进行分析研究，获得反社会行为的两个维度：外显/内隐维度（从公开到隐蔽的行为）和破坏性维度（从破坏性行为到非破坏性行为）。结果将反社会行为分为四类：攻击（外显的、高破坏性的）、对抗行为（外显的、低破坏性的）、财产侵犯（内隐的、高破坏性的）以及身份侵犯行为（内隐的、低破坏性）。美国学者莫菲特根据反社会行为纵向发展的持续性或稳定性，将个体的反社会行为明确划分为限于青少年期型和持续终生型两类。前者一般在青少年期大量出现，并随着个体成年而逐渐减少直至消失；后者在儿童期、青少年期都有所表现，但并不随年龄增大逐渐减少，而有可能在成年后演变为持续、稳定的反社会行为模式，典型的如因反社会人格障碍或性格缺陷导致的持续终生的反社会行为（Moffitt，1993）。

二、攻击行为的理论观点

（一）本能论

本能论的代表人物是精神分析学派的创始人弗洛伊德（Freud）和奥地利习性学家洛伦茨（Lorenz）。

弗洛伊德提出，人类生来就有生存本能和死亡本能。死亡本能是使人退回到有生命之前的无机体状态的本能，它可以解释出现的暴力和毁坏行为。这种攻击的能量不断积蓄需要定期释放。当它以社会接受的方式释放时，就会表现为努力工作或疯狂的游戏；当以社会不可接受的方式释放时，弗洛伊德又进一步分为两种，指向外部时即表现为有意伤害他人，轻者如嘲笑、讽刺、斥责，重者则打斗、毁伤或杀害使他受到挫折的对象，当指向内部时则会导致某种形式的自我惩罚、自我毁坏甚至自杀。

习性学家洛伦茨有关攻击的理论观点是从对动物的观察研究推演出来的。他与弗洛伊德一样，也认为动物和人都有基本的指向同类的攻击或战斗的“本能”，其能量来自机体内部。他将攻击看作是一个能产生自身能量的水压式系统，攻击的能量自然地在个体内部不断积累，直到借助于外部活动适当地进行周期性释放。这种释放可以以社会许可的方式如体育、冒险、负重等消耗体力的活动进行。与弗洛伊德不同，他认为攻击是具有生物保护意义和进化意义的，是用来确保个体和种系生存的。

（二）学习理论

关于攻击的学习理论观点比较有代表性的是多拉德的挫折-攻击假说和班杜拉的社会学习理论。

挫折-攻击假说最初由多拉德和米勒等人于1939年提出，他们指出，攻击性行为的发生总是以挫折的存在为先决条件的，挫折的存在也总是要导致某些形式的攻击行为；受的挫折越大，攻击的强度就越大。多拉德指出，“攻击永远是挫折的一种后果……攻击行为的出现一般预示着挫折的存在，相反挫折的存在也总是导致某种形式的攻击。”后来这一理论模型引起了人们的质疑，即受挫并不总是导致攻击。后来，米勒（Miller）等人调整了他们的立场，提出挫折总是要导致攻击，但不一定用明显的方式，它可以用迁移、间接攻击或升华的方式来表达（Miller et al.，1941）。20 世纪 60 年代，伯科威茨（Berkowitz）对挫折-攻击假说提出了新的修正模型——线索唤醒模型，认为挫折仅仅使我们愤怒并导致一种“攻击行为预备状态”，如果情境中没有“攻击性线索”，攻击反应也不会发生。伯科威茨引入了情绪唤醒（事件引发了某种情绪状态）这一中介变量，他认为攻击行为是个体内部的准备状态和外部的刺激线索共同作用的结果。

社会学习理论的代表人物班杜拉认为，人的攻击性行为并非仅是一种生理的冲动或本能，也不是挫折-攻击假说所强调的完全由环境决定，而更主要是通过观察学习、对他人行为的模仿以及替代性强化或直接强化而形成的。在此过程中，儿童关注并在记忆中保存他们所见到的别人的攻击行为，并在之后类似的情境中诉诸攻击。在这一过程中个体的神经系统起着重要的调节和控制作用。

（三）认知理论

随着认知心理学的发展成熟，攻击行为的认知理论影响力逐渐增强。其中影响较大的理论有道奇的社会信息加工模型、弗格森和鲁尔的攻击行为归因模型及安德森和布什曼的一般行为模型。

道奇（Dodge，1987）于 20 世纪 80 年代提出的社会信息加工模型，将攻击行为的产生看作是一个计算机加工的过程。他认为个体从觉察到线索再到做出攻击性行为反应之间要经历六个认知步骤：第一步是编码社会线索（发生了什么事件）；第二步是解释社会线索（这事件意味着什么，行为者是否是故意的）；第三步是形成一个目标（去处理这一事件）；第四步是形成问题解决策略（我该怎么做）；第五步是评估策略是否有效并选择一个反应（将会发生什么）；第六步是实施一个反应（立即做）。这几个步骤在执行的顺序或是某个环节上出现问题都会引起异常行为，包括攻击行为。该模型强调儿童过去的经验和信息加工技能不同，导致攻击行为上有很大的个体差异。如反应型攻击者在模糊情景下受到伤害时更可能将对方的行为进行敌意性归因且更迅速地采用敌意的方式进行报复；而主动型攻击者不会倾向于进行敌意归因，但是会形成工具性目标（如要教训那个家伙以后小心点），以此来达到操控对方的目的。

对他人伤害行为的归因也是攻击性行为认知加工过程中一个非常重要的环节。其中有代表性的就是弗格森和鲁尔提出的攻击行为归因模型。该模型认为，个体在遭受挫折之后的反应更可能是由其对伤害者行为意图的归因所导致的。如果个体不考虑特定的环境因素或场合特点，而将伤害者的行为归结为其人格特点或有意性，那这一个体更可能表达出愤怒等攻击性情绪并做出攻击性的行为。已有不少研究指出，具有攻击性倾向的儿童可能明显地倾向于将情境中不明晰或模糊不清的信息当成具有挑衅性意义的信息，甚至根本就误解了信息本身的意义（Wang & Liu，2017；Liu & Wang，2015；Wang，Xing & Zhao，2014）。

心理学家的故事

肯尼斯·道奇

肯尼斯·道奇（Kenneth A. Dodge）于1954年出生于伊利诺伊州芝加哥，1975年在西北大学获得了心理学博士学位，并于1978年在杜克大学（Duke University）的心理研究中心工作。肯尼斯·道奇在1999年成立了杜克大学儿童与家庭事务中心（Center for Child and Family Policy），他率先将儿童和家庭科学研究纳入政策制定领域。

道奇是研究和预防儿童侵略和暴力行为的领军者。他也为儿童如何在成长的过程中从事侵略和暴力行为提供了模型，其中社会行为的社会信息加工模型是他最广为人知的研究成果，这一模型被广泛用于解释部分儿童存在更强大攻击性的原因。同时，这一模型也为尽早干预，以防止暴力对儿童和社会产生严重影响提供了框架。

作为临床和发展心理学家，他还致力于研究儿童侵略行为和慢性暴力的发展。通过研究发现儿童早期的身体虐待可能会导致儿童对社会信息处理产生偏差，进而导致侵略行为。根据这些调查结果，道奇和他的同事成立了快速跟踪项目，该项目旨在通过帮助高风险儿童发展学习和社会技能，防止青少年出现暴力行为。他还致力于创立“达勒姆连接”（Durham Connects），该计划为达勒姆的所有婴儿及其家属提供免费的家庭医疗访问，并已被证明可以大大降低婴幼儿第一年的紧急医疗护理。道奇的研究体现了他在提出科学理论及将科学理论运用于社会问题解决上的努力。他是实验犯罪学学会、科学进步协会的会员。道奇的长期目标是将基础研究成果作为政策的指导，最终达到减少暴力行为的目的。

参考文献：Dodge，K. A.，Coie，J. D.，& Lynam，D.（2006）. Aggression and antisocial behavior in youth. In W. Damon & R. L. Lerner（Series Eds.），& N. Eisenberg（Vol. Ed）. *Handbook of child psychology: Vol. 3. Social，emotional，and personality development*（6th ed.）. Hooboken，NJ：Wiley.

2002年，安德森（Anderson）和布什曼（Bushman）在社会学习和社会认知理论的基础上经过整合，提出了攻击的一般行为模型（the general model，GAM），这一模型不仅强调外部环境变量，而且关注个体变量（如图8-1所示）。个体变量（包括个体的人格特质和生理因素，如性别、人格特质和生物遗传因素）和环境变量（包括情境中所蕴含的每个重要特征，例如媒体的暴力性）是行为的基础。该模型不仅关注特定情境下攻击行为的发生过程，也阐释了生物因素与环境因素的相互作用对个体产生的影响，强调个体攻击行为的出现决定于个人内部变量（如敌意特质）、对攻击行为的态度和外部情境变量（如失败、挫折或激惹性事件和药物等）。在输入阶段，个体特征和外部环境因素都作为重要变量，使个体内部状态发生变化，包括个体的情绪（如敌意感受或表现攻击行为的倾向）、认知（如敌意性思想）和生理唤醒（如心率、血压和内分泌等）；这些因素互相作用，彼此激活，从而影响个体对行为的评价和决策过程。评价过程是个体对情境的解释和相关的情感体验，是一种自动评价过程。而决策过程则涉及更多的理性解释和风险评估，需要个体更多的认知资源。评价与决策过程会直接影响个体的最终行为。

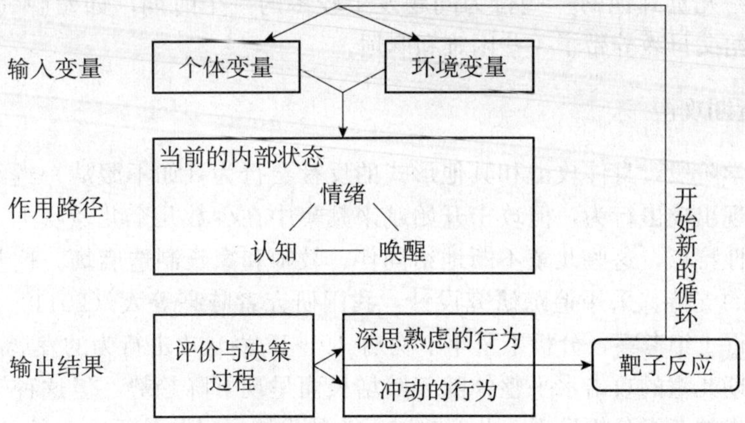

图 8-1　一般攻击模型

三、攻击和反社会行为的发展

（一）攻击的出现

在个体出生的第一年，婴儿就发展了辨别愤怒和挫折来源的认知能力以及攻击它们的运动技能。婴幼儿时期最常见的一种攻击形式便是工具性攻击，即婴幼儿会因渴望得到某一个物体或空间而去推搡或攻击他人；有研究要求儿童母亲报告婴儿在 17 个月和 30 个月时是否做出过身体攻击，结果显示，超过 70%的儿童在 17 个月时就表现出了身体攻击，其中 14%的儿童在 17 个月到 30 个月之间表现出较高的攻击行为水平，且存在增长的趋势（Tremblay et al.，2004；纪林芹，张文新，2007）。同伴取向的攻击出现在生命第一年的晚期，12 个月的婴儿会对同伴的激惹做出反抗和攻击性报复（Caplan，Vespo，Pedersen，& Hay，1991）。总的来说，儿童的攻击性在两岁到三岁半之间达到最高峰，此后稳定下降。但是也有研究者认为，婴儿之间的冲突并非是真正的攻击，并且在冲突发生时，婴儿可能通过协商或分享，而非相互打斗来解决争执。因此，并不需要进行训练来防止儿童用互相攻击的方法解决早期冲突。

（二）学前期的攻击

学前儿童的攻击行为如打斗、推搡或骂人等相对而言较为普遍，且发生率也比较高，基本分布在整个学前时期。大部分年龄稍大的学前儿童表现出的身体攻击逐渐减少，取而代之的是嘲弄、奚落、散布谣言或是叫一些贬损性质的绰号。此外，在整个学前期，儿童的工具性攻击呈减少趋势，敌意性、报复性攻击呈增多趋势。同时需要注意的是，尽管攻击行为随着年龄的增长出现普遍下降的趋势，但一些儿童在整个学前期甚至学龄期都会持续地表现出攻击性。

同时，学前期儿童的攻击行为出现一定的性别差异。具体表现为，男孩通常比女孩表现出更高水平的身体攻击和工具性攻击，而女孩更可能使用关系攻击。研究发现，教师对3～5岁学前男孩攻击性的评价要多于女孩（Crick，Casas，& Mosher，1997）。同时，学前期也是儿童其他的一些行为问题发生较多的一个时期，如发脾气、不听话等，这些行为问题给父母教养带了一些困难和麻烦。

(三) 儿童期攻击

在整个小学阶段，身体攻击和其他形式的反社会行为（如不服从）继续减少，大多数儿童很少表现出攻击行为，但攻击开始越来越集中在少数几个儿童身上，且具有以人为指向和敌意性特点，这些儿童不断地给同伴、教师和家长制造麻烦。这些观点已经得到了实证研究的支持。采用追踪研究设计，我国研究者陈亮等人（2011）通过对1 618名9岁儿童进行4年考察，分析了童年中晚期（9～12岁）攻击行为的发展趋势。结果发现，童年中晚期儿童的攻击水平整体随年龄增长而呈现下降趋势，但这种下降存在个体差异性。进一步的亚组分析发现，儿童攻击行为的发展可以分为无攻击轨迹组、低攻击-下降轨迹组以及持续高攻击轨迹组，60%以上的儿童处于无攻击轨迹组，仅有近5%的儿童处在持续高攻击轨迹组。

(四) 青少年时期的攻击和反社会行为

随着年龄的增长，外显性的攻击明显减少，这一趋势适用于男孩和女孩，但攻击的严重程度开始增加，出现了结伙打架、团伙偷窃或使用武器等情况，暴力攻击或其他严重暴力行为在青少年期和成年初期急剧增加。美国青年调查（national youth survey，NYS）在1976年对1 725名青少年的暴力侵犯的调查表明，暴力侵犯几乎总是开始于青春期。自我报告的严重暴力侵犯（包括恶意侮辱、抢劫或强奸）在12岁到20岁之间骤然上升，而在11岁以前发生的危险率（第一次侵犯）几乎为零，但到了13～14岁增加到两倍，到16岁猛增到5.1%。然后到16岁和18岁之间减少了一半，20岁以后下降到不到1%。因此，27岁之前参与严重暴力侵犯的人有1/2以上是在14岁到17岁之间实施第一次暴力侵犯的，几乎所有的侵犯者都在21岁之前实施第一次侵犯。在青春期不仅仅首次犯罪的比率显著增长，而且犯罪的普遍发生率也非常高，在17岁这一高峰年龄段，有19%的男生和12%的女生报告说他们至少曾经有过一次严重的暴力侵犯。我国研究者蹇璐亦和李玫瑾（2007）用问卷调查法探索个体在儿童期（3～4岁到11～12岁）、青少年期（12～13岁到17～18岁）到成年后的反社会行为表现和发展情况。结果发现个体反社会行为在总体发展上表现出如下特点：（1）在未成年阶段，尤其是青少年期，反社会行为的发生很普遍，且单一个体同时涉及多种类型的反社会行为的情况较为常见，但这些行为总体上集中于轻微违法和不良行为，且多数人的行为都是偶发，经常性的严重反社会行为极少。（2）在发展趋势上，个体早期的反社会行为少数开始于儿童期，较多开始于青春期，至成年后大部分逐渐停止。（3）反社会行为可能在早期各个年龄段开始，也可能在不同年龄段停止，且保持时间长短不一，在总体上缺乏贯穿儿童期、青春期至成年期的持续性。此外，多数人都是偶然几次地实施某种或多种反社会行为，这也是行为缺乏持续性的表现。

青少年期攻击与反社会行为发展的另一个特点是性别差异进一步增大。研究表明，男孩比女孩更可能成为罪犯。有研究者考察了参与克莱斯特彻奇研究的 8 到 20 岁被试的犯罪轨迹，结果发现，在每一个年龄阶段，女孩的犯罪率仅仅是男孩的一半（Fergusson & Horwood，2002）。

四、攻击和反社会行为的预防和干预

（一）行为干预

以行为主义和班杜拉的社会学习理论为基础，可以从三个方面来对儿童攻击和青少年反社会行为进行预防和干预。

首先，创设适宜的非攻击的环境。例如提供不会引发攻击和争斗的玩具；家庭和学校要尽量减少儿童接触攻击性的玩具如仿真手枪、刀具等，同时，尽量为儿童周围的文化环境进行筛选，特别是要积极为儿童选择适合的幼儿媒体节目，减少大众媒体中的暴力性节目内容对儿童的消极影响，避免幼儿受到暴力、凶杀等不健康画面和节目的毒害。

其次，有效地使用奖励和惩罚来减少儿童的攻击行为。表扬奖励儿童恰当的亲社会、亲群体的交往行为，可帮助儿童强化正常社会技能，但责备或惩罚虽然在一定程度上能够降低儿童的不良行为，效果却可能是暂时的（Xing & Wang，2017）。当儿童做出不符合期望的行为时，若父母和教师不由分说地通过体罚来惩罚孩子，那孩子从中习得的更可能是一种解决问题的心态，即在别人的行为不符合自己期望时，可以采用攻击的方式来使其屈服（Wang，Xing，& Zhao，2014）。此外，父母或老师可以采用忽视或不给予强化的方式来减少儿童的攻击行为，使其做出符合期望的行为。

最后，大部分攻击行为主要是通过观察学习和榜样模仿获得的。父母、教师要为儿童树立良好的学习榜样，其言行举止、行为作风每时每刻都在影响者儿童。所以，父母和教师要加强自身修养，以身作则，表里如一，重视自己的言行举止，使儿童在潜移默化中进行良好行为的学习。

（二）认知干预

认知影响行为，同样，攻击行为也会受到儿童对外部事件和环境的认知因素的影响。认知干预是通过改变儿童的认知、信念、态度等认知特点来改变儿童攻击性行为的方法。以社会信息加工模型为理论依据对攻击性儿童和青少年进行干预的实验研究受到国内外研究者的重视。有的研究方案从信息加工的早期入手干预儿童对攻击行为的归因，降低其敌意性归因的可能性，而引导其做出非敌意归因，进而寻找合适的解决办法。有的干预方案从后期阶段入手，帮助儿童认识到攻击行为的消极后果，从而改善其认知。2014 年，钟佑洁等国内研究者以 132 名攻击性儿童为被试进行追踪干预研究，针对社会信息加工模型中的六个步骤设计了相应的干预课程训练，考察干预方案对减少儿童的攻击行为及提高社会信息加工能力的作用。干预课程包括：关注情绪和各种线索（SIP 第一阶段）；观点采择-理解他人意图的困难，如何正确归因（SIP 第二阶段）；价值澄清（SIP 第三阶段）；问题解决的方式（SIP 第四阶段）；后果认知训练（SIP 第五阶段）；角色扮演-问题解决的步骤（SIP第六阶段）等。结果发现，该干预方案对提高攻击性儿童的社会信息加工能力有明显的即时效果和持续效果，具体表现为该方案有效地减少了攻击性儿童的敌意归因偏见和攻击行为的产生，有助于攻击性儿童建立关系目标并正确认知攻击行为的后果。

（三）情绪干预

冷认知理论认为，攻击性水平较高的儿童并非其认知能力有缺陷，而可能是由于缺乏移情的能力。故干预工作可以通过提高儿童的移情能力来减少其攻击行为。第一，儿童需要学会准确地站在别人的角度来体会他人的情绪情感。因此，家长、教师或儿童自己要多创造促进儿童与他人互动的机会或情境来帮助儿童学习情绪体验，提升移情能力。第二，学会理解他人的情绪反应，并且能够被他人的情绪所感染，进而培养移情能力。所以要帮助儿童认识不同的情绪，并通过故事情景让儿童从认知上知道攻击他人是不对的，进而培养儿童的观点采择能力。第三，采用受儿童欢迎的教育方式（如角色扮演、游戏），吸引儿童的注意力，激发他们高度的参与热情，加深他们的参与程度，在这个过程中培养他们的移情能力。另外，具有攻击行为的儿童青少年通常容易愤怒，自我控制能力差，情绪调节能力差。所以帮助儿童有效地管理和调节不良情绪也有助于减少攻击行为。具体方法有放松训练、情绪宣泄、积极联想、自我暗示、角色扮演等。

心理实验

情绪宣泄能够减少攻击行为吗？

“宣泄疗法”的基础是：攻击冲动会在人体内积累，除非把积蓄攻击性能量的蓄水池排干，不然暴力攻击行为随时可能发生。即为人们提供安全的机会来表现出攻击性（如打沙袋）可以降低其产生反社会行为的可能性。

家庭教育咨询师安妮·兰德曾建议个体必须要释放其敌意，并进一步建议家长教育孩子要将愤怒感发泄到家具而非人身上。一个读者的回复是：“我对你就3岁孩子脾气暴躁这一问题给出的建议深表震惊，以前我弟弟在生气的时候会踢家具。现在他32岁了，仍然会踢家具，并且还会踢妻子、猫、孩子以及一切挡在他面前的东西。你为什么不告诉那个母亲孩子们必须要学会控制自身的愤怒？这是文明人和野蛮人的区别。”

对于宣泄疗法的争议，现在的研究证据也倾向于支持这一读者的观点。研究表明，攻击体验只能增加而非减少攻击冲动。1966年，Mallick与McCandless让三年级儿童进行一项任务，并让同伴对其进行干扰，随后，一组儿童使用玩具枪进行射击游戏，而另一组儿童则参与非攻击性任务——做数学题。随后，所有的孩子获得向干扰其任务的同伴表达攻击性的机会。通过一个严格的程序，研究者让儿童相信他们会给那个孩子造成电击。结果发现，两组儿童在“电击”行为的选择上并不存在差异。宣泄疗法并不能降低攻击行为。

第四节 儿童社会技能的发展和培养

一、社会技能的界定

虽然对儿童社会技能的研究已经有几十年的历史，并且取得了丰硕的研究成果，但对“社会技能”这一概念的理解则因研究者出发点的不同而各不相同，至今尚无一精确的定义。已有研究中出现的关于社会技能的定义大抵以三种方式加以界定。

（一）从同伴接纳角度进行定义

主要用同伴接纳或人缘指标（如同伴社会测量地位）来定义社会技能。高社会技能的儿童青少年通常是指那些在学校或社区环境中较受欢迎或受接纳个体。如休斯（Hughes，1988）认为“社会技能是可能提高他人对个体的社会地位评价的行为”。

从同伴接纳的角度来对社会技能进行定义虽然较为客观，但其主要缺点是无法确定哪些行为促使儿童受到了同伴的接纳。我们可以确定一组儿童不被接纳或人缘不好，但却不知道他们的哪些社会行为（或缺少哪些行为）导致了这种状况，因而研究中要考虑特定社会行为与社会地位之间的相互关系。

（二）从行为的角度进行定义

认为社会技能对个人行为的后果能够产生最大限度地维持强化或减少惩罚的作用，将其看作是一系列情境特异化的反应，对其的测量一般是在自然情境或角色扮演情境中进行行为观察。如研究者将社会技能看作是“在特定情境中被证明是有效的，或者说能最大限度地产生、维持或加强有利于交往者的结果的那些反应”（Foster & Ritchey，1979）。

（三）社会效度定义

强调那些预示重要社会性后果的行为。如有研究者认为“社会技能是在特定情境中预示着重要社会后果的那些有社会意义的行为”（Gresham & Elliot，1984）。其中，“有社会意义的行为”是指重要人物（如父母、教师等）认为重要的、合理的行为，并且这些行为预示着个体的重要社会性后果；“重要的社会性后果”则是指那些被普遍判定为重要的、适应性的、有效用的后果，如同伴接纳与友谊、教师与父母的接纳、学校适应等。

二十多年来，我国学者也对社会技能的概念进行了初步探讨，如周宗奎（1995）认为，社会技能是个体经过学习获得的，在特定社会生活环境中有效而恰当地与他人进行交往的活动方式。陈尧昆、刘翔平（1995）认为，社会技能指的是在一定的社会交往的情境中，个体运用已有的社会知识经验，通过观察、模仿而形成的能带来最大社会适应效能的活动方式。王美芳（2003）认为，社会技能是个体在特定社会情境中，运用已有的社会知识，有效而适当地与他人进行积极交往以实现自己或他人互动目标的行为方式，它包括行为、认知和情绪三种成分。综合上述概念可以总结出，社会技能的内涵主要包括以下几个重要方面：（1）社会技能主要是通过学习获得的，本质上是互动性的；（2）具有明确的言语和非言语行为；（3）使人进行有效而适当的主动交往和反应；（4）能够增加社会性强化；（5）社会技能的表现受儿童自身特点及发生情境的影响。

二、社会技能的分类

（一）埃利奥特和格雷沙姆的分类

埃利奥特和格雷沙姆根据5种行为群对社会技能进行分类。

合作：个体帮助他人，与同伴共享资源和遵守规则的行为，又可以进一步分为工作与游戏技能和课堂交往技能两个子行为群。

自信：个体主动与他人交往的行为以及对他人行为的反应，包括交谈技能和参与技能两个子行为群。

责任：关注与他人沟通的行为及其结果，包括请求他人帮助、倾听他人谈话、拒绝他人的不合理要求等。

移情：关注并及尊重他人情感与观点的行为，包括积极反馈技能和积极倾听技能两个子行为群。

自我控制：个体在冲突情境中能够调节与控制自我的行为，包括冲突解决技能和抑制愤怒技能两个子行为群。

（二）麦克吉尼斯和德斯坦的分类

麦克吉尼斯和德斯坦（McGinnis & Goldstein，1980，1984）认为年幼儿童的社会技能分为6大类。

初步社会技能：幼儿学习其他社会技能的基础，主要包括倾听、好好说、勇敢地说、说“谢谢”、自我奖赏、寻求帮助、要自己喜欢的东西（提出正当要求）、忽视等8项。

幼儿园相关技能：促进幼儿成功地适应幼儿园生活的一些社会技能，主要包括问问题、按要求做、困难的时候试着做、插话等4项。

交友技能：促进幼儿与同伴积极互动的行为技能，主要有打招呼、从表情理解别人的想法、加入、按顺序来、分享、提供帮助、请别人玩、做游戏等8项。

情绪应对技能：包括了解自己的情绪、知道被忽视时的情绪体验、请求说话、害怕时怎么办、判断别人的情绪、表达爱等6项。

攻击替代技能：主要是指儿童用亲社会的、建设性的方式解决社会问题的技能，主要包括对付嘲笑、消除坏心情、判断是否公平、解决问题、承认错误和道歉等6项。

压力应对技能：主要是指儿童有效地应对经常遇到的压力性情境的技能，主要包括放松、面对错误、诚实、知道什么时候讲话、面对失败（做个好输家）、想当第一（做个好赢家）、说“不”（学会说“不”）、接受不、决定做什么等9项。

（三）坎尔德雷拉和梅里尔的分类

坎尔德雷拉和梅里尔（Caldarella & Merrell，1997）对21项儿童青少年社会技能研究进行元分析，把社会技能分为5个维度。

同伴关系技能：包括称赞同伴、给予帮助和支持、邀请他人等。

自我管理技能：包括控制情绪、遵守规则、处理冲突等。

学业技能：包括独立完成任务、听从教师的指导以及完成令人满意的工作等。

遵从技能：包括听从安排、合理利用空余时间。

自信技能：包括主动与人交谈、答谢赞美等。

（四）斯蒂芬斯和阿诺德的分类

斯蒂芬斯和阿诺德（Stephens & Arnold，1992）认为学龄儿童的社会技能基本上分为4类。

环境行为技能：儿童应对周围环境和在交往中处理物品的技能，包括爱护环境、遵守课堂纪律、卫生行为等。

人际行为技能：儿童参与群体活动、进行人际交往的技能，包括处理冲突、获得注意等。

自我相关行为技能：儿童自我控制、自我管理的技能，包括意图认知、情绪表达、自我接纳等。

任务相关行为技能：儿童完成学习和日常生活中基本任务的技能，包括参与讨论、独立工作等。

（五）黄希庭的分类

我国研究者黄希庭（2001）将社会技能看作是个体影响和操纵他人的行为模式，他认为，社会技能可以划分为5类。

自信：自信的人敢于且善于影响和操纵他人，如拒绝请求，主动提出自己的要求或主动提出支持他人，自然表达正面或负面情感，控制谈话进程等。

报答与强化：是指个体对他人的好意、善举等通过言语、表情、体态行为等所给予的积极回答，是社会交往互动中的反馈过程。

非言语交流技能：是指除说话以外的其他人际信息交流，包括表情、声调、体态、手势等。

言语交流技能：又称言语交谈，是个体社会表现和社会技能的基础，突出表现在开发话题、内容选择、情感呼应等方面。

同理心、合作、关心他人：同理心是理解他人心境、分享他人观点和设身处地为他人着想的能力；关心对方，真诚地与对方合作，通过协调彼此的行为才能使双方均能实现各自的计划。

三、儿童社会技能的发展

社会技能是在社会认知和一般认知能力发展的基础上发展起来的。皮亚杰认为，儿童对于客观世界的知识既不来源于主体，也不来源于客体，而是来源于主客体的相互作用。儿童不是环境的消极适应者，而是积极主动地在建构着各种知识技能。与之类似，社会技能也是儿童在与周围人们不断的交往过程中习得的，是儿童社会化发展的重要内容。儿童从一出生就开始了他们的社会化进程，在这个进程中，儿童不断地吸收学习成长环境中的价值观念、风俗习惯和行为方式，逐渐形成自己的人生观、世界观、价值观，一步一步地掌握社会技能。从儿童年龄发展阶段来看，可以将儿童社会技能的发展分为四个阶段：婴儿期、幼儿期、学龄期和青少年期。

（一）婴儿期儿童社会技能的发展

婴儿从一出生就具有最基本的生存技能，如吮吸反射、抓握反射等；其社会技能的发展经历了从无到有，从简单到复杂的发展历程。在认知发展上，皮亚杰将婴儿出生的前两年称为感知运动阶段，婴儿通过探索感知觉与运动之间的关系来获得经验，语言和表象尚未完成。伴随着复杂的社会环境刺激，婴儿迅速成长，表现出逐渐增多的技能性行为，如：面对不同的人婴儿会表现出不同的行为反应，在独处时表现出放松的状态，而在面对母亲或另一个婴儿时会表现出更多的表情和动作。有研究者认为，婴儿表现出的这些行为可以看作是最早的社会技能，但也有研究者持有不同看法。从更严格的社会技能标准来看，婴儿 6 个月时可以表现出一定的社会技能；婴儿 6 个月到 12 个月时指向他人的社会行为不断增多；1 岁后随着婴儿开始咿呀学语并学习走路，语言技能和动作技能发展迅速。

婴儿语言技能和动作技能的发展促进了婴儿互动技能、交流技能的进一步发展，表现为婴儿开始接近同伴的物品、共同的物品并进行操作。许多研究发现，玩具把儿童聚在一起，互动是在这些玩具的共同操作中产生的；儿童聚在一起做游戏，游戏中同伴间的互动促进了他们的交流，合作游戏技能也是婴儿的互动技能之一。2 岁以后伴随婴儿与同伴的社会互动逐渐增多，同伴间的冲突也开始增多。贝克曼和布朗利发现婴儿解决冲突的技能水平较低，使用的社会规则也是初级的优势规则，即身体强壮的婴儿经常在冲突中获胜。除了使用优势规则外，婴儿也在形成更高级的解决物品冲突的社会规则——先前所有权规则。到婴儿期末，婴儿已具备初步的发起互动、交流与解决冲突的技能，但这些技能还很有限。在幼儿期，这些技能将得到进一步的发展。

（二）幼儿期儿童社会技能的发展

幼儿期儿童的生活范围由家庭扩展到幼儿园，增加了社会交往的频率、时间和复杂性。而更加频繁复杂的社会交往要求儿童必须掌握一定的社会技能，如集中注意力到指定任务上、服从老师的命令、与同伴合作并较好地解决与同伴的矛盾冲突等。幼儿社会技能的发展水平关系到幼儿能否进行正常的社会交往、能否建立良好的同伴关系、能否得到全面的发展（张艳琼，李红丽，2010）。

幼儿期儿童在认知发展上达到了前运算阶段，发展了形成和使用字词、手势、标记、想象等符号的能力。随着幼儿认知能力、语言能力、自我意识的发展，他们的社会技能也在不断提高。

在具体的社会技能方面，幼儿对他人的认知和情绪的理解能力有迅速的发展。在同伴交往方面，幼儿逐渐从平行游戏转向合作游戏，这要求更多的社会技能，也带来更多的满足（周宗奎，2002）。在幼儿期，儿童社会技能的发展主要体现在社会问题解决技能、冲突解决技能的发展上（王海梅，2008）。相对社会问题解决技能、冲突解决技能发展十分有限的婴儿期，幼儿期儿童可以用许多不同的策略来达到自己的目标，解决冲突的策略也呈多样化趋势。同时，他们还能够初步使用协商策略实现不服从父母要求的目的，不服从策略有了一定发展（王美芳，2003）。通常在幼儿期，女孩的社会技能好于男孩。并且母亲受教育程度、家庭经济收入都对幼儿的社会技能发展有显著影响；民主型教养方式对幼儿的社会技能发展有积极影响，而溺爱型、放任型、专制型、不一致型教养方式均对幼儿的社会技能发展有消极影响（操凯，杨宁，2014）。家长应努力提高自身素养，提高家庭收入，学习良好的教养方式，为幼儿的社会技能发展创造优良的环境以促进幼儿社会技能的发展。

（三）学龄期儿童社会技能的发展

学龄期是指 6～7 岁入小学起至 12～14 岁进入青春期为止的一个年龄段。认知发展上，学龄期儿童处于具体运算阶段，语言能力迅猛发展，这一阶段还没有形成抽象思维能力，但思维具有了守恒性和可逆性，掌握了一定的逻辑运算能力，但运算离不开具体事物的支持。学龄期儿童的社会性发展表现在儿童进入学校接受教育以适应社会，学习掌握生活所必需的知识和技能上。在埃里克森人格发展的八阶段理论中，学龄期的主要特点是勤奋对自卑的冲突，当儿童的勤奋感大于自卑感时，他们就会获得有“能力”的品质。

随着学龄期儿童社会认知能力的进一步发展，人际互动特别是同伴互动不断增加，各种社会技能继续发展提高，情感和认知观点采择能力越来越强，能够更好地理解他人的心理状态。研究发现，随着儿童的年龄的增长，冲突解决能力也不断提升。

学龄期儿童社会技能的发展突出表现在个体交流技能和协商策略的迅速发展上（王美芳，2003）。通过交流和协商，儿童对问题提出不同的解决策略。在沟通技能方面，儿童不仅要相互注意、提供反馈，同时，在谈话中还要恰当地运用停顿。到小学高年级，儿童期望同伴们能够运用合作性的、有助于他人的积极的沟通。

进入小学后，学龄儿童接触的对象由家人扩展到了家庭外成员，开始形成不同的同伴群体，建立同伴间的情感链接，形成同伴之间的友谊，他们认为朋友之间是相互帮助、互相支持的。费曼和比尔曼认为友谊具有特殊的社会支持功能。儿童也越来越关注自己的表现，希望自己不被拒绝。建立和维持友谊也是学龄期儿童社会技能的重要方面。

（四）青少年期社会技能的发展

青少年期儿童的思维发展已接近成人水平，进入了皮亚杰认知发展理论中的最后一个阶段：形式运算阶段。这个时期，青少年的思维开始通过假设演绎推理来完成问题的解决。人格发展上，埃里克森认为青少年期的主要任务是建立同一性，避免角色混乱。

随着认知能力和社会性的进一步发展，青少年的社会活动日益复杂，人际交往、同伴互动不断增加，各种社会技能继续发展。青少年能够使用更高水平的认知和情绪上的观点采择，移情能力正式发展（周宗奎，2002）。移情能力是设身处地理解他人感受的一种能力，对青少年形成良好的人际关系具有重要的作用。儿童从童年进入青春期后追求独立，对父母的依赖逐渐减少，同伴关系的重要性逐渐增加，从而促进青少年建立和维持友谊技能的进一步发展。友谊作为一种特殊的同伴关系和依恋关系，在儿童的社会化过程中起着非常重要的作用（万晶晶，2002）。移情能力也促进了青少年提供社会支持技能的发展，使青少年能够在他人遇到消极事件时提供情感支持。青少年时期儿童的问题解决和冲突解决能力得到了进一步发展。

许多研究发现，青少年社会技能的发展存在很大的个体差异，有些青少年各项社会技能发展良好，能够很好地解决问题、解决冲突并保持良好的人际关系，而有些青少年各项社会技能发展不平衡或缺乏必要的社会技能而影响解决问题的能力或影响人际关系。因此，如何培养儿童的社会技能，提高儿童解决问题能力并保持良好的人际关系是每位父母和教育工作者应该认真思考的问题。

四、儿童社会技能的培养

社会技能培养也称社会技能训练（social skill training，SST）。迄今为止，研究者们一般从认知、行为、情感三个角度对儿童社会技能进行训练，探究出许多行之有效的干预方法。

（一）认知培养模式

认知培养模式的理论基础是处于外部环境刺激与儿童行为反应之间的成分——儿童的认知或思维是儿童行为发生的重要影响因素，不恰当的行为往往是由不适当的认知方式导致的。研究者着重培养儿童将自己的社会目标和互动策略与同伴群体相适应，能够把自己的知觉和知识转化成技能性行为，对社会中的情景和线索能够准确把握、理解的能力，进而影响其社会行为的发生。该模式大致可以分为社会问题解决训练和社会观点采择训练两种训练方法（王美芳，2003）。

儿童在人际关系情境中，解决社会问题能力的训练包括以下内容——培养儿童理解问题本质的能力，确定多种方法解决问题的能力，对解决问题的方法进行评价的能力。面对社会问题，首先，清楚地界定问题；其次，寻找多种解决问题的方式方法；再次，确定最恰当的方法并付诸实施；最后，对方法进行评价。

社会观点采择训练以改善人际关系为目的，培养儿童站在他人的角度看待问题，进而理解他人的情绪情感等内心活动状态，改变自己不当的行为方式以适应和满足他人的需求的能力。这种训练方式通常是为儿童提供一定的社会情境，通过在不同的社会情境中帮助儿童来理解各种社会问题，从而提高儿童的社会理解和观点采择能力，如角色扮演法就是常用的一种方法（王美芳，2003；李秀，2013）。

（二）行为培养模式

行为培养模式以操作性条件反射理论和社会学习理论为基础，是个体为掌握相应的社会行为技能而反复进行的行为训练，如社会示范。儿童在习得一些社会化的行为时，会模仿周围同伴或成人的动作、言语，当这种模仿行为受到强化时，就会得到延续并扩展到其他领域。其中家长可以根据榜样是成功的、重要的、易接近和可学习的原则，为孩子精心选择电影、电视、网络中的虚拟榜样，也可以是现实中的榜样，根据儿童的发展特点，提供榜样的行为，一般按从简单行为到复杂行为的顺序重复出现，再进一步向儿童确认榜样所表现出的实际行为。当儿童在某种活动中表现出社会认可的特定行为时，给予恰当的奖励以增加此行为出现的频率。强化孩子的行为需遵循下列原则：直接强化与间接强化相结合；对于复杂的行为，需先确立塑造步骤，按行为顺序予以强化，以达成目标（王美芳，2003；杨秀华，2004；韦耀阳，2015）。

（三）情感培养模式

情感培养模式注重对社会技能中情绪成分的培养，认为儿童产生良好行为的重要机制是其内部的情绪技能。通常而言，儿童社会情感技能可以从以下四个方面来进行培养：儿童自我认识、自我认同和自尊的能力；认识自己和他人情感及表达自己情绪情感的能力；认识情绪表达复杂性的能力；移情能力。其中移情训练是情感培养模式中最常使用的方法，所谓移情是一个人设身处地为他人着想，识别并体验他人情绪情感，与之产生心理上的共鸣。移情训练主要培养儿童换位思考、区分不同情感、对情感进行匹配及事件分析的能力（李秀，2013）。

研究表明，行为培养模式操作简单、效果明显、易被教育者所接受，但随着强化刺激物的消失，训练的效果也会相应降低甚至消失，同时该模式将社会技能的学习与儿童外显行为改变等同，忽略孩子心理历程的变化。而认知培养模式，对儿童社会技能的提升有着积极的作用。但是，儿童处于社会化初级阶段，认知发展水平低，单纯利用认知训练对低年级儿童进行训练，效果不明显。情感是儿童早期社会行为发展的一种原始的动机，在培养儿童社会技能中起着重要的作用。经情感培养的儿童，能够体察和理解他人，从而更多地产生合作、帮助、友爱等亲社会行为。然而，杨秀华（2004）指出情感性社会技能属于一种隐性技能，它的提高速度比较缓慢，潜伏期比较长。

斯宾塞（Spence）整合式社会技能训练模式提示，良好的社会技能的培养受认知、情感、行为、环境等诸多因素影响，仅仅单独采用一种方法是不够的。因此，为高效、高质量培养儿童的社会技能，研究人员需采用认知、情感和行为三种技能模式相结合的训练模式，全面提高儿童的整体社会技能（李秀，2013；韦耀阳，2015）。

原理应用

陈会昌、郭俊彬（2007）认为，根据布朗芬布伦纳的生态系统理论，在幼儿阶段，家长和教师是幼儿社会化最重要的代理人和影响源。由于家长因素难以进行严格控制和干预，因此先行尝试选择幼儿教师作为干预计划的一部分，并建立了“以师生互动为中介的幼儿社会技能培养模型”，即幼儿教师对于社会技能培养在观念上的重视以及操作上的自我效能感都通过师生互动这一中介环节，进而落实到幼儿社会技能的提高上。

陈会昌、郭俊彬的训练方案中的幼儿被试包括：A类实验班（教师接受研究者干预、幼儿接受教师训练的实验班）、B类实验班（仅由教师对本班幼儿进行社会技能训练的实验班）和控制班（不进行特殊训练，维持正常教学的班级）；教师被试为A类实验班教师和保育员。所制订的幼儿社会技能培养方案时间安排如表8-1所示（以一个学期为例）。

表8-1　　幼儿社会技能训练时间表

	小班（12项）	中班（17项）
9月	倾听　打招呼　表达爱	倾听　打招呼　表达爱　上课守纪律
10月	上课守纪律　大胆地说　按顺序来	大胆地说　按顺序来　遵守游戏规则
11月	礼貌求助　说谢谢	礼貌求助　提供帮助　友好相处　说谢谢
12月	友好相处　分享玩具	分享玩具　控制紧张　感到被忽视
1月	主动道歉　诚实	主动道歉　诚实　邀请

从表中可以看出，技能训练的安排尽可能考虑了与幼儿园的主题教学活动同步。

每项技能于每个星期一进行1次专门训练课，时间为15～20分钟，剩余4天针对本周技能进行一日生活的提醒和随机教育。专门训练课借鉴结构学习（structured learning，又称skill streaming；McGinnis & Goldstein，1980）模式进行，包括四个步骤：一是示范，也就是向儿童演示行为技能，让儿童去模仿学习；二是角色扮演，是让儿童把看到或听到的社会技能进行行为演练或练习，以便于他们最终能在实际生活中使用这些技能；三是反馈，是指对幼儿的角色扮演练习进行及时的评价，让他们知道自己练得怎么样，在这个环节应注意的是，教师给予儿童正确的指导，只呈现正确的行为方式，不重复不正确的行为方式，促使幼儿不断提高、改善对社会技能的具体应用水平；四是迁移训练，采用多种方法来帮助儿童把在训练情境中新习得的技能迁移到实际生活情境。

每月的第三周或第四周（依技能数量和训练情况灵活掌握，但同年级的两个实验班是一致的）设计实施一次综合社会实践活动，将本月技能包容在人为设计的情境中，对幼儿的掌握情况进行定性观察，从中发现不足之处，及时提醒和纠正。

此外，本研究还设计了"每月技能观察记录表"，在每月第四周，由教师给本班随机选择（间隔相等的学号挑选）的5名幼儿打分，以利于教师量化评价幼儿的掌握情况，在后续研究中不断改进。

此外，作为积累研究资料的一种手段，还要求教师针对被观察的幼儿记观察笔记，以期多角度、全方位地反映幼儿对技能的掌握情况。以上步骤在两个年级的四个实验班统一进行。

对实验班幼儿社会技能培养效果的定量评价显示：除了小B实验班与小班控制班在主动技能上不存在显著差异外，A类实验班其余维度得分均显著高于B类实验班，B类实验班得分又显著高于控制班；在师生关系方面，实验班幼儿与教师的亲密性显著高于控制班，与教师的冲突显著减少，依赖教师、缺乏独立自主活动的现象明显少于控制班，表明师生同时接受干预能够显著改善师生关系。

参考文献：郭俊彬．(2007)．*幼儿社会技能的发展、评价与培养*．北京师范大学博士学位论文．

术语解释

1. 道德（morality）：一定社会调整人们之间以及个人与社会之间关系的行为规范的总和。将道德规范逐渐内化的过程就是道德社会化。

2. 道德发展（moral development）：指在社会化过程中个体逐渐习得道德准则并以这些准则指导自己行为的过程。

3. 道德认识（moral cognition）：是道德的认知成分，指人们经过社会化所获得的一系列道德行为准则，其核心是获得是非概念及行为决策的方式。

4. 道德情感（moral emotion）：是道德的情感成分，主要指人们用心中的是非善恶准则去衡量自己以及周围的人和事件时所产生的情感体验，包括对于正确或错误行为的感受（内疚感、自豪感、对别人感受的关心等等）。

5. 道德行为（moral behavior）：是道德的行为成分，主要指人们实施符合自身道德认识的举动，或者面对说谎、欺骗或违反其他道德规则的诱惑时实际采取的行为方式。

6. 亲社会行为（prosocial behavior）：通常是指一切使他人获益或对社会有积极影响的行为，包括助人、分享、谦让、合作、安慰、捐赠、自我牺牲等。

7. 攻击行为（aggressive behavior）：是指任何对生物体有意的伤害行为，且受攻击者会力图避免这种行为。

8. 反社会行为（antisocial behavior）：是指那些违背社会公认的行为规范，做出对他人和社会造成损害乃至严重破坏的行为。

本章小结

1. 儿童内化社会道德规范，成长为一个有道德的社会人，这是他们社会化成就之一。获得道德认知、体验和培育道德情感并最终养成道德行为习惯的过程，是个体实现“道德社会化”的过程，因而也是一个人道德发展的过程。

2. 儿童亲社会行为（prosocial behavior）是儿童社会性发展的重要标志之一，它对儿童的成长发展具有重要作用。亲社会行为通常是指一切使他人获益或对社会有积极影响的行为，包括助人、分享、谦让、合作、安慰、捐赠、自我牺牲等。当前关于亲社会行为发展的理论观点主要有进化理论、认知理论、生物基础理论等。可以通过行为强化法、观察学习法、移情训练法和游戏体验法来培养儿童的亲社会行为。

3. 攻击是包括人类在内的许多物种普遍存在的一种现象，是儿童主要的一种社会行为，儿童个性和社会性发展的一个重要方面。攻击是指任何对生物体有意的伤害行为，且受攻击者会力图避免这种行为。反社会行为（antisocial behavior）是与攻击行为有着很高相似性的概念，是指那些违背社会公认的行为规范，做出对他人和社会造成损害乃至严重破坏的行为。当前关于攻击行为发展的理论主要有本能论、学习理论和认知理论。围绕这些理论提出的控制攻击和反社会行为的干预方案也主要从行为、认知和情绪角度入手。

4. 社会技能是个体在特定社会情境中，运用已有的社会知识，有效而适当地与他人进行积极交往以实现自己或他人互动目标的行为方式。儿童从一出生就开始了他们的社会化进程，在这个进程中，儿童不断地吸收学习成长环境中的价值观念、风俗习惯和行为方式，逐渐形成自己的人生观、世界观、价值观，一步一步地掌握社会技能。

拓展学习与活动

相关网站：

http：//www. amenetwork. org/ 美国道德教育学会

推荐阅读：

1. 玛乔丽·菲尔茨．(2015)．*0～8 岁儿童纪律教育*．北京：中国轻工业出版社．

2. 林正文．(1998)．*儿童行为的塑造与矫正*．北京：北京师范大学出版社．

3. 约翰·罗斯蒙特．(2000)．*父母柔道：儿童行为纠错*．哈尔滨：北方文艺出版社．

4. 王美芳．(2003)．*儿童社会技能的发展与培养*．北京：华文出版社．

5. Lapsley，D. K.（1996）．*Moral psychology*. Boulder，CO：Westview Press.

小论文：

柯尔伯格认为道德推理的发展是阶段性的。请重温他的阶段模型，分析一下自己处于哪个阶段，并举出各个阶段的实例。

参考文献

Abernethy, B. , & Russell, D. G. (1987) . The relationship between expertise and visual search strategy in a racquet sport. *Human Movement Science* , *6* (4), 283 - 319.

Abramovitch, R. , & Grusec, J. E. (1978) . Peer imitation in a natural setting. *Child Development*, *49* (1), 60 - 65.

Abramovitch, R. , Freedman, J. L. , Thoden, K. , & Nikolich, C. (1991) . Children's capacity to consent to participation in psychological research: Empirical findings. *Child Development*, *62* , 1100 - 1109.

Adolph, K. E. , & Avolio, A. M. (2000) . Walking infants adapt locomotion to changing body dimensions. *J Exp Psychol Hum Percept Perform*, *26* (3), 1148 - 1166.

Adolph, K. E. , Eppler, M. A. , & Gibson, E. J. (1993) . Crawling versus walking infants' perception of affordances for locomotion over sloping surfaces. *Child Development*, *64* (4), 1158 - 1174.

Ainsworth, M. S. (1979) . Infant-mother attachment. *American Psychologist*, *34* (10), 932 - 937.

Alcauter, S. , Lin, W. , Smith, J. K. , Goldman, B. D. , Reznick, J. S. , Gilmore, J. H. , et al. (2015) . Frequency of spontaneous BOLD signal shifts during infancy and correlates with cognitive performance. *Developmental Cognitive Neuroscience*, *12* (C), 40 - 50.

Alcauter, S. , Lin, W. , Smith, J. K. , Short, S. J. , Goldman, B. D. , Reznick, J. S. , et al. (2014) . Development of thalamocortical connectivity during infancy and its cognitive correlations. *Journal of Neuroscience*, *34* (27), 9067 - 9075.

Allport, G. W. (1961) . Pattern and growth in personality. *Pattern and Growth in Personality*. New York: Holt Rinehart and Winston.

Amato, P. R. (2000) . The consequences of divorce for adults and children. *Journal of Marriage and Family*, *62* (4), 1269 - 1287.

And, B. K. , & Whishaw, I. Q. (1998) . Brain plasticity and behavior. *Current Directions in Psychological Science*, *49* (1), 43 - 64.

Andersen, S. L. , Tomada, A. , Vincow, E. S. , Valente, E. , Polcari, A. , & Teicher, M. H. (2008) . Preliminary evidence for sensitive periods in the effect of childhood sexual abuse on regional brain development. *Journal of Neuropsychiatry & Clinical Neurosciences*, *20* (3), 292 - 301.

Anderson, C. A. , & Bushman, B. J. (2002) . Human aggression. *Annual Review of Psychology*, *53* (1), 27 - 51.

Anderson, D. R. , Huston, A. C. , Schmitt, K. L. , Linebarger, D. L. , Wright, J. C. , & Larson, R. (2001) . Early childhood television viewing and adolescent behavior: The recontact study. *Monographs of the Society for Research in Child Development*, *66* (1), 1 - 147.

Aponte, R. , French, R. , & Sherrill, C. (1990) . Motor development of Puerto Rican children:

Cross-cultural perspectives. *Perceptual & Motor Skills*, *71* (2), 1200 - 1202.

Archer, S. L. (1989). Gender difference in identity development: Issues of process, domain and timing. *Journal of Adolescence*, *12* (2), 117 - 138.

Asanuma, H., & Pavlides, C. (1997). Neurobiological basis of motor learning in mammals. *Neuroreport*, *8* (4), i.

Astington, J. W., & Jenkins, J. M. (1999). A longitudinal study of the relation between language and theory-of-mind development. *Developmental Psychology*, *35*, 1311 - 1320.

Auerbach, J. G., Faroy, M., Ebstein, R., Kahana, M., & Levine, J. (2001). The association of the dopamine D4 receptor gene (D4DR) and the serotonin transporter promoter gene (5 - HTTLPR) with temperament in 12-month-old infants. *Journal of Child Psychology & Psychiatry*, *42* (6), 777 - 783.

Auerbach, J., Geller, V., Lezer, S., Shinwell, E., Belmaker, R. H., & Levine, J., et al. (1999). Dopamine D4 receptor (D4DR) and the serotonin transporter promoter gene (5-HTTLPR) polymorphisms in the determination of temperament in 2-month-old infants. *Molecular Psychiatry*, *4* (4), 369 - 373.

Bachevalier, J., & Mishkin, M. (1984). An early and a late developing system for learning and retention in infant monkeys. *Behavioral Neuroscience*, *98* (5), 770 - 778.

Baillargeon, R., & DeVos, J. (1991). Object permanence in young infants: Further evidence. *Child Development*, *62* (6), 1227 - 1246.

Baker, D. (1986). Sex differences in classroom interaction in secondary science. *Journal of Classroom Interaction*, *22* (2), 6 - 12.

Baldwin, D. V., & Skinner, M. L. (1989). Structural model for antisocial behavior: Generalization to single-mother families. *Developmental Psychology*, *25* (1), 45 - 50.

Baltes, J. (1967). Zur kenntnis schwefelhaltiger fette und ihres härtungsverhaltens. *Fette Seifen Anstrichmittel*, *69*, 512 - 514.

Bandura, A. (1974). Behavior theory and the models of man. *American Psychologist*, *29* (12), 859 - 869.

Bandura, A. (1989). Six theories of child development. *Annals of Child Development*, (6), 1 - 60.

Bandura, A., & Walters, R. H. (1963). *Social learning and personality development*. New York: Holt Rinehart and Winston.

Bar-Haim, Y., Fox, N. A., Benson, B., Guyer, A. E., Williams, A., & Nelson, et al. (2009). Neural correlates of reward processing in adolescents with a history of inhibited temperament. *Psychological Science*, *20*, 1009 - 1018.

Baron-Cohen, S. (1995). *Mindblindness: An essay on autism and theory of mind*. Cambridge, MA: The MIT Press.

Bartzokis, G., Beckson, M., Lu, P. H., Nuechterlein, K. H., Edwards, N., & Mintz, J. (2001). Age-related changes in frontal and temporal lobe volumes in men: A magnetic resonance imaging study. *Arch Gen Psychiatry*, *58* (5), 461 - 465.

Bauman-Waengler J. (2004). *Articulatory and phonological impairments: A clinical focus* (*2nd ed*). Boston: Allyn & Bacon.

Bauserman, R. (2002). Child adjustment in joint-custody versus sole-custody arrangements: A meta-analytic review. *Journal of Family Psychology*, *16* (1), 91 - 102.

Bay, B., & Kesmodel, U. S. (2015). Prenatal alcohol exposure—a systematic review of the effects on child motor function. *Acta Obstetricia Et Gynecologica Scandinavica*, *90* (3), 210 - 226.

Beauchamp, M. H., Thompson, D. K., Howard, K., Doyle, L. W., Egan, G. F., Inder, T. E., et al. (2008). Preterm infant hippocampal volumes correlate with later working memory deficits. *Brain: A Journal of Neurology*, *131* (Pt 11), 2986 - 2994.

Bell, G. (2001). *Neutral macroecology. Science*, *293* (5539), 2413 - 2418.

Belldolan, D. J., Foster, S. L., & Sikora, D. M. (1989). Effects of sociometric testing on children's behavior and loneliness in school. *Developmental Psychology*, *25* (2), 306 - 311.

Benasich, A. A., Gou, Z., Choudhury, N., & Harris, K. D. (2008). Early cognitive and language skills are linked to resting frontal gamma power across the first 3 years. *Behavioural Brain Research*, *195* (2), 215 - 222.

Benedict, R. (1934). *Patterns of culture* (Vol. 8). New York: Houghton Mifflin Harcourt.

Berardi, N., Sale, A., & Maffei, L. (2015). Brain structural and functional development: Genetics and experience. *Developmental Medicine & Child Neurology*, *57* (s2), 4 - 9.

Berbel, P., Mestre, J. L., Santamaría, A., Palazón, I., Franco, A., Graells, M., et al. (2009). Delayed neurobehavioral development in children born to pregnant women with mild hypothyroxinemia during the first month of gestation: The importance of early iodine supplementation. *Thyroid Official Journal of the American Thyroid Association*, *19* (5), 511 - 519.

Berg, M., & Medrich, E. A. (1980). Children in four neighborhoods: The physical environment and its effect on play and play patterns. *Environment and Behavior*, *12* (3), 320 - 348.

Berk, L. E. (2005). *Infants, children, and adolescents* (*5th ed*). Auckland, New Zealand: Pearson Education New Zealand.

Berns M. (2007). The presence of English sociocultural, acquisitional, and media dimensions. New York: Springer-Verlag Publishing.

Bertenthal, B. I., & Fischer, K. W. (1978). Development of self-recognition in the infant. *Developmental Psychology*, *14*, 44 - 50.

Bertenthal, B. I., & Fischer, K. W. (1978). Development of self-recognition in the infant. *Developmental Psychology*, *14* (1), 44 - 50

Best, D. L., Williams, J. E., Cloud, L. M., Davis, S. W., Robertson. L. s., Edwards, J. R., Giles, H. & Fowles, J. (1977). Development of sex-trait stereotypes among young children in the United States, England and Ireland. *Child Development.*, *48* (4), 1375 - 1384.

Bethony, J., Brooker, S., Albonico, M., Geiger, S., Loukas, A., Diemert, D., et al. (2006). Soil-transmitted helminth infections: Ascariasis, trichuriasis, and hookworm. *Lancet*, *367* (9521), 1521 - 1532.

Beveren, T. T. V., Little, B. B., & Spence, M. J. (2000). Effects of prenatal cocaine exposure and postnatal environment on child development. *American Journal of Human Biology*, *12* (3), 417 - 428.

Bialystok, E. (1986). Factors in the growth of linguistic awareness. *Child Development*, *57* (4), 498 - 510.

Bjorklund, D. F., & Harnishfeger, K. K. (1987). Developmental differences in the mental effort requirements for the use of an organizational strategy in free recall. *Journal of Experimental Child Psychology*, *44* (1), 109 - 125.

Bjorklund, D. F., & Schneider, W. (1996). The interaction of knowledge, aptitude, and strategies in children's memory performance. *Advances in Child Development & Behavior*, *26*, 59 - 89.

Bjorklund, D. F., Muir-Broaddus, J. E., & Schneider, W. (1990). The role of knowledge in the development of strategies. In D. F. Bjorklund (Ed.), *Children's strategies: Contemporary views of cognitive development* (pp. 93 - 128). Hillsdale, NJ: Erlbaum.

Blos, P. (1967). The second separation-individuation period of adolescence. *Psychoanalytic Study of the Child*, (22), 167 - 191.

Bower, T. G. (1982). *Development in infancy*. New York: W. H. Freeman.

Bowlby, J. (1973). *Attachment and loss* (Separation, Vol. II). New York: Basic.

Brain, P. F. (1994). Hormonal aspects of aggression and violence. *Understanding and Preventing Violence*, *2*, 173 - 244.

Bravo, L. E., Mera, R., Reina, J. C., Pradilla, A., Alzate, A., Fontham, E., et al. (2003). Impact of Helicobacter pylori infection on growth of children: A prospective cohort study. *J Pediatr Gastroenterol Nutr*, *37* (5), 614 - 619.

Bremner, J. D., Randall, P., Scott, T. M., Capelli, S., Delaney, R., Mccarthy, G., et al. (1995). Deficits in short-term memory in adult survivors of childhood abuse. *Psychiatry Research*, *59* (1 - 2), 97 - 107.

Brody, G. H., & Shaffer, D. R. (1982). Contributions of parents and peers to children's moral socialisation. *Developmental Review*, *2*, 31 - 75.

Bronfenbrenner, U. (1979). *The ecology of human development: Experiences by nature and design*. Cambridge, MA: Harvard University Press.

Broomfield, J., & Dodd, B. (2004). The nature of referred subtypes of primary speech disability. *Child Language Teaching & Therapy*, *20* (2), 135 - 151.

Brown, J. S., Collins, A., & Duguid, P. (1989). Situated cognition and the culture of learning. *Educational Researcher*, *18* (1), 32 - 42.

Brown, K. D., & Jennings, T. (2003). Social consciousness in landscape architecture education toward a conceptual framework. *Landscape Journal*, *2* (2), 99 - 113.

Bryant, J., & Rockwell, S. C. (1994). Effects of massive exposure to sexually oriented prime-time television programming on adolescents' moral judgment. *Media, Children, and the Family: Social Scientific, Psychodynamic, and Clinical Perspectives*, 183 - 195.

Cairns, R. B. (1979). *Social development: The origins and plasticity of interchanges*. Oxford: W. H. Freeman.

Caldera Y. M., Huston, A. G., & Brein, M. (1989). Social interaction and play patterns of parents and toddlers with feminine, masculine and neutral toys. *Child Development*, *60* (1), 70 - 76.

Callaghan, T. C., & Rankin, M. P. (2002). Emergence of graphic symbol functioning and the question of domain specificity: A longitudinal training study. *Child Development*, *73* (2), 359 - 376.

Cao, M., Huang, H., & He, Y. (2017). Developmental connectomics from infancy through early childhood. *Trends in Neurosciences*, *40* (8).

Caplan, M., Vespo, J. E., Pedersen, J., & Hay, D. F. (1991). Conflict over resources in small groups of 1- and 2-year-olds. *Child Development*, *62*, 1513 - 1524.

Carlo, G., Crockett, L. J., Randall, B. A., & Roesch, S. C. (2007). A latent growth curve analysis of prosocial behavior among rural adolescents. *Journal of Research on Adolescence*, *17* (2), 301 - 324.

Carlson, S. M., Moses, L. J., & Claxton, L. J. (2004). Individual differences in executive functioning and theory of mind: An investigation of inhibitory control and planning ability. *Journal of Experimental Child Psychology*, *87*, 299 - 319.

Carolson, C., Uppal, S., & Prosser, F. C. (2000). Ethnic differences in processes contributing to the self-esteem of early adolescent girls. *Journal of Early adolescence*, *20* (1), 44 - 67.

Carver, L. J., & Bauer, P. J. (1999). When the event is more than the sum of its parts: 9-month-olds' long-term ordered recall. *Memory*, *7* (2), 147 - 174.

Carver, L. J., & Bauer, P. J. (2001). The dawning of a past: the emergence of long-term explicit memory in infancy. *Journal of Experimental Psychology: General*, *130*, 516 - 532.

Casebeer, W. D. (2003). Moral cognition and its neural constituents. *Nature Reviews Neuroscience*, *4* (10), 840 - 846

Casper, R. C., Fleisher, B. E., Leeancajas, J. C., Gilles, A., Gaylor, E., Debattista, A., et al. (2003). Follow-up of children of depressed mothers exposed or not exposed to antidepressant drugs during pregnancy. *Journal of Pediatrics*, *142* (4), 402 - 408.

Chen Z, Sanchez R, P, & Campbell T. (1997). From beyond to within their grasp: The rudiments of analogical problem solving in 10-and 13-month-olds. *Developmental Psychology*, *33* (5), 790 - 801.

Chen, Y., Xiang J., Kirtman, E. G., Wang, Y., Kotecha, R., Liu, Y. (2010). Neuromagnetic biomarkers of visuocortical development in healthy children. *Clinical Neurophysiology*, *121* (9), 1555 - 1562.

Chomsky, N. (1975). *Reflections on language*. New York: Pantheon Books.

Christenson, P. G., & Roberts, D. F. (1998). *It's not only rock & roll: Popular music in the lives of adolescents*. Cresskill, NJ: Hampton Press.

Ciccarelli, S. K., & White, J. N. (2012). *Psychology* (*3th ed*). Upper Saddle River, NJ: Pearson.

Clancy, B., Darlington, R. B., & Finlay, B. L. (2001). Translating developmental time across mammalian species. *Neuroscience*, *105* (1), 7 - 17.

Clark, M. S. (Ed). (1991). *Prosocial behavior. Review of personality and social psychology* (pp. 86 - 118). Thousand Oaks, CA: Sage Publications.

Clouchoux, C., Kudelski, D., Gholipour, A., Warfield, S. K., Viseur, S., Mari, J. L., et al. (2011). In vivo fetal cortical development.

Comstock, G., & Paik, H. (1991). *Television and the American child*. San Diego, CA: Academic Press.

Connolly, K. J., Pharoah, P. O., & Hetzel, B. S. (1979). Fetal iodine deficiency and motor performance during childhood. *Lancet*, *2* (8153), 1149 - 1151.

Connor, P. D., Sampson, P. D., Streissguth, A. P., Bookstein, F. L., & Barr, H. M. (2006). Effects of prenatal alcoholexposure on fine motor coordination and balance: A study of two adult samples. *Neuropsychologia*, *44* (5), 744 - 751.

Craik, F. I. M., Moroz, T. M., Moscovitch, M., Stuss, D. T., Winocur, G., & Tulving, E., et al. (1999). In search of the self: A positron emission tomography study. *Psychological Science*, *10*, 26 - 34.

Crespo, C. J., Smit, E., Troiano, R. P., Bartlett, S. J., Macera, C. A., & Andersen, R. E. (2001). Television watching, energy intake, and obesity in US children: Results from the third National Health and Nutrition Examination Survey, 1988 - 1994. *Archives of Pediatrics & Adolescent Medicine*, *155* (3), 360 - 365.

Crick, N. R., & Dodge, K. A. (1994). A review and reformulation of social information-processing mechanisms in children's social adjustment. *Psychological Bulletin*, *115* (1), 74 - 101.

Crick, N. R., Casas, J. F., & Mosher, M. (1997). Relational and overt aggression in preschool.

Developmental Psychology, *33*, 579 - 588.

Cummings, E. M., & Davies, P. (1994). *Children and marital conflict: The impact of family dispute and resolution*. New York: Guilford Press.

D. B Downey, & B. Powell. (1993). Do children in single-parent households fare better living with same-sex parents. *Journal of Marriage and the Family*, *55* (1), 55 - 71.

Davidson, P. W., Palumbo, D., Myers, G. J., Cox, C., Shamlaye, C. F., Sloanereeves, J., et al. (2000). Neurodevelopmental outcomes of Seychellois children from the pilot cohort at 108 months following prenatal exposure to methylmercury from a maternal fish diet. *Environmental Research*, *84* (1), 1 - 11.

de Onis M, AW, O., E, B., A, S., C, N., & J., S. (2007a). Development of a WHO growth reference for school-aged children and adolescents. *Bulletin of the World Health Organization* (No. 9), 660 - 667.

de Onis M, AW, O., E, B., A, S., C, N., & J., S. (2007b). Development of a WHO growth reference for school-aged children and adolescents. *Bulletin of the World Health Organization* (No. 9), 660 - 667.

De Schonen, S., & Mathivet, E. (1990). Hemispheric asymmetry in a face discrimination task in infants. *Child Development*, *61*, 1192 - 1205.

Decety, J., & Jackson, P. L. (2006). A social-neuroscience perspective on empathy. *Current Directions in Psychological Science*, *15*, 54 - 58.

Decety, J., & Michalska, K. J. (2010). Neurodevelopmental changes in the circuits underlying empathy and sympathy from childhood to adulthood. *Developmental Science*, *13*, 886 - 899.

Dennis, W. (1940). Does culture appreciably affect patterns of infant behavior?. *Journal of Social Psychology*, *12* (2), 305 - 317.

Dennison, B. A., Erb, T. A., & Jenkins, P. L. (2002). Television viewing and television in bedroom associated with overweight risk among low-income preschool children. *Pediatrics*, *109* (6), 1028 - 1035.

Denson, T. F., Pedersen, W. C., Ronquillo, J., & Nandy, A. S. (2008). The angry brain: Neural correlates of anger, angry rumination, and aggressive personality. *Journal of Cognitive Neuroscience*, *21*, 734 - 744.

Dias, M. G., & Harris, P. L. (1990). The influence of the imagination on reasoning by young children. *British Journal of Developmental Psychology*, *8* (4), 305 - 318.

Dickert, S., Sagara, N., & Slovic, P. (2011). Affective motivations to help others: A two-stage model of donation decisions. *Journal of Behavioral Decision Making*, *24* (4), 361 - 376.

Dietrich, K. N., Succop, P. A., & Berger, O. G. (1993). Lead exposure and the motor developmental status of urban six-year-old children in the Cincinnati prospective study. *Pediatrics*, *91* (2), 301 - 307.

Dodd B. (1995). *Differential diagnosis and treatment of children with speech disorder*. London: Whurr.

Dodge, K. A., & Coie, J. D. (1987). Social information-processing factors in reactive and proactive aggression in children's pee groups. *Journal of Personality and Social Psychology*, *53*, 1146 - 1158.

Dondi, M., Simon, F., & Caltran, G. (1999). Can newborns discriminate between their own cry and the cry of another newborn infant?. *Developmental Psychology*, *35 (2)*, 418 - 426.

Dorr, A., & Rabin, B. E. (1995). Parents, children, and television. In M. H. Bornstein (Ed.).

Handbook of parenting: Applied and practical parenting (pp. 323 - 351). Mahwah, NJ: Erlbaum.

Dovidio, J. F., Piliavin, J. A., Gaertner, S. L., Schroeder, D. A., & Clark Iii, R. D. (1991). The arousal: Cost-reward model and the process of intervention: A review of the evidence. *Actualité Juridique Edition Droit Administratif*, *12* (4), 888 - 892.

Du, Y., & Zatorre, R. J. (2017). Musical training sharpens and bonds ears and tongue to hear speech better. *Proceedings of the National Academy of Sciences*, *114* (51), 201712223.

Duffau, H. (2013). Jazz improvisation, creativity and brain plasticity. *World Neurosurgery*, *81* (3 - 4), 508 - 510.

Duran, R. T., & Gauvain, M. (1993). The role of age versus expertise in peer collaboration during joint planning. *Journal of Experimental Child Psychology*, *55* (2), 227 - 242.

Eder, R. A. (2010). Uncovering young children's psychological selves: Individual and developmental difference. *Child Development*, *61* (3), 849 - 863.

Eichstedt, J. A., Serbin, L. A., Poulin-Dubois, D., & Sen, M. G. (2002). Of bears and men: Infants' knowledge of conventional and metaphorical gender stereotypes. *Infant Behavior & Development*, *25* (3), 296 - 310.

Eisenber, N., & Mussen, P. (1989). *The Roots of Prosocial Behavior in Children*. Cambridge, UK: Cambridge University Press, 150 - 159.

Eisenberger, N. I., Inagaki, T. K., Muscatell, K. A., Haltom, K. E. B., & Leary, M. R. (2011). The neural sociometer: Brain mechanisms underlying state self-esteem. *Journal of Cognitive Neuroscience*, *23*, 3448 - 3455.

Elbert, T., Pantev, C., Wienbruch, C., Rockstroh, B., & Taub, E. (1995). Increased cortical representation of the fingers of the left hand in string players. *Science*, *270* (5234), 305 - 307.

Elkin, F., & Handel, G. (1989). *The child and society* (5th ed.). New York: Random House.

Elkind D., & Bowen, R. (1979). Imaginary audience behavior in children and adolescents. *Developmental Psychology*, *15* (1), 38 - 44.

Elkind, D. (1994). *Ties that stress: The new family imbalance*. Cambridge, MA: Harvard University Press.

Emmer, E. T., & Stough, L. M. (2001). Classroom management: A critical part of educational psychology, with implications for teacher education. *Educational Psychologist*, *36* (2), 103 - 112.

Enright, R. D., Lapsley, D. K., & Shukla, D. G. (1979). Adolescent egocentrism in early and late adolescence. *Adolescence*, *14* (56), 687 - 695.

Epstein, J. L., Sanders, M. G., Simon, B. S., Salinas, K. C., Jansorn, N. R., & Van Voorhis, F. L. (2002). School, family, and community partnerships: Your handbook for action. *Phi Delta Kappan*, *76* (9), 701 - 712.

Erikson, E. H. (1950). *Childhood and society*. New York: Norton.

Fagan J F. (1973). Infant' delayed recognition memory and forgetting. *Journal of Experimental Child Psychology*, *16* (3): 424 - 450.

Fagot, B. I., & Leinbach, M. D. (1989). The young children's gender schema: Environmental input, internal organization. *Child Development*, *60* (3), 663 - 672.

Fagot, B. I., & Leinbach, M. D. (1993). Parenting during the second year: Effect of children's age, sex and attachment classification. *Child Development*, *64* (1). 258 - 271.

Fagot, B. I., Hagan, R. I., Leinbach. M. D., & Kronsberg, S. (1985). Differential reactions to assertive and communicative acts of toddler boys and girls. *Child Development*, *56* (6), 1499 – 1505.

Fantz, R. L. (1956). A method of studying early visual development. *Perceptual & Motor Skills*, *6*, 13 – 15.

Farrar, M. J., Fasig, L. G., & Welch-Ross, M. K. (1997). Attachment and emotion in autobiographical memorydevelopment. *Journal of Experimental Child Psychology*, *67* (3), 389 – 408.

Fehr, E., & Gächter, S. (2002). Altruistic punishment in humans. *Nature*, *415* (6868), 137 – 140.

Feldman, R. S. (2006). *Development across the life span* (*4th ed*). Auckland, New Zealand: Pearson Education New Zealand.

Ferguson, C. J. (2008). The school shooting/violent video game link: Causal relationship or moral panic?. *Journal of Investigative Psychology and Offender Profiling*, *5*, 25 – 37.

Ferguson, I., Ferguson, I. S. & Leech, J. W. (1978). Generalized least squares estimation of yield function. *Journal of Forest Science*, *24* (1), 27 – 42.

Fergusson, D. M., & Horwood, L, J. (1998). Exposure to interparental violence in childhood and psychosocial adjustment in young adulthood. *Child Abuse & Neglect*, *22*, 339 – 357.

Fernald, A., & Morikawa, G. (1993). Common themes and cultural variations in Japanese and American mothers' speech to infants. *Child Development*, *64*, 637 – 656.

Feshbach, N. D. (1983). Learning to care: A positive approach to child training and discipline. *Journal of Clinical Child & Adolescent Psychology*, *12* (3), 266 – 271.

Finch, B. K., & Beck, A. N. (2011). Socio-economic status and z-score standardized height-for-age of U. S. -born children (ages 2 – 6). *Economics & Human Biology*, *9* (3), 272 – 276.

Finlay, O. J. A. (2006). Growth, Maturation and Physical Activity. *Physiotherapy*, *92* (1), 69 – 70.

Fivush, R. (1997). Event memory in early childhood. *The Development of Memory in Childhood*, 139 – 161.

Flavell, J. H., & Wohlwill, J. F. (1969). Formal and functional aspects of cognitive development. In *Studies in cognitive development: Essays in honor of Jean Piaget* (pp. 67 – 120). New York: Oxford University Press.

Flavell, J. H., Miller, P. H., & Miller, S. A. (2001). *Cognitive development* (4th ed.). Upper Saddle River, NJ: Prentice Hall.

Fletcher P. C., Happé, F., Frith, U., Baker, S. C., Dolan R. J., Frackowiak, R. S. J., et al. (1995). Other minds in the brain: A functional imaging study of "theory of mind" in story comprehension. *Cognition*, *57*, 109 – 128.

Foster, C., Biggs, R., Melvin, D., Walters, M., Tudorwilliams, G., & Lyall, E. (2006). Neurodevelopmental outcomes in children with HIV infection under 3 years of age. *Developmental Medicine & Child Neurology*, *48* (8), 677 – 682.

Foster, S. L., & Ritchey, W. L. (1979). Issues in assessment of social competence in children. *Journal of Applied Behavior Analysis*, *12*, 625 – 638.

Fox, P. W., Hershberger, S. L., & Bouchard, T. J. (1996). Genetic and environmental contributions to the acquisition of a motor skill. *Nature*, *384* (6607), 356 – 358.

Francke, L. B. (1983). *Growing up divorced*. New York: Linden Press/Simon & Schuster.

Fransson, P., Skiöld, B., Horsch, S., Nordell, A., Blennow, M., & Lagercrantz, H., et al. (2007). Resting-state networks in the infant brain. *Proceedings of the National Academy of Sciences of the United States of America*, *104* (39), 15531 – 15536.

Frick, P. J., Lahey, B. B., Loeber, R., Tannenbaum, L., Van Horn, Y., & Christ, M. A. G. (1993). Oppositional defiant disorder and conduct disorder: A meta analytic review of factor analyses and cross-validation in a clinic sample. *Clinical Psychology Review*, *13* (4), 319 - 340.

Fritsch, B., Reis, J., Martinowich, K., Schambra, H. M., Ji, Y., Cohen, L. G., et al. (2010). Direct current stimulation promotes BDNF-dependent synaptic plasticity: Potential implications for motor learning. *Neuron*, *66* (2), 198 - 204.

Galloway, J. C., & Thelen, E. (2004). Feet first: Object exploration in young infants. *Infant Behavior & Development*, *27* (1), 107 - 112.

Gardner, H. (1983). *Frames of mind: The theory of multiple intelligences*. New York: Basic Books.

Gardner, H. (1993). *Multiple intelligences: The theory in practice*. New York: Basic Books.

Gaser, C., & Schlaug, G. (2003). Brain structures differ between musicians and non-musician. *Journal of Neuroscience*, *23* (27), 9240 - 9245.

Gelman, S. A., & Coley, J. D. (1990). The importance of knowing a dodo is a bird: Categories and inferences in 2-year-old children. *Developmental Psychology*, *26*, 796 - 804.

Georgieff, M. K., Ramel, S. E., & Cusick, S. E. (2018). Nutritional influences on brain development. *Acta Paediatrica*.

German, T. P., & Defeyter, M. A. (2000). Immunity to functional fixedness in young children. *Psychonomic Bulletin & Review*, *7*, 707 - 712.

Gesell, A., & Thompson, H. (1929). Learning and growth in identical infant twins. *Genetic Psychology Monographs*, *6*, 1 - 123.

Gibson, E. J., Riccio, G., Schmuckler, M. A., Stoffregen, T. A., Rosenberg, D., & Taormina, J. (1987). Detection of the traversability of surfaces by crawling and walking infants. *Journal of Experimental Psychology Human Perception & Performance*, *13* (4), 533 - 544.

Giedd, J. N., Blumenthal, J., Jeffries, N. O., Castellanos, F. X., Liu, H., Zijdenbos, A., et al. (1999). Brain development during childhood and adolescence: A longitudinal MRI study. *Nature Neuroscience*, *10* (10), 861 - 863.

Gilligan, C., Ward, J. V., & Taylor, J. M. (Eds). (1988). *Mapping the moral domain: A contribution of women's thinking to psychological theory and education*. Cambridge, MA: Harvard University Press.

Gilmore, J. H., Shi, F., Woolson, S. L., Knickmeyer, R. C., Short, S. J., Lin, W., et al. (2012). Longitudinal development of cortical and subcortical gray matter from birth to 2 years. *Cerebral Cortex*, *22* (11), 2478 - 2485.

Good, T. L., & Brophy, J. E. (2003). School effects. In J. Flood, J. M. Jensen, D. Lapp, & J. R. Squire (Eds.), *Handbook of research on teaching the English language arts*. New York: Macmillan.

Goswami, U. (2010). Born to categorize. *The Wiley-Blackwell handbook of childhood cognitive development*. (2nd ed.). NJ: Wiley-Blackwell.

Goswami, U., & Brown, A. L. (1990). Melting chocolate and melting snowmen: Analogical reasoning and causal relations. *Cognition*, *35* (1), 69 - 95.

Gottfried, A. E., Gottfried, A. W., & Bathurst, K. (2002). Maternal and dual-earner employment status and parenting. *Handbook of parenting. Vol. 2: Biology and ecology of parenting*, 207 - 229.

Graham, A. M., Buss, C., Rasmussen, J. M., Rudolph, M. D., Demeter, D. V., Gilmore, J. H., et al. (2016). Implications of newborn amygdala connectivity for fear and cognitive development at 6-months-of-age. *Developmental Cognitive Neuroscience*, *18*, 12 - 25.

Green, A. E., Munafo, M. R., DeYoung, C. G., Fossella, J. A., Fan, J., Gray J. R. (2008). Using genetic data in cognitive neuroscience: From growing pains to genuine insights. *Nature reviews. Neuroscience*, *9* (9): 710 - 720.

Greenfield, P. M., Keller, H., Fuligni, A., & Maynard, A. (2003). Cultural pathways through universal development. *Annual Review of psychology*, *54* (1), 461 - 490.

Greer, T., & Lockman, J. J. (1998). Using writing instruments: Invariances in young children and adults. *Child Development*, *69* (4), 888 - 902.

Greshan, F. M., & Elliott, S. N. (1984). Assessment and classification of children's social skills: A review of methods and issues. *School Psychology Review*, *13*, 292 - 301.

Grinnell, J. (1917). Field tests of theories concerning distributional control. *American Naturalist*, *51* (602), 115 - 128.

Grusec, J. E., & Lytton, H. (1988). *Social development: History, theory, and research*. New York: Springer-Verlag Publishing.

Guillette, E. A., Meza, M. M., Aquilar, M. G., Soto, A. D., & Garcia, I. E. (1998). An anthropological approach to the evaluation of preschool children exposed to pesticides in Mexico. *Environmental Health Perspectives*, *106* (6), 347 - 353.

Hamond, N. R., & Fivush, R. (1991). Memories of mickey mouse: Young children recount their trip to Disneyworld. *Cognitive Development*, *6* (4), 433 - 448.

Handal, A. J., Harlow, S. D., Breilh, J., & Lozoff, B. (2008). Occupational exposure to pesticides during pregnancy and neurobehavioral development of infants and toddlers. *Epidemiology*, *19* (6), 851 - 859.

Harris, J. R. (1995). Where is the child's environment?: A group socialization theory of development. *Psychological Review*, *102* (3), 458 - 489.

Harrist, A. W., Pettit, G. S., Dodge, K. A., & Bates, J. E. (1994). Dyadic synchrony in mother-child interaction: Relation with children's subsequent kindergarten adjustment. *Family Relations*, *43* (4), 417 - 424.

Hatcher, B., & Beck, S. S. (Eds.). (1997). *Learning opportunities beyond the school* (2nd ed.). Olney, MD: Association for Childhood Education International.

Hawkins, J., Pea, R. D., Glick, J., & Scribner, S. (1984). "Merds that laugh don't like mushrooms": Evidence for deductive reasoning by preschoolers. *Developmental Psychology*, *20* (4), 584 - 594.

Heatherton, T. F., Wyland, C. L., Macrae, C. N., Demos, K. E., Denny, B. T., & Kelley, W. M. (2006). Medial prefrontal activity differentiates self from close others. *Social Cognitive and Affective Neuroscience*, *1*, 18 - 25.

Hernándezbonilla, D., Schilmann, A., Montes, S., Rodríguezagudelo, Y., Rodríguezdozal, S., Solísvivanco, R., et al. (2011). Environmental exposure to manganese and motor function of children in Mexico. *Neurotoxicology*, *32* (5), 615 - 621.

Hernández-Martínez, C., Arija, V. V., Escribano, S. J., & Canals, S. J. (2012). A longitudinal study on the effects of maternal smoking and secondhand smoke exposure during pregnancy on neonatal neurobehavior. *Early Human Development*, *88* (6), 403 - 408.

Herschkowitz, N. (2000). Neurological bases of behavioral development in infancy. *Brain & Development*, *22* (7), 411 - 416.

Hespos, S. J., & Baillargeon, R. (2008). Young infants' actions reveal their developing knowledge of support variables: converging evidence for violation-of-expectation findings. *Cognition*, *107* (1), 304 - 316.

Hetherington, E. M. (1989). Coping with family transitions: Winners, losers, and survivors. *Child Development*, *60* (1), 1 - 4.

Hetherington, E. M., & Kelly, J. (2002). *For better or for worse: Divorce reconsidered*. New York: Norton.

Hetherington, E. M., & Stanley-Hagen, N. (2002). Parenting in divorced and remarried families. In M. H. Bornstein (Ed.), *Handbook of parenting* (2nd ed.). Mahwah, NJ: Erlbaum.

Hetherington, E. M., Arasteh, J. D., (Eds.), *Impact of divorce, single parenting, and stepparenting on children*. New York: Psychology Press.

Hetherington, E. M. (1972). Effects of father absence on personality development in adolescent daughters. *Developmental Psychology*, *7* (7), 313 - 326.

Hill, W. L., Borovsky, D., & Rovee-Collier, C. (1988). Continuities in infant memory development. *Developmental Psychobiology*, *21* (1), 43 - 62.

Hill, Z., Kirkwood, B., & Edmond, K. (2004). *Family and community practices that promote child survival growth and development: A review of the evidence*. Geneva, Switzerland: World Health Organization [WHO], Department of Child and Adolescent Health and Development.

Hinde, R. A., & Stevenson-Hinde, J. (1976). *Towards understanding relationships: Dynamic stability*. Oxford: Cambridge U Press.

Hoff, E., Laursen, B., & Tardiff, T. (2002). Status and parenting. In M. H. Bornstein (Ed.), *Handbook of parenting* (2nd ed., Vol. 3). Mahwah, NJ: Erlbaum.

Hoffman, M. L. (2000). Empathy and moral development implication for caring and justice. Cambridge, UK: Cambridge University Press, *175*, 177 - 189.

Hoof, A. V. (1999). The identity status approach: In need of fundamental revision and qualitative change. *Developmental Review*, *19* (4), 622 - 647.

Horgan, D. (1978). The development of the full passive. *Journal of Child Language*, *5*, 65 - 80.

Houwer, A. D. (2006). Bilingual language development: Early years. *Encyclopedia of Language & Linguistics*, 780 - 786.

Howe, L. D., Tilling, K., Galobardes, B., Smith, G. D., Gunnell, D., & Lawlor, D. A. (2012). Socioeconomic differences in childhood growth trajectories: At what age do height inequalities emerge?. *Journal of Epidemiology & Community Health*, *66* (2), 143 - 148.

Howe, M. L., & Courage, M. L. (1997). The emergence and early development of autobiographical memory. *Psychological Review*, *104* (3), 499 - 523.

Hughes, J. & Sullivan, K. (1988). Outcome assessment in social skill training with children. *Journal of School Psychology*, *2*, 247 - 260.

Huston, A. C., & Wright, J. C. (1998). Mass media and children's development. *Handbook of Child Psychology*, *4*, 999 - 1058.

Hyde, D. C., Boas, D. A., Blair, C., & Carey, S. (2010). Near-infrared spectroscopy shows right parietal specialization for number in pre-verbal infants. *Neuroimage*, *53* (2), 647 - 652.

Hygge, S., Evans, G. W., & Bullinger, M. (1993, July). The munich airport noise study: Psychological, cognitive, motivational and quality of life effects on children. In *Proceedings from the conference "Noise and Man", Nizza.*

IOM. (2006). *Emergency care for children: Growing pains.* Washington, DC: National Academic Press.

Ito, M., & Kano, M. (1982). Long-lasting depression of parallel fiber-Purkinje cell transmission induced by conjunctive stimulation of parallel fibers and climbing fibers in the cerebellar cortex. *Neuroscience Letters*, *33* (3), 253 - 258.

Ivory, J. D. (2013). Video games as a multifaceted medium: A review of quantitative social science research on video games and a typology of video game research approaches. *Review of Communication Research*, *1*, 31 - 68.

Jaffe, M. L. (1998). *Adolescence.* New York: Wiley.

James, W. (1890). *The principles of psychology* (Vol. 1). New York: Henry Holt and Company.

Jedrychowski, W., Perera, F., Jankowski, J., Rauh, V., Flak, E., Caldwell, K. L., et al. (2007). Fish consumption in pregnancy, cord blood mercury level and cognitive and psychomotor development of infants followed over the first three years of life: Krakow epidemiologic study. *Environment International*, *33* (8), 1057 - 1062.

Jelenkovic, A., Ortegaalonso, A., Rose, R. J., Kaprio, J., Rebato, E., & Silventoinen, K. (2011). Genetic and environmental influences on growth from late childhood to adulthood: A longitudinal study of two Finnish twin cohorts. *American Journal of Human Biology*, *23* (6), 764 - 773.

Jones, R. A., Hendrick, C., & Epstein, Y. (1979). *Introduction to social psychology.* Sunderland, MA: Sinauer.

Jongmans, M. J., Mercuri, E., Dubowitz, L. M. S., & Henderson, S. E. (1998). Perceptual-motor difficulties and their concomitants in six-year-old children born prematurely. *Human Movement Science*, *17* (4 - 5), 629 - 653.

Julius, W. W. (1987). *The truly disadvantaged: The inner city, the underclass, and public policy.* Chicago: The Chicago University Press.

Jürgen, R., Michael, S., & Waldemar, L. (1987). Wearing uniforms and aggression-a field experiment. *European Journal of Social Psychology*, *17* (3), 357 - 360.

Kagan, J., Reznick, J. S., Snidman, N., Gibbons, J., & Johnson, M. O. (1988). Childhood derivatives of inhibition and lack of inhibition to the unfamiliar. *Child Develop*, 1580 - 1589.

Kaiser Family Foundation. (1999, November). *Kids and media @ the new millennium.* Menlo Park, CA: Author.

Kaiser Family Foundation. (2003, October). *Zero to six: Electronic media in the lives of infants, toddlers and preschoolers.* Menlo Park, CA: Author.

Kaiser Family Foundation. (2004). The role of media in childhood obesity. *Clinical Journal of Sport Medicine Official Journal of the Canadian Academy of Sport Medicine*, *14* (3), 161 - 168.

Keenan, J. P., Nelson, A., O'Connor, M., & Pascual-Leone, A. (2001). Self-recognition and the right hemisphere. *Nature*, *409*, 305 - 305.

Kelley, W. M., Macrae, C. N., Wyland, C. L., Caglar, S., Inati, S., & Heatherton, T. F. (2002). Finding the self? An event-related fMRI study. *Journal of Cognitive Neuroscience*, *14*, 785 - 794.

Kilgore, K., Snyder, J., & Lentz, C. (2000). The contribution of parental discipline, parental monitoring, and school risk to early-onset conduct problems in African American boys and girls. *Developmental Psychology*, *36* (6), 835–845.

Kindermann, T. (1998). Children's development within peer groups: Using composite social maps to identify peer networks and to study their influences. *New Directions for Child and Adolescent Development*, 81, 55–82.

Kita, Y., Gunji, A., Inoue, Y., Goto, T., Sakihara, K., & Kaga, M., et al. (2011). Self-face recognition in children with autism spectrum disorders: A near-infrared spectroscopy study. *Brain & Development*, *33* (6), 494–503.

Kleim, J. A., Chan, S., Pringle, E., Schallert, K., Procaccio, V., Jimenez, R., et al. (2006). BDNF val66met polymorphism is associated with modified experience-dependent plasticity in human motor cortex. *Nature Neuroscience*, *9* (6), 735–737.

Kobayashi, C., Glover, G. H., & Temple, E. (2006). Cultural and linguistic influence on neural bases of "Theory of Mind": An fMRI study with Japanese bilinguals. *Brain and Language*, *98*, 210–220.

Kobayashi, C., Glover, G. H., & Temple, E. (2007a). Children's and adults' neural bases of verbal and nonverbal "theory of mind". *Neuropsychologia*, *45*, 1522–1532.

Kobayashi, C., Glover, G. H., & Temple, E. (2007b). Cultural and linguistic effects on neural bases of "Theory of Mind" in American and Japanese children. *Brain Research*, *1164*, 95–107.

Kobayashi, C., Glover, G. H., & Temple, E. (2008). Switching language switches mind: Linguistic effects on developmental neural bases of "theory of mind". *Social Cognitive and Affective Neuroscience*, *3*, 62–70.

Kochanska, G, Gross, J. N., Lin, M., & Nichols, K. E. (2002). Guilt in young children development, determinants, and relations with a broader system of standards. *Child Development*, *73* (2), 461–482.

Kostović, I., & Judas, M. (2010). The development of the subplate and thalamocortical connections in the human foetal brain. *Acta Paediatr.*, *99* (8), 1119–1127.

Kounin, J. S. (1970). *Discipline and group management in classrooms*. New York: Holt, Rinehart, and Winston.

Koutra, K., Chatzi, L., Roumeliotaki, T., Vassilaki, M., Giannakopoulou, E., Batsos, C., et al. (2012). Socio-demographic determinants of infant neurodevelopment at 18 months of age: Mother-child cohort (Rhea Study) in Crete, Greece. *Infant Behavior & Development*, *35* (1), 48–59.

Kovacs, D. M., Parker, J. G., & Hoffman, L. W. (1996). Behavioral, affective and social correlates of invovement in cross-sex friendships in elementary school. *Child Development*, *67* (5), 2269–2286.

Kronenberger, L. (1966). Uncivilized and uncivilizing. *TV Guide*, 15–16.

Kuhn, D., Nash, S. C., & Brucken, L. (1978). Sex role concepts of two- and three-year-olds. *Child Development*, *49* (2), 445–451.

Kunkel, D. (2001). Children and television advertising. *Handbook of Children and the Media*, *10* (6), 375–393.

Ladd, G. W., & Pettit, G. S. (2002). Parenting and the development of children's peer relationships. In M. H. Bornstein (Ed.). *Handbook of parenting: Vol. 5. Practical issues in parenting* (2nd ed., pp. 269–309). Mahwah, NJ: Erlbaum.

Lakatos, K., Toth, I., Nemoda, Z., Ney, K., Sasvari-Szekely, M., & Gervai, J. (2000). Dopamine D4 receptor (DRD4) gene polymorphism is associated with attachment disorganization in infants. *Mol Psychiatry*, *5* (6), 633 - 637.

Lamm, C., & Lewis, M. D. (2010). Developmental change in the neurophysiological correlates of self-regulation in high- and low-emotion conditions. *Developmental Neuropsychology*, *35* (2), 156 - 176.

Lamm, C., Meltzoff, A. N., & Decety, J. (2010). How do we empathize with someone who is not like us? A functional magnetic resonance imaging study. *Journal of Cognitive Neuroscience*, *22*, 362 - 376.

Lane, R. D., Reiman, E. M., Ahern, G. L., Schwartz, G. E., & Davidson, R. J. (1997). Neuroanatomical correlates of happiness, sadness, and disgust. *The American Journal of Psychiatry*, *154*, 926 - 933.

Lapsley, P. D., Lee, J. A., Pare, D. F., & Hoffman, N. (1998). Anti-fraud biometric scanner that accurately detects blood flow. *US5737439A*.

Larsson, M., & Montgomery, S. M. (2011). Maternal smoking during pregnancy and physical control and coordination among offspring. *Journal of Epidemiology & Community Health*, *65* (12), 1151 - 1158.

Lathe, R. (2009). Microwave electromagnetic radiation and autism. *E-Journal of Applied Psychology*, *5*, 11 - 30.

Laucht, M., Esser, G., & Schmidt, M. H. (1997). Developmental outcome of infants born with biological and psychosocial risks. *Journal of Child Psychology & Psychiatry*, *38* (7), 843 - 853.

Laws, G., Buckley, S. J., Bird, G., MacDonald, J., & Broadley, I. (1995). The influence of reading instruction on language and memory development in children with Down syndrome. *Down Syndrome Research and Practice*, *3* (2), 59 - 64.

Leaper, C. (1994). Exploring the consequences of gender segregation on social relationships. *New Directions for Child & Adolescent Development*, 65, 67 - 86.

Leaper, C., Anderson, K. J., & Sanders, P. (1998). Moderators of gender effects on parents' talk to their children: A meta-analysis. *Developmental Psychology*, *34* (1), 3 - 27.

Lee, D. J., Chen, Y., & Schlaug, G. (2003). Corpus callosum: Musician and gender effects. *Neuroreport*, *14* (2), 205 - 209.

Leekam, S., Perner, J., Healey, L., & Sewell, C. (2008). False signs and the non-specificity of theory of mind: Evidence that preschoolers have general difficulties in understanding representations. *British Journal of Developmental Psychology*, *26*, 485 - 497.

Lerman-Sagie, T., & Leibovitz, Z. (2016). Malformations of cortical development: From postnatal to fetal imaging. *Canadian Journal of Neurological Sciences Le Journal Canadien Des Sciences Neurologiques*, *43* (5), 611 - 618.

Leslie, A. M. (1987). Pretense and representation: The origins of "theory of mind". *Psychological Review*, *94*, 412 - 426.

Leslie, A. M., & Thaiss, L. (1992). Domain-specificity in conceptual development: Neuropsychological evidence from autism. *Cognition*, *43*, 225 - 251.

Leuner, B. (1966). Emotional intelligence and emancipation. *A Psychodynamic Study on Women*, *15* (6), 196 - 203.

Leveroni, C. L., Seidenberg, M., Mayer, A. R., Mead, L. A., Binder, J. R., & Rao, S. M. (2000). Neural systems underlying the recognition of familiar and newly learned faces. *The Journal of Neuroscience*, *20*, 878 - 886.

Lévesque, J., Joanette, Y., Mensour, B., Beaudoin, G., Leroux, J.-M., Bourgouin, P., et al. (2003). Neural correlates of sad feelings in healthy girls. *Neuroscience*, *121*, 545 - 551.

Lévesque, J., Joanette, Y., Mensour, B., Beaudoin, G., Leroux, J.-M., Bourgouin, P., et al. (2004). Neural basis of emotional self-regulation in childhood. *Neuroscience*, *129*, 361 - 369.

Lewis, M. D. & Brooks-Gunn, J. (1979). *Social cognition and the acquisition of self*. New York: Plenum.

Li, G., Nie, J., Wang, L., Shi, F., Lin, W., Gilmore, J. H., et al. (2013). Mapping region-specific longitudinal cortical surface expansion from birth to 2 years of age. *Cerebral Cortex*, *23* (11), 2724 - 2733.

Lian, T. R., Morelli, S. A., & Lieberman, M. D. (2012). *The neural correlates of empathy: Experience, automaticity, and prosocial behavior*. Cambridge, MA: The MIT Press.

Lillard, A. S., Lerner, M. D., Hopkins, E. J., Dore, R. A., Smith, E. D., & Palmquist, C. M. (2013). The impact of pretend play on children's development: A review of the evidence. *Psychological Bulletin*, *139* (1), 1 - 34.

Limber, S. P., & Nation, M. A. (1998). *Violence within the neighborhood and community* (pp. 171 - 193). Washington, DC: American Psychological Association.

Lindahl, E., Michelsson, K., Helenius, M., & Parre, M. (1988). Neonatal risk factors and later neurodevelopmental disturbances. *Developmental Medicine & Child Neurology*, *30* (5), 571 - 589.

Lindon, J. (2010). *Understanding child development: 0 - 8 years: Linking theory and practice*. London, UK: Hodder Arnold.

Listed, N. (1991). The long-term effects of exposure to low doses of lead in childhood. *New England Journal of Medicine*, *324* (6), 415 - 418.

Liu, L., & Wang, M. F. (2015). Parenting stress and children's problem behavior in china: The mediating role of parental psychological aggression. *Journal of Family Psychology*, *29* (1), 20 - 28.

Lorenz, K. (1966). The role of gestalt perception in animal and human behavior. *Aspects of Form*, 157 - 178.

Lucchini, R. G., Guazzetti, S., Zoni, S., Donna, F., Peter, S., Zacco, A., et al. (2012). Tremor, olfactory and motor changes in Italian adolescents exposed to historical ferro-manganese emission. *Neurotoxicology*, *33* (4), 687 - 696.

Luckhardt C., Jarczok T. A., Bender S.. (2014) Elucidating the neurophysiological underpinnings of autism spectrum disorder: New development. *Journal of Neural Transimission*, *121* (9), 1129 - 1144.

Lunsing, R. J., Hadders-Algra, M., Huisjes, H. J., & Touwen, B. C. (1992). Minor neurological dysfunction from birth to 12 years. II: Puberty is related to decreased dysfunction. *Developmental Medicine & Child Neurology*, *34* (5), 404 - 409.

Maccoby, E. E. (1998). The two sexes: Growing up apart, coming together. *Contemporary Sociology*, *28* (4), 422.

Maccoby, E. E. (2002). Current directions in psychological science. *Current Directions in Psychological Science*, *11* (2), 54 - 58.

Maccoby, E. E., & Mnookin, R. H. (1992). *Dividing rhe child: Social and legal dilemmas of custody*. Cambridge, MA: Harvard University Press.

Mandler, J. M., & McDonough, L. (1996). Drinking and driving don't mix: Inductive generalization in infancy. *Cognition*, *59*, 307 - 335.

Marcia, J. E. (1967). Ego identity status: Relationship to change in self-esteem, "general maladjustment," and authoritarianism 1. *Journal of Personality*, *35* (1), 118 - 133.

Mareschal，D.，Plunkett，K.，& Harris，P.（1999）. A computational and neuropsychological account of object-oriented behaviours in infancy. *Developmental Science*（No. 3），306 - 317.

Margie，B.，Kees，D. B.，& Uwe，H.（2007）. In the presence of English：Media and European youth. *Springer US*，*7*（2），191 - 194.

Marsh，H. W.，& Ayotte，V.（2003）. Do multiple dimensions of self-concept become more differentiated with age? The differential distinctiveness hypothesis. *Journal of Educational Psychology*，*95*（95），687 - 706.

Martin，A.，& Weisberg，J.（2003）. Neural foundations for understanding social and mechanical concepts. *Cognitive Neuropsychology*，*20*，575 - 587.

Martlew，M.，& Connolly，K. J.（1996）. Human figure drawings by schooled and unschooled children in Papua New Guinea. *Child Development*，*67*（6），2743 - 2762.

Mascolo，M. F.，& Fischer，K. W.（1995）. *Self-conscious emotions：The psychology of shame，guilt，embarrassment，and pride*. New York：US Guilford Press. 64 - 113.

Mchughen，S. A.，Rodriguez，P. F.，Kleim，J. A.，Kleim，E. D.，Marchal，C. L.，Procaccio，V.，et al.（2010）. BDNF val66met polymorphism influences motor system function in the human brain. *Cerebral Cortex*，*20*（5），1254 - 1262.

Mcloyd，V. C.（1998）. Socioeconomic disadvantage and child development. *American Psychologist*，*53*（2），185 - 204.

Mcphillips，M.，& Jordan-Black，J. A.（2007）. The effect of social disadvantage on motor development in young children：A comparative study. *Journal of Child Psychology & Psychiatry*，*48*（12），1214 - 1222.

Mead，G. H.（1934）. *Mind，Self and Society*. Chicago：The Chicago University Press.

Meaney，M. J.，& Szyf，M.（2005）. Maternal care as a model for experience-dependent chromatin plasticity? . *Trends in Neurosciences*，*28*（9），456 - 463.

Meeus，W.（1996）. Studies on identity development in adolescence：An overview of research and some new data. *Journal of Youth & Adolescence*，*25*（5），569 - 598.

Meltzoff A. N.，& Moore M. K.（1977）Imitation of facial and manual expressions by human neonates. *Science*，*198*，75 - 78.

Meltzoff，A. N.（1988）. Infant imitation and memory：Nine-month-olds in immediate and deferred tests. *Child Development*，*59*（1），217 - 225.

Mervis，C. B.，& Klein-Tasman，B. P.（2000）. Williams syndrome cognition，personality，and adaptive behavior. *Mental Retardation and Developmental Disabilities Research Reviews*，*6*，148 - 158.

Miller，B. C.，Fan，X.，Christensen，M.，Grotevant，H. D.，& Van Dulmen，M.（2000）. Comparisons of adopted and nonadopted adolescents in a large，nationally representative sample. *Child Development*，*71*（5），1458 - 1473.

Miller，N. B.，Cowan，P. A.，Cowan，C. P.，Hetherington，E. M.，& Clingempeel，W. G.（1993）. Externalizing in preschoolers and early adolescents：A cross-study replication of a family model. *Developmental Psychology*，*29*（1），3 - 18.

Miller. N.，Sears. R. R.，Rosenzweig. S.，Bateson. G.，Levy. D. M.，Hartmann. G. W.，&Maslow. A. H.，（1941）. Symposium on the frustration-aggression hypothesis. *Psychological Review*，*48*，337 - 366.

Minkler，M.，& Roe，K.（1993）. *Grandmothers as caregivers*. Newbury Park，CA：Sage.

Missitzi，J.，Geladas，N.，& Klissouras，V.（2004）. Heritability in neuromuscular coordination：

Implications for motor control strategies. *Med Sci Sports Exerc*, *36* (2), 233 - 240.

Missitzi, J., Gentner, R., Geladas, N., Politis, P., Karandreas, N., Classen, J., et al. (2011). Plasticity in human motor cortex is in part genetically determined. *Journal of Physiology*, *589* (2), 297 - 306.

Moffatt, M. E., Longstaffe, S., Besant, J., & Dureski, C. (1994). Prevention of iron deficiency and psychomotor decline in high-risk infants through use of iron-fortified infant formula: A randomized clinical trial. *Journal of Pediatrics*, *125* (4), 527 - 534.

Moffitt, T. E. (1993). Adolescence-limited and life-course-persistent antisocial behavior: A development taxonomy. *Psychological Review*, *100*, 674 - 701.

Moll, J., Zahn, R., De, O. R., Krueger, F., & Grafman, J. (2005). Opinion: The neural basis of human moral cognition. *Nature Reviews Neuroscience*, *6* (10), 799 - 809.

Moll, J., Zahn, R., Oliveira-Souza, R. D., Krueger, F., & Grafman, J. (2005). The neural basis of human moral cognition. *Nature Reviews Neuroscience*, *6* (10), 799 - 809.

Montgomery, S. M., Bartley, M. J., & Wilkinson, R. G. (1997). Family conflict and slow growth. *Archives of Disease in Childhood*, *77* (4), 326 - 330.

Mottron, L., Duret, P., Mueller, S., Moore, R. D., D Arc, B. F., Jacquemont, S., et al. (2015). Sex differences in brain plasticity: A new hypothesis for sex ratio bias in autism. *Molecular Autism*, *6* (1), 33.

Mulligan, Lizanne, Specker, Bonny, L., Buckley, Donna, D., et al. (1998). Physical and environmental factors affecting motor development, activity level, and body composition of infants in child care centers. *Pediatric Physical Therapy*, *10* (4).

Musso, M., Weiller, C., Kiebel, S., Müller, S. P., Bülau, P., & Rijntjes, M. (1999). Training-induced brain plasticity in aphasia. *Brain A Journal of Neurology*, *122* (Pt 9) (9), 1781 - 1791.

Myers, G. J., Davidson, P. W., Cox, C., Shamlaye, C. F., Palumbo, D., Cernichiari, E., et al. (2003). Prenatal methylmercury exposure from ocean fish consumption in the Seychelles child development study. *Lancet*, *361* (9370), 1686 - 1692.

Nakajima, S., Saijo, Y., Kato, S., Sasaki, S., Uno, A., Kanagami, N., et al. (2006). Effects of prenatal exposure to polychlorinated biphenyls and dioxins on mental and motor development in Japanese children at 6 months of age. *Environ Health Prospect*, *114* (5), 773 - 778.

Nakao, T., Miyatani, M., Nakao, M., Takezawa, T., Maruishi, M., & Muranaka, H., et al. (2009). Does medial prefrontal cortex activity during self-knowledge reference reflect the uniqueness of self-knowledge?. *Japanese Psychological Research*, *51*, 69 - 84.

Nakao, T., Takezawa, T., & Miyatani, M. (2006). Function of the medial prefrontal cortex: Benchmark hypothesis. *Japanese Psychological Review*, *49*, 592 - 612.

Nantel-Vivier, A., Kokko, K., Caprara, G. V., Pastorelli, C., Gerbino, M. G., Paciello, M., & Tremblay, R. E. (2009). Prosocial development from childhood to adolescence a multi-informant perspective with Canadian and Italian longitudinal studies. *Journal of Child Psychology and Psychiatry*, *50* (5), 590 - 598.

Nasreen, H. E., Kabir, Z. N., Forsell, Y., & Edhborg, M. (2013). Impact of maternal depressive symptoms and infant temperament on early infant growth and motor development: Results from a population based study in Bangladesh. *Journal of Affective Disorders*, *146* (2), 254 - 261.

Nelson, C. A., & Webb, S. J. (2003). A cognitive neuroscience perspective on early memory development. *The Cognitive Neuroscience of Development*, 99 - 125.

Nelson, K. (1986). Event knowledge: Structure and function in development. *Psychological Science*, *4*, 7 - 14.

Newcombe, N., Huttenlocher, J., & Learmonth, A. (1999). Infants' coding of location in continuous space. *Infant Behavior & Development*, *22* (4), 483 - 510.

Newport, E. L. (1988). Constraints on learning and their role in language acquisition: Studies of the acquisition of American sign language. *Language Sciences*, *10* (1), 147 - 172.

Ng'Andu, N. H., & Watts, T. E. (1990). Child growth and duration of breast feeding in urban Zambia. *Journal of Epidemiology and Community Health*, *44* (4), 281 - 285.

Nowakowski, R. S. (2006). Stable neuron numbers from cradle to grave. *Proceedings of the National Academy of Sciences of the United States of America*, *103* (33), 12219 - 12220.

Oken, E., Radesky, J. S., Wright, R. O., Bellinger, D. C., Amarasiriwardena, C. J., Kleinman, K. P. W., et al. (2008). Maternal fish intake during pregnancy, blood mercury levels, and child cognition at age 3 years in a US cohort. *American Journal of Epidemiology*, *167* (10), 1171 - 1181.

Ornstein, P. A., & Naus, M. J. (1985). Effects of the knowledge base on children's memory strategies. *Advances in Child Development and Behavior*, *19* (4), 113 - 148.

Paciello, M., Fida, R., Tramontano, C., Lupinetti, C., & Caprara, G. V. (2008). Stability and change of moral disengagement and its impact on aggression and violence in late adolescence. *Child Development*, *79* (5), 1288 - 1309.

Paik, H., & Comstock, G. (1994). The effects of television violence on antisocial behavior: A meta-analysis1. *Communication Research*, *21* (4), 516 - 546.

Pangelinan, M. M., Zhang, G., Vanmeter, J. W., Clark, J. E., Hatfield, B. D., et al. (2011). Beyond age and gender: Relationships between cortical and subcortical brain volume and cognitive-motor abilities in school-age children. *Neuroimage*, *54* (4), 3093 - 3100.

Paredes, M. F., James, D., Gil-Perotin, S., Kim, H., Cotter, J. A., Ng, C., et al. (2016). Extensive migration of young neurons into the infant human frontal lobe. *Science*, *354* (6308).

Parke, R. D., & Buriel, R. (1998). Socialization in the family: Ethnic and ecological perspectives. In W. Damon (Ed.). *Handbook of Child Psychology* (5th ed., Vol. 3). New York: Wiley.

Parke, R. D., Cassidy, J., Burks, V. M., Carson, J. L. & Boyum, L. (1992). Familial contribution to peer competence among young children: The role of interactive and affective processes. In Em R. D Parke & G. W. Ladd (Orgs.). *Family-peer relationships: Modes of linkages* (pp. 107 - 134). Hillsdale: Erlbaum.

Parvez, F., Wasserman, G. A., Factor-Litvak, P., Liu, X., Slavkovich, V., Siddique, A. B., et al. (2011). Arsenic exposure and motor function among children in Bangladesh. *Environmental Health Perspectives*, *119* (11), 1665 - 1670.

Patel, P., Mendall, M. A., Khulusi, S., Northfield, T. C., & Strachan, D. P. (1994). Helicobacter pylori infection in childhood: Risk factors and effect on growth. *Bmj*, *309* (6962), 1119 - 1123.

Perner, J. (1991). *Understanding the representational mind*. Cambridge, MA: The MIT Press.

Perner, J., Frith, U., Leslie, A. M., & Leekam, S. R. (1989). Exploration of the autistic child's theory of mind: Knowledge, belief and communication. *Child Development*, *60*, 689 - 700.

Perse, E. M. (2001). Media effects and society. *L. Erlbaum Associates*, *56* (3), 91.

Petersen, M. B. (1989). *Status at 4 - 5 Years in 90 children of insulin—Dependent diabetic mothers.* London, UK: Springer London.

Peterson, C., & Parsons, B. (2005). Interviewing former 1- and 2-year olds about medical emergencies 5 years later. *Law & Human Behavior*, *29* (6), 743 - 754.

Peterson, R. P. (1996). A re-evaluation of the economic consequences of divorce. *American Sociological Review*, *61* (3), 528 - 536.

Pfeifer, J. H., Lieberman, M. D., & Dapretto, M. (2007). "I know you are but what am I?!": Neural bases of self-and social knowledge retrieval in children and adults. *Journal of Cognitive Neuroscience*, *19*, 1323 - 1337.

Pfeifer, J. H., Masten, C. L., Borofsky, L. A., Dapretto, M., Fuligni, A. J., & Lieberman, M. D. (2009). Neural correlates of direct and reflected self-appraisals in adolescents and adults: When social perspective-taking informs self-perception. *Child Development*, *80*, 1016 - 1038.

Pharoah, P. O. D., & Connolly, K. J. (1987). A controlled trial of iodinated oil for the prevention of endemic cretinism: A long-term follow-up. *International Journal of Epidemiology*, *16* (1), 68 - 73.

Piaget, J. (1952). *The origins of intelligence in children.* New York: International Universities Press.

Piaget, J. (1962). *Play, dreams, and imitation in childhood* (G. Gattegno & F. M. Hodgson, Trans.). New York: Norton.

Piaget, J. (1965). *The moral judgment of the child.* New York: Free Press.

Piaget, J. (1969). *The child's conception of time.* London: Routledge & Kegan Paul.

Piaget, J., Montangero, J., & Billeter, J. (1977). La formation des correlates. In J. Piaget (Eds.), *Recherches sur l'abstraction reflechissante I* (pp. 115 - 129). Paris: Presses Universitaires de France.

Picciano, M. F. (2003). Pregnancy and lactation: Physiological adjustments, nutritional requirements and the role of dietary supplements. *Journal of Nutrition*, *133* (6), 1997S - 2002S.

Pipp, S., Easterbrooks, M. A., & Harmon, R. J. (1992). The relation between attachment and knowledge of self and mother in one to three-year-old infants. *Child Development*, *63* (3), 738 - 750.

Platek, S. M., Wathne, K., Tierney, N. G., & Thomson, J. W. (2008). Neural correlates of self-face recognition: An effect-location meta-analysis. *Brain Research*, *1232*, 173 - 184.

Plomin, R., Bergeman, C. S. (1991). The nature of nurture: Genetic influence on "environmental" measures. *Behavioral and Brain Sciences*, *14* (3), 373 - 427.

Plomin, R., Reiss, D., Hetherington E. M., Howe, G. W. (1994). Nature and nurture: Genetic contributions to measures of family environment. *Developmental Psychology*, *30* (1), 32 - 43.

Powell, L. J., Macrae, C. N., Cloutier, J., Metcalfe, J., & Mitchell, J. P. (2009). Dissociable neural substrates for agentic versus conceptual representations of self. *Journal of Cognitive Neuroscience*, *22*, 2186 - 2197.

Premack, D., & Woodruff, G. (1978). Does the chimpanzee have a theory of mind? . *Behavioral and Brain Sciences*, *1*, 515 - 526.

Pressley, B. M., & Schneider, W. (1997). Introduction to memory development during childhood and adolescence. *Chinese Journal of Ocular Fundus Diseases*, *203* (203), 1 - 8.

Preston, S. D., & De Waal, F. B. M. (2002). Empathy: Its ultimate and proximate bases. *Behavioral and Brain Science*, *25* (1), 1 - 20.

Rabin, J. S, Gilboa, A., Stuss, D. T., Mar, R. A., & Rosenbaum, R. S. (2009). Common and unique neural correlates of autobiographical memory and theory of mind. *Journal of Cognitive Neuro-*

science, *22*, 1095－1111.

Rakic, P. (1997). *Corticogenesis in human and nonhuman primates*. Paper presented at the Gazzaniga.

Rameson, L. T., Morelli, S. A., & Lieberman, M. D. (2012). The neural correlates of empathy: Experience, automaticity, and prosocial behavior. *Journal of Cognitive Neuroscience*, *24*, 235－245.

Reddy, V. (1999). Prelinguistic communication. In M. Barrett (Ed.), *The development of language* (pp. 25－50). Philadelphia: Psychology Press.

Rees, S., & Harding, R. (2004). Brain development during fetal life: Influences of the intra-uterine environment. *Neuroscience Letters*, *361* (1), 111－114.

Reese, E., Haden, C. A., & Fivush, R. (1993). Mother-child conversations about the past: Relationships of style and memory over time 1. *Cognitive Development*, *8* (4), 403－430.

Reiss, A. L., Abrams, M. T., Singer, H. S., Ross, J. L., & Denckla, M. B. (1996). Brain development, gender and IQ in children: A volumetric imaging study. *Brain*, *119* (Pt 5) (5), 1763－1774.

Ribasfito, N., Sala, M., Kogevinas, M., & Sunyer, J. (2001). Polychlorinated biphenyls (PCBs) and neurological development in children: A systematic review. *J Epidemiol Community Health*, *55* (8), 537－546.

Roberts, D. F., & Foehr, U. G. (2004). *Kids and media in America*. Cambridge, UK: Cambridge University Press.

Rochat, P., & Hespos, S. J. (1997). Differential rooting response by neonates: Evidence for an early sense of self. *Infant & Child Development*, *6*, 105－112.

Rogan, W. J., & Miller, R. W. (1989). Prenatal exposure to polychlorinated biphenyls. *Lancet*, *2* (8673), 1216－1216.

Rogers, T. B., Kuiper, N. A., & Kirker, W. S. (1977). Self-reference and the encoding of personal information. *Journal of Personality and Social Psychology*, *35*, 677－688.

Ross, R. T., Begab, M. J., Dondis, E. H., Giampiccolo, J., & Meyers, C. E. (1985). *Lives of the retarded: A 40-year follow-up study*. Stanford, CA: Stanford University Press.

Rothbart, M. K. (1981). Measurement of temperament in infancy. *Child Development*, *52* (2), 569－578.

Rothbart, M. K., & Bates, J. E. (1998). Temperament. In N. Eisenberg (Ed.). *Handbook of child psychology*, 5*th ed*: *Vol*. 3. *Social*, *emotional*, *and personality development* (pp. 105－176). Hoboken, NJ: John Wiley & Sons Inc.

Roze, E., Meijer, L., Bakker, A., Braeckel, K. N. J. A., Sauer, P. J. J., & Bos, A. F. (2009). Prenatal exposure to organohalogens, including brominated flame retardants, influences motor, cognitive, and behavioral performance at school age. *Environmental Health Perspectives*, *117* (12), 1953－1958.

Rubin, K. H., & Thompson, A. (2003). *The friendship factor*. New York: Penguin.

Ruffman, T., Slade, L., & Redman, J. (2005). Young infants' expectations about hidden objects. *Cognition*, *97* (2), B35－B43.

Saccani, R., Valentini, N. C., Pereira, K. R., Müller, A. B., & Gabbard, C. (2013). Associations of biological factors and affordances in the home with infant motor development. *Pediatrics International*, *55* (2), 197－203.

Sadker, M. P., & Sadker, D. M. (1994). Failing at fairness: How our schools cheat girls. *Contemporary Sociology*, *24* (1), 347.

Saloojee, H., & Pettifor, J. M. (2001). Iron deficiency and impaired child development. *Bmj*, *323*

(7326), 1377 - 1378.

Sanna, L. J. , Chang, E. C. , Miceli, P. M. , & Lundberg, K. B. (2011) . Rising up to higher virtues: Experiencing elevated physical height uplifts prosocial actions. *Journal of Experimental Social Psychology*, *47* , 472 - 476.

Saxe, R. , & Kanwisher, N. (2003) . People thinking about thinking people: The role of the temporo-parietal junction in "theory of mind" . *NeuroImage*, *19* , 1835 - 1842.

Saxe, R. , Carey, S. , & Kanwisher, N. (2004) . Understanding other mind: Linking developmental psychology and functional neuroimaging. *Annual Review of Psychology*, *55* , 87 - 124.

Schacter, D. L. , & Moscovitch, M. (1984) . *Infants, amnesics, and dissociable memory systems*. New York: Springer US.

Schaie, K. W. (1967) . The 1965 head start psychological screening program. Final report on the data analysis. *Data Analysis*, *70* .

Scher, A. , & Mayseless, O. (2000) . Mothers of anxious/ambivalent infants: Maternal characteristics and child-care context. *Child Development*, *71* (6), 1629 - 1639.

Schlaug, G. , Jäncke, L. , Huang, Y. , Staiger, J. F. , & Steinmetz, H. (1995) . Increased corpus callosum size in musicians. *Neuropsychologia*, *33* (8), 1047 - 1055.

Schmidt, L. A. , Fox, N. A. , Perez-Edgar K. , Hamer D. H. (2009) . Linking gene, brain, and behavior: DRD4, frontal asymmetry, and temperament. *Psychological Science* , *20* (7): 831 - 837.

Schneck, C. M. , & Henderson, A. (1990) . Descriptive analysis of the developmental progression of grip position for pencil and crayon control in nondysfunctional children. *American Journal of Occupational Therapy Official Publication of the American Occupational Therapy Association*, *44* (10), 893 - 900.

Schneider, S. , Schönle, P. W. , Altenmüller, E. , & Münte, T. F. (2007) . Using musical instruments to improve motor skill recovery following a stroke. *Journal of Neurology*, *254* (10), 1339 - 1346.

Schneider, W. P. , & Pressley, M. (1997) . *Memory development between two and twenty*. New York: Springer.

Schwartz, C. E. , Wright, C. I. , Shin, L. M. , Kagan, J. , & Rauch, S. L. (2003) . Inhibited and uninhibited infants "grown up": Adult amygdalae response to novelty. *Science*, *300* , 1952 - 1953.

Sebastian, C. L. , Fontaine, N. M. G. , Bird, G. , Blakemore, S-J. , de Brito, S. A. , McCrory, E. J. P. , et al. (2012) . Neural processing associated with cognitive and affective theory of mind in adolescents and adults. *Social Cognitive and Affective Neuroscience*, *7* , 53 - 63.

Selinker, L. (1972) . Interlanguage. *International Review of Applied Linguistics in Language Teaching*, *10* (1 - 4), 209 - 232.

Semmler, C. , Ashcroft, J. , Jaarsveld, C. H. M. V. , Carnell, S. , & Wardle, J. (2009) . Development of overweight in children in relation to parental weight and socioeconomic status. *Obesity*, *17* (4), 814 - 820.

Shafer, S. M. (1994) . Children learning, socializing, growing. *European Education*, *26* (2), 3 - 4.

Sharma, A. R. , McGue, M. K. , & Benson, P. L. (1998) . The psychological adjustment of United States adopted adolescents and their nonadopted siblings. *Child Development*, *69* (3), 791 - 802.

Shriberg, L. (1982) . Towards a classification of developmental phonological disorders. In L Lass (ed.), *Speech and language : Advances in basic research and practice*. New York: Academic Press, 1 - 17.

Shriberg, L., Austin, D., Lewis, B. et al. (1997a). The percentage of consonants correct (PCC) metric: Extensions and reliability data. *Journal of Speech, Language and Hearing Research*, *40*, 708-722.

Shulman, S., & Klein, M. M. (2010). Distinctive role of the father in adolescent separation-individuation. *New Directions for Child & Adolescent Development*, *1993* (62), 41-57.

Signorielli, N. (2001). Televisions's gender role images and contribution to stereotyping: Past present, future. In D. G. Singer & J. L. Singer (Eds.), *Handbook of children and the media* (pp. 341-358). Thousand Oaks, CA: Sage.

Silventoinen, K. (2003). Determinants of variation in adult body height. *Journal of Biosocial Science*, *35* (2), 263-285.

Silventoinen, K., Pietiläinen, K. H., Tynelius, P., Sørensen, T. I., Kaprio, J., & Rasmussen, F. (2008). Genetic regulation of growth from birth to 18 years of age: The Swedish young male twins study. *American Journal of Human Biology*, *20* (3), 292-298.

Silventoinen, K., Posthuma, D., Van, B. T., Bartels, M., & Boomsma, D. I. (2006). Genetic contributions to the association between height and intelligence: Evidence from Dutch twin data from childhood to middle age. *Genes Brain & Behavior*, *5* (8), 585-595.

Simon, & Nascimento, V. G. (2007). Relação entre aleitamento materno, alimentação complementar e sobrepeso e obesidade em crianças de 2 a 6 anos de idade matriculadas em escolas particulares no Município de São Paulo. *Aleitamento Materno*.

Singer, D. G., Singer, J. L., & Zuckerman, D. M. (1990). *The Parent's Guide: Use TV to your child's advantage*. Washington, DC: Acropolis.

Singer, D. G., & Singer, J. L. (Eds.), (2001) *Handbook of children and the media* (pp. 207-307). Thousand Oaks, CA: Sage.

Slade, L., & Ruffman, T. (2005). How language does (and does not) relate to theory of mind: A longitudinal study of syntax, semantics, working memory and false belief. *British Journal of Developmental Psychology*, *23*, 117-141.

Sleek, S. (1998). Isolation increases with internet use. *American Psychological Association Monitor*, *29* (9), 1-4.

Smith, L. B., & Thelen, E. (1993). *A dynamic systems approach to development: Applications*. Cambridge, MA: The MIT Press.

Smith, P. K. (2010). *Children and play*. West Sussex, UK: Wiley Blackwell.

Smith, P. K., & Daglish, L. (1977). Sex differences in parent and infant behavior in the home. *Child Development*, *48* (4), 1250-1254.

Smith, P. K., & Drew, L. M. (2002). Grandparenthood. In M. H. Bornstein (Ed.), *Handbook of Parenting* (2nd ed., Vol. 3). Mahwah, NJ: Erlbaum.

Sommer, M., Rothmayr, C., Döhnel, K., Meinhardt, J., Schwerdtner, J., Sodian, B., et al. (2010). How should I decide?. The neural correlates of everyday moral reasoning. *Neuropsychologia*, *48*, 2018-2026.

Soorani-Lunsing, R. J., Hadders-Algra, M., Huisjes, H. J., & Touwen, B. C. L. (1993). Minor neurological dysfunction after the onset of puberty: Association with perinatal events. *Early Human Development*, *33* (1), 71-80.

Sowell, E. R., Thompson, P. M., Leonard, C. M., Welcome, S. E., Kan, E., & Toga, A. W.

(2004) . Longitudinal mapping of cortical thickness and brain growth in normal children. *Journal of Neuroscience*, *24* (38), 8223 - 8231.

Sperry, R. W. (1968) . Mental unity following surgical disconnection of the cerebral hemispheres. *The Harvey Lectures*, *Series 62* , 293 - 323.

Spinath, B. (2012) . Academic achievement. *Encyclopedia of Human Behavior*, *6* (4), 1 - 8.

Stabiner, K. (1993) . *Inventing desire : Inside Chiat / Day : The hottest shop, the coolest players, the big business of advertising*. New York: Simon & Schuster.

Stackhouse, J. , Wells, B. , Pascoe, M. , & Rees, R. (2002) . From phonological therapy to phonologicalawareness. *Seminars in Speech & Language* , *23* (1), 27 - 42.

Stanton, W. R. , Mcgee, R. , & Silva, P. A. (1991) . Indices of perinatal complications, family background, child rearing, and health as predictors of early cognitive and motor development. *Pediatrics*, *88* (5), 954 - 959.

Staub, E. (1971) . The use of role playing and induction in children's learning of helping and sharing behavior. *Child Development*, *42* (3), 805 - 816.

Staub, E. (1979) . *Positive social behavior and morality Vol 2. Socialization and development*. New York: Academic Press.

Steinhausen, H. C. , Lösche, G. , Koch, S. , & Helge, H. (1994) . The psychological development of children of epileptic parents. I. Study design and comparative findings. *Acta Paediatrica*, *83* (9), 955 - 960.

Stevens, J. P. , Eames, M. , Kent, A. , Halket, S. , Holt, D. , & Harvey, D. (2003) . Long term outcome of neonatal meningitis. *Arch Dis Child Fetal Neonatal Ed*, *88* (3), 179 - 184.

Stewart, R. A. , Rule, A. C. , & Giordano, D. A. (2007) . The effect of fine motor skill activities on kindergarten student attention. *Early Childhood Education Journal*, *35* (2), 103 - 109.

Stiles, J. (2008) . The fundamentals of brain development: Integrating nature and nurture. *Journal of Consciousness Studies*, *33* (1), 117 - 119.

Stipek, D. J. , Gralinski, J. H. , & Kopp, C. B. (1990) . Self-concept development in the toddler years. *Developmental Psychology*, *26* (6), 972 - 977.

St-Laurent, M. , Abdi, H. , Burianová, H. , Grady, C. L. , (2011) . Influence of aging on the neural correlates of autobiographical, episodic, and semantic memory retrieval. *Journal of Cognitive Neuroscience*, *23* , 4150 - 4163.

Stoltzfus, R. J. , Kvalsvig, J. D. , Chwaya, H. M. , Montresor, A. , Albonico, M. , Tielsch, J. M. , et al. (2001) . Effects of iron supplementation and anthelmintic treatment on motor and language development of preschool children in Zanzibar: Double blind, placebo controlled study. *Bmj*, *323* (7326), 1389 - 1393.

Stone, V. E. , Baron-Cohen, S. , & Knight, R. T. (1998) . Frontal lobe contributions to theory of mind. *Journal of Cognitive Neuroscience*, *10* , 640 - 656.

Story, M. , & French, S. A. (2004) . Food advertising and marketing directed at children and adolescents in the US. *International Journal of Behavioral Nutrition and Physical Activity*, *1* (1), 1 - 17.

Strasburger, V. C. (2001) . Children and TV advertising: Nowhere to run, nowhere to hide. *Journal of Developmental & Behavioral Pediatrics*, *22* (3), 185 - 187.

Strasburger, V. C. , & Wilson, B. J. (2002) . *Children, adolescents, and the media*. Thousand Oaks, CA: Sage.

Straus, M. A., & Stewart, J. H. (1999). Corporal punishment by american parents: National data on prevalence, chronicity, severity, and duration, in relation to child and family characteristics. *Clinical Child & Family Psychology Review*, *2* (2), 55 - 70.

Streissguth, A. P., Barr, H. M., Martin, D. C., & Herman, C. S. (1980). Effects of maternal alcohol, nicotine, and caffeine use during pregnancy on infant mental and motor development at eight months. *Alcoholism Clinical & Experimental Research*, *4* (2), 152 - 164.

Stuss, D. T., Gallup, G. G., Jr., Alexander, M. P. (2001). The frontal lobes are necessary for "theory of mind". *Brain*, *124*, 279 - 286.

Sullivan, H. S. (1953). *The interpersonal theory of personality*. New York: Norton.

Sullivan, M. C., & Margaret, M. M. (2003). Perinatal morbidity, mild motor delay, and later school outcomes. *Developmental Medicine & Child Neurology*, *45* (2), 104 - 112.

Super, C. M., & Harkness, S. (2002). Culture structures the environment for development. *Human Development*, *45* (4), 270 - 274.

Takser, L., Mergler, D., Hellier, G., Sahuquillo, J., & Huel, G. (2003). Manganese, monoamine metabolite levels at birth, and child psychomotor development. *Neurotoxicology*, *24* (4 - 5), 667 - 674.

Taren, D., & Chen, J. (1993). A positive association between extended breast-feeding and nutritional status in rural Hubei Province, People's Republic of China. *American Journal of Clinical Nutrition*, *58* (6), 862 - 867.

Taylor, M. J., Mills, T., & Pang, E. W. (2011). The development of face recognition: Hippocampal and frontal lobe contributions determined with MEG. *Brain Topography*, *24*, 261 - 270.

Taylor, M., & Carlson, S. M. (1997). The Relation between individual differences in fantasy and theory of mind. *Child Development*, *68* (3), 436 - 455.

Thelen, E., & Smith, L. B. (1994). *A dynamic systems approach to the development of cognition and action*. Cambridge, MA: The MIT Press.

Thomas, A., & Chess, S. (1977). *Temperament and development*. *146*, 3205 - 3261.

Thomas, A., & Chess, S. (1980). *The dynamics of psychological development*. New York: Brunner-Mazel.

Thompson, B. (1990). Multinor: A fortran program that assists in evaluating multivariate normality. *Educational & Psychological Measurement*, *50* (4), 845 - 848.

Thompson, R. A., (1994). Emotion regulation: A theme in search of definition. *Monographs of the Society for Research in Child Development*, *59*, 25 - 52.

Thompson, S. K. (1975). Gender labels and early sex role development. *Child Development*, *46* (2), 339 - 347.

Tramo, M. J. (2004). Physiology, anatomy, and plasticity of the cerebral cortex in relation to musical instrument performance. *Journal of the Acoustical Society of America*, *115* (115), 2590 - 2590.

Tremblay, R. E., Nagin, D. S., Séguin, J. R., Zoccolillo, M., Zelazo, P. D., Boivin, M., et al. (2004). Physical aggression during early childhood: Trajectories and predictors. *Pediatrics*, *114* (1), 43 - 50.

Triandis, H. C., Chen, X. P., & Chan, D. K. S. (1998). Scenarios for the measurement of collectivism and individualism. *Journal of Cross-cultural Psychology*, *29* (2): 275 - 289.

Triandis, H. D., & Gelfand, M. J. (1998). Converging measurement of horizontal and vertical individualism and collectivism. *Journal of Personality and Social Psychology*, *74* (1): 118 - 128.

Tse, A. C., Richedwards, J. W., Rifasshiman, S. L., Gillman, M. W., & Oken, E. (2010). Association of maternal prenatal depressive symptoms with child cognition at age 3 years. *Paediatric & Perinatal Epidemiology*, *24* (3), 232 - 240.

Tsekhmistrenko, T. A., Vasilyeva, V. A., & Shumeiko, N. S. (2017). Structural rearrangements of the cerebral cortex in children and adolescents. *Human Physiology*, *43* (2), 123 - 131.

Ugurel-Semin R. (1952). Moral behavior and moral judgment of children. *AGE*, *4* (5), 5 - 6.

Uhls, Y. T., Espinoza, G., Greenfield, P., Subrahmanyam, K., & Šmahel, D. (2011). *Internet and other interactive media*. *Encyclopedia of Adolescence*. Oxford, UK: Elsevier.

Valenzuela, S. M., Martin, D. K., Por, S. B., Robbins, J. M., Warton, K., & Bootcov, M. R., et al. (1997). Molecular cloning and expression of a chloride ion channel of cell nuclei. *Journal of Biological Chemistry*, *272* (19), 12575 - 12582.

Vartanian, L. (1997). Object-relational ideation and imaginary audience sensitivity: A look at adolescents' daydreams. *Gastroenterology*, *136* (5), 606 - 612.

Vartanian, L. R., & Powlishta, K. K., (1996). A longitudinal examination of the social-cognitive foundations of adolescent egocentrism. *Journal of Early Adolescence*, *16* (2), 157 - 178.

Vosler, N. R., & Robertson, J. G. (1998). Nonmarital co-parenting: Knowledge building for practice. *Families in Society: The Journal of Contemporary Social Services*, *79* (2), 149 - 159.

Vygotsky, L. (1978). Interaction between learning and development. *Readings on the Development of Children*, 29 - 36.

Waddington, C. H. (1940). An introduction to modern genetics. *Torreya*, *40* (1), 21 - 23.

Wade, N. (2001). Researchers say gene is linked to language. The New York Times, A1 Sternberg, R. J, French, P. A. (1990). Intelligence and cognition, In M. W. Eysenck (ED), *Cognitive psychology: An international review*. New York: John Wiley & Sons Ltd.

Wadsworth, J., Burnell, I., Taylor, B., & Butler, N. (1985). The influence of family type on children's behaviour and development at five years. *Journal of Child Psychology & Psychiatry & Allied Disciplines*, *26* (2), 245 - 254.

Walkowiak, J., Wiener, J. A., Fastabend, A., Heinzow, B., Krämer, U., Schmidt, E., et al. (2002). Environmental exposure to polychlorinated biphenyls and quality of the home environment: Effects on psychodevelopment in early childhood. *Lancet*, *28* (3), 1602 - 1607.

Walsh, D., & Gentile, D. A. (2001). *Sixth annual video and computer game report card*. Minneapolis, MN: National Institute on Media and the Family.

Walton, G. E., & Bower, T. G. R. (1993). Newborns form "prototypes" in less than 1 minute. *Psychological Science*, *4*, 203 - 205.

Wang, M. F., & Liu, L. (2017). Reciprocal relations between harsh discipline and children's externalizing behavior in china: A 5-year longitudinal study. *Child Development*, online.

Wang, M., Xing, X., & Zhao, J. (2014). Intergenerational transmission of corporal punishment in China: The moderating role of marital satisfaction and gender. *Journal of Abnormal Child Psychology*, *42* (8), 1263 - 1274.

Wang, Q., Leichtman, M. D., & Davies, K. I. (2000). Sharing memories and telling stories: American and Chinese mothers and their 3-year-olds. *Memory*, *8* (3), 159 - 177.

Waterman, A. S. (1999). Identity, the identity statuses, and identity status development: A contemporary statement. *Developmental Review*, *19* (4), 591 - 621.

Webb, S. J., Dawson, G., Bernier, R., & Panagiotides, H. (2006). ERP evidence of a typical face processing in young children with autism. *Journal of Autism & Developmental Disorders*, *36* (7), 881-890.

Wellman, H. M., & Gelman, S. A. (1992). Cognitive development: Foundational theories of core domains. *Annual Review of Psychology*, *43*, 337-375.

Wellman, H. M., Cross, D., & Watson, J. (2001). Meta-analysis of theory-of-mind development: The truth about false belief. *Child Development*, *72*, 655-684.

West, T. A., & Bauer, P. J. (1999). Effects of language modality on preschoolers' recall of spatial-temporal sequences1. *First Language*, *19* (55), 3-27.

Wheatley, T., Milleville, S. C., & Martin, A. (2007). Understanding animate agents: Distinct roles for the social network and mirror system. *Psychological Science*, *18*, 469-474.

Wheeldon, L. R. (1999). *Aspects of language production*. Philadelphia: Psychology Press.

Whitworth A, Franklin S, Dodd B. (2003). Case based problem solving for speech and language therapy students. In S Brumfitt (ed.), *Innovations in professional education for speech and language therapists*. London, UK: Whurr.

Willford, J. A., Chandler, L. S., Goldschmidt, L., & Day, N. L. (2010a). Effects of prenatal tobacco, alcohol and marijuana exposure on processing speed, visual-motor coordination, and interhemispheric transfer. *Neurotoxicology & Teratology*, *32* (6), 580-588.

Willford, J. A., Chandler, L. S., Goldschmidt, L., & Day, N. L. (2010b). Effects of prenatal tobacco, alcohol and marijuana exposure on processing speed, visual-motor coordination, and interhemispheric transfer. *Neurotoxicology & Teratology*, *32* (6), 580-588.

Williams, L. R., & Gross, J. B. (1980). Heritability of motor skill. *Acta Geneticae Medicae Et Gemellologiae*, *29* (2), 127-136.

Wimmer, H., & Perner, J. (1983). Beliefs about beliefs: Representation and constraining function of wrong beliefs in young children's understanding of deception. *Cognition*, *13*, 103-128.

Winitz H. (1975). *From syllable to conversation*. Baltimore: University Park Press.

Winne, P. H., & Nesbit, J. C. (2010). The psychology of academic achievement. *Annual Review of Psychology*, *61* (1), 653-678.

Winneke, G., Krämer, U., Brockhaus, A., Ewers, U., Kujanek, G., Lechner, H., et al. (1983). Neuropsychological studies in children with elevated tooth-lead concentrations. II. Extended study. *International Archives of Occupational & Environmental Health*, *51* (3), 231-252.

Winsler, A., De Leon, J. R., & Wallace, B. A. (2003). Private speech in preschool children: Developmental stability and change, across-task consistency, and relations with classroom behavior. *Journal of Child Language*, *30*, 583-608.

Wolff, P. H., Gunnoe, C., & Cohen, C. (1985). Neuromotor maturation and psychological performance: A developmental study. *Developmental Medicine & Child Neurology*, *27* (3), 344-354.

Woolfe, T., Want, S. C., & Siegal, M. (2002). Signposts to development: Theory of mind in deaf children. *Child Development*, *73*, 768-778.

Xing, X. P., & Wang, M. F. (2017). The moderating role of HPA activity in the relations between parental corporal punishment and executive function in Chinese school-aged children. *Psychology of Violence*. Online.

Xing, X. P., Wang, M. F., & Wang, Z. Y. (2017). Parental corporal punishment in relation to children's executive function and externalizing behavior problems in China. *Social Neuroscience*. Online.

Yang, J., Dedovic, K., Chen, W., & Zhang, Q. (2012). Self-esteem modulates dorsal anterior cingulate cortical response in self-referential processing. *Neuropsychologia*, *50*, 1267-1270.

Yap, P. T., Fan, Y., Chen, Y., Gilmore, J. H., Lin, W., & Shen, D. (2011). Development trends of white matter connectivity in the first years of life. *Plos One*, *6* (9), e24678.

Yarrow, M. R., & Others, A. (1973). Learning concern for others. *Developmental Psychology*, *8* (2), 240-260.

Yliherva, A., Olsén, P., Mäki Torkko, E., Koiranen, M., & Järvelin, M. R. (2001). Linguistic and motor abilities of low-birthweight children as assessed by parents and teachers at 8 years of age. *Acta Paediatrica*, *90* (12), 1440-1449.

Ylitalo, V., Kero, P., & Erkkola, R. (1988). Neurological outcome of twins dissimilar in size at birth. *Early Human Development*, *17* (2-3), 245-255.

Young, L., & Saxe, R. (2008). The neural basis of belief encoding and integration in moral judgment. *NeuroImage*, *40*, 1912-1920.

Young, L., & Saxe, R. (2009). An fMRI investigation of spontaneous mental state inference for moral judgment. *Journal of Cognitive Neuroscience*, *21* (7), 1396-1405.

Zahn-Waxler, C., Schiro K., Robinson, J. L., Emde, R. N., & Schmitz, S. (2001). Empathy and prosocial patterns in young MZ and DZ twins development and genetic and environmental influences (pp. 141-162). In R. N. Emde & J. K. Hewitt (Eds.). *Infancy to early childhood genetic and environmental influences on developmental change*. New York: Oxford University Press.

Zelazo, P. D., Carter, A., Reznick, J. S., & Frye, D. (1997). Early development of executive function: A problem-solving framework. *Review of General Psychology*, *1*, 198-226.

Zhong, S., Zhang, S., Fan, X., Wu, Q., Yan, L., Dong, J., et al. (2018). A single-cell RNA-seq survey of the developmental landscape of the human prefrontal cortex. *Nature*, *555* (7697), 524-528.

Zoeller, R. T., & Rovet, J. (2004). Timing of thyroid hormone action in the developing brain: Clinical observations and experimental findings. *Journal of Neuroendocrinology* (No. 10), 809-818.

阿妮塔．伍德沃克．(2010)．*教育心理学（第 8 版）*．南京：江苏教育出版社．

白云静，郑希耕，葛小佳，隋南．(2005)，行为遗传学：从宏观到微观的生命研究．*心理科学进展*，*13* (3)，305-313.

贲焕发．(2014)．*3～10 岁儿童投掷动作发展特征研究*(硕士学位论文)．山东师范大学，济南．

伯格．(2000)．*人格心理学*（陈会昌 译）．北京：中国轻工业出版社．

操凯，杨宁．(2014)．3～6 岁幼儿社会技能发展及其家庭相关影响因素研究．*幼儿教育（教育科学）*，*1*，64-67.

曾盼盼，俞国良．(2002)．数学学习不良的研究及趋势．*心理科学进展*，*10* (1)，48-56.

查子秀 (1993)．*超常儿童心理学*. 北京：人民教育出版社．

常时新，冯敢生，孔祥泉，张向群，于群，熊茵等．(2002)．简单与复杂手指运动的 fMRI 对比分析．*临床放射学杂志*，*21* (1)，13-15.

常宇秋，岑国桢．(2003)．6～10 岁儿童道德移情特点的研究．*心理科学*，*2*，219-223.

陈宝国．(2001)．国外第二语言学习的认知理论述评．*心理科学进展*，*9* (1)，19-24.

陈畅，魏梅，刘世建，& 金星明．(2016)．采用 SPSS 软件快速构建儿童生长曲线．*第二军医大学学报*，*37* (3)，279-282.

陈鹤琴．(1984)．*论幼儿教育*(北京市教育科学研究所主编)．北京：北京出版社．
陈会昌，耿希峰．(2004)．7～11岁儿童分享行为的发展．*心理科学，27*(3)，571-574.
陈会昌，张越波．(2000)．气质研究的新进展．*心理科学，23*(2)，86-90.
陈亮，张文新，纪林芹，陈光辉，魏星，常淑敏．(2011)．童年中晚期攻击的发展轨迹和性别差异—基于母亲报告的分析．*心理学报，43*(6)，629-638.
陈琳，桑标．(2005)．依恋模式的代际传递性．*心理科学进展，13*(3)，267-275.
陈琦，刘儒德．(2007)．*当代教育心理学*. 北京：北京师范大学出版社．
陈世联．(2008)．*文化与儿童社会化*. 北京：中国社会科学出版社．
陈尧昆，刘翔平．(1995)．论社会技能的培养在学校教育中的地位及其作用．*教育研究，8*，48-52.
程学超，王美芳．(1992)．儿童亲社会道德推理的发展研究．*心理科学，3*，13-17.
从向珊．(2010)．孕期女性要警惕营养过剩．*求医问药．女人健康，4*，78-78.
崔颖，杨丽，谭丁，田晓波，巫琦，杜清．(2007)．农村3岁以下儿童母亲养育行为干预效果评价．*中国公共卫生*，23(11)，1299-1300.
戴汉文．(2015)．准妈妈，别踏入营养多多益善的误区．*青春期健康，18*，44-45.
Damon，W.，& Lerner，R. M.(2009)．*儿童心理学手册*.(林崇德，李其维，董奇 译)．上海：华东师范大学出版社．
丁淑芹．(2008)．影响儿童社会化发展的家庭因素分析．*文教资料，29*，104-106.
丁艳华，王争艳，李惠蓉等．(2008)．上海62例幼儿依恋类型及相关心理发育的研究. *中国儿童保健杂志，16*(2)：163-165.
丁艳华，徐秀，王争艳等．(2013) 母婴依恋关系对幼儿认知和行为发展的影响. *中国儿童保健杂志，21*(12)，1243-1245.
丁艳华，徐秀，王争艳等．(2013)．母婴依恋的代际传递性和跨时间的稳定性. *中国儿童保健杂志，21*(6)，591-593.
董奇，张华，陶沙，曾琦．(2001)．爬行经验与婴儿空间认知能力的发展．*心理科学，24*(2)，129-131.
董奇．(2011) 发展认知神经科学：理解和促进人类心理发展的新兴学科．*中国科学院院刊，26*(6)，630-639.
儿童品德心理研究协作组．(1989)．中小学生道德情感发展研究．*心理发展与教育，3*，1-6.
范翠英．(1990)．学校与儿童社会化．*教育研究与实验，1*，46-49.
冯夏婷，胡金娇，吴冬梅．(2006)．建立新型师幼互动关系，促进幼儿社会性发展．*华南师范大学学报(社会科学版)，2*，125-127.
高秀苹．(2005)．生态系统理论的创始人——布朗芬布伦纳．*大众心理学*，46-47.
郭瑞芳，彭聃龄．(2005)．脑可塑性研究综述．*心理科学，28*(2)，409-411
韩进之，杨丽珠．(1986)．我国学前期儿童自我意识发展初探．*心理发展与教育，3*，2-13.
赫什．(1980)．*道德教育的模式*. 伦敦：朗曼出版社．
纪林芹，张文新．(2007)．儿童攻击发展研究的新进展．*心理发展与教育，2*，122-127.
纪林芹．(2007)．*儿童攻击、相关问题行为的发展及其家庭相关因素*(硕士学位论文)．山东师范大学，济南．
季成叶，陈天娇．(2013)．中国儿童青少年1995—2010年皮褶厚度和体脂率变化情况．*中国学校卫生，34*(7)，103-108.
蹇璐亦，李玫瑾．(2007)．限于青少年期型反社会行为的发展特点研究．*青少年犯罪问题，5*，11-14.
姜振坤．(1994)．谨防影响智力的碘缺乏病．*科学大众：科学教育，4*，34-34.

蒋德红．（2003）．第二语言习得研究综观．*安徽大学学报（哲学社会科学版）*，*27*（1），109－112．

九市儿童体格发育调查协作组．（2007）．2005 年中国九市七岁以下儿童体格发育调查．*中华儿科杂志*，*45*（8），609－614．

卡拉·西格曼，伊丽莎白·瑞德尔．（2009）．*生命全程发展心理学*．北京：北京师范大学出版社．

劳拉·E·伯克．（2013）．*伯克毕生发展心理学——从 0 岁到青少年（第四版）*．（陈会昌等 译）．北京：中国人民大学出版社．

劳拉·贝克．（2008）．婴儿、儿童和青少年．第五版．（桑标等 译）．上海：上海人民出版社．

劳拉·贝克．（2000）．*儿童发展（第 5 版）*．（吴颖等 译）．南京：江苏教育出版社．

劳伦斯·斯滕伯格，戴俊毅．（2007）．*青春期：青少年的心理发展和健康成长（第 7 版）*．上海社会科学院出版社．

乐国安，钟元俊．（1988）．*社会心理学*．北京：中国物资出版社．

李蓓蕾，林磊，董奇，& von Hofsten，C.（2002）．儿童精细动作能力的发展及与其学业成绩的关系．*心理学报*，*34*（5），494－499．

李伯黍．（1984）．儿童道德判断发展研究阶段报告（下）．*教育理论与实践*，*3*，28－33．

李超．（2015）．*人类大脑枕叶皮质层状结构的出生前发育*（硕士学位论文）．山东大学，济南．

李丹，李伯黍．（1989）．儿童利他行为发展的实验研究．*心理科学通讯*，*5*，6－11．

李斐，颜崇淮，沈晓明．（2005）．早期精细动作技能发育促进脑认知发展的研究进展．*中华医学杂志*，*85*（30），2157－2159．

李红 主编．（2007）*幼儿心理学*．北京：人民教育出版社．

李红，陈安涛，冯廷勇，李富洪，龙长权．（2004）．个体归纳推理能力的发展及其机制研究展望．*心理科学*，*27*（6），1457－1459．

李红，冯廷勇．（2002）．4～5 岁儿童单双维类比推理能力的发展水平和特点．*心理学报*，*34*（4），395－399．

李虹．（2009）．胎儿的生理—心理发展．见 林崇德（编），*发展心理学*（pp. 91－130）．北京：人民教育出版社．

李秀．（2013）．*促进儿童社会技能发展的数字化游戏设计*（硕士学位论文）．山东师范大学，济南．

李幼穗，周坤．（2010），同情心培养对幼儿典型亲社会行为影响的研究．*心理科学*，*33*（2）：342－345．

李玉玲，季成叶，陆舜华，索利娅，白金兰，杨晓敏等．（2005）．汉族双生子儿童体格发育指标的遗传效应．*中华预防医学杂志*，*39*（5），345－347．

李泽志，袁妮．（2006）．论父亲在亲子关系中的作用．*成都师范学院学报*，*22*（2），31－32．

林崇德 主编．（2008）*发展心理学（第 2 版）*．北京：人民教育出版社．

林崇德，白学军，李庆安（2004）．关于智力研究的新进展，*北京师范大学学报*（社会科学版），*1*，25－32．

林崇德，杨治良，黄希庭．（2003）．*心理学大辞典*．上海：上海教育出版社．

林崇德．（2009）．*发展心理学*．北京：人民教育出版社．

刘金花．（1997）．*儿童发展心理学（第 2 版）*．上海：华东师范大学出版社．

刘金花．（1996）．*儿童发展心理学*．上海：华东师范大学出版社．

刘振范，杨缨，安俊．（1992）．父母种族等遗传因素对儿童生长发育的影响．*中华医学遗传学杂志*（2），104－107．

刘振群．（1983）．华南儿童道德判断发展的初步研究，*华南师范大学学报（社会科学版）*，*1*，65－70．

卢英俊，施莹．（2009）．儿童语言系统大脑表征的发展及教育启示．*幼儿教育*，*30*，40－45

罗伯特·费尔德曼（美）．（2013）．*发展心理学—人的毕生发展（第 6 版）*．（苏彦捷，邹丹等 译）．

世界图书出版公司．
罗伯特·费尔德曼．(2007)．*发展心理学——人的毕生发展（第4版）*．(苏彦捷 译)．北京：世界图书出版公司．
马军，吴双胜，宋逸，胡佩瑾，张兵．(2010)．1985—2005年中国7～18岁学生身高、体重变化趋势分析．*北京大学学报（医学版）*，42(3)，318-322.
马艺丹，薛威峰．(2011)．浅析养父母，收养家庭对养子女心理发展的影响．*法制与社会*，*34*，227-232.
聂少萍，马文军，许燕君，徐浩锋，李剑森，傅传喜等．(2006)．广东省24个月龄以下婴幼儿营养状况分析．*中国公共卫生*，*22*(2)，213-215.
派克，李维．(2000)．*父亲的角色*．沈阳：辽海出版社．
庞丽娟．(1991)．幼儿同伴社交类型特征的研究．*心理发展与教育*，*4*，19-28.
彭聃龄．(2004)．*普通心理学*．北京：北京师范大学出版社．
乔纳森·布朗．(2004)．自我：The self．(陈浩莺 译)．北京：人民邮电出版社．
秦启文，黄希庭．(2001)．社会技能构成因素及其意义．*心理学探新*，*1*，54-57.
秦彧．(1995)．儿童的人际交往与儿童的社会化发展．*黄淮学刊（社会科学版）*，*11*(4)，97-99.
Shaffer，D. R.，& Kipp，K. (2009)．*发展心理学——儿童与青少年*（邹泓等 译）．北京：中国轻工业出版社．
施建农，徐凡(2004)．*超常儿童发展心理学*．安徽：安徽教育出版社．
时蓉华．(1989)．*现代社会心理学*．上海：华东师范大学出版社．
史静寰．(2002)．教材与教学：影响学生性别观念及行为的重要媒介．*妇女研究论丛*，*2*，32-36.
Sousa，D. A. (2004)．*天才脑与学习*．(脑与教育应用研究中心 译)．北京：中国轻工业出版社．
谭樱，李燕．(2010)，贝利婴幼儿发展量表的研究进展．*中国妇幼健康研究*，*21*(3)，385-387.
唐久来，刘维民，周翔，吴德，杨世炳，许晓燕．(2007)．儿童身高、体重和头围的遗传度研究．*中国生育健康杂志*，*13*(1)．
万晶晶．(2002)．友谊关系如何影响青少年社会技能的发展．*重庆三峡学院学报*，*5*(18)，88-90.
王海梅．(2008)．幼儿社会技能发展的特点及其培养内容．*中国听力语言康复科学杂志*，*2*，61-63.
王慧娟，张金平，龚森，李莉，赵昱，李陈莉．(2009)．*人胚发育过程中大脑皮质超微结构的变化*．Paper presented at the 中国解剖学会全国组织学与胚胎学青年学术研讨会．
王丽，王庭照．(2005)．青少年亲社会行为研究．*当代青年研究*，*11*，51-53．
王美芳．(1996)．艾森伯格的亲社会道德理论简介．*心理学动态*，*4*(2)，32-36.
王美芳．(1999)．学前儿童亲社会行为的发展特点与教育．*山东师大学报（社会科学版）*，*4*，74-76.
王美芳．(2003)．*儿童社会技能的发展与培养*．北京：华文出版社．
王楠．(2012)．*移情训练对5～6岁幼儿亲社会行为的影响研究*（硕士学位论文）．陕西师范大学，西安．
王希，郭力平．(2009)．学龄前儿童握笔姿势的发展性研究．*心理科学*，*3*，579-583.
王晓燕，张海燕．(2004)．浅析学校对学生个体社会化的影响．*山西省政法管理干部学院学报*，*3*，54-56.
王争艳，侯静．(2002)．儿童行为抑制性发展的研究综述．*心理发展与教育*，*18*(4)，86-90.
王争艳，王莉，陈会昌，王京生．(2000)．杰罗姆·凯根的气质理论及研究进展．*心理科学进展*，*8*(2)，33-38.
韦耀阳．(2015)．社会技能训练在儿童孤独感干预中的应用．*陕西学前师范学院学报*，*31*(1)，21-23.
卫生部新闻办公室．(2009)．卫生部发布7岁以下儿童生长发育参照标准我国儿童发育呈快速增长趋势（二〇〇九年六月二日）. *社区医学杂志*，*7*（14），196-196.

魏运华.（1998）.学校因素对少年儿童自尊发展影响的研究.*心理发展与教育*，*14*（2），12-16.

魏运华.（1999）.父母教养方式对少年儿童自尊发展影响的研究.*心理发展与教育*，*15*（3），7-11.

吴潜龙.（2000）.关于第二语言习得过程的认知心理分析.*外语教学与研究*，*4*，290-295.

吴莹.（2010）.几种主要的骨龄评价方法介绍及存在问题.*中华现代儿科学杂志*.

西格曼.（2009）.*生命全程发展心理学*.北京：北京师范大学出版社.

项葵.（1989）.群体理论在社会化分析中的运用.*上海大学学报（社会科学版）*，*4*，9-15.

肖凤秋，郑志伟，陈英和.（2014）.亲社会行为产生机制的理论演进.*心理科学*，*37*（5），1263-1270.

肖计划.（1996）.论学校教育与青少年社会化.*暨南学报（哲学社会科学）*，*18*（4），20-26.

肖洒，张海兰.（2010）.吉利根的关怀道德取向理论及启示.*学理论*，*8*，55-56.

辛自强，池丽萍.（2003）.*社会变迁中的青少年*.北京：北京师范大学出版社.

徐政.（2002）.7～12岁儿童动作协调能力测量评价系统的研究.*西安体育学院学报*，*19*（1），65-67.

杨乐，胡雯洁.（2011）.单亲家庭青少年心理健康状况研究.*中小企业管理与科技*，*28*，197-198.

杨丽珠，沈悦，马世超.（2012）.幼儿气质、教师期望和同伴接纳对自我控制的影响.*心理科学*，*35*（*6*），1410-1415.

杨丽珠，孙晓杰，常若松.（2007）.中国澳大利亚4～5岁幼儿人格特征的跨文化研究.*心理学探新*，*27*（*3*），76-80.

杨丽珠，王姜洋，刘文，Cuskelly M.，Zhang A.（2005）.3～5岁幼儿自我延迟满足的发展特点及其中澳文化比较.*心理学报*，*37*（2），224-232.

杨雄里等.（2003）.*脑科学与儿童智力发展.见 载余立（编）*，教育衔接若干问题研究.（pp.34-63）.上海：同济大学出版社.

杨秀华.（2004）.*3～5岁儿童社会技能训练的实验研究*（硕士学位论文）.湖南师范大学，长沙.

叶子，姜勇.（1997）.论影响儿童社会性发展的教师自身特征.*学前教育研究*，*4*，20-21.

俞国良，辛自强.（2004）.*社会性发展心理学*.合肥：安徽教育出版社.

展金锋，张忠和，于乔文，葛海涛，方芳，刘树伟.（2011）.*大脑皮质折叠的生前发育*.中国解剖学会2011年年会论文文摘汇编.

张春兴.（2006）.*张氏心理学辞典*.台北：华东出版社.

张春兴.（2010）.*现代心理学：现代人研究自身问题的科学*.上海：上海人民出版社.

张梦圆，杨莹，寇彧.（2015）.青少年的亲社会行为及其发展.*青年研究*，*4*，10-18.

张奇.（2000）.*儿童审美心理发展与教育*.北京：北京师范大学出版社.

张清丽.（1996）.儿童语言发育迟缓的康复评定与治疗（一）.*中国康复理论与实践*，*2*（2），86-89.

佐斌.（1998）.小学语文课文内容的社会心理思考.*教育研究与实验*，*1*，9-13.

张文新，王美萍，曹丛.（2012），发展行为遗传学简介.*心理科学进展*，*20*（9），1329-1336.

张文新.（1999）.*儿童社会性发展*.北京：北京师范大学出版社.

张文新.（2002）.*青少年发展心理学*.济南：山东人民出版社.

张晓，王晓艳，& 陈会昌.（2010）.气质与童年早期的师生关系：家庭情感环境的作用.*心理学报*，*42*（7），768-778.

张晓.（2011）.童年早期社会能力的发展：一个潜变量增长模型.*心理学报*，*43*（12），1388-1397.

张晓贤（2012）.*儿童内疚情绪与初级情绪的发展差异*（博士学位论文）.华东师范大学，上海.

张亚钦，李辉，季成叶.（2010）.中国0至18岁正常儿童青少年身体比例生长规律的研究.*中国循证儿科杂志*，*5*（5），349-354.

张艳琼，李红丽．（2010）．论箱庭游戏疗法在儿童社会技能培养中的应用．*襄樊职业技术学院学报*，*2*，138－140.

赵佳，方格．（2005）．婴幼儿自传体记忆研究的现状及展望．*中国特殊教育*，*9*，86－90.

郑日昌．（2013）．*心理测量与测验*．北京：中国人民大学出版社．

郑新夷，连榕，何少颖．（2010）．国外婴儿动词习得的两种研究范式．*心理科学进展*，*18*（*12*），1949－1957.

中华医学会儿科学分会内分泌遗传代谢学组青春发育调查研究协作组．（2010a）．中国九大城市男孩睾丸发育、阴毛发育和首次遗精年龄调查．*中华儿科杂志*，*48*（6），418－424.

中华医学会儿科学分会内分泌遗传代谢学组青春发育调查研究协作组．（2010b）．中国九大城市女孩第二性征发育和初潮年龄调查．*中华内分泌代谢杂志*，*26*（8），669－675.

钟佑洁，李艳华，张进辅．（2014）．儿童攻击行为的短期追踪干预研究：从社会信息加工的角度．*心理发展与教育*，*3*，225－233.

周宗奎．（1995）．*儿童社会化*．武汉：湖北少儿出版社．

周宗奎．（2002）．*儿童的社会技能*．上海：华中师范大学出版社．

朱智贤．（1980）．皮亚杰儿童思维心理学评价．*北京师范大学学报*，*1*，71－82.

朱智贤．（1989）．*心理学大词典*．北京：北京师范大学出版社．

邹育如．（2005）．宝贝认知发展小秘密．*家庭教育*，*3*，34－35.

图书在版编目（CIP）数据

儿童发展/王争艳主编 . —北京：中国人民大学出版社，2019. 1
新编 21 世纪心理学系列教材
ISBN 978-7-300-25439-5

Ⅰ. ①儿… Ⅱ. ①王… Ⅲ. ①儿童心理学-高等学校-教材 Ⅳ. ①B844. 1

中国版本图书馆 CIP 数据核字（2018）第 007796 号

新编 21 世纪心理学系列教材
儿童发展
王争艳 主 编
邢晓沛 副主编
Ertong Fazhan

出版发行	中国人民大学出版社		
社　　址	北京中关村大街 31 号	**邮政编码**	100080
电　　话	010－62511242（总编室）		010－62511770（质管部）
	010－82501766（邮购部）		010－62514148（门市部）
	010－62515195（发行公司）		010－62515275（盗版举报）
网　　址	http://www.crup.com.cn		
	http://www.ttrnet.com(人大教研网)		
经　　销	新华书店		
印　　刷	北京市鑫霸印务有限公司		
规　　格	185 mm×260 mm　16 开本	**版　　次**	2019 年 1 月第 1 版
印　　张	18	**印　　次**	2019 年 1 月第 1 次印刷
字　　数	409 000	**定　　价**	45.00 元

关联课程教材推荐

书号	书名	作者	定价（元）
978-7-300-24134-0	发展心理学（第 3 版）	雷雳	45.00
978-7-300-13307-2	伯克毕生发展心理学：从 0 岁到青少年（第 4 版）	［美］劳拉·E. 伯克	79.80
978-7-300-18303-9	伯克毕生发展心理学：从青年到老年（第 4 版）	［美］劳拉·E. 伯克	45.00
978-7-300-20556-4	阿内特青少年心理学（第 5 版）	［美］杰弗瑞·简森·阿内特	69.90
978-7-300-18593-4	婴幼儿心理健康手册（第 3 版）	［美］小查尔斯·H. 泽纳	89.90
978-7-300-24309-2	实验心理学（第 2 版）	白学军	45.00
978-7-300-24280-4	社会心理学（第 3 版）	乐国安	52.00
978-7-300-25616-0	心理与教育科学研究方法	杨丽珠　孙岩	49.80

配套教学资源支持

尊敬的老师：

衷心感谢您选择使用人大版教材！相关配套教学资源，请到人大社网站(http：//www. crup. com. cn/)下载，或是随时与我们联系，我们将向您免费提供。

欢迎您随时反馈教材使用过程中的疑问、修订建议并提供您个人制作的课件。您的课件一经入选，我们将有偿使用。让我们与教材共成长！

联系人信息：

地址：北京海淀区中关村大街 31 号 206 室　龚洪训 收　邮编：100080

电子邮件：gonghx@crup. com. cn　　电话：010-62515637　　QQ：6130616

如有相关教材的选题计划，也欢迎您与我们联系，我们将竭诚为您服务！

选题联系人：	电子邮件：	电话：
张宏学	zhanghx@crup. com. cn	010-62512127

俯仰天地　心系人文

人大社网站：http：//www. crup. com. cn/

心理学专业教师 QQ 群：259019599

欢迎您登录人大社网站浏览，了解图书信息，共享教学资源

期待您加入专业教师 QQ 群，开展学术讨论，交流教学心得